EUROPAVERLAG

CHARLES EISENSTEIN

Klima
Eine neue
Perspektive

Aus dem Englischen übersetzt von
Jürgen Hornschuh, Eike Richter und Nikola Winter

EUROPAVERLAG

Die amerikanische Originalfassung *Climate – A New Story* wurde gesponsert und veröffentlicht von der *Society for the Study of Native Arts and Sciences,* einer gemeinnützigen pädagogischen Gesellschaft in Berkeley, Kalifornien, die mit Partnern an der Entwicklung interkultureller Perspektiven, an der Förderung ganzheitlicher Sichtweisen auf Kunst, Wissenschaft und Heilung und an der Entstehung persönlicher und globaler Transformation zusammenarbeitet, indem sie Schriften zur Beziehung zwischen Körper, Geist und Natur veröffentlicht.

Vollständige Taschenbuchausgabe April 2021

© der deutschsprachigen Ausgabe 2019 Europa Verlag GmbH & Co. KG,
Berlin · München · Zürich · Wien
Covergestaltung und -motiv: Hauptmann & Kompanie Werbeagentur, Zürich
Redaktion: Franz Leipold
Satz: Danai Afrati
Gesetzt aus der Garamond Premier Pro
Druck und Bindung: C.H.Beck, Nördlingen
ISBN 978-3-95890-368-5
Alle Rechte vorbehalten.
www.europa-verlag.com

Gewidmet den bescheidenen Menschen,
deren stille Hingabe die Welt zusammenhält.

Inhalt

Danksagung 11

Vorwort 12

Prolog: Verloren im Labyrinth 19

  1. Eine Krise des Seins 22

    Eine verlorene Wahrheit 24

    Wer sind »die«? 30

    Der Kampf 38

  2. Fundamentalismus 47

    Die absurden Konsequenzen des CO_2-Reduktionismus 52

    Das soziale Klima 62

    Schnell eine Ursache finden 67

    Die Ur-Ursache 72

    Dort, wo das Engagement lebendig ist 80

  3. Die Schein-Diversität der Klima-Meinungen 84

    Auf welcher Seite stehe ich? 84

    Ein Besuch in der Welt der Skeptiker 93

    Das Ende der Welt 105

    Die Institution Wissenschaft 111

    Die falsche Diskussion 117

4. Wasser 123
   Die Wälder und die Bäume 123
   Gaias Organe 132
   5000 Jahre Klimawandel 143

5. Kohlenstoff und Ökosysteme 150
   Feuchtgebiete 152
   Grasland 153
   Wälder 155
   Fixiert auf Emissionen 159
   Geo-Engineering – eine Illusion 165
   Der Kult um messbare Größen 173

6. Ein Pakt mit dem Teufel 182
   Die Ursachen für unsere Untätigkeit 187
   Warum sollte ich meinen Sohn lieben? 198
   Die Kommerzialisierung der Natur 202
   Rechte der Natur 208

7. In einem Nashorn die ganze Welt 213
   Die Betonwelt 220
   Unsere Entscheidungsgrundlagen 230

8. Regeneration 240
   Weshalb blieb regenerative Landwirtschaft bisher
      weitgehend unbeachtet? 246
   Einen hungrigen Planeten ernähren 251
   Das Wasser heilen 258
   Mensch und Planet brauchen einander 262
   Das Wilde pflegen 264

9. Energie, Bevölkerung und Entwicklung 271
Was bedeutet Entwicklung? 277
Übergang zur Fülle 284
Bevölkerung 288

10. Eine Reise nach Jerusalem 296
Der Wachstumsimperativ 302
Entwicklung und Schulden 308
Heuchelei: Ein weiterer falscher Feind 313
Grundzüge einer ökologischen Ökonomie 317

11. Eine Herzensangelegenheit 328
Wissenschaft als Religion 328
Wenn wir wüssten, dass sie fühlen kann 338
Die Kräfte des Landes 347

12. Die Brücke zu einer lebendigen Welt 362

Literatur 373
Anmerkungen 385

Danksagung

Dieses Buch ist nur dank all der Freunde und Verbündeten möglich, die das Feld halten, aus dem ich schreibe, und die mich daran erinnern, dass ich nicht verrückt bin. Unter ihnen sind Bayo Akomolafe, Ben Phelan, Brad Blanton, Camila Moreno, David Abram, Frank Phoenix, Helena Norberg-Hodge, Gigi Coyle, Ian MacKenzie, Jodie Evans, Joshua Ramey, Kelly Brogan, Laurie Young, Lissa Rankin, Lynn Murphy, Manish Jain, Marie Goodwin, Matthew Monihan, Michael Lerner, Miki Kashtan, Orland Bishop, Pat McCabe, Polly Higgins, Satish Kumar und so viele mehr, von denen mir einige sehr teuer sind. Ich würde mich auch gern bei den nahezu Fremden bedanken, die mich mit Großzügigkeit und Ermutigung überschütten; bei den Förderinnen und Förderern, die mich in den Jahren des Schreibens finanziell unterstützt haben; und ganz speziell bei meiner Frau Stella für ihre Loyalität zu meinem besten Selbst, bei meinen Eltern für fünfzig liebevolle Jahre, bei meinen Kindern dafür, dass sie mir die Zukunft offenlegen, und bei meiner ersten Frau Patsy, die mir gezeigt hat, mit welcher Kraft das Leben heilen kann.

Vorwort

Wenn man Botschaften an das breite Publikum vermitteln will, kommt es auf das framing, den Denkrahmen, an. So fiel mir plötzlich auf, als ich die Linguistin Elisabeth Wehling in einem Radiointerview gehört hatte, dass ich falsch lag, vom »Klimawandel« zu sprechen. »Klimawandel« hört sich so harmlos an, alles wandelt sich, warum nicht auch das Klima? In der Tat, der Begriff ist ein klassischer Fall eines Euphemismus, ein beschönigender Begriff, so wie man etwa vom »Einschläfern« spricht, wenn man das geplante Vergiften von Tieren meint. Doch wenn vom »Klimachaos« die Rede ist, hat sich der Denkrahmen geändert. Die Warnlampen des Publikums gehen an, nach Ursachen wird gefahndet, und Schutzvorkehrungen werden gefordert. Das framing ist schon die halbe Miete der Debattierkunst.

Charles Eisenstein tritt für einen neuen Denkrahmen, für ein neues framing ein, um die Klimakrise begreiflich zu machen. Er misstraut der Standarderzählung von der Erderwärmung (schon wieder ein Euphemismus), wonach die Erdüberhitzung von den steigenden Emissionen im Industriezeitalter herrührt, die es in immer wieder erneuten Minderungszielen zu reduzieren gilt. Speziellen Argwohn hegt er gegenüber der zahlenorientierten Expertokratie des Klimawandels, der er vorwirft, das Monopol über alle ökologischen und sozialen Fragen anzustreben. Allzu häufig wird der Klimaschutz als oberste Priorität gesehen, wohingegen der Vogelschutz – etwa in der Verteidigung der Migrationsrouten gegen die Windturbinen – oder der Schutz der Menschenrechte in Ghana – etwa im Widerstand gegen die Plantagen für Biotreibstoffe – sich hintanstellen muss. Dabei gehört Eisenstein keinesfalls zum Camp der Klimaskeptiker in den USA, ganz im Gegenteil. Er ist ein Tiefenökologe, wie man wohl im Deutschen sagen würde; er steht in der Tradition von John Muir, dem Begründer der US-amerikanischen Naturschutzbewegung, wie auch von Edward Abbey, dem radikalen Umweltaktivisten und Schriftsteller, der die Schluchten und Bergstöcke im Südwesten der USA besungen hat. Schließlich hat Eisenstein einen Schlüsselsatz, den er immer wieder variiert: »Die größte Bedrohung für das Leben auf der Erde sind nicht die Emissionen der fossilen Brennstoffe, sondern der Verlust von Wäldern, Boden, Feuchtgebieten und marinen Ökosystemen. Das Leben erhält das Leben. Wenn diese Beziehungen zusammenbrechen, sind die Ergebnisse unvorhersehbar ... dies ist eine Bedrohung, der wir ausgesetzt sind, und da sie von vielen Faktoren abhängt, die noch dazu nicht-linear sind, kann sie nicht durch einfache Reduzierung der CO_2-Emissionen überwunden werden.«

Eisenstein plädiert dafür, das Klimachaos von der globalen Zerrüttung der Ökosysteme her zu denken, und nicht vom Anstieg der Klimagase im Zuge der Industrialisierung. Sein Imperativ lautet: Regeneration der Ökosysteme. In Deutschland und Europa hat man viel Aufhebens von der Energiewende gemacht, um in gut dreißig Jahren die vollständige Dekarbonisierung der Energieversorgung zu erreichen. Mit der Stromwende hin zu Wind und Sonne fing es an, dann setzte immerhin ein rasanter Ausbau der erneuerbaren Energien ein, bis zu 40 % des deutschen Strombedarfs im Jahr 2018. Aber die Stromwende ist in den letzten Jahren arg ins Stocken geraten. Außerdem gehört zur Energiewende auch die Wärmewende in den Gebäuden sowie die Verkehrswende für Autos und

Flugzeuge, ansonsten kann man die flächendeckende Dekarbonisierung vergessen. Überhaupt sprechen alle Anzeichen dafür, dass
sich die Atmosphäre der Erde wandelt, jedoch nicht die kapitalistische Ökonomie.

Eisenstein bestreitet das nicht, er ist kein billiger Optimist, aber
er hat zunächst ein anderes Thema. Er möchte den Haushalt des
Lebens auf unserem Planeten in Ordnung bringen. So führt er
zum Beispiel an, dass fast die Hälfte der Wälder, die einst die Erde
bedeckt haben, im Laufe der Sesshaftigkeit des Menschen verschwunden sind, 60 % der Feuchtgebiete der USA sind in den letzten 300 Jahren verloren gegangen, und auch Ackerböden ohne chemische Düngung sind weltweit dezimiert. Das Klimachaos ist also
das Ergebnis von zwei verhängnisvollen Entwicklungen: einmal
dem steilen Anstieg der Emissionen und zum zweiten dem säkula-
ren Niedergang der Aufnahmekapazität der Erde für CO_2. Daher
setzt sich Eisenstein nachdrücklich dafür ein, das Augenmerk auf
Senken für Kohlenstoff zu richten. So ist beispielsweise eine massive Wiederaufforstung von artenreichen Wäldern in globalem
Maßstab nötig, damit die Erde besser CO_2 schlucken kann, vom
Erhalt bestehender Wälder ganz zu schweigen. Dasselbe gilt für
Meeresküsten: Mangroven, Seegras und Marschland binden Kohlenstoff noch besser als Wälder. Unversehrte Moore sind ein Hort
der Artenvielfalt, sie dienen ebenso als Klimaschützer. Apropos Artenvielfalt: In humusreichen Böden stecken so viele Wurzeln, so
viel Gestrüpp und Getier, dass die Landwirtschaft das Potenzial
hat, zu einer globalen Senke für Kohlenstoff zu werden, nicht zu
einer Mega-Quelle, wie es gegenwärtig der Fall ist. Ökologisch-re-
generative Landwirtschaft, massiv betrieben, kann ein beträchtli-
cher Beitrag zum Klimaschutz sein.

So wird es Eisenstein gefallen haben, dass der Right Livelihood
Award 2018, besser bekannt als »Alternativer Nobelpreis«, an
zwei »Waldmacher« ging, an einen Bauern und einen Wissen-

schaftler. Der Bauer Yacouba Sawadogo aus Burkina Faso, berühmt als »der Mann, der die Wüste aufhielt«, demonstrierte, wie karges, unfruchtbares Land in einen landwirtschaftlich nutzbaren Wald verwandelt wird, und zwar mithilfe von Pflanzengruben, die kostbares Regenwasser besser speichern, sowie von Viehdung, der Schösslinge sprießen lässt. Genauso wie der Agrarwissenschaftler Anthony Rinaudo. Er entwickelte ebenfalls eine Methode, Wald aus Wüste wachsen zu lassen, durch die er imstande war, Bäume aus unterirdischen, oft noch intakten Wurzelsystemen in Trockengebieten zu ziehen. Er inspirierte eine ganze Bewegung von Landwirten, die ariden Landstriche in der Sahelzone wieder zu begrünen. »Agroforstwirtschaft« heißt das Zauberwort, eine Strategie, deren Früchte sich schon in Satellitenfotos ausmachen lassen: die Grüngürtel, die hin und wieder die Sahara eindämmen, kann man vom Weltraum aus sehen. Landwirtschaft, die auf der Symbiose mit Bäumen basiert, kennt im Grunde nur Gewinner: Sie sichert das Wasservorkommen, erzeugt Nahrungsmittel, stellt den Rohstoff Holz zur Verfügung und wirkt darüber hinaus der ländlichen Armut entgegen. Und vor allem ist sie ein Versuch, das Klimachaos zu überstehen, als Anpassung an Dürre wie auch als Senke für die globalen Emissionen.

Warum spielen diese Argumente in der Klimadebatte kaum eine Rolle? In Deutschland denkt man, wenn es um Klima geht, gleich an Braunkohle und Heizöl, Automotoren und Flugturbinen, an Windkraft- und Solaranlagen. Kurz, an die Reduzierung von Emissionen. So weit, so richtig. Aber warum haben Bäume, Humus und Moore so wenig Gewicht? Womöglich ist das der Ausdruck zweier Strömungen, die die Umweltbewegung seit Anbeginn im 19. Jahrhundert angetrieben haben: Gesundheitsschutz und Naturschutz. Die einen klagten ungesunde Städte und gefährliche Maschinen an, während die anderen sich um Flora und Fauna kümmerten und Naturschutzgebiete forderten. Im Jahre 1992 kristallisierten sich diese beiden Strömungen in zwei Konventionen der Vereinten Nationen heraus, den Konventionen über Klimawandel sowie über die biologische Vielfalt. Es sind demnach zwei Utopien, die gegenwärtig die Umweltszene beherrschen: das Solarzeitalter und das Zeitalter der Lebensvielfalt. Beide Utopien kreuzen sich, aber sie widersprechen einander auch. Man kann sich ein technisches Solarzeitalter mit digitalisierter Überwachung und künstlicher Intelligenz vorstellen, ein Zeitalter der Lebensvielfalt wohl nicht. Außerdem mobilisieren beide Utopien verschiedenes Wissen: das der Ingenieure und Physiker sowie das der Naturkundler und Biologen. Den einen steht das Kippen des Erdsystems drohend vor Augen, den anderen das Verstummen der Natur. Und die einen setzen auf erneuerbare Energien weltweit plus Kreislaufsysteme für Materialien, die anderen auf die Restauration der terrestrischen und marinen Ökosysteme, und zwar lokal wie auch global.

Charles Eisenstein schlägt vor, das Klimachaos in der Perspektive der biologischen Vielfalt zu sehen. Er empfiehlt, mit einem Wort, die Resilienz der Biosphäre zu erhöhen. In *Klima* breitet er seine Argumente aus. Aber er muss dafür tiefer ansetzen. Wenn man dieses Buch liest, dann kapiert man, dass es mit dem herkömmlichen instrumentellen Wissen nicht getan ist, sondern dass es ein neues Paradigma braucht. Begreifen kann man die Welt des Lebens nur, wenn man die Auffassung von René Descartes endgültig über Bord wirft, wonach der Mensch Herrscher und Besitzer der Natur sei. Stattdessen gilt es, den Menschen als einen Teilhaber der großen Lebensvielfalt der Natur zu betrachten, und nicht als Externen, der imstande ist, die Natur zu manipulieren. Die Natur vornehmlich als Ressource für die Menschen zu sehen und zu behandeln ist irrig. Das rührt von der Vorstellung her, die natürliche Welt sei eine Ansammlung von Objekten, die nichts Belangvolles fühlen oder gar denken. Doch die lebendige Natur hat auch Empfindungen und Bewusstsein, daher kann man sie als ein Netz von kommunizierenden Subjekten verstehen. Manche Pflanzen gedeihen besser mit Musik, Bäume tauschen über ihr Wurzelwerk (chemische) Mitteilungen aus, Tiere können Hilfe leisten oder Mitgefühl zeigen. Das alte Paradigma geht von der Trennung der Lebewesen aus, während das neue von der Interaktion allen Lebens ausgeht. Dementsprechend unterscheidet Eisenstein die Geschichte der Separation von der Geschichte des Interbeing.

Interbeing könnte man durchaus mit »Mitwelt« übersetzen. Der Begriff ist vom Naturphilosophen Klaus Michael Meyer-Abich in den 1980er-Jahren in den deutschen Sprachraum eingeführt worden. Im Gegensatz zur »Umwelt« legt »Mitwelt« mehr den Akzent auf die Verbundenheit aller Naturwesen mit dem Menschen, von der Bodenkrume bis zu den Berggipfeln, vom Plankton bis zum Pottwal, von den Elstern bis hin zu den Elefanten. Eisenstein will die Geschichte des Interbeing starkmachen, wobei er zum Ausdruck bringt, dass der Planet Erde ein lebendiger Organismus ist. Umweltkrisen hat man demzufolge zu verstehen als Verletzungen der Organe und Gewebe der Natur bis hin zu den Menschen. Alles hängt mit allem zusammen, die Auspuffrohre mit der Entwaldung, die Gletscher mit den Korallenriffen, die Tropenstürme mit den Hitzesommern. Es ist, als ob der Planet Erde Fieber bekommen hätte, wofür die Spezies Mensch – vielleicht: die Unterabteilung Kolonialismus wie Kapitalismus? – die Schuld trägt.

Auch die Naturwissenschaften haben dazugelernt, sie haben seit geraumer Zeit eine systemische Sicht auf das Leben. Die Natur wird nicht mehr als eine Maschine gesehen, sondern als ein Netzwerk von physikalischen, chemischen, mentalen und kommunikativen Beziehungen. Erst in den Relationen zwischen den Teilen der Natur wird die Natur als Ganzes fassbar. Deswegen ist die Geschichte der Separation eine Fiktion, und noch dazu eine gefährliche. Denn es führt den Menschen in eine Art von Autismus, der blind macht gegenüber den Folgen des menschlichen Handelns.

17

Dagegen ist die Geschichte des Interbeing auf Empathie angelegt, es stellt den Menschen auf eine Stufe mit anderen Lebewesen und rechnet mit komplexen Rückkoppelungen, nicht nur physischer, sondern auch kommunikativer Art. Die Geschichte des Interbeing ist lebenstüchtiger als die Geschichte der Separation – und schöner.

Schöner? Wer sich heute sich mit Klima und Energie beschäftigt, der wird sich über Zahlen und Statistiken, über Szenarien und Projektionen beugen. Das hat seine Berechtigung, aber es geht an der Motivation der meisten Umweltfreunde vorbei. Sie wollen mehr und vor allem anderes: Sie wollen Bienen retten und auch die Bäume, Braunkohle stoppen und auch den Plastikmüll, sie wollen Radfahrer sein und auch Veganer. Rettung, Widerstand und ebenso die Versuche, einen frugalen Wohlstand zu praktizieren, sind indes alles Protestformen gegen eine fortschreitende Verhässlichung der Welt. Was »Schönheit« heißt, ist Gegenstand immer neuer Debatten, von Alltagsgesprächen bis zu gelehrten Tagungen, doch das Gegenteil von »Schönheit« ist weit bekannt: Verarmung, Vergiftung, Gefährdung, Reizlosigkeit. Die Umweltbewegung, besser noch Mitweltbewegung ist von der Suche nach Leben und Schönheit angetrieben. Ihr diese Motivation auszutreiben wäre fatal.

Wolfgang Sachs
Wuppertal Institut für Klima, Umwelt, Energie

PROLOG:
Verloren im Labyrinth

Es war einmal ein Mann, der sich in einem Labyrinth verirrt hatte. Wie und warum er hineingeraten war, ist eine andere Geschichte – vielleicht wollte er ein Geheimnis lüften oder einen Schatz finden. Wie dem auch sei, mittlerweile hat er das längst vergessen. Er hat noch eine vage Erinnerung an eine sonnenbeschienene Landschaft. Oder ist es die Erinnerung einer Erinnerung, die ihm sagt, das Labyrinth ist nicht die ganze Wirklichkeit? Irgendwie ist er da hineingeraten, doch muss es einen Weg nach draußen geben. Und in letzter Zeit ist es immer unangenehmer, drinnen zu sein. Im Labyrinth wird es heißer und heißer, und er weiß, er wird sterben, wenn er den Ausgang nicht findet. Was als aufregende Entdeckungsreise begonnen hat, ist zu einer monströsen Falle geworden.

Außer sich rast er immer im Kreis und sucht den Weg nach draußen. Bald rennt er nach rechts, bald nach links, dann wieder nach rechts, auf und ab, im Kreis herum; er gerät in Sackgassen, kehrt um und findet sich wieder und wieder an seinem Ausgangspunkt. Er beginnt zu verzweifeln – all die Anstrengung hat ihn nirgendwo hingeführt.

Ein Stimmentribunal in seinem Kopf mischt sich mit Ratschlägen ein, wie schneller zu rennen und schlauer zu entscheiden wäre. Er beherzigt zunächst den ersten Rat, dann einen weiteren, und ungeachtet, wie verschieden die Ratschläge auch sind, das Resultat ist immer dasselbe. Manchmal hört er inmitten des Stimmengewirrs auch eine andere, eine leisere Stimme, die ihm sagt: »Hör auf. So kommst du nirgendwo hin. Hör einfach auf.«

Die anderen Stimmen antworten wütend: »Du kannst nicht aufhören, du kannst nicht ruhen. Nur wenn du deine Beine nutzt, wirst du jemals hier rauskommen, und die Situation ist ernst, deshalb bewegst du die Beine besser schnell. Der Zug ist bald abgefahren. Jetzt ist die Zeit, etwas zu tun. Erst wenn du draußen bist, kannst du ausruhen.«

Und so rennt er immer schneller, den Kopf voller Strategien, und zwingt sich selbst zu größter Anstrengung. Und noch einmal, nach vielen Wendungen und Richtungswechseln, findet er sich wieder in der Mitte des Labyrinths.

Dieses Mal muss er stehen bleiben. Aus reiner Erschöpfung und Verzweiflung bricht er zu einem Elendshäufchen zusammen. Der Tumult der Ratschläge schwillt ab und lässt seinen Verstand auf einmal in Ruhe zurück, so wie es passiert, wenn jede Möglichkeit ausgeschöpft ist und man nicht mehr weiß, was zu tun ist. Nun hat er eine Gelegenheit, über seine Irrwege noch einmal nachzusinnen, und im leeren Raum seines stillen Geistes keimen neue Erkenntnisse. Er erkennt, dass seine Irrläufe einem Muster folgten. Vielleicht ließ er auf jedes Rechtsabbiegen ein Linksabbiegen folgen. Er erinnert sich auch, an kleinen, dunklen Gängen vorbeigelaufen zu sein, die er ignorierte, weil sie nicht vielversprechend erschienen. Er erinnert sich, Blicke auf Geheimtüren geworfen zu haben, die er aus Eile nicht untersucht hatte. In der Stille beginnt er, die Struktur des Territoriums zu verstehen, in dem er herumgerannt ist.

Mittlerweile sind auch sein Herzklopfen und sein Atem gemeinsam mit dem Verstand zur Ruhe gekommen, und ein anderes Geräusch bahnt sich den Weg in sein Bewusstsein. Es ist ein wunderschöner musikalischer Klang, der, wie er nun erkennt, die ganze Zeit schon da war, übertönt von all den hastigen Schritten und dem Keuchen. Er weiß, dass er die Verbindung zu diesem Klang nie mehr verlieren darf.

Der Mann beginnt wieder zu gehen, ganz langsam dieses Mal. Er weiß, sobald er in Panik gerät (was verständlich wäre, da er ja einer realen Krise zu entkommen versucht) und wieder losrennt, fällt er in die alten Gewohnheiten zurück. Geleitet von seiner neuen Einsicht, erforscht er die kleinen, dunklen Gänge, die er vorher verworfen hatte. Er nimmt sich die Zeit, die versteckten Türen zu öffnen und hindurchzutreten.

Manchmal führen diese neuen Türen und Gänge ebenfalls in Sackgassen, aber immerhin gibt es nun Hoffnung. Er ist auf neuem Territorium, unbekanntem Territorium. Jetzt findet er sich nicht mehr ständig wieder zurück am Ausgangspunkt. Nun bewegt er sich tatsächlich vom Fleck.

Als er die bekannten Pfade weiter hinter sich lässt, verliert sein zuvor gewonnenes Verständnis von der Struktur des Labyrinths immer mehr an Nützlichkeit. Er begegnet den Gabelungen ohne mentale Karte. Sollte er nun rechts oder links abbiegen? In solchen Momenten kommt er wieder zur Ruhe, lauscht und schwingt sich wieder ein auf den musikalischen Klang, zu dem er stets achtsam Kontakt wahrt. Aus welcher Richtung kommt der Klang am klarsten? Das ist die Richtung, die er wählt.

Wenn er der Musik folgt, scheint sie ihn manchmal in die falsche Richtung zu leiten. »Das kann unmöglich der Weg nach draußen sein«, denkt er. Aber dann macht der Weg wieder eine Biegung, und er lernt, dem Klang, der ihn ruft, mehr und mehr zu vertrauen.

Der Musik folgend, erreicht der Mann irgendwann den letzten Gang, an dessen Ende er den Schimmer von Tageslicht erkennt. Er tritt hinaus in die sonnenbeschienene Landschaft, von der er immer wusste, dass es sie gibt, und sie ist schöner, als er sich je vorzustellen gewagt hatte. Und dort findet er auch die Quelle der Musik.

Es ist seine *Geliebte*, die die ganze Zeit über für ihn gesungen hat.

1

Eine Krise des Seins

Ich erinnere mich noch an das Ereignis, das mich zu einem umweltbewussten Menschen machte. Ich war sieben oder acht Jahre alt, als ich mit meinem Vater vor unserem Haus stand und eine große Schar Stare vorbeifliegen sah. »Das ist eine große Vogelschar«, sagte ich.

Mein Vater erzählte mir dann von der Wandertaube, deren Scharen einst so riesig waren, dass sie den ganzen Himmel füllten und sich über Stunden von Horizont zu Horizont erstreckten. »Sie ist heute ausgestorben«, erzählte er mir. »Die Menschen zielten mit ihren Flinten zufällig irgendwohin, und die Tauben fielen vom Himmel. Jetzt sind keine mehr übrig.« Ich hatte von den Dinosauriern gehört, aber nun wurde mir die Bedeutung des Wortes »ausgestorben« erst richtig klar.

In dieser Nacht weinte ich in meinem Bett, und auch so manche Nacht danach. Das war, als ich noch wusste, wie man weint – eine Fähigkeit, die, einmal ausgelöscht durch die Brutalität der Teenager-Zeit eines Jungen in den 1980er-Jahren, fast genauso schwer wiederzubeleben war wie die Wandertaube.

Diese beiden Arten des Aussterbens haben miteinander zu tun. Von was für einem Seinszustand gehen wir aus, wenn wir andere Arten ausrotten, Böden und Meere zerstören und die Natur als Ressourcenlager für den maximierten kurzfristigen Gewinn behandeln? Es kann nur an der Einengung, Betäubung und Zerstreuung unserer Fähigkeit liegen, Anteilnahme und Liebe zu spüren. Diese Betäubung ist nicht auf persönliches Fehlverhalten zurückzuführen, sondern untrennbar mit den tiefsitzenden Narrativen verbunden, den großen Erzählungen, die unsere Zivilisation legitimieren und lenken und ihre sozialen Strukturen stützen.

Entgegen dem Anschein ist es weder Verrücktheit noch Blindheit, die uns den Weg des kollektiven Ruins beschreiten lässt. Das sind nur Symptome einer tiefer sitzenden Krankheit. Denken Sie etwa, man müsse einem Alkoholiker nur zeigen, dass das Trinken seine Gesundheit, seine Beziehungen und seine wirtschaftliche Sicherheit schädigt, und dann würde er aus Angst vor so einer miserablen Zukunft aufhören? Natürlich nicht. Er opfert nicht aus Dummheit seine Zukunft für eine vorübergehende Linderung des inneren Schmerzes. Deshalb können Sie ihm vom bevorstehenden Leberschaden predigen, so viel Sie wollen, und vielleicht sagt er sogar: »Ja, Sie haben recht« und wird für ein paar Wochen etwas weniger trinken oder es zumindest mit gutem Vorsatz versprechen. Tatsächlich wird sich jedoch nichts ändern.

Wie sehr ähnelt dieses Szenario dem Klimadiskurs. Wir geloben, den Ausstoß zu reduzieren – und ignorieren gleichzeitig die sozialen und ökonomischen Bedingungen, die eine Reduktion unmöglich machen. Der CO_2-Ausstoß steigt nach drei Jahrzehnten der Klimagespräche und -abkommen weiter. Dieses Muster findet sich nicht nur im Klimadiskurs. Das Artensterben geht weiter, Fledermauskolonien und Bienenvölker sterben, Wälder schrumpfen, Korallenriffe bleichen aus, und Elefanten und Wale sterben. Niemand will auf einem kahlen, kranken oder sterbenden Planeten leben, und doch scheinen wir wie ein Suchtkranker unseren Kurs nicht ändern zu können.

Eine verlorene Wahrheit

Wie so manches Klischee birgt »unsere Sucht nach fossilen Brennstoffen« eine verlorene Wahrheit. Üblicherweise höre ich diese Floskel in einem aburteilenden oder empörten Tonfall geäußert (mit demselben Mangel an Empathie, der ein Teil des Problems ist). Aber wenn wir die Metapher der Sucht ernst nehmen, wäre unsere nächste Frage, was diese Abhängigkeit antreibt.

Einige im linken Spektrum würden sagen, es sei der Kapitalismus. Aber auch die Sowjetunion hat der Umwelt schwere Schäden zugefügt; außerdem ist der Kapitalismus (wie der Kommunismus) in fundamentalere Glaubenssysteme eingebettet, die größtenteils unterhalb unserer Bewusstseinsschwelle liegen. Genau diese möchte ich in diesem Buch aufzeigen, und ich hoffe, von da aus Richtlinien und Strategien für die ökologische Heilung abzuleiten. Ich werde beschreiben, wie viele der Bemühungen, den Klimawandel zu bekämpfen oder die Umwelt zu retten, auf denselben Annahmen beruhen, die uns in den Ruin treiben. Ich werde grundlegende Probleme mit dem *Standard-Narrativ* zum Klimawandel, wie ich es nenne, aufzeigen und erläutern, inwiefern die Darstellung des Problems selbst ein Teil des Problems ist. Ich werde erklären, weshalb Lösungen, die aus diesem Narrativ abgeleitet werden, Gefahr laufen, die Probleme noch zu vergrößern. Nach dieser Offenlegung des Labyrinths werde ich die dunklen Gassen und geheimen Türen erkunden, die der dominante Diskurs ignoriert, die aus einer alternativen *Geschichte über die Welt*[1] jedoch klar zutage treten.

Es sind nicht falsche Vorstellungen, die eine Sucht antreiben. Sucht entsteht, wenn Grundbedürfnisse nicht erfüllt werden. Die Esssüchtige ist nicht eigentlich hungrig nach Nahrungsmitteln; sie ist hungrig nach Verbundenheit. Die Alkoholikerin versucht nur, sich für eine Weile gut zu fühlen. Der Spielsüchtige sehnt sich nach Befreiung aus einer wirtschaftlichen oder psychischen Einengung.

Der Pornografie-Süchtige wünscht sich eigentlich Intimität und möchte sich angenommen fühlen. Diese (zugegebenermaßen pauschalisierenden) Beispiele vermitteln ein generelles Prinzip: Verlangen kommt von unerfüllten Bedürfnissen. Wenn das wahre Objekt des Verlangens nicht verfügbar ist, wird das Verlangen auf den am einfachsten erreichbaren Ersatz verlagert. Was ist nun das unerfüllte Verlangen hinter der Sucht nach fossilen Brennstoffen?

In der Suchttheorie gibt es das Konzept des Suchttransfers: Wenn der Süchtigen das Objekt ihrer Sucht mit Zwang entzogen wird, wird sie ihre Sucht auf etwas anderes verlagern. Menschen, die nach einer magenverkleinernden Operation nicht mehr übermäßig essen können, beginnen stattdessen oft mit dem Trinken oder mit zwanghaftem Glücksspiel. Übermäßiges Essen, Trinken und Spielen sind Symptome einer tieferen Verletzung. Gleichermaßen greift die gegenwärtige Obsession von Umweltaktivisten mit fossilen Energieträgern, wie ich darlegen werde, ebenfalls zu kurz. Es wäre rein theoretisch denkbar, dass wir eine neue, saubere Energiequelle entdecken und doch die Sucht nach einem weltverschlingenden Wirtschafts- und Produktionssystem aufrechterhalten.

Was ist es, das wir auf unserer Jagd nach dem Größer-Schneller-Mehr wirklich suchen? Die folgenden Kapitel zu Energie und Landwirtschaft werden klären, dass die Probleme der Menschheit ihre Wurzel nicht in einem quantitativen Mangel haben; Hunger ist beispielsweise fast immer ein Resultat von Verteilungsproblemen. Wir suchen durch Wachstum andere Bedürfnisse zu erfüllen, Bedürfnisse, die, weil sie qualitativer Natur sind, von Wachstum nie befriedigt werden können. Auf menschliche Grundbedürfnisse nach Verbundenheit, Gemeinschaft, Schönheit, Heiligkeit und Intimität wird mit Imitaten reagiert, die vielleicht vorübergehend betäuben, schlussendlich aber das Verlangen nur vergrößern. Das Trauma unserer Entbehrung treibt die kollektiven Süchte an. Ökologische Heilung verlangt deshalb von unserer Gesellschaft, ihre

Mangelsymptome zu hinterfragen und sich in Richtung qualitativer Entwicklung umzuorientieren. Das erfordert ein erhebliches Umdenken, da die uns leitenden Narrative – vom ökonomischen bis zum wissenschaftlichen – auf quantitativem Denken beruhen.

Umweltzerstörung ist nur ein Aspekt einer Initiationsprüfung, die unsere Zivilisation vorantreibt in eine neue Geschichte, eine kommende Mythologie. Mit einer Mythologie meine ich die Narrative, aus denen wir unser Verständnis darüber zusammensetzen, wer wir sind, was real und möglich ist, warum wir hier sind, wie Veränderungen geschehen, was wichtig ist, wie wir unser Leben leben sollten, wie die Welt zu dem wurde, was sie ist, und was als Nächstes kommen soll. Umweltzerstörung ist die unausweichliche Konsequenz jener Mythologie – ich nenne sie *die Geschichte von der Separation* – welche die letzten paar Jahrhunderte dominiert hat (und in gewissem Umfang auch die letzten Jahrtausende). Um Einstein zu paraphrasieren, diese Mythologie wird nicht aus ihrem Inneren überwunden werden.

Die Essenz der *Geschichte von der Separation* ist das herausgelöste und abgetrennte Selbst in einer Welt, die das Andere ist. Da ich von dir getrennt bin, braucht sich dein Wohlergehen nicht auf meines auszuwirken. In ein objektives, äußerliches Universum geworfen, bedeutet mehr für dich faktisch weniger für mich; natürlich stehen wir dann in einem Wettbewerb miteinander. Gelingt es mir, den Wettbewerb zu gewinnen und dich zu beherrschen, werde ich besser und du wirst schlechter dran sein. Dasselbe gilt für die Beziehung zwischen Mensch und Natur. Je mehr Kontrolle wir über die gesichtslosen Naturkräfte ausüben können, desto besser für uns. Je mehr wir einem gleichgültigen und sinnlosen Universum unsere Intelligenz aufprägen können, desto besser wird die Welt. Es ist also unsere Bestimmung, Herren und Meister der Natur zu werden, indem wir ihre ursprünglichen Grenzen überschreiten. Das Universum, so geht diese Geschichte weiter, besteht nur aus Atomen und

Leere, und es besitzt keine der Eigenschaften eines Selbst, wie wir Menschen es haben: Intelligenz, Absicht, Empfindungsvermögen, Handlungskompetenz und Bewusstsein. Es steht uns daher frei, diese Eigenschaften auf die toten Bausteine des Universums, seine generischen Partikel und unpersönlichen Kräfte anzuwenden, um der unbelebten Welt menschliche Intelligenz aufzuprägen.

Alle Institutionen der modernen Welt sind von der *Geschichte von der Separation* geprägt. In anderen Büchern habe ich beschrieben, wie sie dem Geld, der Rechtsprechung, der Medizin, der Wissenschaft, der Technologie, der Erziehung usw. zugrunde liegt und wie diese Institutionen sich im Rahmen einer anderen Geschichte entwickeln könnten.

Dieses Buch zielt darauf ab, mit spezifischem Augenmerk auf den Klimawandel und die allgemeine Umweltkrise den Übergang in eine neue (und in vielen Aspekten uralte) Geschichte zu beschreiben und – wie ich hoffe – zu beschleunigen. Der Übergang zu einer anderen Mythologie ist mehr als ein rein verstandesmäßiger. In diesem Buch werde ich Argumente dafür liefern, dass die anstehenden äußeren Änderungen viel grundlegender sind, als bloß die industrielle Gesellschaft auf Energieressourcen ohne CO_2-Ausstoß umzustellen. Jeder Aspekt der Gesellschaft, der Wirtschaft und des politischen Systems muss auf eine neue Geschichte ausgerichtet werden[2].

Der Name, den ich für das neue Narrativ gern verwende, geht zurück auf Thich Nhat Hanhs Begriff »interbeing«. Dieses Wort hat zwar buddhistische Konnotationen, aber ich bin kein Buddhist, und man muss den Buddhismus auch nicht gutheißen, um die Einsichten wertschätzen zu können, die dieses Konzept ermöglicht.

Interbeing[3] geht nicht so weit zu behaupten: »Wir sind alle eins«, aber es lockert die rigiden Grenzen des herausgelösten, abgetrennten Selbst durch die Feststellung, dass das Dasein Beziehung ist. Wer ich bin, hängt davon ab, wer du bist. Die Welt ist Teil von mir, so wie ich Teil von ihr bin. Was der Welt geschieht, geschieht in gewissem Sinne auch mir. Das kulturelle oder politische Klima beeinflusst das meteorologische Klima. Wenn eines sich ändert, muss alles andere sich auch ändern. Die Eigenschaften des Selbst (Empfindungsfähigkeit, Handlungskompetenz, Sinn und Seinserfahrung) sind nicht allein auf den Menschen beschränkt. Und die Ergebnisse unseres Handelns werden unausweichlich auf uns zurückfallen und uns beeinflussen.

Interbeing muss mehr sein als ein philosophisches Konzept, wenn sich irgendetwas verändern soll. Es muss eine Art zu sehen, ein Seinszustand, ein strategisches Prinzip und vor allem eine gefühlte Realität sein. Philosophische Argumente allein werden es genauso wenig hervorbringen, wie Appelle an die Vorausschau und die Vernunft die Umweltkrise lösen werden.

Nur wenn wir unser inneres Ökosystem in seiner Fülle – unsere ganze Empfindsamkeit und unsere Fähigkeit zu lieben – wiederherstellen, gibt es Hoffnung, auch das äußere Ökosystem wiederherzustellen. Heilung auf einer Ebene wirkt sich zügig auf alle anderen Ebenen aus, so wie aber auch jede Form der Auslöschung unsere innere Verödung spiegelt und umgekehrt. Damit will ich nicht anregen, dass wir mit dem äußeren Aktivismus aufhören, um uns nur mehr der Pflege unseres Innenlebens zu widmen. Liebe und Empathie sind die fühlbaren Dimensionen der *Geschichte vom Interbeing*, und wir können nur effektiv von dieser Geschichte aus handeln und ihr dienen, wenn wir uns von diesen Gefühlen leiten lassen. Sie sind das Lied, das uns aus dem Labyrinth führen wird. Um ihnen zu folgen, müssen wir wieder lernen zu lauschen – eine Fähigkeit, die durch Trauma und Ideologie abgestumpft und auf eine sehr schmale Bandbreite reduziert wurde.

Dann werden wir auch erkennen, wie wir die Systeme ändern, die die *Separation* verdinglichen, indem sie unsere Verbindungen zu Gemeinschaft, Pflanzen, Tieren, Land und Leben durchtrennen und durch technologie- und geldvermittelte, gleichförmige Beziehungen der Massengesellschaft ersetzen. (Dermaßen verarmt nimmt es nicht Wunder, dass wir stets nach »mehr« hungern.)

Liebe erweitert das Selbst, sodass es andere miteinbezieht. In der Liebe ist dein Wohlergehen nicht von meinem eigenen zu trennen. Dein Schmerz lässt mich leiden, und dein Glücklichsein macht mir Freude. Die Ideologie der Moderne begrenzt den Geltungsbereich unserer Liebe, indem sie dem Selbst eine eng gefasste Identität und dem Nicht-Selbst den Status von stummen, gefühllosen Objekten oder von am Eigeninteresse orientierten Konkurrenten zuschreibt. Für andere über ihren Nutzen für uns hinaus zu sorgen wird damit zu einer Art Wahn, etwa so, als hielte man sich einen Ziegel als Haustier, den man liebt[4]. Vielleicht kommt es daher, dass für Umweltschutz so oft mit Warnungen vor all den schlimmen Dingen argumentiert wird, die zu befürchten sind, wenn wir nicht unsere Lebensweise ändern. Wir nennen Argumente »rational«, wenn sie einen Bezug zum Eigeninteresse haben. Dieses Buch wird begründen, weshalb rationale Überlegungen allein nicht genug sind und warum die Umweltkrise nach einer Revolution der Liebe verlangt.

Für das vereinzelte, getrennte Selbst in einer Welt des Anderen ist die Liebe irrational. Nach der Logik der *Separation* steht der Verstand immer in Konflikt mit dem Herzen. Nicht so in der Logik des *Interbeing*, weil ich dann erkenne, dass das, was den andern geschieht, allen Eingesperrten, allen Bombardierten, allen Verschleppten, allem Abgeholzten, allem Verschmutzten und Ausgerotteten, in gewissem Sinne genauso mir selbst geschieht. In der *Geschichte des Interbeing* sind Herz und Verstand wiedervereinigt, und die Wahrheit liegt dort, wo die Liebe ist.

Wenn Liebe die Wahrheit ist, dann wird unsere scheinbare Kurzsichtigkeit verständlich: Sie ist betäubte Liebe. Wir sehen nicht, dass das, was wir entwerten und zerstören, Teil von uns selbst ist. Wir sehen nicht, dass wir nicht bloß von den Meeren, Regenwäldern und allen lebenden Systemen der Erde bedingt abhängig sind, um zu überleben. Etwas viel Wichtigeres als das Überleben steht auf dem Spiel: unsere Menschlichkeit. Es ist unser ganzes Seinspotenzial. Ist die Liebe betäubt, glauben wir, wir könnten Schaden anrichten, ohne selbst Schaden zu leiden.

Natürlich würde ich kein Buch schreiben, das nur ein vages Versprechen abgibt, dass die Liebe die Welt retten wird. Wie setzen wir sie systematisch in die Tat um? Wie überwinden wir, was sie blockiert? Wie erwecken wir unsere betäubte Empathie? Wie übersetzen wir die Diagnose, die ich angeboten habe, in praktische Handlungen auf der Ebene von Politik und ökologischer Genesung? Diese Fragen sind Gegenstand dieses Buches.

Wer sind »die«?

Das Artensterben, wie Sie wissen, endete nicht mit dem 19. Jahrhundert. Das Schicksal der Wandertaube nahm das Unheil vorweg, welches das Leben auf unserem Planeten derzeit ereilt, eine Katastrophe, die nichts unberührt lässt. Die Katastrophe ist die Verarmung des Lebens, in jedem Sinne dieses Ausdrucks. Ausrottung ist eine Form von Verarmung; der ganz allgemeine Rückgang der Artenvielfalt ist ein anderer; und ebenso die sich ausbreitenden Wüsten an Land und in den Meeren und die allgemeine Erschöpfung des Leben, selbst dort, wo es noch grün ist. Auch wenn Arten nicht aussterben, verbleiben oft nur winzige Restpopulationen; sie schrumpfen auf einen kleinen Teil ihres ursprünglichen Verbreitungsgebiets, verlieren Unterarten und genetische Vielfalt und bewohnen stark verarmte Ökosysteme. Der Schwund biologischen Lebens geht mit der Verarmung des menschlichen Lebens und der kulturellen Vitalität einher. Das alles sind Aspekte derselben Krise.

Kürzlich machte ich die Bekanntschaft eines Bauern aus North Carolina. Ich nenne ihn Mike, ein schollenverbundener Mann, dessen Familie seit 300 Jahren dort lebt. Sein starker Dialekt, rar im Zeitalter der durch Massenmedien erzeugten sprachlichen Vereinheitlichung, ließ konservative »Südstaaten-Werte« vermuten. Er war in der Tat voller Bitterkeit, allerdings nicht gegen die üblichen andersfarbigen oder liberalen Verdächtigen; stattdessen ließ er eine Tirade über die Regierung, Chemtrails, die Banken, die 9/11-Verschwörung, die Apathie der unmündigen Leute und so weiter vom Stapel. »Wir, das Volk, müssen uns erheben und sie niederschmettern«, sagte er, aber es lag keine Inbrunst in seiner Stimme, nur bleierne Verzweiflung.

Vorsichtig eröffnete ich ihm die Idee, dass die Täter dieser Verbrechen selbst Gefangene seien in einer Welt-Geschichte, in der alles, was sie täten, notwendig, rechtens und gerechtfertigt sei; und dass wir uns ihnen zugesellten, wenn wir selbst auch glauben, das Böse müsse mit Gewalt bekämpft werden. Denn genau das ist die Ideologie, die unsere vermeintlichen Gegner dazu bewogen hat, Technologien der Kontrolle anzuwenden, ob nun sozialer, medizinischer, materieller oder politischer Art. Und ganz nebenbei, sagte ich, wenn es zum Krieg käme, um die Tyrannen zu stürzen, wenn es zu einem Kräftemessen käme, stünde es schlecht um uns. Sie sind die Meister des Krieges. Sie haben die Waffen: die Gewehre, die Bomben, das Geld, den Überwachungsstaat, die Medien und die politische Maschinerie. Wenn Hoffnung besteht, dann muss es einen anderen Weg geben.

Vielleicht ist das der Grund, warum so viele altgediente Aktivisten nach Jahrzehnten des Kampfes der Verzweiflung erliegen. Liebe Leserin, lieber Leser, denken Sie, dass wir den militärisch-industriellen-finanziellen-landwirtschaftlichen-pharmazeutischen-NGO-edukativen-politischen Komplex[5] in seinem eigenen Spiel schlagen können? Die moderne Umweltbewegung, und speziell die Klimawandel-Bewegung, hat genau das versucht, und dabei hat sie nicht nur Niederlagen riskiert, sondern manchmal sogar eine Verschlechterung der Situation, selbst in ihren Siegen. Die ökologische Krise ist ein Aufruf zu einer tiefergreifenden Form von Revolution. Deren Strategie schließt ein, dass wir wiederherstellen, was die moderne Weltsicht und ihre Institutionen fast ausgerottet haben: unser gefühltes Verstehen der lebendigen Intelligenz und wechselseitigen Verbundenheit allen Seins. Das nicht zu fühlen heißt, nicht vollständig lebendig zu sein. Es heißt, in Armut zu leben.

Mike verstand mich nicht. Er ist ein intelligenter Mann, aber es schien, als wäre er von etwas besessen; ganz gleich, was ich sagte, immer pickte er ein oder zwei Schlüsselwörter heraus und schüttete mehr Bitterkeit aus. Offensichtlich konnte ich den »Gegner« nicht durch die Macht des Intellekts »besiegen« (das war ja genau die Denkweise, die ich kritisierte). Als ich mich dabei ertappte und erkannte, was ablief, hörte ich auf zu reden und begann, ihm zuzuhören. Ich lauschte nicht so sehr auf der semantischen Ebene, sondern auf die Stimme hinter den Worten und auf alles, was in dieser Stimme mitschwang. Schließlich wusste ich, was zu tun war. Ich fragte ihn genau dasselbe, was ich Sie fragen möchte: »Was hat Sie zu einem umweltbewussten Menschen gemacht?«

Das war der Moment, an dem Ärger und Bitterkeit der Trauer Platz machten. Mike erzählte mir von den Teichen und Bächen und Wildnissen, in denen er in seiner Kindheit gejagt und gefischt hatte, geschwommen und gestreunt war, und wie alles durch Erschließung zerstört wurde: eingezäunt, zur Verbotszone erklärt, planiert, abgeholzt, asphaltiert oder zugebaut.

Mit anderen Worten: Er ist auf demselben Weg wie ich Naturschützer geworden, und – so würde ich vermuten – wie Sie auch. Er wurde zum umweltbewussten Menschen durch die Erfahrung von Schönheit und Verlust.

»Würden die Typen, die die Chemtrails machen lassen, es tun, wenn sie fühlen könnten, was Sie jetzt gerade fühlen?«, fragte ich ihn.

»Nein. Das könnten sie nicht.«

Die Wahrheit dieses Augenblicks, den Mike und ich gemeinsam erlebt haben, existiert parallel zu einer Wirklichkeit, in der sie es tatsächlich tun *würden*, und in der »die« in Wirklichkeit wir alle sind, die zur Zivilisation gehören. Ein einziger Moment der Ehrfurcht, Dankbarkeit oder Trauer, wie tiefgreifend er auch sein mag, reicht weder aus, um Generationen andauernde Programmierungen aufzulösen noch um uns aus einer Ökonomie und Gesellschaft des Ökozids zu befreien.

Können Sie in Ihr Auto steigen im Wissen um den Schadstoffausstoß, um Ölteppiche und die Geopolitik der Erdölförderung? Ich kann es definitiv, und Sie bestimmt auch. Sie mögen vielleicht eine Geschichte darüber erzählen, warum es okay ist, warum es in Ihrem Falle gerechtfertigt ist oder zumindest warum *Sie* es vertreten können. »Ich habe keine Wahl«, mögen Sie denken. Oder: »Immerhin habe ich ein schlechtes Gewissen. Immerhin bin ich eigentlich dagegen. Immerhin wähle ich Politiker und spende Geld an Organisationen, die versuchen, das System zu ändern. Und außerdem fahre ich mit Hybridantrieb.« Alle möglichen Gründe finden sich, warum es okay ist, jetzt gerade in Ihr Auto zu steigen. Oder vielleicht denken Sie auch überhaupt nicht darüber nach.

Mir geht es nicht darum, dass Sie sich etwas vormachen – Sie erbärmlicher, selbstgerechter Heuchler! Ich will damit unsere Urteilsfehler ans Licht bringen und das Kriegsdenken, das sie erzeugen. Und ich möchte damit nahelegen, dass wir normalerweise das, was Mike beschrieben hat, nicht fühlen, weil wir in einem System, mit einer Ideologie und wahrscheinlich mit einer verletzten Psyche leben, die das vollständige Fühlen nur sporadisch erlauben. Das System betäubt uns und ist auch abhängig von unserer Betäubung.

Ich möchte, dass wir die Ebene der Frage: »Ist es okay?« ganz und gar überwinden, und auch die darunter liegende: »Bin ich okay?«. Dies ist die Sprache des nach innen gerichteten Krieges. Wir wollen nicht nur den Feind, sondern auch dessen innere Projektion besiegen: den gierigen, heuchlerischen, unehrlichen, egoistischen, selbstgerechten Teil in uns. In diesem Kampf wird der Selbstekel als Verbündeter, als erstes Zeichen der Erlösung verstanden. Wir haben uns auf die gute Seite geschlagen und Teile von uns zum Feind erklärt. Indem wir uns von diesen Teilen lossagen, glauben wir, einen Fortschritt zu erzielen, um sie zu überwinden. Welch große Anstrengung, die wir da unternehmen, welch anerkennenswerter Fortschritt.

Machen wir aber jemals wirkliche Fortschritte? Oder liegen sie nur darin, unsere Entscheidungen zu entschuldigen, zu verhüllen und zu rationalisieren, damit sie in unser ethisches Bild passen?

Unternehmen und Regierungen machen genau das: Sie verhüllen, sie entschuldigen, sie leugnen und sie setzen kosmetische, selbstrechtfertigende Veränderungen, um ein grünes Image aufrechtzuerhalten. Wir könnten den Unternehmen vorwerfen, dass sie mit der Grünfärberei ein falsches Spiel spielen, und ihnen Gier anlasten. Das beschert uns einen Feind im Außen, den wir bekämpfen können, aber ich fürchte, dass das Problem (wie bei unseren eigenen Selbstrechtfertigungen) in etwas viel Tieferem wurzelt.

Wenn man moralisches Fehlverhalten, sei es auf individueller oder politischer Ebene, für die beängstigende Lage von Menschheit und Erde verantwortlich macht, ist das in jedem Fall ein gefährlicher Irrtum, der die Aufmerksamkeit von systemischen und weltanschaulichen Ursachen ablenkt. Das verschleiert ein Problem, das wir selbst geschaffen haben und von dem wir nicht wissen, wie wir es als Problem lösen können. Wir wissen zumindest theoretisch, wie man schlechte Menschen davon abhält, Schlechtes zu tun. Wir können sie abschrecken, sie überwachen, sie einsperren oder sie töten. Wir können sie bekämpfen, und wenn wir sie besiegt haben, ist das Problem gelöst.

Unser politischer Diskurs ist voll von Narrativen, in denen Gut gegen Böse steht. Jede Seite sieht selbstverständlich sich selbst als die gute und die andere als die böse (oder irgendeine Verschlüsselung dafür: krank, irrational, verdreht, unethisch, korrupt, »aus dem Reptiliengehirn handelnd« usw.). Darin sind sich beide Seiten einig. Deshalb stimmen auch beide Seiten in ihrer strategischen Blaupause für den Sieg überein: Errege so viel Wut und Empörung unter *den Guten* wie möglich, damit sie sich erheben und *die Bösen* niederwerfen. Kein Wunder, dass unser bürgerlicher Diskurs in solch polarisierte Extreme ausgeartet ist.

Das heißt nicht, dass ich keine Meinung darüber habe, welche Seite in heutigen politischen Fragen richtig liegt. Ich sage auch nicht, die Wahrheit sei eine Frage der Meinung oder dass wir unsere Realität selbst erschaffen. Es ist vielmehr so, dass in unserer Gesellschaft die Gründe für die Meinungen und Verhaltensweisen der anderen Seite üblicherweise missverstanden werden.

Das Böse verantwortlich zu machen wäre eine Fehldiagnose des Problems. Ich habe diese Idee in meinem letzten Buch gründlich behandelt; an dieser Stelle werde ich Sie nur bitten, sich in die Gesamtheit der Umstände eines leitenden Angestellten eines Fracking-Unternehmens hineinzuversetzen. Die »Gesamtheit der Umstände« könnte folgendes einschließen:

» die Unternehmenskultur
» die Kultur der Energiewirtschaft
» Leistungsdruck
» ökonomischen Druck auf das Unternehmen

» Jahre feindseliger Attacken von »Ökos«, die Ihnen ignorant und fehlgeleitet erscheinen
» die Propaganda von der Energie-Autarkie
» Ideologien des Fortschritts, Wachstums und der Technologie
» die eingefleischte Wahrnehmungsweise von der Erde als Ding
» schon als Kind auf »Erfolg« getrimmt worden zu sein

Wie würden Sie unter solchen Bedingungen handeln? Wo würden Sie sich schwer tun, Entscheidungen zu treffen? Welches wären die schmerzhaftesten Kompromisse?

Was sind Ihre schwierigsten Entscheidungen und schmerzhaftesten Kompromisse jetzt, in diesem Augenblick? Fahren Sie ein Auto, das Benzin oder Diesel verbrennt? Sind Sie gestern, als es regnete, mit dem Auto gefahren, obwohl sie auch das Rad hätten nehmen können? Duschen Sie heiß und manchmal länger als nötig? Gehen Sie auf Bürgersteigen aus Beton? Nutzen Sie ein Handy, das problematische Mineralien enthält? Nutzen Sie Kreditkarten oder Banken, die die Plünderung der Natur finanzieren? Wenn ja, dann mag da draußen möglicherweise jemand denken, Sie seien ebenfalls böse. Ausbeuterin! Heuchler! Sie verbrauchen mehr, als Sie beitragen! Manchmal denken Sie das womöglich selbst über sich. Und zu anderen Zeiten werden Sie vielleicht Mitgefühl mit sich haben, weil Sie erkennen, dass Sie unter den gegebenen Umständen, Belastungen, Traumata und Begrenzungen so gut handeln, wie Sie können.

Soll das bedeuten, wir könnten ebenso gut aufhören, etwas verändern zu wollen? Nein. Wir müssen fragen: Welche Umstände bringen Entscheidungen hervor, die der Erde schaden? Wenn wir mit anderen Menschen zu tun haben, müssen wir die Frage stellen, die zu Mitgefühl führt: »Wie fühlt es sich an, du zu sein?« Je mehr wir verstehen, desto mehr leben wir in der Realität und desto weniger bewohnen wir eine Fantasiewelt, die von unseren Projektionen bevölkert ist. Sie können natürlich fortfahren, Ihre Gegner als verachtenswerte Bösewichte anzusehen, aber wenn sie das in Wirklichkeit gar nicht sind, dann leben Sie in einem Irrglauben. Wenn wir uns auf die Übeltäter konzentrieren, werden wir blind gegenüber den tieferen, systemischen Gründen und jagen endlos den falschen Lösungen nach, die im Grunde nur den Status quo aufrechterhalten.

Wenn wir uns dem Irrglauben ergeben, erschaffen wir ihn immer wieder neu, spielen wiederholt die vorgesehenen Rollen und erzeugen ihre Dramen, rennen immer wieder auf denselben alten Pfaden des Labyrinths. Selbst wenn wir vorübergehende Siege gegen die Schurken erringen, scheint sich die Gesamtlage nicht zu ändern. Wir kommen dem Ausgang einfach nicht näher. Statt einen Sieg zu erringen, bestärken wir in der Regel lediglich unsere Überzeugung, dass wir tatsächlich die Guten sind. Diese polarisierte Sicht ist eines der Dinge, die wir aufgeben müssen, wenn wir eine Ära der ökologischen Heilung beginnen möchten. Sind Sie willens, auf das Sieger-sein zu verzichten? Sind Sie bereit, auf den Tag zu verzichten, an dem sich herausstellt, dass Sie recht gehabt haben? Sind Sie bereit aufzuhören, sich selbst in der Mannschaft der Guten im Kampf gegen die Mannschaft der Bösen zu sehen? Denn das glaubt jede Seite in jeder beliebigen Debatte normalerweise von sich selbst, und dieses Muster, etwas zum *Anderen* zu machen, steht beispielhaft für die Kluft zwischen Mensch und Natur und vertieft sie.

Ich stelle diese Fragen absichtlich. Ich werde in diesem Buch geltend machen, dass alle Positionen im Spektrum der Meinungen zum Klimawandel, vom Skeptizismus bis zum Klimapessimismus, falsch sind. Wie jene, die böse Menschen für das Böse in der Welt verantwortlich machen, operieren sie in einem zu flachen kausalen Rahmen. Die Gesamtheit der Umstände, die Umweltzerstörung und Klimaveränderung antreiben, ist größer, als man landläufig zu begreifen meint.

Der Kampf

Nichts von dem oben Gesagten soll in Abrede stellen, dass dem Leben auf diesem Planeten schreckliche Dinge widerfahren. Jemand walzt Bäume mit dem Bulldozer um, legt Feuchtgebiete trocken, fängt Fische mit dem Schleppnetz, verschmutzt Wasser, Luft und Boden. Dieser Jemand ist stets ein Mensch.

Da die meisten dieser Zerstörungen auf Geheiß von großen Unternehmen geschehen, scheint es vernünftig, diese als den Feind zu identifizieren. Entlarvt ihr unmoralisches Verhalten! Zieht sie zur Verantwortung! Schreckt sie durch empfindliche Strafen von ihren Verbrechen ab! Haltet ihr Geld von der Politik fern! So können wir wenigstens ihre schlimmsten Exzesse eindämmen.

Diese Herangehensweise ist unter den gegenwärtigen Bedingungen vernünftig, aber damit akzeptierten wir genau jene Dinge als unveränderlich, die wir verändern müssen. Ich werde später noch spezifischer auf dieses Thema eingehen; für jetzt nur etwas Allgemeines: Den Feind zu bekämpfen ist aussichtslos, wenn wir in einem System leben, das endlos neue Feinde erzeugt. Das ist ein Patentrezept für endlosen Krieg.

Wenn sich das ändern soll, dann müssen wir eine unserer Süchte aufgeben, eine viel grundsätzlichere als die nach fossilen Energieträgern, nämlich unsere Kampfeslust. Dann können wir die Grundbedingungen untersuchen, die einen unerschöpflichen Nachschub an zu bekämpfenden Feinden produzieren.

Die Kampfsucht nährt sich aus der Vorstellung, die Welt bestehe aus lauter Feinden: gleichgültigen Naturgewalten mit der Tendenz zur Entropie und feindseligen Konkurrenten, die nur ihre reproduktiven oder ökonomischen Eigeninteressen auf Kosten unserer eigenen durchzusetzen suchen. In einer Welt voller Konkurrenten muss man Sieger sein, damit es einem gut geht. In einer Welt zufälliger Naturgewalten führt Kontrolle zu Wohlergehen.

Krieg ist die Mentalität der Kontrolle in ihrer extremsten Form. Töte den Feind – das Unkraut, das Ungeziefer, die Terroristen, die Bakterien – und das Problem ist ein für alle Mal gelöst.

Doch es ist niemals gelöst ist. Auf den Ersten Weltkrieg – »den Krieg, der alle Kriege beenden wird« – folgte schon bald danach ein weiterer, noch schrecklicherer Krieg. Und das Böse verschwand auch nicht nach der Niederlage der Nazis oder dem Fall der Berliner Mauer. Der Zusammenbruch der Sowjetunion stürzte allerdings eine Gesellschaft in die Krise, die sich vor allem durch ihre Feinde definiert hatte; deshalb folgte eine verzweifelte Suche nach einem neuen Feind in den frühen 1990er-Jahren. Zunächst fiel die Wahl auf einen schwächlichen Kandidaten, die »kolumbianischen Drogenbosse«, bevor man sich schließlich für den »Terror« entschied.

Der Krieg gegen den Terror hauchte der auf Kriegführung basierenden Kultur neues Leben ein; er schien in der Tat sogar permanenten Krieg zu ermöglichen. Zum Bedauern des militärisch-industriellen Komplexes scheint die Öffentlichkeit immer weniger vom Terror terrorisiert zu sein, was eine Serie neuer Bedrohungen nötig macht, mit denen ein Klima der Angst aufrechterhalten wird. Es ist schwer zu sagen, ob die Angstkampagnen der letzten Jahre – russische Hacker, islamischer Terror, Ebola, das Zika-Virus, Assads Chemiewaffen, das iranische Atomwaffenprogramm, um nur einige zu nennen – gewirkt haben. Die Medien zumindest lassen die Alarmglocken schrillen, und die Öffentlichkeit scheint mit den politischen Maßnahmen einverstanden, die durch diese Kampagnen gerechtfertigt werden, etwa mit dem massiven Pestizid-Einsatz in Florida im »Kampf gegen Zika«. Allerdings – und das mag zum Teil meinen gegenkulturellen sozialen Kreisen geschuldet sein – habe ich keine wirkliche Furcht vor diesen Dingen gesehen, jedenfalls nicht vergleichbar mit der greifbaren Furcht vor der Sowjetunion, die in meiner Kindheit allgegenwärtig war. Die Öffentlichkeit nimmt fast alles, was die Behörden sagen, einschließlich der Angst-mache, nicht mehr so ernst. Die öffentliche Apathie erlaubt den regierenden Eliten, ihre Kontrollprogramme zu verfolgen, aber es gelingt ihnen nicht mehr, mit echter Furcht Druck zu machen. Hat irgendwer außerhalb der politischen Kreise tatsächlich Angst vor dem Iran, Baschar al-Assad oder Wladimir Putin? Man könnte den Verdacht hegen, dass selbst die Politiker keine Angst haben, auch wenn sie den Anschein der Aufgeregtheit als politische Pose zur Schau stellen.

Ich bringe hier die schwindende Macht von Angstmacherei ins Spiel, weil oft genau diese Strategie im Bemühen, den ökologischen Kollaps aufzuhalten, angewendet wird. Das gängige Narrativ über den Klimawandel lautet im Grunde so: »Glauben Sie uns, schlimme Dinge werden geschehen, wenn wir uns nicht beeilen und große Veränderungen vornehmen. Es ist fast schon zu spät; der Feind steht vor den Toren!« Ich möchte die Annahme infrage stellen, dass wir die Öffentlichkeit mit angstbasierten Appellen ans Eigeninteresse motivieren können und sollen. Wie wäre es mit dem Gegenteil? Wie wäre es mit Appellen an die Liebe? Ist das Leben auf der Erde kostbar oder heilig an sich, oder nur, wenn es für uns nützlich ist?

Der Klimawandel-Aktivismus ist voller Kriegsnarrative, Kriegsmetaphern und Kriegsstrategien. Der Grund dafür liegt – neben den tief sitzenden Gewohnheiten aus der *Geschichte von der Separation* – in dem Wunsch, eine Inbrunst und Selbstverpflichtung hervorzurufen, wie Menschen sie in Kriegszeiten zeigen. Dem Muster der Kriegsrhetorik folgend, beschwören wir eine existenzielle Bedrohung herauf.

Ich glaube nicht, dass das funktioniert. Ich zögere, den Begriff »Klimawandel« in den Titeln meiner Aufsätze zu verwenden. Das letzte Mal, als ich das tat, schrieb mir jemand: »Ich hätte Ihren letzten Beitrag fast nicht gelesen, denn er hatte das Wort Klimawandel

40

im Titel, und ich bin es einfach leid, immer und immer wieder dasselbe zu hören.«

Vielleicht werden wir kriegsmüde. Braucht es mehr und mehr Brandreden, um Sie dazu zu bringen, in eine weitere Schlacht zu ziehen? Fühlen Sie sich ausgebrannt, wenn kein neues Entsetzen Sie mehr zum selben Engagement animieren kann, das Sie noch vor ein paar Jahren gezeigt haben? Das Ausbrennen scheint für einen Aktivisten das Ende zu sein; folgt man aber der Geschichte vom Mann im Labyrinth, kann es sogar der notwendige Ausgangspunkt für eine völlig andere Herangehensweise an Engagement sein.

Meine gute Freundin Pat McCabe, eine Frau der Diné (Navajo) und langjährige Schülerin des Lakota-Wegs, drückt es so aus: »Wenn du ans Ende deiner Kräfte kommst, dann geschehen Wunder.« Wenn wir ausschöpfen, was wir wissen, dann wird das, was wir nicht wissen, möglich.

Wenn man voller Kummer über die Vernichtung des Lebens auf Erden ist, mag es verständlich erscheinen, wenn man jeden Vorschlag, »den Kampf aufzugeben«, als Affront ansieht. Für jemanden, der von der Kriegsmentalität durchdrungen ist, bedeutet den Kampf aufzugeben zugleich jegliches Handeln aufzugeben. Ich schlage vor, den Kampf in einem anderen Sinne aufzugeben: als Orientierungsprinzip für unsere Bemühungen, die Erde zu heilen. Es mag weiterhin Konflikte geben, aber wir werden Zugriff auf viel größere Heilkräfte bekommen, wenn wir das Thema innerhalb eines friedlichen Rahmens angehen.

Es wurde oft gesagt, dass der letzte große Krieg, der unzweideutig seine Ziele erreicht hat, der Zweite Weltkrieg war. Seitdem endeten militärische Konflikte für die stärkere Seite gewöhnlich in Pattsituationen, im Morast oder in einem Debakel. Dass beispielsweise der Krieg in Afghanistan ein Fehlschlag war, liegt nicht an minderwertigen Waffensystemen. Die Waffensysteme sind für die angestrebten Ziele unzureichend, denn diese können nicht erzwungen werden. Gewehre und Bomben können meist keine Stabilität bringen, »Herz und Verstand erobern« oder ein Land pro-amerikanisch machen, außer es handelt sich eindeutig um die Rettung eines Volkes vor Despoten und Aggressoren[6]. Um Krieg zu rechtfertigen, müssen wir jede Situation in dieses Schema hineinzwingen, und die Medien haben dies bei jedem Konflikt seit Vietnam versucht.

Dasselbe gilt für nicht-militärische Kriege. Zu meinen Lebzeiten wurden ein Krieg gegen die Armut, einer gegen den Krebs, einer gegen Drogen, einer gegen den Terror, einer gegen den Hunger und nun einer gegen den Klimawandel ausgerufen. Und bis jetzt haben wir mit ihnen auch nicht mehr erreicht als mit dem Krieg im Irak.

Wenn der »Kampf« gegen den Klimawandel ein Krieg ist, ist klar, welche Seite gewinnt. Die Treibhausgasemissionen haben unablässig zugenommen, seit sie in den späten 1980ern das erste Mal von einer größeren Öffentlichkeit als Problem erkannt wurden. Das Waldsterben hat sich seitdem ebenfalls fortgesetzt und in manchen Gebieten sogar beschleunigt. Es hat auch keinen Fortschritt bei der Umstellung der grundlegenden Infrastrukturen unserer Gesellschaft von fossilen auf erneuerbare Energieträger gegeben. Wäre Krieg die einzige Handlungsmöglichkeit, dann müssten wir noch heftiger kämpfen. Wenn es einen anderen Weg gibt, wird die Gewohnheit zu kämpfen zum Hindernis für den Sieg.

Im Falle der totalen Umweltzerstörung ist die Kriegsmentalität nicht nur ein Heilungshindernis, sondern ein integraler Teil des Problems. Krieg basiert auf einer Art Reduktionismus: Er reduziert komplexe, wechselseitig verflochtene Ursachen – uns selbst eingeschlossen – auf eine einfache, externe Ursache, genannt Feind. Dieser wird oft entwertet, karikiert und entmenschlicht dargestellt. Die Dämonisierung und Entmenschlichung des Feindes unterscheidet sich nur wenig von der Entweihung der Natur, die die Voraussetzung für deren Zerstörung ist. Die Natur zum *Anderen* zu machen, zu etwas, das weder Ehrfurcht noch Respekt verdient, zum Objekt, das dominiert, kontrolliert und unterworfen werden muss, gleicht der Entmenschlichung und Ausbeutung von anderen Menschen.

Respekt für die Natur kann nicht vom Respekt für alle Wesenheiten – einschließlich der Menschen – getrennt werden. Das eine bedingt das andere. Der Klimawandel ruft uns deshalb zu einer tiefer greifenden Transformation auf, es geht nicht nur um den Austausch unserer Energieträger. Er fordert dazu auf, die grundlegende Beziehung zwischen dem Selbst und dem Anderen zu transformieren, einschließlich, aber nicht ausschließlich der Beziehung zwischen dem kollektiven Selbst der Menschheit und der Natur als *dem Anderen.*

Die philosophisch geneigte Leserin mag protestieren, das Selbst und das Andere seien in Wahrheit nicht getrennt, oder die Mensch-Natur-Unterscheidung sei ein künstlicher, falscher und schädlicher Gegensatz, eine Erfindung des modernen Denkens. In der Tat legt die »Natur« als separate Kategorie nahe, dass wir Menschen unnatürlich und deshalb potenziell über die Naturgesetze erhaben wären. Welche Metaphysik dem auch immer zugrunde liegen mag, was sich ändert, ist unsere *Mythologie.* Wir waren nie von der Natur getrennt und werden es auch nie sein, aber die dominante Kultur auf der Erde hat sich lange Zeit als getrennt von der Natur begriffen. Sie meinte sich dazu bestimmt, sie eines Tages zu transzendieren. Wir haben in einer Mythologie der *Separation* gelebt.

Teil der Mythologie der *Separation* ist der Glaube an eine verdinglichte Natur; mit anderen Worten: der Glaube, dass nur die Menschen volles Bewusstsein besitzen. Das erlaubt uns, die Wesen der Natur für unsere eigenen Zwecke auszubeuten, so wie die Entmenschlichung anderer Ethnien den hellhäutigen Menschen erlaubte, diese zu versklaven.

Die Auffassung der dominanten Kultur darüber, wer als volles ✗Subjekt gilt, als bewusst und würdig, ein Selbst zu besitzen, hat sich in den letzten paar hundert Jahren erweitert. Vor zwei oder drei

✗ mit Bewusstsein, denkendes handelndes Wesen

43

Jahrhunderten galten nur besitzende weiße Männer als vollwertige Subjekte. Dann wurde diese Kategorie auf alle weißen Männer ausgedehnt. Schließlich wurden auch Frauen und Menschen anderer Hautfarbe aufgenommen. Dann kam die Tierrechtsbewegung mit der Forderung, dass auch Tiere Bewusstsein, Subjektivität und ein inneres Leben haben und daher nicht als bloßes Vieh oder als Fleisch-Maschinen behandelt werden dürfen. Auch zur Intelligenz von Pflanzen, Myzelien, Böden und Wäldern sind unlängst wissenschaftliche Entdeckungen gemacht worden und sogar über die Fähigkeit des Wassers, komplexe dynamische Informationsmuster zu übermitteln. Diese Entdeckungen nähern sich anscheinend der allen indigenen Völkern gemeinsamen Überzeugung an, dass alles lebt und Bewusstsein hat.

Fanatismus und Umweltzerstörung beruhen auf der Entmenschlichung oder der »Ent-Selbstung« des Anderen. Die gegenteilige Sichtweise führt zu einer *Geschichte vom Interbeing*. Noch einmal, dieser Begriff geht über bloße wechselseitige Vernetzung und Abhängigkeit hinaus und meint, dass wir existenziell mit allen anderen Wesen und mit der Welt insgesamt verbunden sind. Mein ureigenes Sein hat Teil an Ihrem Sein und dem Sein der Wale, der Elefanten, der Wälder und der Meere. Was ihnen geschieht, geschieht auf einer gewissen Ebene auch mir. Wenn eine Art ausstirbt, stirbt auch etwas in uns; wir können der Verarmung der Welt, in der wir leben, nicht entrinnen.

Dies trifft in gleicher Weise auf das ökologische, ökonomische und politische Wohlergehen zu. Die Tage des Kolonialismus und Imperialismus, in denen der Wohlstand einer Nation auf der Plünderung von anderen beruhte, sind gezählt. Die Ära des Glaubens, dass der Wohlstand der Menschen auf der Plünderung der Natur aufgebaut werden kann, ist ebenfalls fast vorüber. Sicherlich erscheinen beide Formen von Plünderung äußerlich so robust wie eh und je – oder gar schlimmer denn je zuvor. Allerdings ist ihr ideologischer Kern ausgehöhlt. Die konvergierenden Krisen sind eine Initiation für die Menschheit in die neue und gleichzeitig uralte Mythologie des *Interbeing*.

Später werde ich zu zeigen versuchen, dass die Klimakrise eigentlich etwas anderes ist als das, was wir uns im Allgemeinen darunter vorstellen. Doch Vorstellungen sind wichtig. Klimawandel bedeutet im Kern, dass wir am Ende einer Ära angelangt sind. Wir sind am Ende des *Zeitalters der Separation*. Es ist ein Übergang, der nun schon seit drei Generationen in Gang ist. Er wurde durch die Anwendung der extremsten aller möglichen Kontrolltechnologien auf dem Höhepunkt des Totalen Krieges ausgelöst. Ich spreche natürlich von der Atombombe.

Das *Zeitalter des Krieges* kam 1945 zu seinem passenden Ende, als die Menschen zum ersten Mal in der Geschichte eine Waffe entwickelt hatten, die zu schrecklich war, um sie zu anzuwenden. Es brauchte zwei Grauen erregende Einsätze der Atombombe, um den Boden für Jahrzehnte eines »Gleichgewichts des Schreckens[7]« zu bereiten, ein Aufglimmen der evolutionären Einsicht, dass das, was wir dem Anderen antun, uns selbst antun. Zum ersten Mal in der Geschichte wurde ein totaler Krieg zwischen den Supermächten unmöglich. Heutzutage wird bis auf eine uneinsichtige Minderheit niemand mehr erwägen, Atomwaffen zu verwenden, selbst in Situationen, wo Vergeltung unwahrscheinlich ist. Radioaktive Verstrahlung macht einen Einsatz im großen Maßstab undenkbar, aber es gibt auch einen anderen Grund, der uns zurückhält. Wir könnten es vielleicht Gewissen oder Ethik nennen, aber die Geschichte macht auf tragische Weise deutlich, dass Gewissen und Ethik allein nicht ausreichen, um Dummheit und Grauen zu unterbinden. Nein, etwas anderes hat sich verändert.

Was sich nach meinem Dafürhalten geändert hat, ist das beginnende Aufkeimen eines Bewusstseins des *Interbeing* in der vorherrschenden Zivilisation. Was wir *dem Anderen* antun, tun wir uns selbst an. Diese Einsicht wird prägend sein für die nächste Zivilisation – wenn es eine nächste Zivilisation geben sollte. Und jetzt steht für uns (für gewöhnlich spreche ich in diesem Buch von »wir«, wenn ich die dominante Kultur auf diesem Planeten meine) Lektion zwei in Sachen *Interbeing* an. Lektion eins war die Atombombe. Lektion zwei ist der Klimawandel.

2

Fundamentalismus

»Eines Tages wirst du dich entscheiden müssen, Charles, ob du relevant sein möchtest oder nicht.«

Das sagte einmal ein einflussreicher Umweltaktivist zu mir, nachdem er mich über meine verschiedenen Interessen und Aktivitäten reden gehört hatte. Er meinte damit ungefähr Folgendes:

Es gibt einen ständig kleiner werdenden Handlungsspielraum für den Klimaschutz, bevor unumkehrbare Rückkopplungsschleifen zur unvermeidlichen Auslöschung der Menschheit führen werden. Der einzig entscheidende Beitrag, den du leisten kannst, ist daher, dich in jedem Augenblick hundertprozentig dafür einzusetzen, mit allen Mitteln die Treibhausgas-Emissionen so schnell wie möglich zu reduzieren. Deine anderen Interessen sind belanglos. Wenn wir nicht bald eine vernünftige CO_2-Steuer einführen, dann wird es keine Rolle spielen, ob sich das Männliche mit dem Weiblichen versöhnt, ob die Wale gerettet werden, ob man verhindern kann, dass Jugendliche aus der Schule direkt ins Gefängnis wandern. Auch soziale Gerechtigkeit, Bildung, psychische Gesundheit, ganzheitliche Medizin, wissenschaftliche Anomalien, bindungsorientierte Elternschaft[8], Gemeinschaftsbildung, neue Wirtschaftsweisen, Philosophie, Geschichte, Kosmologie, neo-Lamarck‹sche Biologie, heilige Pflanzenmedizin, gewaltfreie Kommunikation, Pflanzenintelligenz, bedrohte Sprachen, Souveränität für indigene Völker, pansubjektive Metaphysik ... keines der

Themen, über die du schreibst, ist von Bedeutung, solange es nicht einen direkten, signifikanten, zeitnahen Einfluss auf Treibhausgase hat. Wenn wir diesen Kampf einmal gewonnen haben, dann können wir uns wieder anderen Dingen zuwenden. Also, wirst du dich diesem Kampf anschließen oder nicht?*

Dieses Denkmuster wird Fundamentalismus genannt, und es entspricht in seiner Dynamik zwei Institutionen, die für unsere Zivilisation prägend sind: Geld und Krieg. Fundamentalismus reduziert das Komplexe auf das Einfache und verlangt die völlige Ausrichtung auf ein letztes Ziel, dem das Unmittelbare, das Menschliche, das Persönliche geopfert werden muss. Diszipliniert durch die Erwartung himmlischer Belohnungen oder höllischer Bestrafungen, verleugnet der extreme religiöse Fundamentalist seine Menschlichkeit, um dem zu dienen, was Gott nach seiner Auslegung der Religion verlangt. Diszipliniert durch wirtschaftliche Zwänge, opfern Millionen von Menschen ihre Zeit, Energie, Familie und das, was ihnen wirklich wichtig ist, dem Geld. Diszipliniert durch eine existentielle Bedrohung, wendet sich ein Land im Krieg von Kultur, Müßiggang, bürgerlichen Freiheiten und allem ab, was nicht kriegswichtig ist.

Jeder, der eine gewisse Skepsis gegen diese Institutionen hegt, wird vielleicht auch die gängige Denkweise, die dem Klimaschutz zugrunde liegt, mit Argwohn betrachten. Schließlich hält auch sie an einer universellen Ursache fest, der zufolge ebenfalls alles für ein letztes Ziel geopfert werden soll. Wenn wir uns einig sind, dass das Überleben der Menschheit auf dem Spiel steht, dann ist jedes Mittel legitim, und jedes andere Anliegen – etwa eine Gefängnisreform, Unterkünfte für Wohnungslose, Betreuung von Menschen mit Autismus, die Rettung misshandelter Tiere oder ein Besuch der eigenen Großmutter – wird zu einer ungerechtfertigten Ablenkung vom einzig wichtigen Anliegen. In letzter Konsequenz verlangt diese Einstellung, dass wir mit versteinertem Herz unseren Blick von den Bedürfnissen unserer unmittelbaren Umwelt abwenden. Wir dürfen keine Zeit verlieren! Alles steht auf dem Spiel! Jetzt geht's ums Ganze! Wie sehr das doch der Kriegslogik gleicht. Wen wundert es, dass den Umweltaktivistinnen eine regelrechte Feindseligkeit vonseiten der Menschen aus benachteiligten Schichten entgegenschlägt, wie mir eben wieder ein Community Organizer[9] erzählte. Ihre Bedürfnisse werden ignoriert, und tatsächlich sind sie es, die zuallererst in diesem Krieg geopfert werden.

Während es in diesem Buch zwar hauptsächlich um ökologische Heilung geht, distanziere ich mich von dem Standpunkt, dass nicht auch anderes ebenso wichtig ist. »Nur der Umweltschutz zählt« – das ist eine Rhetorik, die für viele Menschen aus der Arbeiterklasse oder Menschen, die Minderheiten angehören, abstoßend ist, weil darin die bevormundende Botschaft mitschwingt: »Wir wissen besser als ihr, wofür es zu kämpfen gilt.« Damit erklärt man ihre Sorgen für nichtig. In Amerika werden hauptsächlich nicht-weiße Menschen von der Polizei auf der Straße willkürlich aufgehalten und durchsucht. Einem großen Teil der Bevölkerung wird damit unterstellt, kriminell zu sein. Aber was macht das denn schon aus angesichts des bevorstehenden Zusammenbruchs der Zivilisation? Was macht die Arbeit der Näherinnen in Ausbeuterbetrieben aus, oder was spielen die krebserregenden Stoffe im Wasser für eine Rolle, wenn der Klimawandel die ganze Erde für menschliches Leben unbewohnbar macht? Eure Sorgen sind nicht wichtig. Wenn wir das glauben, werden wir (auch wenn wir nicht so undiplomatisch sind, das laut auszusprechen) eine kämpferische Mentalität ausstrahlen und damit nur Menschen ansprechen, die so fundamentalistisch eingestellt sind wie wir selbst.

Wenn wir einen breiten sozialen Konsens darüber fördern wollen, dass der Planet beschützt und wieder geheilt werden soll, dann müssen wir diese Kriegslogik an der Wurzel umkehren. Die Stimme der *Separation* protestiert: »Aber es ist doch wahr! Keines dieser Anliegen hat noch Bedeutung, wenn die Temperatur um zehn Grad ansteigt.«[10] Dieser Glaube basiert auf einer Welterzählung, die die enge Verbundenheit aller Dinge miteinander nicht anerkennt. Wenn wir die Wirklichkeit als eine Ansammlung getrennter, ursächlich nicht zusammenhängender Phänomene betrachten, dann erscheint es leichtsinnig, sich angesichts des Klimawandels trotzdem darum zu bemühen, die Gentrifizierung in Brooklyn zu bremsen oder gegen den Sexhandel mit Haiti einzuschreiten.

Vor dem Hintergrund der *Geschichte vom Interbeing* erfassen wir verschiedene Ursache-Wirkungs-Beziehungen intuitiv. Es überrascht uns nicht, dass in einer Gefängnisgesellschaft, die Millionen ihrer Mitglieder einsperrt, auch die Nicht-Eingesperrten ihre Freiheit verlieren. Es überrascht uns nicht, dass die Gewalt, die ein Land weltweit ausübt, sich auch in das Land einschleicht, sei es in Form von häuslicher Gewalt oder selbstzerstörerischer Gewohnheiten, egal wie viele Sicherheitsvorkehrungen, Überwachungsmaßnahmen, Mauern oder Zäune das verhindern sollen. Und es überrascht uns nicht, dass sich Umweltverschmutzung und die Zerstörung natürlicher Lebensräume in körperlichen Krankheiten und der Verwüstung unserer seelischen Landschaften widerspiegelt. Die Illusion der *Separation* macht uns glauben, dass es möglich wäre mit den passenden Luft- und Wasserfiltern, EMF-Blockern[11], Nahrungsergänzungsmitteln, Klimaanlagen, Antibiotika, Fungiziden, Pestiziden usw. auf einem vergifteten Planeten ein gutes Leben zu führen, indem wir die Natur durch Technik ersetzen. In einer Welt des *Interbeing* wissen wir, dass die Gesundheit des Einzelnen unmöglich ohne die Gesundheit aller aufrechtzuerhalten ist.

Wenn wir uns Solidarität wünschen, müssen wir begreifen, dass Genozid und Ökozid, menschliche Erniedrigung und Umweltzerstörung aus demselben Stoff gemacht sind und dass sich nur alles zusammen oder nichts davon ändern kann. Das heißt nicht, dass

wir unser Augenmerk auf rassistisch motivierte oder soziale Ungerechtigkeit mit dem strategischen Ziel richten sollen, die betroffenen Menschen dann zum Umweltaktivismus zu bekehren. Es geht
darum zu erkennen, dass Heilung auf jedweder Ebene zur Heilung
aller Ebenen beiträgt.

Da wir es nicht gewohnt sind, ganzheitlich zu denken, scheint es
unlogisch, dass die Gründung eines sozialen Unternehmens, für das
wohnungslose Menschen arbeiten, dabei hilft, den Klimawandel zu
bremsen. Mit unserer jetzigen Weltsicht scheint es hier keinen kausalen Zusammenhang zu geben. Unser vorherrschendes System zur
Wissensgewinnung (die Wissenschaft) bedient sich der Kontrolle
von Variablen, bricht das Ganze in seine Teile herunter und ermit-
telt messbare, vorhersagbare kausale Vorgänge. So geschaffenes
Wissen ist kulturell legitim. Aber die kausalen Fäden, die Wohnungslosigkeit und ökologischen Niedergang miteinander ver-
knüpfen, sind weder messbar noch vorhersagbar. Tatsächlich könnten Zyniker im Geiste Ebenezer Scrooges[12] argumentieren, die
Wiedereingliederung wohnungsloser Menschen schade dem Klima, weil sie damit zu Konsumenten würden.

Natürlich ist es möglich eine Begründung zu konstruieren, warum Unterkünfte für Wohnungslose gut für die Umwelt sind, aber
die wird nicht so leicht in der Sprache der Klimapolitik zu formulieren sein, und einen Mr. Scrooge würde sie wahrscheinlich auch
nicht überzeugen. Wenn aber Mr. Scrooge einen Geisteswandel
vollzieht und die Welt mit den Augen des *Interbeing* sieht, wird er
davon ausgehen, dass die beiden Phänomene miteinander in Bezug
stehen. Im Glauben an eine allen Phänomenen innewohnende Intelligenz könnte er die Vermutung anstellen, dass eine Gesellschaft,
die gegenüber ihren verletzlichen Mitgliedern ungastlich ist, sich in
einem Planeten widerspiegelt, der ungastlich für die Menschen ist.
Er wird davon ausgehen, dass die tieferen Ursachen von Wohnungslosigkeit etwas mit den tieferen Ursachen des Klimawandels

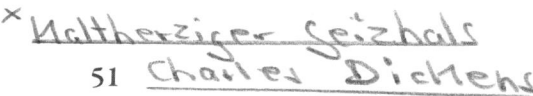

× Hartherziger Geizhals

51 Charles Dickens

gemein haben. Statt »die Wohnungslosigkeit zu bekämpfen«, wird er versuchen zu verstehen, wie sie überhaupt zustande kommt. Er wird verstehen, dass es in Ordnung ist, sich dem zu widmen, was sein Mitgefühl am stärksten rührt, im Vertrauen darauf, dass sein Tun angesichts der globalen Krise immer noch »relevant« ist. Und sein Tun wird nicht länger vom Selbsterhaltungstrieb und von der Sorge um sein eigenes Überleben motiviert sein, weil er versteht, dass sein Wohlergehen untrennbar mit dem Wohlergehen aller verbunden ist, die er in sein größer werdendes Herz schließt.

Es gilt also die Frage auszuloten, was den Übergang zu einem Bewusstsein von *Interbeing* veranlasst. Der Schöpfer von Ebenezer Scrooge, Charles Dickens, wusste es: die Konfrontation mit Schönheit, Leid und Sterblichkeit; der Kontakt mit dem, was wirklich ist. Man könnte es eine Initiationserfahrung nennen. Ohne sie lockert sich die Umklammerung von Selbsterhaltungstrieb und Überlebensangst nie. Wir könnten versuchen, uns diese Ängste (durch das Drohen mit dem Klimawandel) zunutze zu machen, um die anderen Menschen zu umweltfreundlichem Verhalten zu motivieren. Doch der Versuch, ein Problem, das von außer Kontrolle geratenem, blindem Eigeninteresse verursacht wurde, durch einen Appell an das Eigeninteresse zu lösen, hieße Öl ins Feuer gießen. Wir brauchen das Gegenteil: Es gilt, den Kreis des Mitgefühls auszuweiten, bis er jedes Wesen auf dieser Erde mit einschließt.

Die absurden Konsequenzen des CO_2-Reduktionismus

Wenn Klimafundamentalismus die Basis für politisches Handeln ist, führt das oft genau zum Gegenteil dessen, was mit den Maßnahmen eigentlich erreicht werden sollte. Das Hauptproblem liegt im zuvor erwähnten Reduktionismus – der verkürzten Darstellung eines vielschichtigen Ursachengeflechts auf eine einzige, benennbare

Ursache. Im heutigen umweltpolitischen Diskurs sind das die Treibhausgase, insbesondere Kohlenstoffdioxid (CO_2).

Wie bei der Kriegslogik und der Geldlogik ist das Problem beim CO_2-Reduktionismus die Verkürzung auf »eine Sache ist wichtig« statt »alles ist wichtig«. In den Worten von Moreno und Kollegen:

Hat man einmal alle Arten und Ökosysteme in der Bilanz festgehalten, besteht kein Bedarf mehr, sich komplexe Beziehungen, Unsicherheiten und Querverbindungen näher anzusehen ... durch den Versuch, die Wirklichkeit und ihre Widersprüche in CO_2-Äquivalenten auszudrücken, wird kulturelle, symbolische und epistemische Gewalt verübt.[13]

CO_2-Reduktionismus ist in den viel breiteren Reduktionismus der Wissenschaft eingebettet. Als reduktionistisch wird der Wissenschaft oft der Versuch vorgeworfen, das Verhalten des Ganzen durch die Eigenschaften seiner Teile zu erklären. Aber dieses Bestreben beruht auf einem noch viel heimtückischeren und radikaleren Reduktionismus: auf dem Anspruch, die Welt vollständig in Zahlen beschreiben zu können. Dahinter steht die Anmaßung, dass wir eines Tages, wenn alles geordnet, kategorisiert und vermessen ist, jedes Geheimnis gelüftet haben werden, und die Welt endlich unser sein wird. Diese Verkürzung der Wirklichkeit auf Zahlen ist die Reduktion des Unendlichen auf das Endliche, des Heiligen auf das Profane und des Qualitativen auf das Quantitative. Der Anspruch, die gesamte Wirklichkeit unter die Herrschaft des Verstandes zu bringen, verleugnet das Geheimnisvolle.

Das totalitäre Streben, die gesamte Welt in Zahlen zu fassen, wird nie gelingen. Den Messungen und Modellen entgeht immer etwas: das Unmessbare, das Qualitative und das, was irrelevant zu sein scheint. Die Beurteilung, ob etwas relevant ist oder nicht, ist durch die Voreingenommenheit der Messenden und oft auch durch wirtschaftliche und politische Faktoren beeinflusst. Man könnte sagen, dass wir unseren Schatten nicht berücksichtigen. Wie vieles, das wir ignorieren oder unterdrücken, bricht es in Form von absurden, unabsehbaren Auswirkungen wieder hervor. So kommt es, dass die Ergebnisse von Entscheidungen, die aufgrund von Zahlen – dem Inbegriff von Rationalität – getroffen wurden, sich oft als absurd herausstellen.

Ein Beispiel, um das Problem zu verdeutlichen: die Tehri-Talsperre in Indien, die den Bhagirathi-Fluss aufstaut. Sie wurde 2006 gegen den jahrzehntelangen Widerstand von Umweltaktivisten und der lokalen Bevölkerung fertiggestellt. Durch den Damm wurden unberührte Ökosysteme und seit alter Zeit landwirtschaftlich genutzte Flächen überflutet und die Bewohner, Hunderttausende von Menschen, vertrieben. Wie zahllose andere Dämme, die immer noch in Indien, China und Afrika gebaut werden, pries man das Projekt als Beitrag zur Reduktion von Treibhausgas an. Wie viele andere Dämme wurde dieser gebaut, um handelbare Emissionszertifikate zu generieren. Oberflächlich betrachtet, hat das Projekt sein messbares Ziel erreicht. Aber was ist mit den vertriebenen Dorfbewohnerinnen? Es mag sein, dass sich ihr Leben in einzelnen Punkten, die gemessen werden, verbessert hat: Vielleicht hat man jede Familie in einem Betonbau mit größerer Wohnfläche, besseren Sanitäreinrichtungen und besserer Stromversorgung untergebracht, als sie in ihren angestammten Häusern hatten. Doch in Bezug auf die verlorenen Traditionen, die gekappten sozialen Bande, die verlorenen Erinnerungen, das verlorene Wissen und die Einzigartigkeit der nun überfluteten Orte – kurz in Bezug auf alles, was nicht gemessen werden konnte, und alles, was nicht als messenswert erachtet wurde – erlitten die Menschen und die Natur einen schmerzlichen Verlust.

Über all den angerichteten Schaden hinaus ist zudem zweifelhaft, ob der Damm auf lange Sicht den CO_2-Ausstoß überhaupt reduziert hat. Bevor sie vertrieben wurden, hatten die Dorfbewohner einen CO_2-Fußabruck von Null oder gar einen negativen Fußab-druck, weil durch traditionelle landwirtschaftliche Methoden Kohlenstoff im Boden gebunden werden kann. Nach ihrer Umsiedlung mussten die zu Stadtbewohnern gewordenen ehemaligen Dorfbewohner einen CO_2-intensiveren Verbraucher-Lebensstil annehmen, Nahrungsmittel kaufen, die von weit her geliefert werden, und sich Jobs in der Industrie suchen. Außerdem ist jedes Wasserkraftwerk ein weiterer Beitrag zur fortschreitenden Industrialisierung, eine Infrastrukturmaßnahme, die immer weitere Infrastrukturmaßnahmen nach sich zieht. Der Damm wurde nicht statt eines Kohlekraftwerks, sondern zusätzlich gebaut.

Wasserkraftwerke erzeugen Strom, ohne fossile Kraftstoffe zu verbrennen, soviel stimmt, und es ist einfach, die Tonnen von CO_2 zu addieren, die vergleichbare Kohle- oder Gaskraftwerke emittieren würden. Viel schwieriger ist die Berechnung, wie viel Kohlenstoff von den Ökosystemen, die dem Stausee weichen mussten, gebunden werden konnte oder wie viel Methan von der überfluteten Vegetation freigesetzt wird (nach aktuellen Schätzungen setzen künstliche Stauseen jährlich 104 Megatonnen Methan frei, so viel wie die Methan-Emission aus allen fossilen Quellen zusammengenommen).[14] Noch schwieriger zu berechnen wären die Auswirkungen auf die Nahrungskette durch den Verlust organischer Sedimente für Fische und die Flusslandschaften stromabwärts. Die Sedimente lagern sich in Flussmündungen ab, wodurch Marschen und Feuchtgebiete erhalten bleiben, die ihrerseits als Pufferzone gegen den steigenden Meeresspiegel wirken.[15] In Anbetracht des enormen Potenzials von Feuchtgebieten, Kohlenstoff zu speichern, ist es möglich, dass (sogar innerhalb des CO_2-reduktionistischen Erklärungsrahmens – ganz zu schweigen vom Wasser-Reduktionismus [siehe unten]) der *Rückbau von Staudämmen mehr zur Klimastabilität beiträgt als ihr Bau.* Unsere »wissenschaftliche« Meinung hängt ganz davon ab, was wir in unsere Messungen miteinbeziehen und was nicht.

Ein folgenschweres Ergebnis der Abkehr von fossilen Brennstoffen ist Landraub von gigantischem Ausmaß in Afrika und Südamerika, seit zunehmend Investitionskapital in den Anbau von Biotreibstoffen fließt. Biotreibstoffe stehen für die extremste Form von Reduktionismus: der Reduktion von Lebewesen auf ihren Brennwert. Im selben Zug werden die bestehende bäuerliche Landwirtschaft und die Ökosysteme reduziert (auf Jatropha-, Palmöl-, oder Zuckerrohrplantagen, Hackschnitzelproduktionsbetriebe usw.), so wie die verschiedensten Formen bäuerlicher Lebensweisen auf Lohnarbeit reduziert werden. Im vergangenen Jahrzehnt ist beispielsweise eine Debatte über den Ankauf großer Landflächen in Ghana durch europäische Konzerne entbrannt, die dort Jatropha anbauen wollen. Die ölhaltigen Samen dieser Pflanze sind zwar giftig für Mensch und Tier, eignen sich aber vorzüglich für Biodiesel. Damit sie sich wirtschaftlich rentieren, müssen Jatropha-Plantagen groß sein (1000 Hektar und mehr), Flächen, deren bestehende Vegetation erst einmal beseitigt werden muss. Meist müssen auch noch Kleinbauern beseitigt werden, die das Land bisher nutzten. Da sich das meiste Land in Ghana in Gemeinschaftsbesitz befindet, werden Verträge mit traditionellen Oberhäuptern geschlossen, die oft Analphabeten sind und die rechtlichen Auswirkungen der Dokumente, die sie mit ihrem Fingerabdruck unterzeichnen, nicht abschätzen können, besonders wenn in ihrer Weltsicht Land als heiliges Wesen und nicht als austauschbare Ware gilt.

Daraus folgen massive Zerrüttung traditioneller Lebensweisen, Missachtung der Menschenrechte, Hunger und Umweltzerstörung. Rund um den Globusspielt sich die gleiche Szene ab: Man liest, dass Bauern eines Morgens zu ihren Feldern kommen, wo ihnen jemand sagt, dass sie unerlaubt fremdes Land betreten. Sie müssen das Land aufgeben, in dessen Pflege sie Jahre oder Jahrzehnte investiert hatten. Die Biotreibstoff-Firmen versichern, dass sie nur unbewirtschaftetes Land nutzen und (im leichten Widerspruch dazu), dass

56

Bauern, die enteignet werden, dafür eine Kompensation erhalten, aber diese Behauptungen stimmen nicht immer mit den Tatsachen vor Ort überein. Traditionelle Oberhäupter oder andere einflussreiche Personen werden beispielsweise von den Biotreibstoff-Firmen angestellt, wodurch sie in einen Interessenkonflikt zwischen Konzern und Gemeinschaft geraten. Das Versprechen von Jobs auf den Plantagen, mit denen man die Gemeinschaft ködert, wird nicht immer eingehalten. Und Jobs sind auch keine Kompensation für den Verlust der Nahrungsmittelanbauflächen. In Südamerika werden Bauern und Umweltaktivistinnen, die sich gegen Landraub und Wasserkraftwerke wehren, manchmal zum Opfer paramilitärischer Erschießungskommandos. Keine dieser Tatsachen erscheint in den Tabellen der umweltpolitischen Entscheidungsträger. Was wir nicht erfassen, zählt nicht.

Aber zumindest wird durch die Verwendung von Biotreibstoffen weniger CO_2 in die Atmosphäre freigesetzt, richtig? Nun ja, nicht unbedingt. Es kommt darauf an, wie Sie rechnen. Beziehen Sie auch die verlorene Kapazität des zerstörten Ökosystems mit ein, was die Speicherung von Kohlenstoff betrifft? Den Kohlenstoff, der durch erhöhte Bodenerosion verloren geht? Die unvorhersehbaren Effekte durch den gestörten Wasserkreislauf? Die Auswirkungen der Landflucht, wodurch die ehemaligen Bauern zu Konsumenten des globalen Lebensmittelverarbeitungssystems werden? Ignorieren Sie das alles, dann werden Sie den Glauben aufrechterhalten können, dass Biotreibstoffe eine gute Sache für den Planeten sind. Kein Zweifel, dass die Biotreibstoff-Firmen daran glauben. Das sind keine schlechten Menschen. Sie haben sich wie die meisten von uns ein Weltbild zurechtgelegt, das ihre Entscheidungen rechtfertigt. Daher müssen wir ein neues Weltbild verbreiten, in dem die Menschen und das Land, der Boden, das Wasser, die Biodiversität und das Leben wertvoll sind, wo Qualität und Beziehung zählen.

Klima-Argumente mussten auch für den groß angelegten Ausbau von Hackschnitzelproduktionsanlagen herhalten, durch die
ganze Wälder in den USA und in Osteuropa zu Brennstoff gehäck-
selt werden. Bei näherer Betrachtung stellen sich solche Argumente als Humbug heraus, aber wenn politische Entscheidungen im
Vertrauen auf Zahlen getroffen werden, besteht die Gefahr,
dass die Zahlen nicht unparteiisch zustande kommen, sondern zugunsten der finanziellen Interessen von politisch einflussreichen
Lobbys verzerrt sind. Also senken riesige Häckselmaschinen ihre
Fräsen über einen Baumwipfel nach dem anderen, um in Sekun-
denschnelle ein Lebewesen in »klimafreundlichen Biotreibstoff«
umzuwandeln.[16]

Das Problem sind nicht die Biotreibstoffe an sich. Das Problem
sind, wie bei vielen anderen Technologien, der industrielle Maßstab
und die Blindheit gegenüber lokalen ökologischen Auswirkungen
der Produktion. Wir bauen im Namen der Umwelt ja auch Sonnen-
und Windenergie aus und zählen die Tonnen CO_2, die dadurch
eingespart werden, während wir den Giftmüll, der bei der Produktion von Solarpaneelen und Lithiumionen-Batterien anfällt, sowie
die Vögel und Fledermäuse, die von Windrädern getötet werden,
außer Acht lassen. Diejenigen, die solche Themen ansprechen, werden als Querulanten hingestellt. Noch weniger werden negative
Gesundheitsauswirkungen durch das Geräusch der Windräder diskutiert (und wer weiß schon, welchen Effekt das Geräusch auf die
Wildtiere hat?) oder die Klimaauswirkungen dessen, was ein Mitglied der indigenen Bevölkerung das »Stehlen des Windes« genannt hat. Was für uns nicht zählt, erfassen wir nicht.

Jeder Fehlschlag von zahlenbasierten Problemlösungsansätzen
heißt für die, die fest an diese Methode glauben, dass es noch mehr
Zahlen braucht. Nach ihrer Vorstellung kann die missbräuchliche
Verwendung von Zahlen dadurch verhindert werden, dass man
noch mehr Daten erfasst, bis die Messungen exakt auch die bisher

nicht berücksichtigten Emissionen und verlorengegangenen Kohlenstoffspeicherkapazitäten mit einschließen. Könnten wir alles messen, dann wären wir in der Lage, die optimalen Entscheidungen zu treffen. Aber werden unsere Messungen jemals alles erfassen? Nein. Irgendetwas wird immer fehlen: das, was für uns nicht zählt.

Typischerweise wird das erfasst, was wirtschaftlichen und politischen Interessen dient, und das, was den Auftraggebern unbewusst wichtig ist. Dann gibt es noch Dinge, die wir gar nicht zu erfassen versuchen, weil sie unmessbar sind, etwa die Heiligkeit des Bodens oder des Wassers, das den Ganges speist. Für andere Kulturen könnte der Fluss hier, der Berg dort oder jener Wald heilig sein. Ist das nur abergläubisches Denken, das der rationalen Entscheidungsfindung in die Quere kommt? Unsere Kultur zerstört den Planeten, während andere, die einen Sinn für das Heilige hatten, über Tausende von Jahren hinweg nachhaltig auf ihm lebten. Vor diesem Hintergrund sollten wir vielleicht vorsichtiger sein, bevor wir der Welt unser Wertesystem mit seinem Glauben an die Allmacht der Zahlen aufzwingen.

Indem wir uns auf messbare Größen konzentrieren, entwerten wir das, was wir nicht messen können oder wollen. Biodiversität, giftige Abfälle, radioaktiver Müll etc., ganz zu schweigen von sozialer Ungerechtigkeit und wirtschaftlicher Ungleichheit – das alles verliert an Dringlichkeit unter dem Primat einer CO_2-Bilanz. Gewiss, man kann für all diese Aspekte CO_2-bezogene Argumente konstruieren, aber damit begibt man sich aufs Glatteis. Wenn man sagt: »Legt die Zementfabrik still wegen der CO_2 Bilanz«, suggeriert man damit: »Gäbe es kein Problem mit dem CO_2, dann wäre alles in Ordnung.« Im Nu verliert man damit auch alle, die nicht an den Klimawandel glauben, als Verbündete. Käme die wissenschaftliche These der globalen Erwärmung aus der Mode, dann würden auch alle mit ihr konstruierten Argumente zusammenbrechen.

Stellen Sie sich vor, Sie möchten einen Tagebau aufhalten. Sie argumentieren mit dem Treibstoffverbrauch der Maschinen und dem Verlust an CO_2-Speicherkapazität durch einen Wald, der gerodet werden soll. Und das Förderunternehmen antwortet Ihnen: »Gut, wir machen das so grün wie möglich: Wir werden unsere Bulldozer mit Biodiesel betanken, Solarstrom für unsere Computer verwenden und für jeden Baum, den wir fällen, zwei neue pflanzen.« Sie verstricken sich in Berechnungen, von denen keine den wahren Grund berührt, warum Sie diesen Tagebau nicht haben wollten: weil Sie diesen Berggipfel, diesen Wald und diese Gewässer, die vergiftet würden, lieben.

Das Scheitern von politischen Entscheidungen, die auf Basis von CO_2-Bilanzen getroffen werden, hat eine Gemeinsamkeit: Sie alle bewerten das Globale höher als das Lokale, das Entfernte höher als das Unmittelbare und das Quantitative höher als das Qualitative. Diese Einseitigkeit ist Teil einer allgemeinen Mentalität, nach der für ein fernes Ziel das geopfert wird, was wertvoll, heilig und unmittelbar ist: Dies ist die Geisteshaltung des Instrumentalismus, wonach andere Lebewesen und die Erde selbst nur nach ihrer Nützlichkeit für uns bewertet werden; dies ist die Hybris zu glauben, dass wir die Folgen unserer Handlungen vorhersagen und kontrollieren könnten; dies ist das Vertrauen auf mathematische Modelle, die uns erlauben Entscheidungen aufgrund der Zahlen zu treffen; dies ist der Glaube, dass wir eine »Ursache« – eine Ursache, die etwas Bestimmtes und nicht alles ist – identifizieren können und dass wir die Wirklichkeit am besten verstehen, wenn wir sie zerlegen und einzelne Variablen gegeneinander abgrenzen.

Wenn Entscheidungen »nach Schema F«, das heißt aufgrund von Zahlen getroffen werden, liegen ihnen meist finanzielle Überlegungen zugrunde. Ist es wirklich eine tiefgreifende Veränderung, wenn man dieselben Methoden und die gleiche Mentalität statt auf diese auf jene Zahlen anwendet?

Wir befinden uns auf vertrautem Terrain, wenn wir Probleme angehen, indem wir ihre abgrenzbaren, direkten Ursachen bekämpfen. Das ist wieder die Kriegslogik: Verbrechen durch Abschreckung verhindern, das Böse bekämpfen, indem man die Übeltäter dingfest macht, Drogenmissbrauch durch das Verbieten von Drogen verhindern, den Terrorismus verhindern, indem man die Terroristen tötet. Doch die Welt ist komplizierter. Wie uns der Krieg gegen das Verbrechen, der Krieg gegen die Drogen, der Krieg gegen das Unkraut, der Krieg gegen den Terrorismus und der Krieg gegen die Keime zeigen, ist die Beziehung Ursache-Wirkung meist nicht linear. Verbrechen, Drogen, Unkraut, Terrorismus und Keime sind wohl eher Symptome einer tieferen, systemischen Disharmonie. Verarmter Boden zieht Unkraut an. Ein ausgelaugter Körper bietet Keimen eine einladende Umgebung. Armut erzeugt Verbrechen. Imperialismus provoziert gewalttätigen Widerstand. Entfremdung, Hoffnungslosigkeit, der Verlust von Sinn und der Zerfall von Gemeinschaften fördern Drogenabhängigkeit. Sich dem Komplex von tiefer liegenden Ursachen zuzuwenden ist um vieles schwieriger, als etwas zu finden, das man beschuldigen und bekämpfen kann, indem man auf die gewohnten reduktionistischen Methoden zurückgreift.

Beim Klimawandel dasselbe: Er ist ein symptomatisches Fieber aufgrund eines tiefer liegenden Ungleichgewichts, das alle Aspekte unsere Zivilisation betrifft. Eine Fundamentalistin möchte alle Dinge auf ein Ding zurückführen. Das ist bequem, wenn man lieber nicht alles betrachten möchte.

Wie beim Terrorismus, den Drogen oder den Keimen werden die Symptome in einer neuen und virulenteren Form wieder auftreten, wenn wir uns auf die Bekämpfung des unmittelbaren Auslösers einschießen, statt uns um die zugrundeliegende Gesamtsituation zu kümmern. Ebenso wird, wenn wir auf Zahlen basierende Entscheidungen treffen, das nicht Erfasste, das vernachlässigte *Andere* uns bald wieder heimsuchen.

Die Erde ist ein komplexes lebendiges System, dessen Gleichgewicht durch das tatkräftige Zusammenwirken jedes lebenden und nicht-lebenden Subsystems aufrechterhalten wird. Wie ich noch darlegen werde, sind nicht die Emissionen der fossilen Treibstoffe die größte Bedrohung für das Leben auf der Erde, sondern der Verlust von Wäldern, Böden, Feuchtgebieten und marinen Ökosystemen. Leben gebiert Leben. Wenn diese Beziehungen zusammenbrechen, werden die Auswirkungen unvorhersehbar: globale Erwärmung vielleicht oder auch globale Abkühlung oder zunehmend instabile Klimaschwankungen eines außer Kontrolle geratenden Systems. Das ist die Bedrohung, vor der wir stehen, und weil in ihr viele Faktoren eine Rolle spielen und sie nicht-linear ist, kann sie nicht überwunden werden, indem man einfach nur CO_2-Emissionen reduziert.

Das soziale Klima

Obwohl für die meisten Umweltschützer auch soziale Gerechtigkeit ein ernstes Anliegen ist, vermitteln das Umweltschutz-Narrativ und besonders das Klima-Narrativ den Eindruck, soziale Anliegen wären angesichts der großen Mission zu Rettung des Planeten zweitrangig. Weiter oben bemerkte ich, dass die Art und Weise, wie hier Opfer für den Kampf gegen eine allumfassende Bedrohung eingefordert werden, exakt die gleiche ist wie in einer Kriegssituation, die dafür missbraucht wird, Bewegungen für soziale Gerechtigkeit außer Kraft zu setzen. »Hör auf zu quengeln! Weißt du nicht, dass wir im Krieg sind?« Meine Mitarbeiterin Marie Goodwin fragte einmal einen bekannten Klimakämpfer: »Aber glauben Sie nicht, dass Gemeinschaftsbildung heute auch wichtig ist?« Er antwortete: »Kaum. Wenn wir nicht alles, was wir haben, dafür einsetzen, den Klimawandel hier und jetzt zu stoppen, wird es keine Gemeinschaft mehr geben, die man bilden könnte.« Dieses parallele Denkmuster zwischen Klimawandel und Krieg, schrieb ich, sollte uns aufhorchen lassen. Jetzt gehe ich einen Schritt weiter. Es ist nicht so, dass soziale Gerechtigkeit »auch« wichtig ist (... aber nicht so wichtig wie die Rettung des Planeten). Heilung der Gesellschaft ist *unverzichtbar* für die Heilung der Natur.

Zuerst und ganz offensichtlich ist sie unverzichtbar, weil es schwer ist, anderen Liebe zu schenken, wenn man selbst furchtbar leidet. Wer selbst leidet, überträgt seinen Schmerz unweigerlich auch auf die, die er liebt. Jene, denen es besser geht als dem Alkoholiker, der seine Kinder misshandelt, glauben vielleicht, dass er seine Kinder weniger liebt als wir unsere. Dem ist nicht so. Wie mit dem Menschen, der sich und anderen Schmerzen zufügt, ist es auch mit der Gesellschaft. Wir können von einer unglücklichen, unterdrückten Bevölkerung nicht erwarten, dass sie sich für irgendetwas interessiert, das über ihr unmittelbares Überleben und ihre unmittelbare Sicherheit hinausgeht. Während die Armen durch reine Existenznot in einem Zustand von Überlebensangst gehalten werden, leiden die Reichen an einer anderen Art von Armut: dem Mangel an Gemeinschaft, Verbundenheit, Sinn und Vertrautheit, was zu massivem psychologischem Stress führt, auch wenn auf materieller Ebene mehr als genug da ist.

Das meiste menschliche Leid auf diesem Planeten rührt nicht von äußeren Schicksalsschlägen wie Unfällen und Naturkatastrophen her, sondern ist von Menschen selbst gemacht. Menschenhandel und Arbeit in Ausbeuterbetrieben, politische und häusliche Gewalt, Rassismus, Gewalt zwischen den Geschlechtern, Armut und Krieg – das alles hängt mit unseren Institutionen, unseren Wahrnehmungen und unseren Narrativen zusammen. Diese Narrative sind aus Traumata entstanden und erzeugen neue Traumata.

Hierin besteht eine Verbindung zwischen wirtschaftlicher Gerechtigkeit, sozialer Gerechtigkeit und der Umwelt. Wir werden unsere Mitgeschöpfe weiter missbrauchen, sogar unsere eigene

Mutter Erde, solange wir ungeheilte soziale Traumata mit uns herumtragen. Das bedeutet nicht, dass wir zuerst unsere Traumata heilen sollen, bevor wir versuchen, die Umwelt zu heilen. Es geht darum zu erkennen, dass soziale Heilung und ökologische Heilung zusammengehören. Weder das eine noch das andere ist wichtiger; keines kann ohne das andere gelingen.

Nach dem Ursache-Wirkungs-Prinzip des *Interbeing* – der morphischen Resonanz – ist es leicht zu verstehen, dass eine Gesellschaft, die ihre verletzlichsten Mitglieder ausbeutet und missbraucht, auch die Natur ausbeutet und missbraucht. Wo man sich um verletzliche Menschen sorgt, entsteht ein Feld der Fürsorge, das es leichter macht, sich auch um andere verletzliche Wesen zu kümmern. Eine fürsorgliche Gesellschaft ist eine, in der es selbstverständlich ist zu fragen: »Wen haben wir vergessen? Wer leidet? Wessen Potenzial haben wir nicht erkannt? Wessen Bedürfnisse haben wir nicht berücksichtigt?« Das sind Leitfragen, sowohl für eine ökologische Gesellschaft als auch für eine gerechte Gesellschaft.

Der Begriff »soziale Gerechtigkeit« könnte zu eng gefasst sein, um die Formen von gesellschaftlicher Heilung zu beschreiben, die stattfinden müssen, damit wir fähig werden, unsere Liebe für den Planeten voll auszuleben. Traditionelles soziales Engagement gegen Rassismus, Armut, Ungerechtigkeit, Frauenfeindlichkeit usw. ist wichtig, aber es lässt Schlüsselinstitutionen wie das Bildungssystem, das Gesundheitssystem, das Geldsystem und das Eigentumssystem weitgehend unangetastet und fordert oft nur gleichen Zugang zu diesen Institutionen. Es ist eine ziemlich lauwarme Form von Aktivismus, für gleichen Zugang zu bestehenden Institutionen zu kämpfen, wenn diese inhärent repressiv sind, egal welcher Ethnie, welchem Geschlecht oder welcher sexuellen Orientierung ihre Klientel angehört.

Geht es Feministinnen darum, dass Frauen die gleichen Chancen haben sollen, zur Umweltverschmutzung im großen Maßstab beizutragen, Geschäftsführerinnen von räuberischen Investmentfirmen, Sweatshop-Besitzerinnen oder Immobilienhaie zu werden? Wollen die Aktivisten von *Black Lives Matter*, dass in einer auf Bestrafung ausgerichteten Wegsperrgesellschaft auch den Weißen der vorgezeichnete Karriereweg von der Schule direkt ins Gefängnis genauso offensteht wie den Schwarzen? Mir scheint, solange wir das jetzige System als gegeben hinnehmen, wäre die Antwort ja. Wenn wir die ungleiche Verteilung von Reichtum als gegeben hinnehmen, dann sollten selbstverständlich Menschen aller Ethnien die gleichen Chancen haben, sowohl der Elite als auch der Unterklasse anzugehören. Wenn wir eine globale Kriegsmaschinerie als gegeben hinnehmen, dann sollten Frauen wahrscheinlich genauso Generäle werden können wie Männer. Wenn wir eine Wirtschaft als gegeben hinnehmen, die den Planeten ruiniert, dann sollten Frauen, Homosexuelle, Schwarze, Behinderte und Transgender-Personen genauso willkommen sein, das Ruder zu übernehmen, wie weiße Männer.

Zwar würden die freien Medien sicher bestreiten, eine solche Haltung zu vertreten, aber jedes Mal, wenn sie eine Filmheldin feiern, die kräftig zuschlägt, oder besonders positiv hervorheben, dass schwarze, homosexuelle oder weibliche Menschen für hohe politische Positionen nominiert werden, tragen sie indirekt dazu bei. Die Vision der ursprünglichen Bewegungen für Frauenrechte oder für die Rechte der Schwarzen ging darüber hinaus, lediglich Gleichheit im bestehenden System zu erreichen. Die Feministinnen wollten nicht den gleichen Status wie Männer in einem Patriarchat erreichen – sie wollten das ganze System transformieren. Bürgerrechtskämpfer wie Malcolm X und Martin Luther King Jr. wollten nicht nur, dass Afroamerikaner im US-Militär gleichbehandelt werden – sie wollten Militarismus und Imperialismus überhaupt abschaffen. Aber die heutigen verwässerten massenkompatiblen Versionen sowohl der Bürgerrechtsbewegung als auch des Feminismus beschränken sich auf ein blutleeres Ideal von Gleichheit: bestehende

Machtpositionen sollen umbesetzt werden, aber die Strukturen selbst bleiben unangetastet. Sie scheinen nicht zu begreifen, dass es diese Strukturen sind, die Ungleichheit bedingen – sei sie nun entlang von Ethnie, Geschlecht oder irgendeinem anderen Unterscheidungsmerkmal definiert. Ein ausbeuterisches System braucht Menschen, die es ausbeuten kann. Rassistische Vorurteile, männlicher Chauvinismus, Nationalismus etc. ermöglichen und rechtfertigen ein solches System, aber nur gegen diese Formen von Engstirnigkeit anzukämpfen würde die zugrundeliegenden Mechanismen nicht verändern. Dann wäre eben nicht die eine, sondern eine andere Gruppe dran, ausgebeutet zu werden.

Ich nehme dieses Thema aus zwei Gründen in Augenschein. Erstens möchte ich klarmachen, dass soziale Gerechtigkeit mehr sein muss als die übliche Wühlkiste von identitätspolitischen Streitereien. Die soziale Heilung, die wir brauchen, erfordert eine völlige Überholung – wahrscheinlich sogar die komplette Erneuerung – unserer Institutionen rund um Medizin, Erziehung, Geburt, Tod, Gesetz, Geld und Regierung. Zweitens betrifft dieses Muster, oberflächliche Veränderungen anzustreben, die die zugrundeliegenden Systeme unberührt lassen, den Umweltschutz genauso wie die soziale Gerechtigkeit. So ist es überhaupt möglich, dass ein Konzern schwarze, weibliche und LGBTQ-Führungskräfte in der Zentrale anstellt, um eine Lieferkette zu verwalten, durch die dunkelhäutige Menschen in Übersee-Fabriken ausgebeutet werden, und sich trotzdem für fortschrittlich hält. Genauso kann der Konzern seine CO_2-Emissionen abschreiben, indem er in einen Fonds zur Wiederaufforstung einzahlt, zugleich umwelttoxische Produkte erzeugen und sich trotzdem grün nennen.

Es geht nicht darum, die grünen Rechtfertigungen von Konzernen (oder Ihre oder meine) zu verurteilen. Ich möchte die fundamentalistische Geisteshaltung beleuchten, die solchen Maßnahmen zugrunde liegt. Fundamentalismus aller Ausprägungen ist die

Loslösung von der Komplexität der realen Welt, und ich fürchte, dass er nicht nur in der Religion sondern in vielen Bereichen zunimmt. Ich sehe ihn auch in verschiedenen alternativmedizinischen Theorien, wenn *die eine Ursache* für alle Krankheiten offenbart wird. (Es sind Parasiten! Entzündung! Stress! Übersäuerung! Trauma!) Fundamentalismus schafft Sicherheit. Die Gedanken rasten in ein Schema aus wenigen vorgegebenen Bahnen ein. Wir stürzen uns auf *die eine Ursache*, nehmen Zuflucht zu unhinterfragten Glaubensgrundsätzen, aber das hilft uns nicht in einer Zeit, in der sich das vermeintlich sichere Wissen oft genug als trügerisch erweist.

Wenn wir mit unserem Klimafundamentalismus so weitermachen, wird sich das symptomatische Fieber namens Klimawandel nur verschlimmern, egal welche Maßnahmen wir auch ergreifen, um seine unmittelbaren Ursachen zu bekämpfen. Wir bringen die Zahlen (Temperatur, Treibhausgase...) vielleicht sogar herunter, aber wie bei einem Patienten, der zum Arzt kommt und gesagt bekommt: »Nach allen Untersuchungsergebnissen sind Sie gesund«, wird die Krankheit dort wieder ausbrechen, wo wir uns entscheiden, nicht zu messen, wo wir jetzt noch nicht messen können oder wo nicht gemessen werden kann. Wir müssen über die Symptome hinausgehen und das Fundament der ökologischen Gesundheit wiederherstellen: den Boden, das Wasser, die Bäume und Pilze, die Bakterien, jede Art und jedes Ökosystem und jede menschliche Kultur auf Erden.

Schnell eine Ursache finden

»Diese Flussmündung war voll mit Seetang und Aalen, als wir Kinder waren«, sagte Stella. »Sie war voll mit allen möglichen Tieren: Krabben, Muscheln, Pfeilschwanzkrebsen – gleich da drüben lag eine Muschelbank. Einmal schwamm ich dort um die Ecke und sah mich plötzlich Aug in Aug mit einem Aal.«

Das erzählte mir meine Frau, als wir die Mündung des Narrow River in die Narragansett Bucht in Rhode Island besuchten, einen der Lieblingsplätze ihrer Kindheit. Eine malerische Gegend, von Bäumen und Sandstränden umgeben. Ich wäre nicht auf die Idee gekommen, dass das ein ernsthaft bedrohtes Ökosystem ist, hätte Stella mir nicht davon berichtet, wie es dort früher einmal ausgesehen hat.

Keiner von uns weiß, warum die Aale verschwunden sind. Wir teilten einen Moment der Trauer. Dann erinnerte sich Stella an etwas, das die Sache erklären könnte. Sie und ihre Freundin Beverly unternahmen an diesem Strand manchmal eine »Rettungsmission«, so nannten sie das. Gruppen von streunenden Jungen machten sich einen Spaß daraus, alle Pfeilschwanzkrebse, die an Land gekrabbelt waren, auf den Rücken zu drehen und hilflos sterben zu lassen. Stella und Beverly drehten sie wieder auf den Bauch. »Wer immer das tat, hatte überhaupt keinen Grund dazu«, sagte sie. »Das war sinnloses Töten.«

Solche Erzählungen geben mir das Gefühl, auf dem falschen Planeten gelandet zu sein.

Bei unserem Besuch sahen wir keinen einzigen Pfeilschwanzkrebs. Sie sind hier eine Seltenheit geworden. Ich weiß nicht, ob es daran liegt, dass die Leute zu viele von ihnen umgebracht haben, oder weil wir zu viel von ihrem Blut für die Gewinnung von Hämocyanin »ernten«. Vielleicht liegt es am allgemeinen Niedergang des Ökosystems oder am Eintrag von Pestiziden und anderen Chemikalien aus der Landwirtschaft, an der Flächenentwicklung, an Medikamentenrückständen, an veränderten Niederschlagsmustern aufgrund der Entwicklung oder des Klimawandels ... Vielleicht sind die Pfeilschwanzkrebse dafür anfällig, oder vielleicht sind es ihre Futtertiere, oder vielleicht ist das schwächste Glied eine Molluske, die eine Rolle im Lebenszyklus eines Mikroorganismus spielt, der einen anderen Mikroorganismus in Schach hält, der die Pfeilschwanzkrebse infiziert.

Ich bin ziemlich sicher, dass, was immer die wissenschaftliche Erklärung für das Aussterben der Pfeilschwanzkrebse und Aale sein mag, der wahre Grund das sinnlose Töten ist, von dem Stella erzählte. Gar nicht einmal so sehr das Töten meine ich, sondern vor allem seine Sinnlosigkeit – unsere Empfindsamkeit ist betäubt, unsere Empathie verkümmert. Wir fühlen nicht, was wir tun.

Die Krabben und der Seetang und die Aale – sie alle sind verschwunden. Der Verstand forscht nach der Ursache, um zu begreifen, um den Schuldigen zu identifizieren und die Sache dann in Ordnung zu bringen. Aber in einem komplexen, nicht-linearen System ist es oft unmöglich, eine einzige Ursache zu identifizieren.

Diese Eigenschaft komplexer Systeme kollidiert mit unserer allgemeinen Herangehensweise an Probleme: zuerst die Ursache, den Schuldigen, den Keim, den Schädling, den Übeltäter, die Krankheit, die falsche Idee oder die schlechte Charaktereigenschaft identifizieren, und dann diesen Schuldigen unschädlich machen oder vernichten. Problem: Verbrechen, Lösung: die Verbrecher einsperren; Problem: Terrorismus, Lösung: die Terroristen töten; Problem: Immigration, Lösung: die Einwanderer aussperren; Problem: Borreliose, Lösung: den Krankheitserreger identifizieren und eine Möglichkeit finden, ihn zu töten; Problem: Rassismus, Lösung: die Rassisten anprangern und rassistisches Handeln verbieten; Problem: Unwissen, Lösung: Bildung; Problem: Waffengewalt, Lösung: die Waffen kontrollieren; Problem: Klimawandel, Lösung: die CO_2-Emissionen reduzieren; Problem: Fettleibigkeit, Lösung: weniger essen und mehr Kalorien verbrennen ...

An diesen Beispielen können Sie sehen, wie reduktionistisches Denken das gesamte politische Spektrum – oder zumindest sicher den liberalen und konservativen Mainstream – durchzieht. Ist die unmittelbare Ursache nicht offensichtlich, fühlen wir uns unwohl; oft so unwohl, dass wir einen halbwegs logischen Kandidaten für »die« Ursache ausfindig machen und dann gegen diesen unseren

Krieg führen. Die Häufung von Amokläufen in Amerika ist ein gutes Beispiel. Die Liberalen machen den Waffenbesitz dafür verantwortlich und fordern mehr Kontrolle; die Konservativen beschuldigen den Islam, Immigranten oder *Black Lives Matter* und fordern hartes Durchgreifen gegen diese Gruppen. Und naturgemäß lieben es die beiden Seiten besonders, einander gegenseitig die Schuld zuzuschieben.

Oberflächlich betrachtet ist klar, dass es ohne Waffen keine Amokläufe geben kann, so wie es offensichtlich ist, dass der Zugang der Zivilbevölkerung zu militärischen Sturmgewehren diese Amokläufe tödlicher macht. Dennoch geht man durch die Schwerpunktsetzung auf die Verfügbarkeit von Waffen weit besorgniserregenderen Fragen, für die es keine einfachen Lösungen gibt, aus dem Weg. Woher kommen dieser ganze Hass und diese Wut? Welche gesellschaftlichen Zustände liegen ihnen zugrunde? Die aufgebrachte Debatte über strengere Kontrolle von Waffenbesitz monopolisiert die politische Aufmerksamkeit in den USA, und diese anderen Fragen fristen ein kaum beachtetes Dasein an den intellektuellen Rändern. Wenn wir jene Fragen nicht beantworten, was hilft es dann, die Waffen wegzunehmen? Jemand könnte eine Bombe bauen oder einen Lkw kapern oder Gift verwenden ... Wie lautet dann die Lösung? Eine komplette Einschränkung der Bevölkerung oder allgegenwärtige und immer noch weiter zunehmende Überwachung, Sicherheits- und Kontrollmaßnahmen? Das war der gängige Lösungsansatz, seit ich denken kann, aber mir wäre nicht aufgefallen, dass sich die Leute heute auch nur um einen Deut sicherer fühlen.

Vielleicht ist das, was uns angesichts der mannigfaltigen Krisen bevorsteht, der Zusammenbruch unserer allgemeinen Strategie zur Problemlösung, die ihrerseits auf der *Geschichte von der Separation* beruht.

Die absterbende Flussmündung zeigte mir meinen eigenen Impuls auf, sofort nach einem Schuldigen zu suchen. Ich wollte jemanden finden, den ich hassen, und etwas, das ich beschuldigen konnte. Wäre es doch nur so einfach, unsere Probleme zu lösen! Könnten wir doch ein Ding als *die* Ursache identifizieren! Die Lösung läge auf der Hand. Aber was bequem ist, ist nicht immer gut. Was, wenn die Ursache aus tausend zusammenhängenden Dingen besteht und wir alle und unsere Lebensweisen dabei auch eine Rolle spielen? Was, wenn die Ursache so allumfassend und so mit dem Leben, wie wir es kennen, verflochten ist, dass wir schlicht nicht mehr wissen, was wir tun sollen, wenn uns dämmert, wie gigantisch ihr Ausmaß ist?

Dieser Moment, dieses bescheidene, ohnmächtige Nicht-Wissen, in dem uns die Trauer über einen fortschreitenden Verlust durchströmt und wir uns nicht mit simplen technischen Lösungen aus dem Staub machen können, ist ein kraftvoller und notwendiger Moment. Er hat die Kraft, uns tief genug zu erschüttern, sodass wir unsere versteinerten Sichtweisen und eingefleischten Reaktionsmuster durchbrechen. Er schenkt uns einen neuen Blick und lockert den Würgegriff der Angst, die uns in unserem Alltag hält. Fertige Lösungen sind wie eine Narkose: Sie lenken vom Schmerz ab, aber sie heilen die Wunde nicht.

Ihnen ist dieser betäubende Effekt vielleicht aufgefallen, wenn man sich allzu schnell flüchtet in ein: »Tun wir etwas dagegen!« Natürlich gibt es Fälle, in denen Ursache und Wirkung einfach und offensichtlich sind und wir genau wissen, was zu tun ist. Dann ist die rasche Lösung die richtige. Wenn du dir einen Splitter eingetreten hast, ziehe ihn heraus. Doch die meisten Situationen sind komplizierter, auch die ökologische Krise des Planeten. Dann verhindert unsere Gewohnheit, uns schnell auf die bequemste, oberflächlich offensichtliche Ursache zu stürzen, eine sinnvollere Reaktion. Sie verhindert, dass wir tiefer graben, und tiefer, und noch tiefer.

Was steht hinter der herzlosen Grausamkeit der Pfeilschwanzkrebs-auf-den-Rücken-Dreher? Was steht hinter der massiven

Verwendung von Chemikalien für den Rasen? Was steht hinter den riesigen Vorort-Luxusvillen, der industriellen chemischen Landwirtschaft und der Überfischung der Küstengewässer? Damit kommen wir zu den grundlegenden Systemen, Geschichten und psychologischen Strukturen unserer Zivilisation.

Behaupte ich, man solle nie unvermittelt in ökonomische und politische Zusammenhänge eingreifen, weil die systemischen Wurzeln schließlich unergründlich tief liegen? Nein. Das Nichtwissen, unsere Ratlosigkeit und unsere Trauer bringen uns in einen Zustand, in dem wir auf mehreren Ebenen zugleich handeln können, weil wir jede Ursache in einem größeren Zusammenhang sehen und uns nicht auf falsche einfache Lösungen stürzen.

Die Ur-Ursache

Als ich nach der Ursache für das Aussterben in der Flussmündung fragte, mag Ihnen vielleicht eine Hypothese eingefallen sein: der Klimawandel, unser aktueller Lieblingsschuldiger für nahezu jedes Umweltproblem. *Könnten wir* ein *Ding als Ursache identifizieren, die Lösung wäre um so vieles leichter zugänglich.*

Während meiner Recherchen zu diesem Buch googelte ich »Auswirkung von Bodenerosion auf den Klimawandel,« und die ersten zehn Ergebnisseiten handelten vom gegenteiligen Zusammenhang: der Auswirkung des Klimawandels auf Bodenerosion. Ich wiederholte die Suche für Biodiversität, wieder mit dem gleichen Ergebnis. Ob der Klimawandel nun wirklich andere Umweltprobleme verschlimmert oder nicht, diese automatische Suche nach einer einzigen Ursache für ein komplexes Problem sollte uns zu denken geben. Das Muster ist bekannt: Es handelt sich ganz klar um Kriegslogik; auch sie beruht darauf, die *eine* Ursache für ein komplexes Problem zu identifizieren. Diese Ursache wird Feind genannt, und die Lösung besteht darin, den Feind zu besiegen.

CO_2-Reduktionismus ist wie »Keimreduktionismus« in der Medizin. Was ist die Ursache für beispielsweise Halsentzündung? Nun, ganz klar sind das die Streptokokken, richtig? Problem: Bakterium, Lösung: Töte das Bakterium. Auf einer Ebene mag das richtig sein, aber schauen Sie mal, was diese Herangehensweise unsichtbar macht und weglässt. Erstens lässt sie die Frage aus, warum ein Mensch, der dem Bakterium ausgesetzt ist, krank wird und ein anderer nicht. Besonders wenn jemand immer wieder Halsentzündungen bekommt, könnte es sinnvoller sein, das Bakterium nicht als Ursache, sondern als eines der Krankheitssymptome zu sehen. Mit dieser Herangehensweise ignoriert man auch die Folgen wiederholter Antibiotika-Behandlungen, und ob diese eventuell anfälliger für eine erneute Infektion machen. (Das ist angesichts neuer wissenschaftlicher Erkenntnisse über die Beziehung zwischen der Körperflora und dem Immunsystem keine reine Spekulation. Unsere Körperflora – dazu gehört auch eine gesunde Darmflora – wird durch Antibiotika ernsthaft angegriffen.)

In der Medizin kann das Fokussieren auf eine unmittelbare, lineare Krankheitsursache eine wirkliche Genesung behindern, sowohl auf individueller als auch auf epidemiologischer Ebene. Nehmen Sie eine Krankheit, die unser kollektives Bewusstsein viel stärker belastet als Halsentzündung: die Borreliose. Wenn man sie als eine Infektion durch Spirochäten sieht, die von Zecken übertragen werden, sind die geeigneten Methoden zur Bekämpfung klar: Vermeide oder töte Zecken und merze das Bakterium aus. Betrachtet man das Problem aus einem anderen Blickwinkel, kann das sehr unbequem oder störend für die Systeme werden, in die unsere automatischen kontrollbasierten Reaktionen eingebettet sind. Was ist die wirkliche »Ursache« für Borreliose? Ich weiß es nicht, aber sie könnte mit dem Folgenden zu tun haben:

» mit einem geschwächten Immunsystem, das den Körper anfällig für verschiedene virale Koinfektionen macht (gegen die Antibiotika wirkungslos sind);

» mit der explosionsartigen Zunahme von Zecken-Populationen, weil tiefe Wälder durch die zunehmende Zersiedlung der Landschaft verschwinden;

» mit stark zunehmenden Wildpopulationen aufgrund der Ausrottung von Wölfen und Wildkatzen;

» mit der abnehmenden Waldgesundheit und der Zerstörung von Unterholz durch Verschmutzung, wiederholtes Abholzen und auch hier durch die Ausrottung von Raubtieren (Wild zerstört das Unterholz, wenn die Population ohne Raubtiere zu groß wird), was wieder das ökologische Gleichgewicht durcheinanderbringt und die unkontrollierte Vermehrung mancher Arten wie der Zecken ermöglicht;

» mit dem Verschwinden von Fasanen und anderen Vögeln, die Zecken fressen, weil sie schon lange zu viel gejagt und auf den Straßen überfahren werden, oder weil das Unterholz zerstört wird;

» mit den Insektiziden, die über weite Flächen versprüht werden, um Schwammspinnerraupen und andere Insekten unter Kontrolle zu halten, wodurch insektenfressende Vögel dezimiert werden;

» mit der abstrakten modernen Angst vor der Natur, die hier einen Niederschlag findet. Es ist, als antwortete die Natur darauf, dass wir unsere Kinder vor ihr in Sicherheit bringen und drinnen einsperren; als sagte die Natur jetzt: »Okay, dann gebe ich euch etwas, vor dem ihr euch zu Recht fürchten könnt.«

Wir könnten tiefer und tiefer graben. Was ist die Ursache für Zersiedelung? Was ist die Ursache für Umweltverschmutzung? Welche Mentalität steht dahinter, wenn Raubtiere an der Spitze der

Nahrungskette ausgerottet und Insektizide in den Wäldern versprüht werden? Komplexe, nicht-lineare kausale Beziehungen verbinden diese Phänomene. Zum Beispiel wird die Natur idealisiert, was wiederum die Zersiedelung fördert. Aber ohne direkten Bezug zum Land wird ein Vorstadtbewohner, der Nahrungsmittel kauft, die Tausende Kilometer weit weg angebaut wurden, und der keinen Fuß auf die nackte Erde setzen muss, um sich von hier nach dort zu bewegen, die Natur als eine Kulisse oder als Bedrohung sehen.

Man könnte sogar sagen, dass die »Ursache« für Borreliose alles und jedes ist. Selbst der Ausdruck »die Ursache« ist Teil des Problems, weil er suggeriert, dass es möglich wäre, Phänomene, die zugleich und in wechselseitiger Abhängigkeit auftreten, voneinander zu trennen. Ich könnte sogar behaupten, dass die Ursache der Borreliose die modernen Kinderbücher sind, die uns von klein auf anthropomorphe Tiere zeigen, die menschliche Kleider tragen, ein Leben wie Menschen führen und wie Menschen denken. Solche Bücher verleiten uns dazu, andere Lebewesen nur nach unseren Maßstäben zu sehen, nicht in einer ihnen gemäßen Weise, und sie verschleiern, dass das menschliche Alltagsleben, das die Tiere in den Geschichten nachspielen, die echten Lebensräume dieser Tiere in der realen Welt zerstört.

Ich behaupte nicht, man sollte niemals eine offensichtliche, lineare Ursache anpacken, genauso wie ich auch nicht behaupte, dass es nicht manchmal an der Zeit ist zu kämpfen. Ich warne aber vor der Gewohnheit, auf alle Probleme so zu reagieren.

In der Ökologie, bei der es um die Erforschung von Beziehungen und nicht von Dingen geht, ist jede Ursache gleichzeitig ein Symptom. Nehmen wir zum Beispiel das rasche Verschwinden von Seetangwäldern – Biotopen mit großem Artenreichtum, die mehr CO_2 pro Hektar speichern als fast jedes andere Ökosystem. Das Absterben von Seetang führt zu Kohlenstoffverlust und Versauerung und ist ein Symptom von:

» der zu starken Vermehrung von pflanzenfressenden Mollusken und Krustentieren durch die Überfischung größerer Raubfische;

» Nährstoffeintrag und Algenblüten durch den Abfluss überschüssigen Wassers aus der Landwirtschaft;

» fehlendem Sonnenlicht für den Tangwald durch hohe Mengen an Schlamm, einer Folge der Bodenerosion, die wiederum eine Konsequenz moderner landwirtschaftlicher Praktiken, Abholzung und Entwicklung ist.

Einem Freund zufolge, der mit »Bootsleuten« (vor allem Krabbenfischern) in der Chesapeake Bucht arbeitet, kommt es immer nach einem Hurrikan oder nach starkem Zufluss von sedimentreichem Frischwasser in die Bucht zu einem massiven Sterben von Seetang, Schalentieren und Krabben. Diese unregelmäßigen Störungen machen die Ökosysteme noch anfälliger. Nun, das war vor wenigen Jahrhunderten kein großes Problem, weil:

» intakte Schwemmgebiete massive Regenmengen aufnehmen konnten;

» Biberdämme entlang der kleinen Zuflüsse in die Bucht das Wasser verlangsamten und Sedimente abfingen;

» damals noch nicht durch Abholzung und Ackerbau die ungeschützte Humusschicht der Erosion preisgegeben war.

Klar, dass der Schutz und die Wiederaufforstung von Seetangwäldern mehr braucht als nur das Einhegen von Schutzgebieten, weil Seetang mit allem anderen Lebendigen in Beziehung steht, uns selbst mit eingeschlossen. Die normale Strategie – »Findet den Feind!« – wird den Seetang auch nicht retten. Es ist verlockend und bequem »häufigere vom Klimawandel verursachte starke Wirbelstürme« als Ursache zu benennen und den ganzen Problem-

komplex, der uns selbst und unsere Lebensweise unmittelbar miteinbezieht, zu ignorieren. Es ist auch einfacher, die Krabbenfischer
zu beschuldigen und ihnen Habgier zu unterstellen und dabei die
komplexen wirtschaftlichen Ursachen (bei denen wiederum wir
mit eine Rolle spielen) zu ignorieren, die die unerbittliche Umwandlung von Natur in Waren in Geld antreiben.

Intellektuell sind wir gewöhnt, *die eine Ursache* zu finden, wissenschaftlich sind wir darauf programmiert, diese zu messen, und
unser politisches Getriebe soll sie bekämpfen. Wenn *die eine Ursache* global ist, hoffen wir das Beste und delegieren die Verantwortung und Macht an ferne globale Institutionen. Sie werden sich
darum kümmern. Hoffen wir. Aber allzu oft passiert, wenn der Klimawandel für Missstände verantwortlich gemacht wird, einfach gar
nichts.

Wie die meisten dualen Unterscheidungen hält jene zwischen
Symptom und Ursache näherer Betrachtung nicht Stand. Trotzdem
ist diese Unterscheidung immer noch nützlich. Ursachen sind Symptome und Symptome sind Ursachen, ja. Also lassen Sie uns die
Komponente des Ursache-Symptom-Komplexes, die sich uns am
auffälligsten präsentiert, als »Symptom« bezeichnen. Die Borreliose ruft uns am lautesten. Für eine andere Kultur wäre es vielleicht
eher das Verschwinden der Hornsträucher in mittelatlantischen
Wäldern oder vielleicht eine Veränderung im Gesang der Vögel, die
Ihnen und mir nie aufgefallen wäre. Welches Geschehen in der
Welt wir wahrnehmen, sagt also genauso viel über uns selbst wie
über die Welt aus. Es zeigt, was wir für wichtig, bedeutsam, wertvoll
und heilig halten und was unbedeutend oder nutzlos für uns ist.
Anders gesagt: *Was* wir sehen, zeigt, *wie* wir sehen.

Pedantische Nebenbemerkung: Ich vertrete in diesem Buch
nicht (und auch sonst nirgendwo) die postmoderne Haltung, dass
Wirklichkeit und Wahrheit Konstrukte der menschlichen Kultur
sind – dass unsere Art zu sehen allein bestimmt, was wir sehen, oder

dass es nichts Seiendes jenseits der menschlichen Wahrnehmung gibt. Vielleicht haben postmoderne Philosophen recht damit, dass es keine Fakten gibt, sondern nur Bedeutungen, die mit Machtdynamiken, Gender-Unterdrückung und ethnischer Unterdrückung etc. aufgeladen sind. Was sie aber ablehnen müssen, ist die Ansicht, dass wir Menschen nicht die Einzigen sind, die einen Sinn sehen, nicht die einzigen Autoren, nicht die einzigen voll und ganz subjektiven Akteure. Unsere Sichtweisen, unsere Erzählungen und unsere Mythen speisen sich aus einer Quelle jenseits unseres Verstandes.

Unter den vielen möglichen ursächlichen Erklärungen für die Borreliose – oder den Klimawandel oder jedes andere Problem – entscheidet sich unsere Kultur für jene, die den Status quo am besten wahrt. Die dominante Kultur entscheidet sich für das Narrativ, das ihre Dominanz aufrechterhält.

Die Menschen neigen dazu, Probleme so in Begriffe zu fassen, dass sie zu den Werkzeugen passen, die ihnen bekannt sind und zur Verfügung stehen. Wenn du einen Hammer hast, schaut alles wie ein Nagel aus. Wenn du Antibiotika hast, wirst du immer nach einem Bakterium suchen. Wenn du auf Kriegslogik programmiert bist, wirst du immer zuerst nach dem Feind Ausschau halten.

Das mächtigste und vertrauteste Werkzeug unserer Gesellschaft sind die quantitativen Methoden der Wissenschaft. Daher formulieren wir das Problem Klimawandel in Zahlen. Wir verwenden Zahlen (wie etwa die globalen Durchschnittstemperaturen), um zu beweisen, dass er tatsächlich passiert, andere Zahlen (CO_2-Emissionen), um Gegenmaßnahmen zu entwickeln, und wieder andere Zahlen (in Form von Computermodellen), um Zukunftsprognosen zu erstellen und Vorgaben für die Politik zu machen. Aber ist dies das einzige Werkzeug? Ist es überhaupt das richtige Werkzeug? Wir könnten das angesichts der Tatsache bezweifeln, dass der Schaden, den die industrielle Zivilisation auf dem Planeten angerichtet hat, unter eben jenem Regime von Zahlen und Quantifizierung zustande gekommen ist. Mit der Wissenschaft beschreiben wir die Welt in Zahlen und mathematischen Beziehungen. Mit der Technologie wenden wir diese Zahlen an, um die materielle Welt unter Kontrolle zu bringen. Mit der Industrie machen wir die Welt zu Waren, die über Kennzahlen charakterisiert werden können. Mit der Wirtschaft konvertieren wir alle Dinge in eine andere Zahl, die ihr Wert genannt wird.

Wir würden gerne den Klimawandel mit Methoden und Denkweisen beseitigen, die uns vertraut sind, weil wir damit die Grundlage der Gesellschaft, wie wir sie kennen, aufrechterhalten können. Diese Methoden und Denkweisen, das quantitative Weltbild, sagen uns, dass wir die Lage retten können, indem wir auf fossile Treibstoffe verzichten. Unglücklicherweise wird uns, wie ich später erörtern werde, der Verzicht auf fossile Treibstoffe nicht aus der ökologischen Krise führen. Eine tiefer gehende Revolution steht an.

Der Verzicht auf fossile Treibstoffe stellt keinen so umfassenden Wandel dar, wie er erforderlich wäre, um den an allen Ecken und Enden stattfindenden Ökozid aufzuhalten. Es ist vorstellbar, dass es uns gelingt, die CO_2-Emissionen zu eliminieren, indem wir alternative Energiequellen für die industrielle Zivilisation erschließen. Es mag bei näherer Betrachtung unrealistisch wirken, aber es ist zumindest vorstellbar, dass unser Lebensstil in seinen Grundlagen mehr oder weniger unverändert weiterbestehen könnte. Das gilt nicht für die Zerstörung von Ökosystemen im Allgemeinen, die alles umfasst, worauf die moderne technologische Gesellschaft gegründet ist: Minen, Steinbrüche, Chemikalien in der Landwirtschaft, Medikamente, Militärtechnologie, globaler Transport, Elektronik, Telekommunikation usw. Das alles muss sich auf seine nächste Inkarnation vorbereiten; manches wird auch obsolet werden.

Dort, wo das Engagement lebendig ist

Die Gleichsetzung von grün mit »wenig CO_2«, diese Projektion einer komplexen Ursachenmatrix auf eine einzige quantifizierbare Variable, verleitet uns zu denken, dass Nachhaltigkeit zu einem nachhaltigen Leben führen und ein Leben, wie es ist und für uns immer war, aufrechterhalten könnte. Die vorherrschenden Paradigmen grünes Wachstum und nachhaltige Entwicklung können so legitimiert und beibehalten werden. Und sie sind unbedingt notwendig, um unser gegenwärtiges Wirtschaftssystem mit seinem endlosen Ressourcenhunger aufrechtzuerhalten. Der Planet scheint für uns weiterhin aus »Ressourcen« zu bestehen, alles zu unserer Verfügung, nur sollten wir bei der Extraktion keine Treibhausgase produzieren. Die Menschen sitzen am Steuer und handhaben den Planeten Erde wie eine Maschine: Input kontrollieren, Output messen. Eine lineare Reaktion auf ein nicht-lineares Problem. Aber die Erde ist keine Maschine! Sie ist lebendig, und sie wird für das Leben nur dann bewohnbar bleiben, wenn wir sie entsprechend behandeln.

In den folgenden Kapiteln werde ich Beweise dafür vorlegen, dass die Klimaauswirkungen von Abholzung, industrieller Landwirtschaft, Zerstörung der Überschwemmungsgebiete, Verlust von Artenvielfalt, Überfischung und anderer Misshandlungen von Land und Meer viel größer sind, als die meisten Wissenschaftler bisher glaubten; im gleichen Zug ist die Kapazität intakter Ökosysteme, das Klima zu modulieren, viel größer, als man bisher angenommen hat. Das heißt, dass, selbst wenn wir die CO_2-Emissionen auf null reduzieren, aber nicht gleichzeitig überall auf lokaler Ebene etwas gegen die fortschreitende Umweltzerstörung unternehmen, das Klima trotzdem völlig aus dem Gleichgewicht geraten wird.

Im Gegensatz zur Annahme, die den Ergebnissen meiner oben erwähnten Google-Suche zugrunde liegt, ist die Genesung auf globaler Ebene abhängig von der Genesung auf lokaler Ebene. Die wichtigsten globalen politischen Maßnahmen wären solche, die Bedingungen schaffen, unter denen wir Millionen lokaler Ökosysteme wiederherstellen und schützen können. Heute passiert oft das Gegenteil: Durch Freihandelsabkommen können Konzerne beispielsweise Regierungen für entgangene Profite verklagen, die auf lokale Umweltschutzmaßnahmen zurückzuführen sind.

Wenn wir ökologische Heilung in globalen Begriffen zu fassen versuchen, verlieren wir unsere geliebten Orte aus dem Blick, die krank sind und sterben, die Orte, die uns am Herzen liegen, die greifbar und uns aus persönlicher Erfahrung bekannt sind, die real für uns sind. Der Blick richtet sich stattdessen auf ferne Zeiten und Orte, und unsere Liebe zu und Verbundenheit mit einem ganz speziellen Ort wird bestenfalls für ein größeres Ziel instrumentalisiert.

Warum war Stella so traurig, als sie ihre geliebte Flussmündung so ohne Leben sah? Weil dort kein Seetang mehr wächst, der somit kein CO_2 mehr binden und den Klimawandel nicht mehr abmildern kann? Selbstverständlich nicht. Wäre das der Grund, dann wäre es kein großer Verlust. Er könnte kompensiert werden, indem man irgendwo anders eine Seetang-Farm oder einen Wald pflanzte oder vielleicht einen gigantischen CO_2-Luftfilter in jeder Stadt errichtete. Das würde Stella trösten, richtig?

Mein Freund Seppi Garrett erzählte mir, wie er seinen Sohn zum Fischen an den Conodoguinet Creek mitnahm, den Lieblingsplatz seiner Kindheit. Beunruhigt stellte er fest, dass das Flüsschen geschädigt ist und die Leute gewarnt werden, ihre Kinder besser nicht ins Wasser gehen zu lassen. »Dann zeige ich ihm eben den Yellow Breeches Creek«, dachte er, nur um festzustellen, dass auch der am Kippen war. »Dann«, sagte er, »gibt es natürlich den Susquehanna. Ich bin so traurig, als ich dort ankomme und Ölschlieren auf dem Wasser sehe, dort, wo ich als Kind bis zur Brust ins Wasser gewatet bin, um zu fischen.« Die Trauer, Empörung und

Wut von Seppi haben ihn zu einer Art freiberuflichem angewandtem Ökologen werden lassen. Er ist Mitglied einer Bewegung von Menschen, die helfen, geschädigte Gebiete wieder zu sanieren, indem sie die natürliche Sukzession beschleunigen, das Wasser umleiten und die Zusammensetzung der Arten verändern. Wir brauchen Millionen von Menschen, die das tun, die genau auf das Land horchen, eine Beziehung zu ihm aufbauen und sich in seine Dienste stellen. Woher kommt ein solcher Grad an Engagement? Wieder frage ich: Kommt Seppis Trauer über die Ölschlieren daher, dass sie für die Verbrennung von fossilen Treibstoffen stehen, die CO_2 verursacht?

Sie sehen, dass das vorherrschende CO_2-Narrativ nicht benötigt wird, um Engagement für die Umwelt zu wecken, nicht einmal bei denen, die es für wahr halten; und noch weniger bei den Klimawandel-Skeptikern, denen wir im nächsten Kapitel einen Besuch abstatten werden.

Ich bin sicher, dass sich in Ihnen etwas geregt hat, als Sie Seppis Geschichte lasen, selbst wenn Ihr eigener Lieblingsplatz in der Kindheit kein Fluss, sondern ein Wald war. Wenn unsere Liebe für die Erde, die Berge, das Wasser, das Meer auf andere ausstrahlt und die Trauer sich regt über das, was verloren gegangen ist; wenn wir selbst und die anderen die Unmittelbarkeit dieses Verlustes spüren und aushalten, ohne gleich reflexhaft in bekannte Verhaltensmuster wie Anschuldigung und Suche nach Lösungen zu verfallen, sind wir tief mit der Quelle verbunden, aus der sich Engagement speist.

Das bedeutet nicht, dass wir nicht mit einer globalen ökologischen Krise konfrontiert sind. Wir *sind* es, und sie geht viel weiter als das, was wir Klimawandel nennen. Aber: Wenn jede und jeder ihre Liebe und ihr Engagement ganz dem Schutz und der Wiederherstellung eines geliebten Landstrichs in ihrer Nähe widmet und gleichzeitig diese Sorge um die unmittelbare Lebensumgebung auch allen anderen zugesteht und respektiert, dann stellt sich die

Lösung der Klimakrise von selbst ein. Würden wir uns bemühen, jede Flussmündung, jeden Wald, alle Feuchtgebiete, jedes Stück geschädigten und verwüsteten Landes, jedes Korallenriff, jeden See und jeden Berg zu heilen und zu beschützen, dann müsste nicht nur das Bohren, Fracken und Pipeline-Bauen großteils aufhören, sondern die Biosphäre würde auch viel widerstandsfähiger.

3
Die Schein-Diversität der Klima-Meinungen

Auf welcher Seite stehe ich?

Nach meiner oben geäußerten Kritik an der Art und Weise, wie die Klimadebatte zur Zeit geführt wird, fragen Sie sich vielleicht, auf welcher Seite ich denn eigentlich stehe. Das ist immer die wichtigste Frage in einem Krieg. Bejahe ich trotz meiner Kritik am Reduktionismus prinzipiell die Aussage, dass CO_2-Emissionen eine ernst zu nehmende und unmittelbare Bedrohung für das Klima darstellen? Oder bin ich gar ein »Klimawandel-Leugner«? Auf welcher Seite stehe ich im »Kampf« gegen den Klimawandel?

Ausgehend von meiner Kritik im letzten Kapitel sollte im Folgenden klar werden, dass dies die falsche Frage ist – falsch in ihrer Schwerpunktsetzung, falsch in ihren Implikationen und falsch in der ihr zugrunde liegenden Weltsicht.

In diesem Buch vertrete ich eine Position, die beides ist, sowohl skeptisch als auch alarmistisch. Skeptisch macht mich, *wie* über den Klimawandel diskutiert wird, aber ich bin überzeugt, *dass* die Menschen mit ihrem Tun das natürliche Gleichgewicht besorgniserregend stören. Wenn ich extreme Ansichten vertrete, dann am ehesten in Bezug auf die Schwere der ökologischen Krise. Die Rezepte in diesem Buch decken sich teilweise mit jenen der konventionellen Klimaschützer, und in manchen Aspekten gehen sie weit darüber hinaus, wenn auch aus anderen Gründen und mit einer anderen Motivation. Ich hoffe also, dass meine Argumente auch für jene überzeugend sind, die nicht an die anthropogene globale Erwärmung (AGE) glauben. Für die von der AGE Überzeugten bietet dieses Buch vielleicht neue politische und konkrete praktische Strategien, den Klimawandel in den größeren Zusammenhang einer umfassenden Wiederherstellung der Ökosphäre zu stellen.

Wenn ich nun gleich das konventionelle Meinungsspektrum über den Klimawandel auseinandernehme, werden Sie sehen, dass die Dynamik der Debatte etwas verschleiert, das viel wichtiger ist als die Frage, welche Seite recht hat: Es sind, wie in vielen polarisierenden Streitfragen, die versteckten Annahmen, von denen beide Lager gleichermaßen ausgehen und die von keiner Seite hinterfragt werden. Sie haben das größte Potenzial, uns neue Lösungsmöglichkeiten zu zeigen.

Zu diesen Annahmen gehört das Einvernehmen darüber, was wichtig ist und worüber man nicht redet. Hierzu ein Beispiel aus einem anderen Gebiet, der politischen Debatte über Immigration: Die eine Seite sagt, man soll sie draußen halten, die andere, man soll sie hereinlassen, und die Regierung wird schließlich Maßnahmen treffen, die irgendwo dazwischen liegen. Aber keine der beiden Seiten fragt: »Welche politischen Bedingungen machen das Leben an einem anderen Ort so unerträglich, dass Menschen ihr Leben riskieren und ihre Familien verlassen, um auszuwandern?« Beide Seiten sind sich darin einig, nicht über militärischen Imperialismus, neoliberale Handelsstrategien und das globale Schuldensystem zu sprechen. Oder sie sind sich des Zusammenhangs nicht einmal bewusst. Doch ohne einen Wandel auf dieser Ebene wird das Thema Immigration nie gelöst werden. Die aufgeregte öffentliche Debatte schenkt oberflächlichen Symptomen alle Aufmerksamkeit und lenkt von den tiefer liegenden Ursachen ab. Damit bleibt der Status quo bestehen.

So laufen die meisten polarisierten Diskussionen ab, sei es in der Politik, in Gemeinschaften oder zwischen Paaren. Sie sind Teil eines hartnäckigen Musters, das die Energie der Unzufriedenheit bindet und verschwendet und die wirkliche Streitfrage unangetastet lässt. Diese ist meist unbequem, weil sie nicht nur den dämonisierten Gegner betrifft, sondern auch einen selbst einbezieht.

Hier eine Skizze des konventionellen Meinungsspektrums über den Klimawandel, das, wie Sie sehen werden, Positionen umfasst, die extrem und unvereinbar zu sein scheinen. Sie sind es nicht. So gegensätzlich sie scheinen mögen, haben sie trotzdem gemeinsame unhinterfragte Annahmen, und genau die sind es, die das Problem unlösbar machen. Wohin wir kommen müssen und wohin uns die ökologische Krise am Ende führen wird, liegt völlig jenseits dieses Spektrums.

1. **Klimawandel-Skeptizismus:** Der Klimawandel – vor allem die globale Erwärmung – ist nicht real, oder wenn es ihn gibt, hat er kaum mit menschlicher Aktivität zu tun, oder das, was auf menschliche Aktivität zurückgeführt werden kann, ist harmlos. Manchmal tauchen alle drei Positionen gleichzeitig auf derselben skeptischen Website auf. In jüngerer Zeit handelt man sich das Schimpfwort »Leugner« schnell ein, selbst wenn man nur einen Fingerbreit von der orthodoxen Meinung zum Klima abweicht.

2. **Techno-Optimismus:** Der Klimawandel ist eine weitere Herausforderung, die wir auf unserem technologischen Siegeszug überwinden werden. Wir werden die Treibhausgase durch Geo-Engineering und alternative Energietechnologien senken und neue Wege finden, die Atmosphäre herunterzukühlen. Der menschlichen Kreativität sind keine Grenzen gesetzt. Es gibt kein Problem, das wir nicht lösen können, wenn wir es uns einmal vorknöpfen. Wir müssen einfach nur unsere Aufmerksam-

keit auf diese Probleme richten, und es braucht Anreize, um Lösungen zu suchen. Also müssen sich Wissenschaft und Finanz zusammentun, um die neueste Herausforderung der Menschheit zu meistern.

3. **Klima-Orthodoxie:** Das Verbrennen fossiler Brennstoffe stellt eine gefährliche Bedrohung für die Menschen und den Planeten dar. Wenn wir nicht schnell handeln, die Emissionen einschränken und die Erwärmung auf 2 °C beschränken, werden wir uns auf einen steigenden Meeresspiegel einstellen müssen, auf extreme Wetterphänomene, Überflutungen und Dürren, Missernten, Hungersnöte und Massenmigration und die Verwüstung von Ökosystemen unter Wasser und zu Land. Daher müssen wir so schnell wie möglich von den fossilen Treibstoffen loskommen, zu CO_2-neutralen Energietechnologien übergehen und wirtschaftliche Strategien der nachhaltigen Entwicklung und des grünen Wachstums anregen. Der Handlungsspielraum wird kleiner; wir haben keine Zeit zu verlieren.

4. **Klimagerechtigkeit und Systemwandel:** Dieser Standpunkt ist einen Schritt näher an den tieferen Ursachen und somit radikaler. Er besagt, dass der Klimawandel untrennbar mit unserem Wirtschaftssystem und verschiedenen Institutionen der sozialen Unterdrückung verbunden ist. Klimawandel ist nicht nur ein Umweltproblem – er ist ein soziales, ethnisches und ökonomisches Problem. Und solange das gesamte System von Profiten einer auf fossilen Treibstoffen basierten industriellen Wirtschaft abhängig ist, kann der Klimawandel nur bekämpft werden, indem der Kapitalismus wie wir ihn kennen verändert wird.

5. **Klima-Apokalypse:** Es ist schon zu spät, einen katastrophalen Klimawandel zu verhindern, außer vielleicht mit einer unmittelbaren Reaktion weit jenseits von allem, was heute politisch denkbar ist (und vielleicht nicht einmal dann). Die gemäßigteren Apokalyptiker sagen einen dramatischen Kollaps der

Gesellschaft vorher: einen Bevölkerungseinbruch, gesellschafts-politische Unruhen und einen massiven Rückschritt auf technologischer Ebene. Die extremeren prophezeien einen Temperaturanstieg von 6 bis 10 °C innerhalb weniger Dekaden. Das wäre das Ende der Zivilisation und führte wahrscheinlich zum Aussterben der Menschheit. Manche wie Guy McPherson sagen das Ende der Menschheit innerhalb von zehn Jahren voraus.[17]

Was bloß könnte so unterschiedliche Standpunkte miteinander vereinbar machen? Erstens richten sie alle ihr Augenmerk auf die Treibhausgase und globalen Temperaturen. Auf der einen Seite des Spektrums meint man, sie seien kein Problem, auf der anderen, dass sie das Ende der Zivilisation bedeuten. Alle sind sich einig, dass Klimawandel und CO_2 zentrale Anliegen des Umweltschutzes sind.

Dementsprechend schütten die Skeptiker – die meisten zumindest, nicht alle – das Kind (die Sorge um die Natur) mit dem Bade (dem gängigen AGE-Narrativ) aus. Und die Apokalyptiker ihrerseits stufen andere umweltrelevante Themen (ganz zu schweigen von sozialen Problemen) in ihrer Wichtigkeit gegenüber der AGE herab.

Die Heftigkeit und Allgegenwart der Kontroverse über die AGE nimmt anderen Themen wie dem Artenschutz, der Erhaltung natürlicher Lebensräume, Giftmüll und atomaren Abfällen, Bodenerosion, Absinken des Grundwasserspiegels usw. die Luft. Tragischerweise – so meine Argumentation – treiben genau diese anderen Probleme die Klima-Instabilität voran. Der Klimawandel ist ein Symptom der Zerstörung von Ökosystemen, eines Prozesses, der mindestens 5000 Jahre zurückreicht und heute in seiner Intensität einen Höhepunkt erreicht hat. Er ist die Folge der grundlegenden Beziehung zwischen Zivilisation und Natur, wie sie sich bisher überwiegend gestaltet hat.

Der Klimawandel gibt uns die Möglichkeit, eine andere Art von Beziehung aufzubauen, eine, in der uns der Planet und all seine Landstriche, Ökosysteme und Arten heilig sind – nicht nur in unserer Begrifflichkeit und Philosophie, sondern in unseren materiellen Beziehungen. Nichts anderes wird uns aus der Umweltkrise führen, vor der wir stehen. Präziser formuliert müssen wir unser Hauptaugenmerk auf die Heilung von Boden, Wasser und Biodiversität richten: Region für Region, Landstrich für Landstrich. Endlose Reihen von Solarpaneelen auf zerstörtem Boden werden das Problem nicht lösen. Wir brauchen ein zivilisationsweites gemeinsames Ziel: Die Schönheit, Gesundheit und das Leben überall dort wiederherzustellen, wo sie durch den *Aufstieg der Menschheit*[18] zerstört wurden.

Quer über das ganze Spektrum wird die Diskussion von CO_2 dominiert. Die meisten (aber nicht alle) Skeptiker wollen allem Anschein nach gleich das Umweltproblem als solches wegdiskutieren und hoffen, dass wir, wenn sie den Klimawandel widerlegen, erneut die unbeschränkte Lizenz haben, den Planeten zu plündern. Trotz ihrer generellen Sympathie für das Thema Umwelt veranlassen die Klimafundamentalisten paradoxerweise eine ganz ähnliche Verbannung umfassenderer Umweltanliegen aus der Debatte. In einer solchen Debatte sieht es dann so aus, als wären alle möglichen ökologischen Plünderungen erlaubt, solange dadurch kein CO_2 freigesetzt wird.

Ich weise darauf hin, dass der Rahmen der Debatte selbst ein Teil des Problems ist. Der »Rahmen der Debatte« – ein Kind der *Geschichte von der Separation* – enthält:

» eine Auffassung von Natur als »Umwelt«, als etwas von uns Getrenntem;

» die Annahme, dass das Klima primär von globalen geophysikalischen Prozessen (Sonnenstrahlung, Gasen in der Atmosphäre, der Erdrotation, thermischen Unterschieden zwischen den

Polen und dem Äquator etc.) und nicht von Lebensprozessen gesteuert wird;

» eine mechanistische Sicht der Natur als einer unglaublich komplizierten Maschine;

» einen hauptsächlich quantitativen Zugang zu Wissen;

» die Bewertung anderer Wesen nach instrumentell-utilitaristischen Kriterien, also nach dem Nutzen, den wir aus ihnen ziehen können;

» die Überzeugung, dass die Menschen die einzig voll bewussten Subjekte auf diesem Planeten sind.

Offen oder versteckt beeinflussen diese Annahmen die Klimawissenschaft und die Politik, von den Fragestellungen der Grundlagenforschung über die politische Argumentation zum Klimaschutz bis zur Prioritätensetzung in der Finanzierung, den angewendeten Technologien und den Formen von Landwirtschaft und Industrie. Sie sind den Apokalyptikerinnen und Skeptikerinnen gemeinsam, was nicht verwundert, weil diese Annahmen der gesamten Zivilisation, so wie wir sie kennen, zugrunde liegen. Das Problem und die heutigen Lösungsansätze haben die gleiche Wurzel. Deswegen ist ein anderer Bezugsrahmen nötig.

Reißerischer formuliert ist es egal, ob die Skeptiker recht haben oder nicht: Allein die Annahmen, auf denen die Debatte beruht, reichen schon aus, um uns in die Katastrophe zu führen. Ich möchte daher einen neuen Bezugsrahmen für die Diskussion anbieten:

» Die Erde ist ein lebendiger Organismus.

» Jedes Biom, jedes lokale Ökosystem und jede Art trägt auf einzigartige Weise zur Gesundheit und Belastbarkeit des Ganzen bei. Sie sind nach der Gaia-Hypothese wie Organe und Gewebe des Gesamtorganismus Erde.

» Alle Wesen (Pflanzen und Tiere, Böden, Flüsse, Ozeane, Berge, Wälder etc.) verdienen es, als lebendige, fühlende Subjekte respektiert zu werden, nicht bloß als Dinge.

» Jede Verletzung der Integrität des Planeten oder seiner Wesen fügt *unvermeidlich* auch den Menschen Schaden zu, ganz gleich, ob die kausalen Zusammenhänge dieses Schadens ersichtlich sind oder nicht.

» Umgekehrt wird ein gesunder Planet der physischen und spirituellen Gesundheit der Menschen guttun.

» Das psychische Klima, das unsere Überzeugungen, Beziehungen und Mythen umfasst, ist ganz eng mit dem atmosphärischen Klima verbunden.

» Auch das politische und soziale Klima steht mit dem atmosphärischen Klima in Resonanz.

» Die Bestimmung der Menschheit ist es, mit ihren Fähigkeiten zur Schönheit, Lebendigkeit und Entwicklung der Erde beizutragen.

Die konvergierenden Krisen unserer Zeit, einschließlich der ökologischen Krise, sind eine Initiation für unsere Zivilisation. Die Weltanschauung, die ich gerade umrissen habe, erwartet uns auf der anderen Seite dieser Initiation.

Können Sie sich vorstellen wie eine Gesellschaft aussehen würde, in der sich diese Weltanschauung in Landwirtschaft, Technologie und Wirtschaft niederschlägt? Jetzige »grüne« politische Agenden würden im Vergleich dazu dürftig wirken. Heute muss das Umweltschutz-Boot gegen den Strom der *Geschichte von der Separation* rudern. Mit aller Kraft legt sich die Besatzung in die Riemen und bringt das Wasser mächtig zum Schäumen, aber jeden Meter, den sie sich vorwärts kämpft, macht die Strömung zunichte, die es wieder abtreibt. Die allgemeine Lage weltweit verschlimmert sich weiterhin. Fünfzig Jahre nach dem *Clean Air Act*[19] ist die weltweite Verschmutzung schlimmer als je zuvor. Vierzig Jahre nach dem *Clean Water Act*[20] schwimmt mehr Plastik im Meer als Fische. Vierzig Jahre nach dem *Endangered Species Act*[21] nimmt die Artenvielfalt der Erde drastisch ab. Und nach mehreren Jahrzehnten der Klimavereinbarungen verstärken sich Klimastörungen ungebremst.

Ist es eine Lösung, sich mit noch mehr Kraft in die Riemen zu werfen? Wenn die Strömung unabänderlich ist, dann wäre das die einzige Hoffnung. An diesem Punkt scheitert die Metapher, denn die Strömung ist keine Naturgewalt oder die unabänderliche menschliche Natur – als wären wir genetisch darauf programmiert, die Welt zu zerstören. Nein, die Strömung setzt sich aus Systemen zusammen, die von Menschen geschaffen wurden: in erster Linie dem Finanzsystem, aber auch unseren politischen Systemen, der Wissenschaft, Technologie, Erziehung und Religion. Was Menschen geschaffen haben, können sie auch wieder abschaffen.

Wie sich das bewerkstelligen lässt, ist allerdings keine triviale Frage. Wir sollten den Weltrettungsansätzen gegenüber misstrauisch sein. In der Geschichte haben sie mehr Schaden als Gutes angerichtet. Zwangsläufig, besonders wenn sie dringendes Handeln fordern, bedienen sie sich jener Zutaten, die uns in dem Moment gerade zur Verfügung stehen: bestehende politische Machtinstrumente, bestehende wirtschaftliche Mechanismen, bestehende Formen von Technologie, bestehende Denkweisen. Will man schnell und im großen Maßstab handeln, überträgt man meist bestehenden Institutionen, die ohnehin schon Macht ausüben, noch mehr Macht. Wir müssen über bestehende Institutionen, Sichtweisen, Technologien und wirtschaftliche Mechanismen, die alle ein wesentlicher Teil des Problems sind, hinaus denken. Vor uns liegt die Ungewissheit. Vor uns liegt neues gesellschaftliches Territorium, worin wir unvermutete Formen und Ausdrucksweisen der menschlichen Kreativität entdecken werden.

Ein Leitprinzip kann ich allerdings anbieten: Unser System folgt einer tieferen Strömung, nämlich dem Mythos unserer Zivilisation: den Erzählungen, Bedeutungen, Wahrnehmungen und Übereinkünften, die das ausmachen, was wir für die Wirklichkeit halten. Die Heilung der Welt muss und wird von außerhalb dieser Mythologie kommen, die auf *Separation* basiert und die uns in die Sackgasse geführt hat.

Ein Besuch in der Welt der Skeptiker

Wir gegen die – dieses Drama inszeniert unsere Kultur anscheinend automatisch, nicht nur als »Kampf gegen den Klimawandel«, sondern, immer auf der Suche nach einem identifizierbaren Feind, auch als Kampf gegen jene, die bezweifeln oder leugnen, dass der Klimawandel wirklich stattfindet. Die Idee dahinter ist folgende: Gelänge es bloß, die unheilige Allianz aus Öl-, Gas- und Kohle-Konzernen, deren Finanziers und Investoren, politischen Verbündeten und einer kleinen Minderheit von korrupten Akademikern aufzubrechen, dann könnten wir sinnvoll und schnell handeln, um den Klimawandel aufzuhalten. Es ist klar, wer der Feind ist. Wir können also in den gewohnten Kampfmodus übergehen.

Eine allgemeine Taktik der Kriegsführung ist die Entmenschlichung des Feindes. Also ist es für Klimaschutz-Aktivisten fast selbstverständlich, dass die, die nicht an den menschengemachten Klimawandel glauben, nicht im Vollbesitz ihrer geistigen oder moralischen Kräfte sein können: geizig sind sie, korrupt, verblendet, borniert; Heuchler sind sie, Lügnerinnen und Psychopathen. Wie könnten sie sonst die erdrückenden Beweise ignorieren, die Erkenntnisse der »etablierten Wissenschaft«, den Konsens von »97 Prozent der Klimawissenschaftler«? Das ist nicht nachvollziehbar. Das ist empörend.

Im Vertrauen, dass ich selbst kein Heuchler, Lügner, oder Psychopath und im Besitz zumindest eines Teils meiner mentalen und moralischen Integrität bin, beschloss ich, die Ansichten der Klimaskeptiker genauer unter die Lupe zu nehmen.

Das Lager der Klimaskeptiker dreht die obigen Anschuldigungen um und spricht von Inkompetenz und Korruption der etablierten Klimawissenschaftler. (Die differenzierter denkenden Vertreter betonen den Gruppenzwang, die Verzerrung durch Schwerpunktsetzung bei Publikationen und Forschungsförderung und politischen Druck als Hauptmechanismen, die die orthodoxe Lehrmeinung stärken.) Als Reaktion auf die Schublade »Klima-Leugner« werfen sie dem Mainstream Panikmache vor.

Anhand des oben Gesagten mag es scheinen, als sympathisiere ich eher mit den Skeptikern, weil ich beide Positionen als gleichwertig darstelle. Das mag denen, die an den Klimawandel glauben, als falsche Unparteilichkeit erscheinen. Im Zweiten Weltkrieg verteufelten einander die Nazis und die Alliierten ja auch, und trotzdem macht das beide Seiten nicht gleichwertig. Es gab damals die Guten und die Bösen (richtig?). Und noch mehr gilt das in diesem Krieg hier, wo das Überleben der Menschheit auf dem Spiel steht.[22] Eine mögliche Legitimität der Feindposition auch nur in Erwägung oder die Berechtigung des Krieges in Zweifel zu ziehen ist schon Verrat – »rendering aid and comfort to the enemy«[23] wurde das im Krieg gegen den Terror unter Präsident Bush genannt. Es ist auch Verrat, keine Position zu beziehen. So funktioniert die Kriegslogik.

In Kriegszeiten ziehen Pazifisten mehr Feindseligkeit und Verachtung auf sich als der Feind selbst. Warum? Weil eine Pazifistin die Gültigkeit und Legitimation der Rollen, mit denen sich die Leute identifizieren, und die Erzählung, an die sie glauben, infrage stellt. Sie stellt eine existenzielle Bedrohung dar – zwar nicht des Überlebens, aber der Identität.

Als ich mich in die Lage der Skeptiker versetzte, stellte ich mich bewusst naiv und lehnte die jeweilige Sicht *beider* Seiten auf die andere ab. Ich nahm vorübergehend an, dass die meisten an dieser Debatte Beteiligten zwar nicht vollkommen, aber doch kompetent und intelligent sind und die Sache ernst nehmen. Ich griff mir verschiedene Standpunkte im Standard-Klima-Narrativ heraus und las dann ausführlich die besten skeptischen Blogs und Websites, die ich finden konnte, um zu sehen, was sie denn eigentlich zu scheinbar unwiderlegbaren Beweisen für eine globale Erwärmung sagen. Ich las auch die besten und geduldigsten Entkräftungen der Argumente der Skeptiker, die ich finden konnte. Lassen Sie mich ein solches repräsentatives Abenteuer erzählen, mit von mir entsprechend zugespitzten Antworten – für den dramatischen Effekt.

Ich begann bei einem scheinbar unwiderlegbaren Beweis für die anthropogene globale Erwärmung (AGE): der »Hockey-Schläger-Kurve« von Michael Mann, die eine rapide Beschleunigung des globalen Temperaturanstiegs im 20. Jahrhundert zeigt. In der Kurve folgt auf Jahrhunderte mit relativ stabilen Temperaturen eine rasche Erwärmung, die sich fast perfekt mit dem Anstieg von CO_2 in der Atmosphäre deckt. Mit den Zahlen lässt sich nicht verhandeln. Gewiss, eine Korrelation ist kein Beweis für einen ursächlichen Zusammenhang, aber es gibt keine andere Erklärung für so einen drastischen, nie dagewesenen Anstieg. Das macht einen kausalen Zusammenhang wahrscheinlich, besonders angesichts der Tatsache, dass CO_2 als Treibhausgas wirkt. Wie könnte ein intelligenter Mensch einen so zwingenden Beweis ernsthaft anzweifeln?

Das wollte ich herausfinden. Die Klimaskeptiker behaupten, dass bei den statistischen Methoden, die der Hockey-Schläger-Kurve zugrunde liegen, gravierende Fehler gemacht wurden.[24] Sie kritisieren, dass sowohl die heutigen als auch die historischen Messdaten unzuverlässig, unvollständig und mit einer Tendenz, die immer den Temperaturanstieg in jüngster Zeit begünstigt, schwer »adaptiert«

sind: Alte Messwerte wurden nach unten, jüngere nach oben korrigiert. Die Temperaturdaten, die aus Jahresringen rückgerechnet wurden, sagen sie, berücksichtigen nicht, dass die Bäume nicht nur wegen niedrigerer Temperaturen, sondern auch wegen einer geringeren CO_2-Konzentration oder weniger Regenfällen langsamer gewachsen sein könnten.[25] Daten aus der Gegenwart halten sie auch für unzuverlässig, weil es urbane Wärmeinseln gibt. Im Gegensatz zu früher liegt eine unverhältnismäßig größere Zahl von Wetterstationen in der Nähe von Abluftöffnungen von Klimaanlagen, Parkplätzen, Flughäfen, Wasseraufbereitungsanlagen und anderen Wärmequellen.[26] Außerdem werden Rohdaten in einem Prozess namens Homogenisierung nach oben angepasst.[27] Wenn eine Wetterstation Daten liefert, die nicht mit denen der benachbarten Stationen übereinstimmen, werden ihre Daten unter der Annahme homogenisiert, dass sie kaputt ist oder mikroklimatischen Einflüssen unterliegt. Aber meistens, sagen die Skeptiker, werden die Daten jener Messstationen, die niedrigere Werte liefern, nach oben korrigiert, oft im Vergleich zu Stationen, die höheren Temperaturen ausgesetzt sind, weil sie in der Nähe von Gebäuden oder Asphalt stehen. Diese Probleme haben einige Forscher dazu veranlasst, sich alternative Datensätze von Satelliten anzusehen, die nicht den Wechselfällen der ungleich verteilten Messwerte auf der Erdoberfläche unterliegen. Schließlich sagen theoretische Modelle des Treibhausgaseffekts vorher, dass sich die gesamte Troposphäre erwärmt. Diese alternativen Datensätze, sagen die Skeptiker, stimmen gut miteinander überein und zeigen einen viel langsameren Temperaturanstieg als die Daten von der Erdoberfläche, die die Grundlage für den steil ansteigenden Bereich der Hockey-Schläger-Kurve sind. Jedenfalls sind die heutigen Temperaturen immer noch niedriger als während der Mittelalterlichen Warmzeit, die man immer wieder aus der Welt zu diskutieren versuchte. Außerdem sagen die Skeptiker, dass die historischen CO_2-Konzentrationen den Temperaturschwankungen folgen, nicht vorausgehen, und dass sie oft gar nicht korrelieren. CO_2-Werte, die aus Eisbohrkernen rekonstruiert wurden, sind um Messpunkte bereinigt, die vom Standard-Narrativ abweichen, mit der Begründung, dass es sich dabei um Kontaminationen handeln müsse.

Meine Güte – wie konnte ich nur so dumm sein und die von der »hehren Wissenschaft« verhökerte Parteilinie für wahr halten? Wie alle anderen bin ich auf die orthodoxe Lehrmeinung hereingefallen. Wie konnte mir das nur passieren?

Nur um sicher zu gehen, sehe ich mir jetzt noch an, was die Klimaforscher auf diese Vorwürfe antworten. Moment mal, die Dinge liegen nicht so, wie die Skeptiker behaupten. Die Kritiker der Hockey-Schläger-Kurve nützen einen oder zwei unbedeutende Fehler, um gleich die ganze Publikation zu diskreditieren. Außerdem wurden die Fehler in der Version der Publikation von 2008 korrigiert. Seit der Originalartikel veröffentlicht wurde, bestätigten zahllose andere Artikel, die andere Näherungswerte verwendeten, wieder und wieder, dass die letzten zwei Dekaden die wärmsten der letzten zweitausend Jahre sind.[28] Es gibt jetzt sehr viele Rekonstruktionen von Paläoklimadaten in Form von »Hockey-Schläger-Kurven«, die alle mehr oder weniger mit der von Michael Mann veröffentlichten übereinstimmen.

Was die Satellitendaten angeht, haben die Skeptiker nicht berücksichtigt, dass der durch den Bahnabstieg[29] auftretende Abkühlungseffekt korrigiert werden müsste. Man kann den Rohdaten der Temperaturmessungen nicht trauen. Zweitens sind Temperaturmessungen auch durch »tageszyklische Drift« verzerrt. Drittens messen die Satelliten gar nicht direkt die Temperatur; sie messen Mikrowellen, die vom atmosphärischen Sauerstoff abgestrahlt werden und die nur indirekt mit der Temperatur zusammenhängen. Viertens beruhen die Grafiken, die ich mir angeschaut hatte, auf Durchschnittswerten aus verschiedenen Lagen der Troposphäre, die so gewichtet wurden, dass die kühleren Temperaturen vermutlich überschätzt wurden. Außerdem müssen Messungen von verschiedenen Sensortypen vereinigt und angepasst werden, damit man sie auf einer Skala darstellen kann. Jedenfalls nahmen die Wissenschaftler die Unstimmigkeiten ernst, aber nachdem sie die Ursachen untersucht und die Messwerte angepasst hatten, stimmten die Satellitendaten mit den Messwerten von der Erdoberfläche und den theoretischen Modellen recht genau überein. Außerdem gibt es eigentlich fünf Datensätze von Satellitenmessungen, und die Skeptiker verweisen immer auf den einen, der die geringste Erwärmung zeigt – obwohl dieser am wenigsten mit Daten von Wetterballons übereinstimmt, einer weiteren Möglichkeit der Temperaturmessung der Troposphäre.[30]

Es scheint nur so, sagt der Mainstream, als würden historische CO_2-Konzentrationen auf die Temperaturanstiege folgen, weil steigende Temperaturen eine positive Rückkopplung auslösen, die eine geringfügige Erwärmung verstärken.

Was den Effekt von Wärmeinseln und die Datenanpassungen betrifft, sagt der Mainstream, dass diese sehr penibel gehandhabt wurden, um Verzerrungen in den Rohdaten zu eliminieren.[31] Außerdem stimmen die Messdaten aus ländlichen und städtischen Gebieten im gezeigten Wärmeanstieg überein.[32] Dasselbe gilt für die CO_2-Konzentrationen in Eisbohrkernen. Die Wissenschaftler hatten sehr gute wissenschaftliche Gründe, Ausreißer in den Messwerten zu eliminieren, die nicht korrekt sein konnten, weil es keinen Mechanismus gibt, durch welchen CO_2-Werte in einer solchen Höhe erklärt werden könnten. Die langwierigen Diskussionen der Wissenschaftler untereinander einfach zu ignorieren und es sich mit der Meinung leicht zu machen, sie hätten zugelassen, dass die Daten gemäß irgendeiner vorgefassten »Agenda« manipuliert wurden, sei eine Beleidigung der Wissenschaftler und zeuge von einem tiefen Unverständnis für die Art und Weise, wie Wissenschaft wirklich gemacht wird.

Wow, bin ich froh, dass ich diese Entkräftungen echter Wissenschaftler, die nicht von der Erdölindustrie gesponsert werden, gelesen und nicht zugelassen habe, dass sich eine gewisse Parteilichkeit für die Klimawandel-Leugner in dieses Buch einschleicht. Fast hätten mich die Leugner gehabt. Wer glaube ich denn überhaupt zu sein, mir einzubilden, dass ich es besser wüsste als die Klimatologinnen, die dieses Thema seit Jahrzehnten erforschen? Wie arrogant ist der Gedanke, dass ich nach ein paar Wochen »Forschung« im Internet glaubte, beweisen zu können, dass sie falsch liegen und ihnen die Intelligenz oder die Integrität fehlte, das zu erkennen? Ich schäme mich, dass ich ihnen nicht vertraut habe.

Um wirklich gewissenhaft zu arbeiten, werde ich mir noch ansehen, ob die Skeptiker darauf etwas zu sagen haben. Das haben sie. Die 2008 veröffentlichte Version des Artikels von Mann, sagen sie, enthalte dieselben Mängel wie das Original, und andere »Hockey-Schläger«-Studien verwenden dieselben problematischen Temperatur-Näherungswerte. Sie behaupten, dass Wetterstationen auf dem Land denselben Aufwärtstrend zeigen wie städtische, weil sie zwar als ländlich definiert sind, aber viele davon trotzdem in relativ urbanisierten Gegenden stehen. Sie sagen, dass der Bahnabstiegsfaktor in Wirklichkeit schon seit zwanzig Jahren korrigiert ist und dass er außerdem nur die Messungen in der niedrigeren Troposphäre betrifft, die hier gar kein Thema sind. Die tageszyklische Drift wurde auch korrigiert. Die Mikrowellen sind sogar ein besseres Maß für die Temperatur als der elektrische Widerstand, der für Messungen an der Erdoberfläche verwendet wird. Das Klima-Establishment »passt die Daten« ständig »an«, sobald sie nicht in ihr Narrativ oder zu ihren Modellen passen, und jede Anpassung ist selbstverständlich eine Korrektur nach oben. Die Datensätze, die mit den Wetterballonmessungen übereinstimmen und einen größeren Temperaturanstieg zeigen, tun das, weil sie Messwerte von einem Satelliten enthalten, die nicht um eine Kalibrierdrift korrigiert wurden und dann entsprechend einem Klima-Modell, nicht entsprechend den empirischen Daten an die tageszyklische Drift angepasst wurden.[33]

Es sieht so aus, als wäre ich schon wieder jemandem auf den Leim gegangen, als ich die autoritär wirkenden Zurückweisungen der Minderheitsposition glaubte, ohne die Wissenschaft dahinter wirklich zu verstehen.

Mir wird klar, dass ich mir bei diesem Hin und Her am Ende wahrscheinlich gar keine rein auf Beweisen basierende Meinung bilden kann. Als ich der Frage der Temperaturmessungen ein bisschen weiter nachging, verstrickte ich mich in einem Gewirr von Details über Atmosphärenphysik, statistische Methoden usw., für die mir einfach der wissenschaftliche Hintergrund fehlt, sie zu verstehen. Und ich bin, wohlgemerkt mit meinem Abschluss in Mathematik von der Yale Universität, kein Analphabet in Sachen Wissenschaft. Wenn ich in dieser Frage zu keinem Ergebnis kommen kann, wie soll das dem Durchschnittsbürger gelingen? Außerdem zeigt die Uneinigkeit zwischen denen, die den nötigen wissenschaftlichen Hintergrund *haben*, dass ich vermutlich auch auf keinen grünen Zweig käme, selbst wenn ich mir die Grundlagen erarbeiten würde. Was mir bleibt, ist die nicht auf Beweisen beruhende Entscheidung, wem ich vertraue.

Wenn Sie weder Klimatologe, Meteorologe noch Atmosphärenphysikerin sind, sitzen wir im selben Boot. Ob wir an eine anthropogene globale Erwärmung glauben, hängt hauptsächlich davon ab, ob wir die Autorität und Integrität der etablierten Wissenschaftler akzeptieren; dazu gehört auch ein Glaube an die Vertrauenswürdigkeit von akademischen Publikationen, an die Unvoreingenommenheit im Peer-Review-Prozess und in der Forschungsförderung und an die Fähigkeit der Wissenschaftler und Institutionen, dem Bestätigungsfehler zu widerstehen. Für viele Menschen – besonders Liberale und Progressive – ist die Wissenschaft die einzig vertrauenswürdige

Institution, die unserer Gesellschaft geblieben ist. Den anthropogenen Klimawandel infrage zu stellen heißt einerseits die Quelle für legitime Wahrheit schlechthin in unserer Kultur und darüber hinaus auch die anderen Institutionen, die sich durch die Wissenschaft legitimieren, anzuzweifeln.[34] Deshalb gehören besonders in den USA jene, die nicht an den Klimawandel glauben, meist der religiösen Rechten an, die auch nicht an andere noch grundlegendere wissenschaftliche Theorien glaubt. Wenn jemand meint, die Evolutionstheorie sei eine riesige unheilige Verschwörung, die die biblische Schöpfungsgeschichte verleugnet, dann ist es von dort kein großer Schritt mehr, auch den Klimawandel für unwahr zu halten. Es steckt sogar ein Körnchen Wahrheit im spöttischen Vergleich von Klimawandel-Leugnerinnen mit Leuten, die an eine flache Erde glauben.[35] Das Körnchen Wahrheit liegt nicht im Spott, denn sie sind nicht verrückt oder dumm. Sie rebellieren gegen die erkenntnistheoretische Oberhoheit der dominanten Kultur.

Ein anderer Faktor, der jemanden dafür empfänglich machen könnte, nicht an den Klimawandel zu glauben, ist, dass er tief verwurzelte wirtschaftliche, soziale oder politische Ansichten bedroht. Es überrascht nicht, dass die Klimawandel-Skeptiker meist politisch konservativ und typischerweise gegen politische Regulierungen der Wirtschaft sind und den Klimawandel als eine gefährliche Rechtfertigung für zunehmende Beschränkungen sehen. Sie sind meist für die ungezügelte Ausbeutung der »natürlichen Ressourcen« und nehmen die Anschauung nicht ernst, dass es natürliche Grenzen des menschlichen Wachstums gibt, die nicht von der Technologie überwunden werden können. Sie sind meist für Atomenergie, für das Fracking, für Tiefseebohrungen, für den Kohleabbau und für das Vorantreiben industrieller Entwicklung auf dem ganzen Planeten. Recht oft (aber nicht immer) meinen sie, dass wir dem Klima nicht schaden, weil sie allgemein der Ansicht sind, dass wir der Umwelt nicht schaden; dass wir uns keine allzu großen

Sorgen über Gentechnik, chemische Abfälle, Atommüll, Plastik in den Weltmeeren, Pestizide, pharmazeutische Abfälle, die Zerstörung von Lebensräumen usw. machen müssen. Außerdem sind Klimawandel-skeptische Blogs und besonders deren Kommentare gespickt mit islamophoben Ressentiments (»die Regierung bindet uns mit dem Klimawandel einen Bären auf, um uns von der wahren Bedrohung, dem Islam, abzulenken!«) und anderen Enten der alternativen Rechten.

Kurz zusammengefasst gibt es zwei nicht auf Beweisen beruhende Gründe, an den anthropogenen Klimawandel zu glauben: erstens ein Vertrauen in die Wissenschaft als Institution und zweitens die schlechte Gesellschaft jener, die bezweifeln, dass er stattfindet.

Was war nun also das Endergebnis meiner Expedition in die Welt des Klima-Skeptizismus? Wenn Sie immer noch darauf warten, dass ich die Frage »Auf welcher Seite stehe ich?« beantworte, müssen Sie sich, fürchte ich, noch ein Weilchen in Geduld üben (bis zum Ende dieses Kapitels). Was ich jedenfalls herausfand, ist, dass jede Seite die andere falsch einschätzt. Die Fraktion der Skeptiker, obwohl sie zweifelsohne im Dunstkreis von Ignoranz, Pseudowissenschaft und noch Schlimmerem angesiedelt ist, wird auch von vielen vernünftigen, wissenschaftlich bewanderten Einzelpersonen unterstützt, die wegen ihrer heterodoxen Ansichten heftige Feindseligkeiten über sich ergehen lassen müssen. Wenn man Klimaskeptiker analog zum »Krieg gegen das Böse« zu bekämpfen versucht (was schon mit der Verunglimpfung als »Klimawandel-Leugner« beginnt), geht man von falschen Voraussetzungen aus. Obwohl ich denke, dass sie manchmal Daten übersehen oder kleinreden, die ihre Position nicht unterstützen, sind prominente Dissidenten wie Judith Curry, John Christy, Roy Spencer, Jim Steele und Stephen McIntyre weder korrupt noch dumm, noch unaufrichtig, und zumindest manche von ihnen sind auch leidenschaftliche Umweltaktivisten, denen die fortschreitende Zerstörung der

Umwelt am Herzen liegt. Außerdem haben – zumindest aus der Perspektive eines Laien, der sich beide Seiten angeschaut hat – manche ihrer Kritikpunkte ihre Berechtigung. Ob der Mainstream recht hat oder nicht, die Wissenschaft und die Öffentlichkeit würden von einem respektvolleren und weniger dogmatischen Umgang mit den Skeptikern jedenfalls profitieren.

Dass sich die Skeptiker ihrerseits über das wissenschaftliche Establishment lustig machen, ist auch falsch. Wenn ich mit Klimawissenschaftlern spreche und wissenschaftliche Veröffentlichungen lese, ist es für mich offensichtlich, dass diese Menschen im Allgemeinen auch gewissenhafte, verantwortungsbewusste Wissenschaftler sind, denen der Planet wirklich am Herzen liegt. Wenn skeptische Blogger sie bezichtigen, Teil einer bösen Verschwörung zu sein, kriminell fahrlässig zu handeln und finanziell korrupt zu sein oder versteckte »politische Agenden« zu verfolgen, wenn sie abwertende Karikaturen von »Ökos« und »Gutmenschen« verbreiten, dann untergraben sie die Glaubwürdigkeit aller legitimen Kritikpunkte, die sie sonst vertreten mögen.

Außerdem machen sich Skeptiker, die keine ausgebildeten Wissenschaftler sind, häufig schwerwiegender intellektueller Nachlässigkeiten schuldig, was den Verdacht nahelegt, dass *sie* es sind, die eine politische Agenda verfolgen. Unkritisch verbreiten sie unsolide Beweise und Argumente weiter, die den erwünschten Schlussfolgerungen dienen. Um ein repräsentatives Beispiel zu nennen: Mir kam eine zuverlässig wirkende Grafik von Temperatur-Näherungswerten aus Eisbohrkernen unter, die Tausende Jahre zurückreichte. Sie zeigte anscheinend für einen Zeitraum von vor zehntausend Jahren bis heute, dass die Temperaturen während der Minoischen, der Römischen und der Mittelalterlichen Warmzeit viel höher als heutige Temperaturen waren.[36] Sie wurde in einem rechten Blog veröffentlicht, dessen Grundaussage war: »Das Klima-Establishment muss idiotisch oder korrupt sein, wenn ihre eigenen

Daten zeigen, dass die heutigen Temperaturen weit unter denen vergangener Perioden liegen.« Bei den Kommentaren herrschte einhellige Zustimmung. Die Grafik beeindruckte mich, also suchte ich nach der Informationsquelle, einem peer-reviewten Artikel von R. B. Alley.[37] Dort sah ich, dass die Kurve, die der Blogger gezeichnet hatte, höchst irreführend war, weil die Datenquelle, auf die er sich bezog, nur bis 1905 reichte (was vernünftig ist, weil Eisbohrkerne keine brauchbaren Näherungswerte für ganz aktuelle Temperaturen liefern). Aber die Kurve war so beschriftet, dass es schien, als reiche sie bis zum heutigen Tag. Sie zeigte also nur, dass die historischen Temperaturen viel höher als jene 1905 waren – bevor die Erwärmung aufgrund der heutigen Emissionen richtig eingesetzt hat.[38]

Natürlich bedeutet das Verhalten einer Meute von wissenschaftlich nicht gebildeten und politisch motivierten Anhängern nicht automatisch, dass die Argumente der Skeptiker unbegründet sind. Es sollte uns aber zur Vorsicht mahnen und uns den Bestätigungsfehler – unseren eigenen und den der anderen – bewusst machen. Mit Bestätigungsfehler ist die Neigung gemeint, Beweise zu bevorzugen, die eine bestehende Ansicht untermauern, oder Beweise so zu interpretieren, dass sie diese Ansicht bestätigen. Also nahmen die rechten Blogger diese Grafik bereitwillig an, ohne sie in irgendeiner Weise zu prüfen, obwohl ein kurzer Blick auf die Originaldaten die Kurve als Schwindel entlarvt hätte.

Je mehr Ego der eigenen Meinung anhaftet, desto wahrscheinlicher begeht man Bestätigungsfehler. Anzeichen für dieses Anhaften des Egos sind zum Beispiel Rechthaberei, Selbstgefälligkeit und Verachtung für die, die nicht zustimmen. Leider muss ich sagen, dass ich alle drei Formen sehr häufig in Texten von beiden Seiten sehe, weshalb ich in keine der beiden viel Vertrauen setze. Lesen Sie die Blogs und Kommentare jeder Seite und fragen Sie sich, ob diese Menschen bereit wären einzugestehen, dass sie unrecht haben.

Und Sie, liebe Leserin, lieber Leser, denken jetzt wahrscheinlich, dass der Bestätigungsfehler Sie selbst kaum betrifft. Aber beobachten Sie, wie Sie reagieren, wenn Sie etwas lesen, das gegenüber Ihrer Position in Sachen Klimawandel kritisch ist. Prüfen Sie so etwas nicht viel genauer als eine Aussage, die Ihrer eigenen Position entspricht? Wer ist dieser Typ? War das in einem Journal mit Peer-Review? Wird er von Ölfirmen finanziert? Wie könnte ich die Aussage als falsch entlarven? usw. Mit dieser Einstellung braucht es nur einen ganz oberflächlichen Gegenbeweis, einen Rufmord, substanzlose Anschuldigungen etc., und man verwirft die Kritik. Ebenso werden Sie vermutlich Artikeln, die Ihre Position bestätigen, einen Freibrief erteilen. Sie werden sich keine Mühe machen, einen Blick auf die nicht angepassten Rohdaten zu werfen oder die Verlässlichkeit von Temperaturnäherungswerten zu hinterfragen usw. Man verallgemeinere diese Tendenz, und schon sind wir in einer Gesellschaft mit zunehmend nicht miteinander kommunizierenden Wirklichkeitsblasen, die einander bekriegen, während ihre versteckten Agenden und Interessen weiterhin unbeachtet bleiben und nicht näher hinterfragt werden.

Das Ende der Welt

Eine politisch progressive Freundin erzählte mir von den Erfahrungen, die sie machte, als sie eine Woche mit ihren angeheirateten Verwandten verbrachte, die ausschließlich Fox News konsumieren. Am Ende der Woche, sagte sie, konnte sie nachvollziehen, wie es dazu kam, dass ihre Verwandten die Wählerschaft von Hillary Clinton für Idioten halten mussten. Die konservativen Medien erzeugen ihre eigene Wirklichkeitsblase.

Das Gleiche könnte man über den Klimaskeptizismus und seine Gegenwelt, die Welt der Klimakatastrophen-Szenarios sagen. Ich ermutige Sie, einige Zeit in jeder dieser Wirklichkeitsblasen zu-

zubringen. Das Lager der Apokalyptiker wird von Wissenschaftlern und Autoren wie Guy McPherson, Paul Ehrlich, Paul Beckwith, David Wallace-Wells, und Malcolm Light angeführt, sie kritisieren die Mainstream-Klimawissenschaft aus ähnlichen Gründen wie die Klimaskeptiker. Sie sagen, dass die Wissenschaftler Daten ignorieren, die nicht in deren Weltsicht passen oder auf die sie psychologisch nicht gefasst sind. Selbst wenn sie erkennen, dass es schon zu spät ist, lassen sie sich aus politischem Opportunismus dazu verleiten, ihre Vorhersagen abzumildern. Privat sind sie viel pessimistischer, als ihre öffentlichen Aussagen vermuten lassen. Berichte des Weltklimarates sind unter dem politischen Druck ähnlich verwässert. In Wahrheit sind wir, sagen sie, dem Untergang geweiht.

Pikanterweise laufen Klima-Skeptizismus und Klima-Pessimismus, wenngleich aus entgegengesetzten Richtungen kommend, beide auf Passivität hinaus. Was hilft es, wenn sich die eine Seite nicht engagiert, weil sie denkt, dass es kein Problem gibt, und die andere, weil sie denkt, es gäbe keine Lösung?

Apokalyptisches Denken führt im Allgemeinen dazu, dass man sich am System, das man kritisiert, mit schuldig macht. Die Position der Apokalyptiker scheint nur radikal zu sein, aber in Wirklichkeit ist sie völlig kompatibel damit, dass alles so weiter läuft wie bisher. Die Wissenschaftlerin Eileen Crist kommt zu einer ähnlichen Ansicht und schreibt: *Fatalismus ist eine Einstellung, die die Trends verstärkt, aus denen er entstanden ist, und führt dazu, dass man sich diesen Trends fügt. Dieses Sich-Fügen, das der Fatalismus bewirkt, ist für fatalistisch Denkende nicht erkennbar, weil sie sich ja nicht als Konformisten sondern einfach als Realisten sehen.*[39]

Der »Realismus«, auf dem so viele Diskussionen über das Klima basieren, nimmt viele der Ansichten und Systeme als gegeben, die die Krise überhaupt erst ausgelöst haben. Was wir für wahr halten, könnte aber eine Projektion der Erzählung sein, mit der wir uns die

Welt erklären. Und was die Systeme betrifft – sie wurden ausnahmslos von Menschen geschaffen. Die Menschen können jedes einzelne auch verändern.

Die Prognosen der Apokalyptiker reichen von massiven Störungen, die die Tropen unbewohnbar machen und die Nahrungsmittelversorgung zusammenbrechen lassen, bis zur Auslöschung der Menschheit in naher Zukunft (innerhalb meiner Lebenszeit) oder sogar bis zu einem Treibhauseffekt außer Rand und Band, der die Erde zur Venus macht. Ich lade Sie ein, die Website *Nature Bats Last* von Guy McPherson zu durchstöbern, wo Sie einen Katalog der wissenschaftlichen Beweise für die apokalyptische Position finden. Die Auslöschung in naher Zukunft ist auf positive Rückkopplungsschleifen zurückzuführen, die den Klimawandel beschleunigen. Zum Beispiel:

» Die Erwärmung der Arktis führt zum Schmelzen von Methanhydraten unter Wasser, wodurch Methan in die Atmosphäre gelangt und die Erwärmung verstärkt.
» Das Gleiche passiert mit Methan- und CO_2-Vorkommen, die im Permafrost gespeichert sind.
» Höhere Temperaturen erzeugen mehr Wasserdampf, der mehr Wärme zurückhält.
» Der Albedo-Effekt: Wenn das Eis in der Arktis, das das Sonnenlicht reflektiert, schmilzt, wird mehr Sonnenlicht von der Erdoberfläche absorbiert.
» Die Erwärmung verursacht veränderte Klimamuster, die zu Wald- und Torfbränden führen, wodurch Ruß entsteht; dieser verschmutzt den Schnee, der dann schneller schmilzt.
» Die Methanfreisetzung aus Süßwasservorkommen nimmt bei höheren Temperaturen zu.
» Mehr CO_2 führt zu mehr Kohlensäure im Regen, die Gestein aus Kalziumkarbonat angreift und noch mehr CO_2 freisetzt.

Die größte Besorgnis bezieht sich auf das Methan. Nach Malcolm Light liegt allein unter dem Arktischen Ozean hundert Mal mehr Methan als ausreichen würde, um ein großes Artensterben zu verursachen.[40] Selbst wenn nur ein Prozent davon freigesetzt würde, verursachte das einen Anstieg der globalen Temperaturen um 10 °C – genug, um alle Wirbeltiere auszurotten.

Und, sagen die Apokalyptiker, das ist schon längst im Gange, und es ist unumkehrbar. Die Rückkopplungsschleifen haben schon eingesetzt. Die Arktis wird bald eisfrei sein. Das antarktische Schelfeis von Larsen B und C steht vor dem Kollaps. Der Westantarktische Eisschild verliert 150 Kubikkilometer Eis pro Jahr. Die Meere erwärmen sich doppelt so schnell, als man früher dachte. Der Meeresspiegel steigt mittlerweile exponentiell an.

Ich werde die Übung von vorhin nicht wiederholen und Sie nicht noch einmal durch die Antworten des Mainstream auf diese Punkte, die Antworten auf die Antworten usw. geleiten. Das Methan hat nicht so schnell zugenommen, wie die Apokalyptiker vorhersagen. – Doch, die Methankonzentration ist angestiegen, aber das Methan liegt in einer höheren Schicht in der Atmosphäre als dort, wo gemessen wurde. – Nein, sie ist nicht gestiegen, diese Behauptung ist Spekulation und beruht auf lückenhaften Daten. – Oh ja, sie ist gestiegen ...

Wenn Sie das interessiert, empfehle ich Ihnen wirklich, sich eine gute Woche Zeit für ein Literaturstudium der Argumente der Apokalyptiker zu nehmen sowie eine zweite Woche, um die Texte der Skeptiker zu lesen (die Website *Watts Up With That?* ist ein guter Ausgangspunkt, oder Matt Ridley‹s Essay *The Climate War's Damage to Science*).[41] Es ist erstaunlich, wie intelligente Menschen, die alle ihre Informationen von der sogenannten Wissenschaft beziehen, zu so dramatisch gegensätzlichen Schlussfolgerungen gelangen können. Was passiert hier? Jedes Lager schmiedet verschiedene psychologische und politische Theorien, um die Uneinsichtigkeit der anderen Seite zu erklären. Alle sind überzeugt, dass sie die Wissenschaft auf ihrer Seite haben.

Aus Gründen, die in diesem Buch noch klar werden, akzeptiere ich das Narrativ der Apokalyptiker nicht. Es hat jedoch drei wichtige Wahrheiten zu bieten:

Erstens findet tatsächlich ein großes Sterben auf diesem Planeten statt, und die Menschen sind dafür verantwortlich. Die meisten Menschen und Institutionen stecken den Kopf in den Sand und sehen das nicht oder erlauben sich nicht, es zu spüren.

Zweitens stehen wir wirklich vor dem Ende der Welt. Nicht dem wörtlichen Ende der Zivilisation oder der Menschheit, aber vor einem so tiefgreifenden Wandel, dass es danach so sein wird, als lebten wir in einer anderen Welt. So tief müssen die Veränderungen gehen, damit die ökologische Krise gelöst werden kann. Wir stehen vor einer Initiation, einer Metamorphose, die uns in eine neue Art von Zivilisation führt. An dieser Stelle ändert sich auch, was möglich, machbar und realistisch ist. Keinesfalls ist sicher, dass wir die Prüfung bestehen und in diese neue Welt gelangen. Die Apokalyptiker machen uns darauf aufmerksam, dass die Möglichkeit des Scheiterns besteht. Sie erkennen, dass eine Todesphase notwendig ist, dass unser jetziges kollektives Selbst sterben muss. Die Wiedergeburt sehen sie nicht. Und das ist normal. Zu einer echten initiatorischen Prüfung gehört der Moment, in dem man wirklich nicht weiß, ob man sie durchstehen wird oder nicht.

Drittens haben die Apokalyptiker recht damit, dass konventionelle Mittel, Methoden und Denkweisen bei weitem unzureichend sind für die Aufgabe, den Planeten zu heilen. Die Apokalyptiker sind wie die Stimme, die dem Mann im Labyrinth sagt: »Bleib einfach stehen.« Sie ahnen nicht, dass für uns durch dieses Stehenbleiben ein neuer Kompass verfügbar wird, eine Melodie, die uns herausführen kann. Die Lage ist hoffnungslos, ja, aber nur innerhalb der Logik und Weltsicht, mit der wir momentan festsitzen. Diese

109

Weltsicht (die die Krise überhaupt erst ausgelöst hat), macht uns handlungsunfähig, weil ihre Palette an Handlungsmöglichkeiten nicht ausreicht, um die Aufgabe zu lösen, die vor uns liegt.

Viele meiner Leserinnen und Leser hatten vielleicht zumindest eine solche Erfahrung in ihrem Leben, durch die ihr Glaube an das, was möglich ist, erschüttert wurde: ein vorausahnender Traum, die Genesung von einer »unheilbaren« Krankheit, eine unheimlich genaue hellsichtige Eingebung, eine erstaunliche Synchronizität, eine Begegnung mit einem UFO – etwas, das darauf hindeutet, dass die Wirklichkeit viel mehr ist als das, was man uns glauben machte. Wenn Sie so etwas erlebt haben, frage ich Sie: Denken Sie auch in Ihrer Verzweiflung daran? Oder halten Sie solche Überlegungen von Ihrem »Realismus« streng getrennt?

Paradoxerweise sind gerade manche Apokalyptiker in ihrer Verzweiflung wirklich auf ein entscheidendes Thema gestoßen in dieser Melodie, die uns herausführen kann. Sie sagen, weil ja alles sowieso hoffnungslos ist, können wir unser Leben genauso gut der Liebe, der Schönheit und dem Leben widmen. Ja! Das ist der Ausgangspunkt, denn unser momentanes Dilemma ist das Ergebnis einer langen Geschichte der Geringschätzung von Liebe, Schönheit und Leben. Die Revolution ist die Liebe. Was wird dann alles möglich?

In praktisches Handeln übersetzt ist dieser Wandel des Herzens für die Heilung des Klimas letztlich viel wichtiger als die Maßnahmen, die konventionell von den Klima-Warnern und Klimaaktivistinnen verlangt werden. Es ist, als müssten wir erst aufgeben, die Welt zu retten, um offen zu werden für das, womit wir sie am Ende wirklich retten werden.

Die Institution Wissenschaft

Wenn die skeptische »Rechte« und die apokalyptische »Linke« beide durch den Bestätigungsfehler in einem Wahrnehmungstunnel gefangen sind, sollten wir vielleicht in der Mitte Zuflucht suchen, bei der klassischen Perspektive auf den Klimawandel. Das ist übersichtliches Terrain, abgesteckt von der höchsten gesellschaftlichen erkenntnistheoretischen Instanz, der Wissenschaft.

Das Problem ist nur, dass die Mitte nicht von der Dynamik, die die extremen Positionen erfasst hat, verschont geblieben ist. In den letzten Jahren melden sich immer öfter Wissenschaftskritiker zu Wort: Sie machen auf schwere Fehler bei der Forschungsfinanzierung, in der Veröffentlichungspraxis und in der Forschung selbst aufmerksam. Manche sehen sich veranlasst, so weit zu gehen, den Bankrott der Wissenschaft zu erklären.[42]

Das sind unter anderem ihre Kritikpunkte:

» Verschiedene Formen von Betrug – mache bewusst, aber die meisten sind unbewusst und systemisch[43]
» Resultate können nicht reproduziert werden; außerdem fehlt der Anreiz, überhaupt zu versuchen, Ergebnisse zu reproduzieren[44]
» Missbrauch von Statistik, zum Beispiel p-Hacking; dabei werden Daten durchforstet, um aus ihnen post hoc eine »Hypothese« für die Veröffentlichung zu extrahieren[45]
» Schwere Fehler im Peer-Review-System, zum Beispiel die tendenzielle Verstärkung bestehender Paradigmen und Unterdrückung dessen, was die Ansichten der Gutachter (deren Karrieren auf diese Ansichten gegründet sind) infrage stellt[46]
» Die Schwierigkeit, Geld für unorthodoxe Forschungshypothesen zu akquirieren[47]

» Eine systematische Bevorzugung von positiven gegenüber negativen Resultaten, und die Unterdrückung von Ergebnissen, die der Karriere eines Forschers nicht nützen[48]

Das System fördert die endlose Verfeinerung existierender Theorien, über die Einvernehmen herrscht, aber wenn eine davon falsch ist, gibt es fast unüberwindliche Hindernisse, sie zu kippen. Das geht viel weiter als der klassische von Kuhn beschriebene Widerstand gegen Paradigmenwechsel – Kritiker nennen ihn »Paradigmenschutz«. Harold Varmus, ehemaliger Direktor der US-Gesundheitsbehörde NIH und Nobelpreisträger, beschreibt das so:

Das System bevorzugt jene, die Resultate garantieren können, und nicht jene mit potenziell bahnbrechenden Ideen, die per Definition keinen Erfolg versprechen können. Junge Forscher werden nicht ermutigt, zu weit von ihrer Arbeit als Doktoranden abzuweichen, wo sie doch besser neue Fragen stellen und neue Herangehensweisen probieren sollten. Erfahrene Forscher bleiben lieber bei ihren altbewährten Erfolgsrezepten, als neue Gebiete auszukundschaften.[49]

Es ist nicht schwer zu erkennen, wie diese Dynamik die Klimawissenschaft, ein politisch aufgeladenes Feld, das Milliarden Dollars an öffentlichen Forschungsgeldern bezieht, beeinflussen könnte. Auf den Websites der Skeptiker beklagen sich Klimaforscher, dass sie sich nicht trauen, Ergebnisse zu veröffentlichen, die der Lehrmeinung in der Klimawissenschaft widersprechen, weil sie nicht als »Leugner« stigmatisiert werden möchten. Professorinnen berichten davon, dass sie Studenten davon abraten, inkonsistente Daten zu untersuchen. Und man findet Anekdoten über namhafte Wissenschaftler, die Forschungsgelder und Stellen verloren haben, nachdem sie nur milde Kritik an den offiziellen Positionen geäußert hatten.

Die dissidente Klimawissenschaftlerin Judith Curry wirft Fragen über die Entstehungsweise des wissenschaftlichen Einvernehmens rund um den Klimawandel auf: *Der verzerrte wissenschaftliche ›Konsens‹ verstärkt sich selbst durch eine Reihe von professionellen Anreizen: Solche Resultate sind leichter zu veröffentlichen, besonders in einflussreichen Journalen. Man bekommt leichter Gelder dafür. Man erhält Anerkennung von den Fachkollegen in Form von Preisen, Unterstützung etc. Man bekommt mediale Aufmerksamkeit und erlangt größere Bekanntheit für solche Forschung. Man befeuert damit die grob vereinfachende Vorstellung, dass die Wissenschaft ›die Welt retten‹ kann. Und man wird von der hohen Politik zu Rate gezogen.*[50]

Das alles addiert sich gewissermaßen zu einem kollektiven Bestätigungsfehler innerhalb der Wissenschaft auf – demselben kognitiven Handicap, das offensichtlich so viele Skeptiker betrifft. Mit anderen Worten: Das Establishment ist nicht vor dem Bestätigungsfehler gefeit. Er ist auch im Establishment verankert, trotz des Peer-Review-Systems, das ihn eigentlich eliminieren sollte. Mein Vater, ein Professor im Ruhestand, sagt über Peer Review:

Gutachten in meinem Forschungsgebiet waren oft wenig sorgsam hingeworfen, weil die Gutachter wenig Anreiz hatten, Zeit dafür aufzuwenden. Keiner erhielt die Originaldaten der Autoren, um sie zu reproduzieren. Die Herausgeber konnten durch ihre Auswahl bestimmter Gutachter das Ergebnis beeinflussen (das ist wichtig). Auch gab es Klüngel unter Forschern in spezialisierten Gebieten. Sie waren die einzigen, die einen bestimmten Artikel verstehen konnten, und schrieben gefällige Gutachten, um den Status und die Sichtbarkeit ihrer Seilschaft zu erhöhen.

Lassen Sie mich schnell hinzufügen, dass ich damit nicht behaupten möchte, die etablierte Sicht auf das Klima (oder irgendetwas anderes) sei falsch. Aber ich will darauf hinweisen, dass falsche wissenschaftliche Ansichten nicht leicht zu erkennen wären. Die können nur entdeckt werden, wenn die Mechanismen der Selbstkorrektur in der Wissenschaft als Institution ordentlich funktionieren.

An die, die mich verdächtigen, wissenschaftsfeindlich zu sein: Lassen Sie mich ein Geständnis machen. Der Konsens über die Klimaerwärmung, der die hohe Wissenschaft, die Regierungen und viele Eliten der Welt einigt, stärkt mein Vertrauen in das gängige Narrativ nicht; im Gegenteil.

Warum sollte ich den Konsens in Sachen Klimawandel akzeptieren, wenn ich den Konsens derselben Parteien über den Nutzen von genmanipulierten Organismen, Kernkraft, pharmazeutischer Krebsbehandlung und der Sicherheit gängiger Pestizide ablehne?[51]

Sie mögen einwerfen, dass der Konsens über diese Themen schwächer als der Konsens über den Klimawandel ist, und das mag stimmen. Wenn ich andere Beispiele für einen zweifelhaften wissenschaftlichen Konsens auflisten soll, bringt mich das allerdings in ein gewisses Dilemma. Sagen wir, ich melde meine Zweifel an der Urknalltheorie oder an der Existenz der dunklen Materie oder an der Hypothese an, dass Cholesterin für Arteriosklerose verantwortlich ist, oder daran, dass Pumpen und Kanäle in der Physiologie von Zellmembranen eine wichtige Rolle spielen, dann werde ich die Glaubwürdigkeit untergraben, die ich brauche, um meinen Standpunkt erfolgreich zu vertreten. Meine Leserschaft wird annehmen, dass ich nicht alle Tassen im Schrank und keine Ahnung von Grundlagenwissenschaft habe oder dass ich leichtgläubig bin und mich schnell von schrägen Ideen hinreißen lasse. Man wird mich in einen Topf mit biblischen Kreationisten, Vertretern der Theorie der flachen Erde und mit Mondlandungsverschwörungstheoretikern werfen. Oder Sie ziehen den Schluss, dass meine widerborstigen Ansichten psychologische Gründe haben, dass ich gegen meinen Vater rebelliere oder unter oppositionellem Trotzverhalten leide.

Man kann jemanden, der auf den wissenschaftlichen Konsens vertraut, mit keinem Beispiel vom Gegenteil überzeugen. Gewiss, man könnte historische Beispiele für falsche wissenschaftliche Lehrmeinungen anführen: die Äther-Theorie oder die Idee, dass die Menschheit durch Eugenik vor genetischer Degeneration gerettet werden sollte, und natürlich das abgedroschene Beispiel der geozentrischen Kosmologie fallen mir hier ein. Aber jemand, der an die Wissenschaft glaubt, kann dieses Argument umdrehen und sagen: »Sehen Sie? Die Wissenschaft funktioniert ja. Die falschen Theorien wurden letztendlich ausgemistet, und wir kommen insgesamt der Wahrheit immer näher.« Man nimmt an, dass die größten Fehler alle schon in der Vergangenheit gemacht wurden.

Nicht dass Sie jetzt denken, ich glaube automatisch alles, was mir unterkommt, solange es von der wissenschaftlichen Lehrmeinung abweicht. Schließlich widersprechen auch viele wissenschaftlich umstrittene Meinungen einander. Über viele Themen habe ich gar keine spezielle Meinung, denn wenn ich versuche, mir eine zu bilden und herauszufinden, was stimmt und was nicht, verstricke ich mich in einem Chaos von widersprüchlichen Behauptungen, die ich nicht beurteilen kann – so wie es mir im Fall der Debatte um die Satellitendaten erging.

Sie mögen mit solchen Fässern ohne Boden vertraut sein. Egal ob Sie Verschwörungstheorien zum 11. September 2001 untersuchen, Chemtrails, Getreidekreise, Impfschäden oder abweichende archäologische, kosmologische, biologische oder geologische Theorien – das Muster ist immer das Gleiche. Eine Seite beruft sich auf die Autorität der etablierten Wissenschaft, während die andere großteils aus marginalisierten Häretikern besteht. Die Dissidenten beklagen sich darüber, dass es ihnen so schwer gemacht wird, Forschungsgelder zu bekommen, ihre Arbeit in Journalen zu veröffentlichen, und dass ihre Argumente kaum ernst genommen werden. Die Verteidiger der Lehrmeinung berufen sich auf ebendieses

Fehlen von Veröffentlichungen in Peer-Review-Journalen und sagen, dass genau das ein Grund ist, die unorthodoxen Theorien nicht ernst nehmen zu können. Ihr Argument ist: »Diese Theorien sind nicht akzeptiert, also sind sie nicht akzeptabel.« Das ist der Bestätigungsfehler in Reinform.

In den meisten Debatten zwischen einer mächtigen Lehrmeinung und einer marginalisierten abweichenden Meinung setzt das Establishment abweichlerische Ideen gern unter Anführungsstriche und verwendet herabwürdigende Bezeichnungen wie »Leugner«, »Verschwörungstheoretiker« oder »Pseudowissenschaftler«, um psychologischen Druck auf unentschiedene Laien auszuüben, die natürlich nicht wollen, dass man von ihnen glaubt, sie ließen sich leicht in die Irre führen. Diese Taktiken erzeugen eine soziale Dynamik, in der die Eigengruppe gegen die Fremdgruppe ausgespielt wird, und ich vermute, dass solche Dynamiken auch innerhalb des wissenschaftlichen Establishments funktionieren, um das Gruppendenken zu fördern und Abweichungen zu sanktionieren. Aber vielleicht sind die unorthodoxen Theorien ja wirklich Quatsch und verdienen es, lächerlich gemacht zu werden. Wir, die Laien, können es nicht wissen. Es läuft auch hier auf unser Vertrauen in Autoritäten hinaus.

Ich möchte gern ein Narrativ der ökologischen Heilung weiterentwickeln, das nicht vom Vertrauen in die bestehenden Autoritätsinstanzen – wissenschaftliche oder sonstige – abhängt. Die Wissenschaft kann immer noch ein Verbündeter sein (ich werde mich in den nächsten beiden Kapiteln stark auf sie stützen), aber sie braucht nicht der Anführer zu sein.

Angesichts der stark polarisierten Klimadebatte ist es vielleicht schwer für Sie, wirklich zu glauben, dass ich nicht doch heimlich versuche, die Idee von der anthropogenen Erderwärmung zu untergraben. Das ist nicht meine Absicht. Um es noch einmal zu wiederholen: Meine Absicht ist es, versteckte Grundannahmen sichtbar

116

zu machen, von denen alle an der Debatte beteiligten Parteien gleichermaßen ausgehen, Grundannahmen, die die Krise verschlimmern und letztlich zur Katastrophe führen werden, egal welche Seite am Ende Recht hat.

Die falsche Diskussion

Jetzt warten Sie sicher schon ungeduldig auf meine persönliche Einschätzung, welche Seite recht hat; vielleicht sind Sie bereit für einen Seufzer der Erleichterung in der Erwartung, dass ich das oben Gesagte als eine intellektuelle Übung relativieren und Ihnen versichern werde, dass ich – natürlich – an den Klimawandel glaube. Auf welcher Seite stehe ich? Okay, hier eine Zusammenfassung meiner Meinung, die ich in diesem Buch ausdifferenzieren werde:

Wir haben es in der Tat mit einer schweren Klimakrise zu tun. Dennoch ist die Erwärmung per se nicht die größte Bedrohung. Die ist das, was wir »Klima-Störung« nennen könnten. Diese Störung wird primär durch die weltweite Zerstörung der Ökosysteme verursacht: durch das Trockenlegen von Feuchtgebieten, den Kahlschlag von Wäldern, den Ackerbau und die Bodenerosion, die Dezimierung der Fische, die Zerstörung von Habitaten zu Erschließungszwecken, die chemische Verschmutzung von Luft, Boden und Wasser, das Aufstauen von Flüssen, die Ausrottung von Raubtieren usw. Durch die Unterbrechung des Kohlenstoffkreislaufs, des Wasserkreislaufs und anderer bisweilen geheimnisvoller Prozesse des Gaia-Organismus wird die Widerstandsfähigkeit der Ökosphäre zerstört. Damit verliert sie die Fähigkeit, weitere von Menschen verursachte Treibhausgase zu verkraften. Das mag auf eine fortschreitende Klimaerwärmung hinauslaufen oder nicht, aber es wird definitiv zunehmend größere Schwankungen nicht nur der Temperaturen, sondern auch – wichtiger noch – der Regenmenge

117

bringen. (Das könnte in Gang sein, wie die jüngste Flut an Rekordaufzeichnungen extrem hoher *und* tiefer Temperaturen an verschiedenen Orten rund um den Globus zeigt.)

In der Standard-Klimatheorie gilt die durch CO_2 verursachte Rückhaltung von Strahlungsenergie als Auslöser des Klimawandels, während der Zerstörung der Ökosysteme nur eine sekundäre Rolle zukommt. Nach der Standard-Klimatheorie führt dieser Strahlungsantrieb (der Treibhaus-Effekt) zu einer Erwärmung der Atmosphäre um etwas mehr als 1 °C pro verdoppelter CO_2-Konzentration. Für sich genommen, liefert das wenig Grund zur Aufregung. Alarmierend ist die mögliche Verstärkung dieser Erwärmung durch eine Reihe von positiven Rückkopplungseffekten. Ich werde zeigen, dass diese viel stärker von biologischen Prozessen abhängen, als uns bisher bewusst war. Wenn biologische Systeme gestört werden, verlieren sie ihre Fähigkeit, sich an ein verändertes Klima anzupassen und stabile Bedingungen aufrechtzuerhalten, unter denen sie gut gedeihen können.

Das Problem in der Klimadebatte ist also vor allem eine falsche Schwerpunktsetzung. Ob irgendwelche globalen Durchschnittstemperaturen ansteigen, ist nicht das Hauptproblem. Wir führen die falsche Diskussion. Die Klima-Störung wird weitergehen, auch wenn wir gar kein CO_2 mehr emittieren, und sie wird schweres Unheil über uns bringen, selbst wenn die Durchschnittstemperaturen konstant bleiben. Das ist so, weil die Erde ein lebendiger Körper und keine Maschine ist und weil wir ihre Gewebe und Organe zerstört haben.

Die anthropogene Klima-Störung begann lange vor der industriellen Ära, vor allem durch Abholzung und Bodenerosion, die in den letzten Jahrhunderten ein industrielles Ausmaß angenommen haben. Treibhausgase stellen eine ganz neue Herausforderung dar, der eine schwer angeschlagene Biosphäre schlecht gewachsen ist.

Lassen Sie mich meine These pointiert formulieren:

» Wenn das Standard-Narrativ von der AGE wahr ist, dann
   haben der Schutz und die Wiederherstellung von Boden,
   Wasser und Ökosystemen allerhöchste Priorität.
» Wenn das Standard-Narrativ von der AGE falsch ist, dann
   haben der Schutz und die Wiederherstellung von Boden,
   Wasser und Ökosystemen allerhöchste Priorität.

Diese These möchte ich in diesem Buch begründen und beschreiben, durch welche Veränderungen in der Sichtweise und Mythologie sie umgesetzt werden kann
   Was die aktuelle Klimadebatte betrifft, hege ich tief in mir Sym-
pathien für die Alarmisten. Egal welche Schwachstellen ihre Daten,
Argumente und Modelle haben mögen, die Grundangst, die sie an-
treibt, ist sehr begründet. Wenn die Durchschnittstemperatur nicht
mehr steigt oder sogar sinkt, sollten wir nicht weniger besorgt sein.
Außerdem haben sie nicht ganz unrecht, wenn sie die Skeptiker
»Leugner« nennen. Aber nicht deren Skeptizismus gegenüber der
Wissenschaft macht sie zu Leugnern, sondern ihre Blindheit gegenüber der ökologischen Massenvernichtung, der alarmierenden
Schwächung des biologischen Reichtums und der Vitalität der
Erde.
   Hier ein Vergleich: Sagen wir, ich habe eine bakterielle Infektion, die mein Gewebe absterben lässt und mich umbringt, und alle
diskutieren darüber, ob ich Fieber habe oder nicht. Die, die sagen:
»Ja, er hat ein gefährliches Fieber; wir sollten uns besser um ihn
kümmern«, sind näher an der Wahrheit als die, die sagen: »Er hat
kein Fieber, also muss er gesund sein.« Nun, meine Krankheit mag
tatsächlich von einem gefährlichen Fieber begleitet sein, und es
mag sinnvoll sein, das Fieber zu senken. Aber solange die fleischfressenden Bakterien nicht gestoppt werden, werde ich trotzdem

bald sterben, sei es durch das Fieber oder durch etwas anderes. Für den Planeten sind die fleischfressenden Bakterien das globale Finanzsystem, und dahinter steht die *Geschichte von der Separation*. Entwicklung und Ressourcenextraktion verschlingen die Welt.

Falls Sie eine Klimaskeptikerin sind, möchte ich, dass Sie Schluss machen mit dem Verleugnen. Sie müssen nicht gleich zur Klimawissenschaft überwechseln, aber verschließen Sie Ihre Augen nicht vor der Zerstörung so vieler kostbarer Orte. Verschließen Sie Ihre Augen nicht vor dem Tagebau, vor Ölpfützen und Giftmülldeponien, vor der Zerstörung von Lebensräumen, der Ausrottung von Arten und der Verarmung des Lebens auf Erden. Fühlen Sie die Agonie unseres Planeten, lassen Sie diese auf sich wirken, und dann tun Sie etwas dagegen.

Die Zahl der Monarchfalter ist in meiner Lebenszeit um 90 Prozent zurückgegangen. Die Biomasse der Fische hat sich halbiert. Die Wüsten haben sich in einem nie dagewesenen Ausmaß ausgebreitet. Die Korallenriffe sind um die Hälfte zurückgegangen. Die Mangroven in Asien sind um 80 Prozent zurückgegangen. Der Regenwald von Borneo ist so gut wie verschwunden. Die Regenwälder bedecken weltweit weniger als die Hälfte der früheren Flächen. Tausende Arten sind ausgerottet. Das alles ist real, und es ist nur ein Bruchteil der gesamten Zerstörung, die auf dem Planeten vor sich geht. Seien Sie besorgt! Wir können es uns nicht mehr leisten, viele Organe und Gewebe des Planeten zu verlieren, bevor die Katastrophe passiert.

Falls Sie ein Klima-Pessimist sind, teile ich Ihre Besorgnis und bitte Sie, Ihren Fokus zu verschieben. Nicht nur die Gefährdung des Überlebens der Menschheit ist Grund zur Sorge; die Vision von einer Menschheit, die auf einem toten, kahlen Planeten überlebt, ist für mich noch furchterregender als eine Zukunft ohne Menschen. Wie könnten Sie wollen, dass Sie als Einziger eine Massenvernichtung überleben, in der alle Ihre Freunde und Ihre ganze

Familie zugrunde gegangen sind? »Was wird mit uns geschehen?« Diese Frage greift, wie ich argumentieren werde, zu kurz. Die Besorgnis, die von ihr ausgeht, ist viel zu eng gefasst und am Ende sogar kontraproduktiv.

Auf welcher Seite Sie auch stehen, ich würde mir wünschen, dass Sie andere Alarmglocken hören. Es geht um das Leben auf diesem Planeten, das stirbt. Ist Ihnen auch aufgefallen, dass nach einer langen Autofahrt viel weniger Insekten auf der Windschutzscheibe kleben als früher? Als ich klein war, war die Windschutzscheibe voll mit Insekten. Ich fragte mich, ob das eine falsche Erinnerung ist, bis ich eine Studie las, die über 27 Jahre hinweg eine 78- bis 82-prozentige Abnahme der Biomasse fliegender Insekten in geschützten Naturreservaten feststellte.[52] Das ist eine solide, ausführliche und genaue Studie, die mit vielen ähnlichen Ergebnissen weltweit in Einklang steht.[53]

Hätte ich das Sagen, wäre diese Studie eine fette Schlagzeile auf der ersten Seite. Die Insekten waren die ersten Tiere, die das Land bewohnten. Sie kamen etwa zur gleichen Zeit wie die Pflanzen an Land. Sie sind lebensnotwendig für jede Nahrungskette auf der Erde. Die Insekten sind eng mit dem Leben verwoben. Weniger Insekten heißt weniger Leben. Das heißt, dass der Planet an Lebenskraft verliert. Lassen Sie mich das noch einmal anders formulieren: Das heißt, dass der Planet stirbt.

Keiner kennt die Ursache, aber die Autoren stellen fest, dass es wahrscheinlich nicht die höheren Temperaturen sind, weil diese während der Dauer der Studie mit mehr Insektenbiomasse korrelierten, nicht mit weniger. Sie nennen Chemikalien und den Verlust von Lebensraum auf nahegelegenen landwirtschaftlichen Flächen als mögliche Ursachen. Mir scheint das plausibel, und ich vermute, dass eine tiefere Ursache dahinter lauert: Wir behandeln die Erde nicht als etwas Lebendiges und Heiliges.[54] Wir haben nicht im Dienst des Lebens gehandelt. Wir haben im Gegenteil alles andere Leben wie Knechte der Menschheit behandelt. Das ist es, was ich ändern möchte. Die ökologische Krise ist für die dominante Zivilisation ein erstes Heilmittel, damit der Wandel in Gang kommt. Die Krise wird noch schlimmer werden, bis wir diese bittere Pille auch wirklich geschluckt haben werden.

4

Wasser

In der Klimadebatte geht oft die Tatsache unter, dass das Erdklima bereits stark gestört ist. Das ist schwer zu sehen, wenn sich das Gespräch nur um globale Mittelwerte und Vorhersagen von Computermodellen dreht. Aber ernste Klimaveränderungen zerstören schon jetzt das Leben von Millionen von Menschen. Um das zu erkennen, müssen wir durch eine andere Linse schauen – es geht nicht um Temperatur und CO_2, sondern um Wasser.

In den letzten Jahrzehnten wurde das Wort »Klima« zunehmend gleichbedeutend mit »Temperatur« gesetzt. Sie lesen in nahezu jeder Diskussion über die Dürren und Überflutungen, die fast den ganzen Planeten mit steigender Häufigkeit heimsuchen, dass der Klimawandel als ein wesentlicher, wenn nicht gar als *der* wesentliche Hauptgrund genannt wird. Früher war es allerdings genauso üblich, von feuchtem oder trockenem Klima zu sprechen wie von warmem oder kühlem Klima. Zunehmende Trockenheit oder Überflutungen werden nicht vom Klimawandel verursacht – sie *sind* der Klimawandel.

Während sich der größte Teil des Diskurses über den Klimawandel um die Temperatur dreht, ist das Wasser der klimatische Faktor, der das Leben am unmittelbarsten beeinflusst. Das Leben gedeiht in heißen Äquatorgebieten, weil es dort reichlich regnet, während Wüsten mit wenig Niederschlägen vergleichsweise karg sind, egal wie hoch oder niedrig die Temperatur dort ist.

Ob ein Landstrich für Menschen bewohnbar ist, hängt ebenfalls vom Wasser ab. Je regelmäßiger und reichlicher die Niederschläge fallen, desto besser kann das Land eine große Bevölkerungszahl ernähren. Ein überdurchschnittlich heißer Sommer ist normalerweise keine große Bedrohung für die Ernte; bei Dürre droht hingegen eine Katastrophe.

Natürlich hat die Temperatur einen starken Einfluss auf Niederschlagsmuster, am direktesten über ihre Auswirkungen auf Wind- und Meeresströmungen. Darüber hinaus sind der Wasser- und der Kohlenstoffkreislauf eng miteinander verzahnt. Wir können nicht vom einen reden, ohne den anderen zu erwähnen. Ich möchte den Schwerpunkt der Diskussion verschieben, aber ich behaupte keineswegs, dass wir das CO_2 links liegen lassen und uns nur mehr auf das Wasser konzentrieren sollten, weil es einen direkteren Einfluss hat. Wenn wir das Wasser an die erste Stelle setzen, werden wir sehen, dass sich das CO_2- und das Erwärmungsproblem ebenfalls lösen werden.

Wasserdampf ist das wichtigste natürliche Treibhausgas auf dem Planeten und erklärt etwa 80 Prozent des Treibhauseffektes. Seine Effekte sind allerdings nur schwer zu modellieren, denn anders als CO_2 ist er nicht gleichmäßig in der Atmosphäre verteilt. Wenn er darüber hinaus zu Wolken kondensiert, wirkt er kühlend, indem er während des Tages Sonnenlicht reflektiert, und wärmend, indem er vor allem in der Nacht die Erdoberfläche gleich einer Isolierschicht dämmt und Infrarot-Strahlung absorbiert, und all dies hängt noch von Wolkentyp und Höhe ab. Verdunstung und Kondensation von Wasser transportieren zudem Wärme aus niedrigeren Schichten der Atmosphäre in höhere Schichten, und horizontal von einer Region in eine andere. Das Zusammenspiel dieser regional variablen Wirkungen macht die exakte Modellierung des Wassers so schwierig.

Zusätzlich erschwerend wirkt ein weiterer kritischer Faktor: das Leben. Bis vor Kurzem sah man (die Wissenschaftler) das Niederschlagsgeschehen und die Wolkenbildung vornehmlich als Resultat geophysikalischer Prozesse. Wo es reichlich Niederschläge gab, gedieh das Leben; wo es wenig Regen gab, da entstanden Trockengebiete. Diese Sichtweise ist ganz in der tieferen Überzeugung zu Hause, dass der Planet ein Wirt für das Leben, selbst aber nicht lebendig ist, und dass das Leben nur eine zufällige, biologische Ausblühung auf der Oberfläche eines ansonsten leblosen Felsens sei.

Die von James Lovelock und Lynn Margulis formulierte Gaia-Theorie postuliert, dass das Leben günstige Lebensbedingungen schafft, und machte damit der konzeptuellen Trennung von Geologie und Biologie ein Ende. Indem dieses Paradigma in die Wissenschaft einsickert, ermutigt es einen neuen Wahrnehmungsstandpunkt, der Dinge offenbart, die zuvor unsichtbar waren – unsichtbar für Wissenschaftler, aber nicht für traditionell lebende und indigene Menschen.

Der Paradigmenwechsel in Bezug auf den Klimawandel ist kein Wechsel vom CO_2 zum Wasser, sondern eine Verschiebung von der geomechanischen zur Gaia-Sichtweise, einer Sichtweise lebender Systeme. Unabhängig davon, ob wir nun auf den Kohlenstoff oder das Wasser schauen, sehen wir aus der Perspektive lebender Systeme, dass die Balance des Klimas von der Gesundheit lokaler Ökosysteme in aller Welt abhängt.

Die Gesundheit lokaler Ökosysteme hängt wiederum von der Balance der Wasserkreisläufe ab, und die Balance der Wasserkreisläufe hängt vom Bodenleben und den Wäldern ab.

Die Wälder und die Bäume

Ein lebendiger Planet ist ein widerstandsfähiger Planet, fähig, auf Fluktuationen atmosphärischer Gase, vulkanische Eruptionen, Asteroideneinschläge, solare Schwankungen und andere Herausforderungen zu reagieren. Die Standard-Klimatheorie sagt, dass

Wälder keinen eindeutigen Effekt auf die Temperaturen haben. Einerseits tragen sie zur Erwärmung bei, weil sie mehr Sonnenlicht absorbieren als nackter Boden, andererseits zur Abkühlung, da sie Kohlenstoff speichern. In letzter Zeit hat man nachgewiesen, dass Wälder viel mehr Kohlenstoff speichern, als zuvor angenommen. Laut einem Forschungsbericht wird sich der Planet um 1,5 °C erwärmen, wenn wir die Wälder weiter so massiv abholzen wie bisher, selbst wenn über Nacht die Verbrennung fossiler Energieträger eingestellt würde[55]. Dabei haben diese Berechnungen das verlorene Potenzial zur Kohlenstoff-Speicherung noch nicht einbezogen, sondern nur das CO_2 aus der verlorenen Biomasse und dem ungeschützten Boden (Entwaldung setzt den Boden der Hitze und Erosion aus, was zu massiven CO_2-Emissionen führt.).

Allein aus Überlegungen zum Kohlenstoff sollten der Waldschutz und die Wiederaufforstung einen viel höheren Stellenwert als jetzt haben. In Bezug auf das Wasser sind sie sogar noch viel wichtiger.

Weil Wälder Feuchtigkeit speichern und ausdünsten, wandeln sie Sonneneinstrahlung in »latente Wärme« in Form von Wasserdampf um. Ein Teil dieser Wärme wird in der Nacht wieder entlassen, wenn der Wasserdampf zu Tau kondensiert, aber ein großer Teil des Dampfes steigt in Form von Wolken auf und befördert damit Wärme vom Boden in die Atmosphäre. Wenn das Wasser zu Wolken kondensiert, wird die Wärme wieder freigegeben. Wie viel dieser Wärme in den Weltraum und wie viel zurück auf die Erde abstrahlt, ist nach wie vor umstritten – der Effekt der Wolken ist eine der wichtigsten und umstrittensten Variablen in der Klimamodellierung[56] – aber es gibt wenig Zweifel daran, dass die Ausdünstung der Wälder zumindest lokal und regional einen kühlenden Effekt hat; es gibt auch starke Argumente dafür, dass dies auch auf globaler Ebene zutrifft.[57]

126

Intuitiv weiß ein jeder schon, dass es in Wäldern viel kühler ist (am Tage, und ein wenig wärmer in der Nacht). Forschungsergebnisse bestätigen dieses Alltagswissen. Eine Studie aus Tschechien verglich Lufttemperaturen unter Bedingungen starker Sonneneinstrahlung in der Nachbarschaft von Feuchtwiesen, gemähten Wiesen, Asphalt, Wald, spärlicher Vegetation und Wasserflächen. Die Lufttemperatur über Feuchtwiesen, Seen und Wald war kühler als 30 °C; die gemähte Wiese war über 40 °C heiß, und die Lufttemperatur über Asphalt lag bei fast 50 °C.[58]

Dies sind lokale Effekte; Wälder bewirken offenbar auch regionale Abkühlung. Kenia, das im letzten halben Jahrhundert den größten Teil seiner Bewaldung verloren hat, leidet auch unter fortwährenden Dürren und Hitzewellen. Während in manchen Regionen die Temperaturen im Wald vielleicht 19 °C betragen, wurden in nahe gelegenen Regionen, die kürzlich für die Landwirtschaft abgeholzt wurden, Rekordtemperaturen von bis zu 50 °C gemessen.[59] In Amazonien fand man, dass Weideland trotz der höheren Albedo im Durchschnitt (Tag und Nacht zusammen) 1,5 °C wärmer war als bewaldete Gebiete.[60] In Sumatra war Land, das für Palmöl-Plantagen abgeholzt worden ist, 10 °C wärmer als der benachbarte Regenwald und blieb auch wärmer, nachdem die Palmen ausgewachsen waren.[61]

Ein echter, lebendiger Wald interagiert mit dem Wasserkreislauf auf komplexe Weisen, die die Wissenschaft gerade erst zu verstehen beginnt, zum Beispiel durch die Umwandlung von Luftfeuchtigkeit in Regen. Wasserdampf in der Atmosphäre muss nicht notwendigerweise als Regen niedergehen, sondern kann stattdessen als Dunst verbleiben, was auch als »feuchte Dürre« bekannt ist. Ein Grund für die Bildung von Dunst ist das Überangebot an kleinsten Kondensationskernen, welche die Wassertröpfchen daran hindern, die geeignete Größe zu erreichen, damit sie als Regen fallen.[62] Luftverunreinigungen wie Rauch von Waldbränden und Staub von ausgetrocknetem Land gehören zu den Verursachern der Dunstbildung. Über Wäldern sind die Kondensationskerne hauptsächlich biogen und umfassen Pflanzenreste, Bakterien, Pilzsporen und sekundäre, organische Aerosole, die als flüchtige organische Verbindungen von der Vegetation ausgeschieden werden.[63] Diese unterstützen die Bildung von Wolken statt Dunst und erlauben auch Wolkenbildung bei höheren Temperaturen als abiotische Kondensationskerne.[64] Neuere Forschung bestätigt ausgeprägtere Wolkendecken über oder nahe Wäldern.[65] Diese niedrigeren und dichteren Wolken haben auch einen stärkeren Kühlungseffekt als höher gelegene Wolken. Laut einem Forscher würde der Anstieg der Albedo von aus Wäldern erzeugten Wolken um 1 Prozent die Erwärmung durch die gesamten anthropogenen Treibhausgase kompensieren.[66]

Dem gegenüber erzeugt der Dunst, der sich in Abwesenheit von Wäldern bildet, einen mächtigen Treibhauseffekt. Er lässt das Sonnenlicht durch und bedeckt die Erde mit einer isolierenden Schicht, die die Wärme daran hindert, des Nachts ins All zurückzustrahlen. Das Resultat sind intensive Hitze und Feuchtigkeit, aber ohne Regen. Dies demonstriert das Prinzip, dass das Leben günstige Lebensbedingungen schafft.

Einige der Bakterien, die als Kondensationskerne für die Wolkenbildung dienen, machen fast den Eindruck, als seien sie eigens als Wolkenkeime konstruiert. Die am besten untersuchte Art, *Pseudomonas syringae*, trägt Kristallisations-Proteine, die Wolken bei höheren Temperaturen (und damit in geringerer Höhe) entstehen lassen als andernfalls möglich. Man findet *Pseudomonas* auf der ganzen Welt, und ursprünglich wurde das Bakterium als Pflanzenpathogen entdeckt.[67] Die Kristallisations-Proteine führen zu Frostschäden an Pflanzen, sodass sie von den Bakterien besser verwertet werden können. Bedenklicherweise arbeiten Agrarforscher an genetisch manipulierten Stämmen von *Pseudomonas syringae,* denen die Kristallisations-Proteine fehlen. Dies ist ein typisch kontrollbasierter Ansatz, der vollkommen unerwartete Konsequenzen haben könnte, wenn er Niederschlagsmuster verändert und den Klimawandel intensiviert.

Entwaldung setzt einen Teufelskreis von Dürre, Wetterextremen und weiterer Entwaldung in Gang. Die innige Beziehung zum Wasserkreislauf macht klar, warum. In einem gesunden Wasserkreislauf bewegt sich das verdunstende Wasser aus den Meeren über die Kontinente, wo es als Regen niedergeht. Ein kleiner Teil dieses Niederschlags fließt direkt ab; das meiste wird von Erde und Vegetation aufgenommen, während einiges davon in Grundwasserreservoire durchsickert, um dann wieder als Quellen an die Oberfläche zu kommen, die Bäche und Flüsse speisen. Sobald sich das Wasser in Boden und Grundwasser befindet, wird es von Pflanzen und vor allem von Bäumen kontinuierlich zurück in die Umgebungsluft transpiriert und liefert damit eine Quelle für den Regen auch in Trockenperioden. Abhängig von der Region haben 30 bis 90 Prozent der Niederschläge ihren Ursprung nicht direkt in den Meeren, sondern in der Verdunstung von Wasser aus dem Boden und der Vegetation (Evapotranspiration).

In ausgedehnten Gebieten der Erde sind Bäume von entscheidender Bedeutung für die Fähigkeit des Bodens, Regenwasser aufzunehmen:

» Eine Schicht abgeworfenen Laubs absorbiert Wasser und schützt die Bodenfeuchte vor sofortiger Verdunstung.
» Baumschatten verlangsamt ebenfalls die Verdunstung.
» Bäume und Waldfauna erhöhen die Porigkeit des Untergrunds und ermöglichen damit dem Wasser, leichter in den Boden einzudringen.
» Baumwurzeln und Vegetation des Unterholzes schützen den Boden vor Erosion.

Entwaldung führt andererseits zu Bodenerosion und Reduktion der Aufnahmekapazität des Bodens für Wasser und schließlich zu schlimmeren Überflutungen nach Starkregen. Ohne die tiefen Baumwurzeln, die Wasser aus dem tiefen Untergrund nach oben transportieren und damit die Luftfeuchtigkeit erhöhen, neigen Dürren darüber hinaus dazu, länger und trockener zu werden. Das wiederum setzt verbliebene Wälder unter zusätzlichen Stress; sie werden dadurch anfälliger für Brände und Krankheiten. Wenn Niederschlag fällt, rinnt er von der ausgedörrten Erde ab und spült verbliebenen Mutterboden fort.

Entwaldung verändert die atmosphärische Zirkulation in anderer Weise: Sie führt zu stärkeren Aufwinden und höheren Wolken, die Niederschläge geringerer Menge, aber stärkerer Intensität produzieren, was den bekannten Dürre-Überflutungs-Kreislauf verschärft.[68] Der Übergang von verlässlichen Niederschlägen zum Dürre-Überflutungs-Muster veranschaulicht die oben genannte »Klimastörung«, die ein größeres Problem darstellen könnte als die globale Erwärmung selbst. Es ändert sich nicht nur das Wettergefüge, sondern es mindert sich die Fähigkeit der Erde, mit diesen Veränderungen umzugehen.

Es kommt noch schlimmer: Wälder tun mehr, als lediglich Feuchtigkeit, die aus den Meeren kommt, rückzugewinnen; offensichtlich erzeugen sie Wind-Dynamiken, die das Wasser überhaupt erst von den Meeren herantragen. Überall auf der ganzen Welt war man einmal davon überzeugt, dass Wälder den Regen bringen, aber lange Zeit haben die Wissenschaftler über diese Ansicht gespottet: Wälder wachsen, wo es ausreichend Niederschläge gibt, sagten sie, aber sie verursachen keine Niederschläge, denn diese kommen mit Winden. Sie werden von großräumigen geomechanischen Prozessen bestimmt, die von polar-äquatorialen Temperaturdifferenzen, der Erdrotation und anderen Faktoren angetrieben werden. Jetzt verändert sich diese Sichtweise.

Im letzten Jahrzehnt erhielt eine wissenschaftliche Theorie namens »Biotische Pumpe« wachsenden Zuspruch. Sie bestätigt die universelle volkstümliche Weisheit, dass Wälder Regen anziehen. Zuerst im Jahre 2006 von den russischen Physikern Victor Gorshkov und Anastassia Makarieva vorgeschlagen, besagt die Theorie, dass die Evapotranspiration aus großen Wäldern, vor allem Urwäldern, Tiefdrucksysteme erzeugt, wenn der Wasserdampf aufsteigt und kondensiert.[69] Da Winde im Allgemeinen aus Hochdruck- in Tiefdruckgebiete wehen, werden feuchte Winde von den Meeren in Richtung bewaldeter Landmassen gezogen und bringen die Niederschläge, die wiederum die Wälder aufrechterhalten.[70] Das ist der Grund, warum bewaldete Kontinente tief bis ins Innere verlässliche und reichliche Niederschläge genießen; und das ist auch der Grund, warum diese Niederschläge begonnen haben auszubleiben, da die Abholzung sich in Amazonien, Süd-Ost-Asien, Afrika und Sibirien einem kritischen Niveau nähert.

Die Theorie hat eine intensive Kontroverse entfacht, wie es üblich ist, wenn ein lang etabliertes Dogma von außerhalb der Disziplin infrage gestellt wird (Gorshkov und Makarieva sind Kernphysiker, keine Atmosphären-Physiker). Sie ist außerdem experimentell oder mit Computer-Modellen schwer zu beweisen; darüber hinaus legt sie nahe, dass existierende Klimamodelle einen extrem wichtigen Prozess außer Acht lassen. Sie führt zudem zu alarmierenden Folgerungen, wenn man das hohe weltweite Maß an Abholzung betrachtet. Zum Beispiel würde dies für die Abholzung in Amazonien nicht bloß zu einer Niederschlagseinbuße von 15 bis 30 Prozent führen, wie bisherige Modelle dies vorhersagen, sondern von bis zu 90 Prozent.[71] Dies würde eine Verwandlung Amazoniens nicht in eine Savanne, sondern in eine Wüste bedeuten.

Indirekte Beweise für die Biotische Pumpe sind reichlich vorhanden, und zwar in Form von Dürren und sinkenden Niederschlagsmengen von Sibirien bis Australien und von Indonesien bis

Zentralamerika dort, wo Entwaldung stattfindet. Die Regenmengen am Amazonas sind von 1975 bis 2003 um durchschnittlich 0,3 Prozent pro Jahr gesunken[72] – in direkter Korrelation zur Abholzungsgeschwindigkeit, was schließlich 2005, 2010 und 2015 in ernste Dürreperioden mündete. In jüngerer Zeit sind auch direkte Beweise basierend auf Niederschlagsmustern und Isotopenanalysen angefallen.[73] Diese Theorie trotzt der geomechanischen Richtung, die noch immer starken Einfluss in der Klimatologie hat, dafür harmoniert sie mit der Perspektive vom lebendigen Planeten. Auch hier sieht man: Leben schafft günstige Lebensbedingungen.

Selbst im konventionellen CO_2-Erklärungsrahmen sollte die Bewahrung des Regenwaldes mit seiner Kapazität, Kohlenstoff zu speichern und zu absorbieren, einen viel höheren Stellenwert genießen. Im Erklärungsrahmen lebendiger Systeme sind der Waldschutz und die Wiederaufforstung eine Sache von höchster Dringlichkeit. Heutzutage hat die Reduktion der Emissionen die höchste Priorität im konventionellen Umweltaktivismus, doch das ist das angenehme Problem, weil es bequem in das bekannte Narrativ vom technologischen Fortschritt passt. Aber die Umweltkrise wird nicht gelöst werden, indem wir unseren Input korrigieren. Wir sind zu einer tief gehenden Partnerschaft mit der Natur und zum Respekt für alles Leben aufgefordert.

Wichtige Wälder sind dabei, in eine Todesspirale zu stürzen: Entwaldung bewirkt Trockenheit, Trockenheit bewirkt mehr Entwaldung. Wir müssen beginnen, Wälder zu schützen, als wären sie heilig (das sind sie), und Waldschäden zu beheben, als hinge unser Leben davon ab (das tut es).

Die Verbindung zwischen Wäldern, Wasser und Leben lag für Menschen, die selbst in tiefer Verbindung mit dem Land lebten, schon immer auf der Hand. Hier beschreibt der Yanomami-Schamane Davi Kopenawa die Zerstörung des Wasserkreislaufs:

Wir reißen niemals die Haut der Erde auf. Wir kultivieren ihre Oberfläche, weil dort ihr Reichtum zu finden ist. Indem wir das tun, folgen wir dem Weg der Ahnen. Die Blätter der Bäume und Blumen hören nie auf zu fallen und sich am Boden des Waldes zu sammeln. Das ist es, was ihm seinen Duft und seinen Wert für das Wachstum gibt. Aber dieser Duft verschwindet schnell, sobald der Boden austrocknet und die Bäche in die Tiefe entschwinden. Es ist so. Sobald man hohe Bäume fällt, wie den Wari-Mahi-Kapok-Baum und den Hawari-Hi-Paranussbaum, wird der Waldboden hart und heiß. Es sind diese großen Bäume, die das Regenwasser kommen lassen und es im Boden behalten ... Die Bäume, die die weißen Leute pflanzen, Mangobäume, Kokosnusspalmen, Orangenbäume und Cashewbäume, sie wissen nicht, wie man den Regen ruft.[74]

Auffallend ist der letzte Satz, in dem behauptet wird, der Wald sei mehr als eine Ansammlung von Bäumen. Wenn wir Wälder nicht als lebendige Wesen ansehen, werden wir sie dann je als solche behandeln?

Die Notwendigkeit zur Bewahrung und Wiederaufforstung der Wälder ist nicht zu leugnen, wenn wir die Erde als Lebewesen sehen und die Wälder als eines ihrer lebenswichtigen Organe. Die Notwendigkeit zum Schutz und zur Verehrung des Wassers ist offensichtlich, wenn wir es als das Blut oder den Lebenssaft eines lebendigen Planeten sehen. Es ist das Gleiche wie bei einem menschlichen Körper: Wenn Sie ihn als ein kohärentes, intelligentes Lebenssystem verstehen, dann brauchen Sie keine physiologischen Gründe, die Sie überzeugen, dass Sie Ihre Lungen, Ihre Leber, Ihren Blinddarm, Ihre Mandeln tatsächlich brauchen. Es ist nur in einer mechanistischen Sichtweise möglich, sich einige Organe als nutzlos vorzustellen, sodass sie einfach ohne Konsequenzen für das Ganze herausgeschnitten werden können. Endlich erkennen jetzt mehr klarsichtige Ärzte diese Tatsache und werfen siebzig Jahre medizinischer Moden über Bord, wie etwa die routinemäßige Entfernung von Blinddärmen, Mandeln und Weisheitszähnen. Ist es nicht Zeit, dasselbe auch für den Körper des Gesamtorganismus Erde zu tun?

Gaias Organe

Wälder sind sicherlich nicht die einzigen Organe des Gesamtorganismus Erde im Sinne der Gaia-Hypothese, die für die Aufrechterhaltung des Lebens von wesentlicher Bedeutung sind. Gegründet auf dem Prinzip, dass das Leben günstige Bedingungen für das Leben schafft, wären die wichtigsten Organe diejenigen, die voll von Leben sind: Wälder, Feuchtgebiete, Flussdeltas, Korallenriffe und üppiges Grasland mit seinen riesigen Tierherden. Sie alle gehen weltweit stark zurück, während artenarme Gebiete – Wüsten und marine Todeszonen – auf dem Vormarsch sind.

Das fundamentalistische CO_2-Paradigma hat den Feuchtgebieten, den Wäldern, dem Seegras und den Prärien, die enormes Speicher- und Abscheidungspotenzial für Kohlenstoff aufweisen, willkommene Aufmerksamkeit eingetragen. Die drei Meter tiefe Humusschicht des amerikanischen Mittleren Westens gibt Zeugnis von dieser Kapazität und von den desaströsen Folgen des Pflügens, bei dem Mutterboden der Erosion und der Oxidation organischen Materials zu CO_2 ausgesetzt wird. Im nächsten Kapitel werde ich solche Ökosysteme, die keine Wälder sind, und auch kultiviertes Land durch die Linse des Kohlenstoffs anschauen.

Wenn wir über den Kohlenstoff hinaus das Wasser und weitere Elemente betrachten, sehen wir sogar noch klarer die akute planetare Wichtigkeit dieser Ökosysteme. Unberührtes Grasland erfüllt viele derselben Funktionen wie Wälder, es saugt effizient Niederschläge auf und schützt den Mutterboden, verhütet Überflutungen, mildert Dürreperioden, fördert Wolkenbildung und füllt das

Grundwasser wieder auf. Die dicke Matte einer Grasnarbe schwächt den Anprall des Regens auf den Boden und unterbindet Erosion; der kohlenstoffhaltige Humus, den die Wurzeln im Lauf der Zeit ablagern, ist ein Schwamm für Regenwasser, bindet es an organische Moleküle und verlangsamt außerdem die Verdunstung.

So wie ein Wald mehr ist als eine Ansammlung von Bäumen, so ist das Grasland mehr als eine Anhäufung von Gräsern. Es ist ein lebendiges Ökosystem, das auch Pflanzenfresser, Beutegreifer und unzählige Wirbellose umfasst. Regenwürmer belüften den Boden und produzieren regenspeichernde Ton-Humus-Komplexe; Herdentiere weiden, zertrampeln und düngen hohes Gras, das dann zu Mulch und schließlich zu Humus wird. Pilze verbinden sich mit Regenwürmern, Bakterien, Wurzeln, Insekten und mit anderen Pilzen zu komplexen Gemeinschaften, die Nährstoffkreisläufe etablieren und chemische Informationen austauschen. Jedes Mitglied des Graslandes ist lebendig, und die Gesamtheit ist es auch.

Wenn Wälder, Grasland, Feuchtgebiete, Korallenriffe usw. zu Gaias lebenswichtigen Organen zählen, dann könnten die einzelnen Arten vielleicht als Zellen und Gewebe angesehen werden. Selbst wenn nicht bei allen ein direkter Effekt auf Kohlenstoff- und Wasserkreisläufe ersichtlich ist, haben sie vielleicht dennoch einen. Ein altes Navajo-Sprichwort lautet: »*Ohne die Präriehunde wird es niemanden geben, der nach Regen heult.*« Das klingt wie glatter Aberglaube – außer dass die Beinahe-Ausrottung der Präriehunde im 20. Jahrhundert in der Tat mit zurückgehenden Regenfällen einherging. Und nun stellt sich heraus, dass die Vorstellung der Navajo letztendlich gar nicht so abergläubisch war, sondern vielmehr eine scharfsinnige Einsicht in die Ökologie des Wassers.

Bill Mollison, Lehrer der Permakultur-Bewegung, schrieb: *Das belustigte die Wissenschaftler, die wussten, dass es keine denkbare Beziehung zwischen Präriehunden und Regen gibt, und sie empfahlen in einigen Wüstengegenden, die in den 1950ern als Weideland bepflanzt* *wurden, die Ausrottung aller höhlenbauenden Tiere, >um die spärlichen Wüstengräser zu schützen<. Heute ist diese Gegend praktisch zu einem Ödland geworden.*[75]

Mollison bot die Erklärung an, dass die Höhlen der Präriehunde und anderer Tiere wie Lungenbläschen sind. Wenn der Mond oben vorüberzieht, bringen Gezeitenkräfte Wasser aus den Grundwasserschichten näher an die Oberfläche und liefern Feuchtigkeit für den Regen. Judith Schwartz fügt hinzu, dass die Tunnels der Präriehunde dem Regenwasser erlauben, anstatt abzufließen in den Boden einzudringen und so die Grundwasserreservoire aufzufüllen[76]; außerdem halten die Präriehunde den sehr durstigen Mesquitebaum in Schach.

Feuchtgebiete sind, wie der Name nahelegt, ebenfalls entscheidend für einen gesunden Wasserkreislauf. Sie verlangsamen das Wasser auf seinem Weg vom Land zum Meer und geben ihm Zeit, ins Grundwasser zu sickern oder in die Atmosphäre aufzusteigen und Regenfälle zu speisen. Feuchtgebiete waren immer schon im Rückzug, weil Menschen sie zu landwirtschaftlichen Zwecken entwässerten – auch heute noch. Das gegenwärtige Landschaftsbild Nordamerikas mit seinen Bächen, Gräben und Flüssen, die in deutlich begrenzten Bachbetten verlaufen, ist das Resultat massiver Eingriffe in die Landschaft. Laut dem Forscher Steve Apfelbaum *waren viele der derzeit als Flüsse erster, zweiter und dritter Ordnung klassifizierten Wasserläufe in den ursprünglichen Vermessungsurkunden des amerikanischen Zentral-Grundbuchamts noch als bewachsene Mulden, Feuchtgebiete, Feuchtprärien und Sümpfe verzeichnet.*[77]

Ingenieurstechnischen Maßnahmen (etwa der Begradigung mäander-bildender Flussläufe für die Schifffahrt) wie auch der Beinahe-Ausrottung der Biber geschuldet, wurde das ursprünglich langsame Fortkommen des Wassers vom Land zum Meer stark beschleunigt:

Die Fließgeschwindigkeit der Flüsse nahm um Größenordnungen zu. Global bedeutet dies, dass das Land schneller Wasser verliert als bekommt, was Trockenperioden unumgänglich macht und zum Anstieg der Meeresspiegel beiträgt.

Ironischerweise wird ein Großteil der Zerstörung von Feuchtgebieten in neuerer Zeit ausgerechnet im Namen des Kampfes gegen den Klimawandel unternommen, da große Wasserkraftwerke oft ernste hydrologische Störungen verursachen. So war der afrikanische Sahel einmal Heimat eines ausgedehnten, fruchtbaren Feuchtgürtels von unglaublicher Biodiversität, der von jahreszeitlichen Überflutungen gespeist wurde.

Sie werden schon lange immer weniger, seit die Ära der Staudämme in den 1980ern begann, die von Entwicklungsorganisationen zur Erzeugung von Elektrizität und Kontrolle von Überflutungen gefördert wurden. Als Resultat hat der Tschadsee nur noch 5 Prozent seiner einstigen Ausdehnung. In der Folge kam es zu sozialen Verwerfungen, die die Menschen in die Arme von Boko Haram getrieben und zu großen Migrationswellen nach Europa geführt haben. Als Nächstes ist das innere Nigerdelta an der Reihe, ein enormes Feuchtgebiet so groß wie Belgien, das von einem Mega-Dammprojekt in Guinea bedroht wird.[78] In *Yale Environment 360* schreibt Fred Pearce: *Das Austrocknen von Feuchtgebieten wird oft dem Klimawandel angelastet, obwohl der wahre Grund häufig in stärkeren menschlichen Eingriffen in den Flusslauf liegt.*[79]

Wie bequem es doch ist, den Klimawandel zu beschuldigen, verglichen damit, die grundlegende Strategie der Entwicklungshilfe für die Dritte Welt infrage zu stellen.

Ich möchte hier zwei weitere Biome nennen, die normalerweise nicht als Ökosysteme gezählt werden: landwirtschaftliche Nutzflächen und urbane Gebiete. Wie ich später erläutern werde, geht es bei der Heilung des Planeten nicht darum, dass wir uns in einen separaten menschlichen Bereich zurückziehen und die Natur in Ruhe lassen. Nicht durch einen möglichst geringen Einfluss der Menschen wird die Genesung stattfinden, sondern dadurch, dass wir eine andere Art von Einfluss nehmen; durch eine andere Form von Teilhabe an der Natur, bei der die Menschheit sich wieder als Verlängerung der Natur, nicht als ihr Gegenteil begreift.

So wie es steht, sind vom Menschen stark beeinflusste Gebiete, wo immer sich die Moderne ausgebreitet hat, geschädigte, kranke Landstriche, die nicht mehr in der Lage sind, ihre Funktion zur Aufrechterhaltung einer Homöostase im Sinn der Gaia-Theorie zu erfüllen. Nackte Erde, wie sie durch landwirtschaftliches Pflügen sichtbar wird, trifft man in der Natur fast nie an – und das aus gutem Grund. Sie ist wie eine offene Wunde, Fleisch ohne Haut, die schnell ihre lebensspendende Feuchtigkeit verliert und verweht wird. Von der Sonne verkrustet und ohne eine Wurzelstruktur, die sie zusammenhält und belüftet, kann sie das Wasser weder aufnehmen, wenn es regnet, noch es danach länger speichern. Chemie-intensive Landwirtschaft fügt dieser Verletzung noch eine weitere hinzu, indem sie Regenwürmer und anderes Bodenleben vernichtet, das dem Wasser hilft, in tiefere Schichten vorzudringen. Regenwürmer erhöhen nicht nur die Aufnahmekapazität des Bodens für Feuchtigkeit, sondern sie und das ganze Ökosystem, das sie begünstigen, mehren die Speicherung von Kohlenstoff und fördern das Wachstum von Methanotrophen – Bakterien, die sich von Methan ernähren und damit die Menge dieses Treibhausgases mindern.[80]

Nackter, gestörter Boden blutet nicht nur Kohlenstoff an die Atmosphäre aus, er trägt auch direkt zu regionaler Erwärmung bei: Eine Forschungsstudie stellt einen Zusammenhang zwischen der Zunahme von Zwischenfruchtbau in kanadischen Getreideanbaugebieten, niedrigeren Sommertemperaturen, höherer Luftfeuchtigkeit und mehr Regen fest.[81] Zwischenfruchtbau ist ein Verfahren der wachsenden Bewegung für regenerative Landwirtschaft, bei der man versucht, Wasser und Boden mithilfe von Anbaumethoden wiederherzustellen.

Andere moderne landwirtschaftliche Praktiken, die Wasser und Boden zusätzlich schädigen, sind u.a.:

» die Anlage großer, ununterbrochener Felder ohne Hecken, ohne verwilderte oder baumbestandene Stellen und ohne Konturen, die während starker Regengüsse Wasser bremsen und Erosion verhindern könnten;

» die Verwendung schwerer Landmaschinen, die den Boden verdichten und ihn damit weniger durchlässig machen;

» künstliche Bewässerung, wodurch Böden zunehmend versalzen;

» umfangreiche Nutzung chemischer Dünger, Herbizide, Fungizide und Insektizide, die das Bodenleben zerstören.

Mit diesen und anderen nicht nachhaltigen Praktiken wird Schluss sein, sobald wir begreifen, dass das Wohlergehen der Menschen untrennbar mit dem Wohlergehen von Boden und Wasser zusammenhängt.

In urbanen Gebieten ist die Schädigung des Bodens sogar noch gravierender; oft ist er vollständig versiegelt. Da es nicht versickern kann, wird das Wasser zu einem Ärgernis, das durch Gullis und Rohre als »Abwasser« abgeleitet wird, wo es schnell zum Meer zurückkehrt, ohne in den Wasserkreislauf – Evapotranspiration und Auffüllung des Grundwassers – eingetreten zu sein. Währenddessen erschöpfen die Städte die Wasserressourcen des Umlandes, um ihren Bedarf zu decken.

Ohne Vegetation, die Wasser ausdünstet und die Luft kühlt, kommt es in Städten zum urbanen Wärmeinsel-Effekt. Die gestaute Wärme beeinflusst das Verhalten des Windes und erzeugt Hochdrucksysteme, die Niederschläge in die Umgebung abtreiben – zum Beispiel in kühleres Bergland – wo es dann zu Wolkenbrüchen, Erosion und Überflutungen kommt.[82] Zu einem geringeren Grade bildet jeder unbewachsene Boden (wie gepflügte Felder) eine Wärmeinsel und erzeugt Hochdruck, der den Regen in Berge oder Meere treibt.

Klimawandel-Skeptiker berufen sich manchmal auf den Wärmeinsel-Effekt und behaupten, die globalen Temperaturdaten wären verzerrt, da die Messstationen meistens in oder nahe bei urbanen Wärmeinseln stünden. Selbst wenn das stimmt, ist das nur wenig Trost, wenn der ganze Planet durch Urbanisierung, Bebauung und Abholzung zu einer einzigen Wärmeinsel wird. Die Auswirkungen sind nicht nur lokal; durch die Störung des hydrologischen Wärmetransports beeinflussen sie auch Dürren und Überschwemmungen, oft durch komplexe, nicht lineare Ursachenketten. Zum Beispiel haben Abholzung und Trockenlegung von Feuchtgebieten entlang der Mittelmeerküste zu verringerter Evapotranspiration und weniger Sommergewittern nahe der Küste, aber intensiveren Stürmen in Zentraleuropa geführt. Weniger Küstenstürme führen schließlich zu erhöhter Versalzung des Mittelmeers und verändern damit das mediterran-atlantische Salzgefälle, was wiederum Atlantik-Stürme intensiviert und das Wettermuster sogar am fernen Golf von Mexiko verändert.[83]

Als das heute vorherrschende Umweltnarrativ verschleiert der Klimawandel den viel größeren, unmittelbaren und sehr lokalen Einfluss, den eine veränderte Raumnutzung auf die Entstehung von Dürren, Überflutungen, Hitzewellen und anderen Extremwetterlagen ausübt. Der Klimawandel wird, statt ein Anreiz für umweltfreundlichere Strategien zu sein, zu einem bequemen Sündenbock, der die Aufmerksamkeit von effizienten lokalen Maßnahmen ablenkt und die Verantwortung für die ökologische Genesung entfernten globalen Institutionen zuschiebt.

Wenn wir zum Beispiel verstehen, dass Abholzung und Pflügen zu Erosion führt, wodurch der Boden das Regenwasser nicht mehr gut absorbieren kann, was dann zu Überflutungen führt, dann müssen wir das Problem notwendigerweise lokal angehen: Wälder und Feuchtgebiete schützen, biologische Landwirtschaft mit Direktsaat (ohne Pflug) praktizieren und den Humus aufbauen. In Unkenntnis dieser Tatsachen bleiben der umweltbewussten Person nur Maßnahmen wie die Installation einer Photovoltaikanlage auf dem Dach oder bei Flugreisen kompensatorisch für Baumpflanzungen zu spenden. Der Einsatz für den Umweltschutz richtet sich auf ferne Ziele weit weg von zu Hause, und die schädigenden Aktivitäten gehen weiter.

Die Hurrikans Irma und Harvey wirken noch immer nach, während ich dies schreibe, und die Medien verkünden, dass sie vom Klimawandel verschärft worden seien. Ich verstehe zwar die wissenschaftliche Logik hinter dieser Behauptung – wärmeres Wasser verdunstet schneller, wärmere Luft kann mehr Feuchtigkeit aufnehmen usw. – aber das Argument scheint bei genauer Betrachtung schwach.[84] Die Gesamtenergie der Zyklone hat sich in den zurückliegenden Jahrzehnten nicht in nennenswerter Weise erhöht, und auch nicht deren Regenmenge, Häufigkeit oder Stärke. Ungeachtet dessen lenkt die Debatte, ob nun der Klimawandel verantwortlich zu machen sei, die Aufmerksamkeit von den lokalen Faktoren ab, die solche Stürme zerstörerischer für Menschen und Ökosysteme machen. Ein Hauptfaktor, zumindest in Florida und Texas, ist die verbreitete Trockenlegung von Feuchtgebieten, die Regenwasser aufsaugen und Sturmfluten dämpfen können. Beide Regionen haben außerdem Abholzungen, den Missbrauch von Ackerböden und eine erhebliche Verstädterung erlebt. Den Klimawandel zu beschuldigen verschleiert diese Faktoren und erlaubt die Fortführung dieser Praktiken, als wäre nichts gewesen.

Ähnlich wie mit den Überflutungen verhält es sich mit der Dürre. Ich las neulich einen ansonsten aufschlussreichen Artikel über

Immigration von Vijay Prashad, der behauptet: »Die Gründe [für die Emigration aus Lateinamerika] sollte man im Zusammenbruch der Landwirtschaft in diesen Ländern finden, der hauptsächlich durch vom Klimawandel herbeigeführte Dürren, Hochwasser, Hitzewellen und Waldbrände verursacht wird.«[85]

Lassen wir für den Moment mal die ökonomischen und politischen Gründe für den Zusammenbruch der Landwirtschaft beiseite, wie etwa Freihandelsabkommen, die die traditionelle kleinbäuerliche Landwirtschaft unrentabel machen, den transnationalen Agro-Konzernen nützen und die landwirtschaftliche Ökonomie zu einer reinen Exportgüter-Industrie umwandeln. Zwar haben globale klimatische Muster (nämlich der starke El Niño von 2015–2016) die letzte Hungersnot herbeigeführt, aber diese Länder haben auch intensive Abholzungen erleiden müssen. Guatemala verlor 17 % seines Regenwaldes in den fünfzehn Jahren von 1990 bis 2005; danach hat sich die Geschwindigkeit der Entwaldung noch verdreifacht;[86] Verluste waren vor allem in den berühmten Nebelwäldern zu beklagen.[87] Eine ähnliche Geschichte ist in Honduras passiert, das in derselben Zeit 37 % seiner Regenwälder verloren hat, und es ist kein Ende in Sicht. El Salvador ist der traurigste Fall von allen mit 85 % Abholzung seit den 1960ern. Wenn diese Regenwälder abgeholzt sind, fließen Regenfälle ab, statt aufgesogen zu werden und den Grundwasserspiegel wieder aufzufüllen, was sich in Erosion, Erdrutschen und Überflutungen äußert. Quellen fallen trocken, die Niederschläge werden geringer, und das lokale Klima wird heißer und trockener. Bühne frei für eine verheerende Dürre.

Vor den Abholzungen erhielten die Regenwälder Süd- und Lateinamerikas reichlich Niederschläge – mit oder ohne El Niño. Deshalb werden sie Regenwälder genannt. Darüber hinaus hat das El-Niño-Phänomen, das Dürre und Hitzewellen in weiten Teilen der nördlichen Hemisphäre bringt, seit den 1970ern an Häufigkeit und Intensität zugenommen. Dies wird typischerweise dem »Klimawandel« angelastet, könnte aber auch ein Nebenprodukt von Abholzungen vor allem in Indonesien sein. Hier schwächt diese Entwaldung die stabilen Tiefdruckgebiete, welche die sogenannte Walker-Zirkulation unterstützen, deren Schwächung die Entstehung von El Niño zur Folge hat.[88]

Wenn der Klimawandel für die Dürren in Lateinamerika verantwortlich gemacht wird, schmälert das die Dringlichkeit, sich mit der lokalen Abholzung zu befassen, und verschiebt den Schwerpunkt auf globale Lösungen. Ein ganzer Komplex anderer Ursachen, die über die Entwaldung weit hinausgehen, erscheint damit nachrangig. Nebenbei gefragt – was verursacht die Entwaldung? Ob nun in Lateinamerika oder anderswo, die Gründe schließen Folgendes ein:

» durch vorangegangene Entwaldung und Bodenschädigung veränderte Wetterlagen;

» internationale Freihandelsabkommen, die traditionelle, nachhaltige Praktiken in der Landwirtschaft ökonomisch unrentabel machen und eine Umwandlung von Wäldern in Weideland oder Monokulturen verlangen;

» die »Entwicklungs-«Ideologie , die traditionelle, nachhaltige, kleinbäuerliche Landwirtschaft als rückständig erscheinen lässt;

» die Aushöhlung der indigenen, mit dem Land verwurzelten Spiritualität, die den Schutz von Land und Wasser als heilige Pflicht ansah;

» Auslandsschulden von waldreichen, weniger entwickelten Ländern, die sie zwingen, diese Wälder zu Waren zu machen;

» Erlass von verbrieften Eigentumsrechten an Orten, wo informeller, gemeinschaftlicher Landbesitz ein Entwicklungshindernis war;

» die Ausrottung großer Beutegreifer, welche die Population von Pflanzenfressern im Gleichgewicht mit ihrer Umwelt hielten;

» Regierungsstrategien, die darauf abzielen, nomadisch lebende und indigene Menschen in den Mainstream der industriellen Gesellschaft einzugliedern, sodass sie nicht länger die Wildnis hüten können;

» Bevölkerungsdruck, der zu Einschlag für Feuerholz führt;

» illegale Fällungen, begünstigt durch »Korruption« – die eigentlich das Eindringen von überregionalen, monetarisierten Beziehungen in vormals geschenkbasierte Sozialstrukturen darstellt;

» unvorhersehbare Folgewirkungen von Umweltstörungen durch Trockenlegung von Feuchtgebieten, Ausbringen chemischer Gifte gegen »Unkraut« und »Ungeziefer« und die Aus- rottung von Schlüsselarten, wie Bibern, Präriehunden, Wölfen, Elefanten, Nashörnern und Löwen.

Offensichtlich sind das keine isolierten Störungen in einem ansons- ten eigentlich intakten System. Das System selbst und die *Geschich- te von der Separation*, von der es durchdrungen ist, erzeugen diese Störungen. Würde man mich drängen, eine einzige verantwortliche Ursache herauszudestillieren, würde ich sagen, es ist das Kappen, die Vereinfachung und die Verarmung von Beziehungen – von Mensch zu Mensch sowie zwischen Mensch und Welt. Und würde man mich drängen, eine universelle Lösung anzubieten, wäre es, die Welt wieder als heilig zu sehen und auch so zu behandeln.

Wenn irgendetwas auf der Erde heilig ist, dann ist es das Wasser. Bisher habe ich es in dieser Diskussion eigentlich noch nicht als heilig hochgehalten; ich habe lediglich das Übel beleuchtet, das uns und dem Planeten durch die Misshandlung von Wasser, Bäumen und Erde widerfährt. Wenn wir sie als heilig betrachten wollen, braucht es mehr. Wie mein Freund Orland Bishop sagt, ist das

Heilige etwas, das eines Opfers bedarf; das heißt, es ist etwas, das wir über den Gebrauchswert für uns selbst hinaus wertschätzen und für dessen Schutz wir Opfer bringen würden.

Andere Kulturen hielten das Wasser durch Zeremonien und Tabus heilig, um es vor allem zu schützen, was es kränken oder verschmutzen könnte. Ich empfehle hier nicht, indigene Zeremonien zu imitieren; vielmehr können wir eine Entsprechung für unsere Zeit finden, die sich auf ihr Wissen bezieht und in unsere neu entstehende *Geschichte über die Welt* passt. Unsere Wassertechnologien werden eine zeremonielle Qualität annehmen, wenn sie sich an der Wahrnehmung orientieren, die indigene und traditionelle Menschen vom Wasser hatten: dass Wasser ein lebendiges Wesen ist. Die Tür dorthin öffnet sich nun, da die übliche wissenschaftliche Konzeption vom Wasser als homogener, strukturloser chemischer Flüssigkeit obsolet wird.[89]

Die hydrologischen Argumente in diesem Kapitel liefern nur einen kleinen Anstoß dazu, Wasser als heilig zu behandeln, aber sie berühren keine der anderen Fragen des Wassers, die viel schwieriger mit dem Klimawandel in Bezug zu bringen sind – zumindest mit unserem gegenwärtigen Wissen. Eines Tages aber, ich bin sicher, werden wir lernen, dass die Kontamination von Wasser mit Pestiziden, pharmazeutischen Rückständen, industriellen Chemikalien und radioaktivem Abfall das planetare Wohlergehen genauso stark bedroht wie Entwaldung oder Treibhausgas-Emissionen. Wasser ist Leben. Was wir dem Wasser antun, tun wir dem Leben an.

5000 Jahre Klimawandel

Folgt man dem Standard-Narrativ über den Klimawandel, dann ist das Klima bis zum 20. Jahrhundert, als industrielle Emissionen substanzielle Ausmaße annahmen, relativ stabil gewesen. Das mag auf die Temperaturen zutreffen oder nicht, aber in Bezug auf das

Wasser haben die letzten paar tausend Jahre dramatische Veränderungen erlebt. Die Erde ist bedeutend trockener geworden, und ja, ich fürchte, ein großer Teil der Schuld hierfür ruht auf den Schultern der menschlichen Zivilisation.

Manchen Forschern zufolge war der Anstieg von CO_2 und Methan schon lange vor der Industriellen Revolution am Laufen. William Ruddiman behauptet, dass der anomale Anstieg beider Gase (verglichen mit vorherigen zwischeneiszeitlichen Perioden) mit dem Beginn der jungsteinzeitlichen Entwaldung und dem Ackerbau einherging.[90] Sein Artikel sammelt verschiedenartige Beweise – historische, archäologische und geologische –, dass massive Abholzungen vor 2000 Jahren in China, Indien, dem Mittleren Osten, Europa, Nordafrika und in geringerem Maße auf dem amerikanischen Kontinent stattfanden. Deren Beitrag zum Anstieg der Treibhausgase, so sagt er, sei doppelt so hoch gewesen wie jener der industriellen Ära, die den langfristigen Trend nur beschleunigt hat.

Ruddiman argumentiert von einer konventionellen Treibhausperspektive aus; aus der Perspektive des Wassers und der Biotischen Pumpe ist die Situation sogar noch alarmierender. Haben Sie je auf ein Satellitenbild der Erde geblickt und mit einem Schauer der Vorahnung den enormen, wachsenden Wüstengürtel gesehen, der sich fast 13 000 Kilometer von der Westküste Afrikas über die Arabische Halbinsel bis in die Mongolei erstreckt? Plus ihre kleineren Verwandten im amerikanischen Südwesten, an der Westküste Südamerikas und auf fast dem gesamten australischen Kontinent? Oder Südafrika und jetzt sogar Teile Spaniens und Brasiliens? Die meisten dieser Orte waren einmal grün. Die Mongolei wurde gerade mal vor 4000 Jahren zur Wüste und nicht vor Millionen von Jahren, wie man vorher dachte.[91] Die Sahara war vor 6000 Jahren noch eine üppige Savanne. Geomechanisch orientierte Wissenschaftler schreiben ihre Verwüstung normalerweise einer Verschiebung der Erdachse zu, aber menschliche Aktivitäten haben sie wahrscheinlich verschärft.[92] Noch in Zeiten des Römischen Reiches standen elegante Städte, genährt von lange verschwundenen Wassereinzugsgebieten, dort, wo heute Wüste ist.[93] Der Mittlere Osten, Wiege der Zivilisation, war ebenfalls einmal ein fruchtbares Paradies; Abholzung ist dort schon seit dem Epos von Gilgamesch, wie auch in Ablagerungen von Pollen- und Holzkohle dokumentiert. Biblische Wälder, wie der Wald von Ziph und der Wald von Bethel, sind heute Wüste; verschwunden sind ebenso die Zedern des Libanon und die Wälder der griechischen Inseln, in denen einst Artemis jagte. Die Entwaldung beschleunigte sich in römischer Zeit und wird oft für den Untergang des Reiches verantwortlich gemacht.

Im *Kritias* bietet Plato eine anschauliche und zutreffende Beschreibung der Auswirkungen von Entwaldung:

Nun, da alle fruchtbare und weiche Erde fortgespült wurde, bleibt nur der nackte Grund, wie die Knochen eines kranken Körpers. In früheren Zeiten ... waren die Ebenen voller Humus, und es gab reichlich Nutzwald in den Bergen ... Die jährlichen Regenfälle pflegten das Land fruchtbar zu machen, denn das Wasser rann nicht ab von der Erde zur See ... Wo einmal Quellen waren, da bleiben heute nur noch die Schreine.

An vielen Orten breiten sich Wüsten weiterhin aus, und neue Wüsten entstehen. Die Erde hat mehr als drei Prozent ihrer verbliebenen Wälder zwischen 2000 und 2012 verloren. Gegenwärtig hat die Erde nur noch etwa die Hälfte der Bäume, die sie zu Beginn der Zivilisation hatte.[94] Die USA haben im zurückliegenden Jahrzehnt eine Waldfläche der Größe von Maine verloren. Die Entwaldung in Brasilien stieg um 29 % im Jahre 2016, bevor sie im Jahre 2017 auf ein Niveau absank, das immer noch höher ist als 2012 war. Queensland, Australien, verlor 400 000 Hektar Bäume von 2015 bis 2016, was zu erhöhtem, Sediment-bedingtem Stress für das benachbarte

Große Barriereriff beitrug.[95] Global stieg der Verlust an Baumbe-
stand 2016 im Vergleich zum Vorjahr um 51 %.[96]

Eins ist klar: In entwickelten wie in weniger entwickelten Ländern nimmt die Ausdehnung und Qualität der Wälder ab. Auch
anderen Arten von Land- und Wassermissbrauch geschuldet, fordert die Wüstenbildung global laut den Vereinten Nationen jährlich etwa 12 Millionen Hektar Land. Darüber hinaus ist die Wüstenbildung nur die auffälligste Manifestation einer generellen
Verarmung des Lebens auf der Erde, die in jede Region und in jedes
Biom hineinreicht. Das Leben ist fast überall auf dem Rückzug,
selbst an Orten, die überhaupt nicht wie Wüsten aussehen.

Mit anderen Worten: Das Land stirbt vor unseren Augen, und
es tut dies seit dem Altertum. Wir müssen aufhören, es zu töten.
Hier geht es um mehr als die Senkung von Treibhausgasemissionen.
Wir müssen unsere Beziehung zu Land und Meer, wie sie in Jahrtausenden der Zivilisation üblich war, revidieren. Es tut mir leid,
aber bloß auf sogenannte erneuerbare Energiequellen umzusteigen
reicht nicht aus. Wir sind aufgefordert, tiefe Fragen zu stellen, wie:
»Wozu sind wir hier?«, »Was ist die Rolle der Menschheit auf
Erden?«, »Was will die Erde?«

Wenn wir diese Fragen untersuchen, werden einige der von Klimaaktivisten propagierten Maßnahmen eine neue Motivation und
Bedeutung annehmen, während andere als bloße Neuauflage der alten Beziehung entlarvt werden. Große Wasserkraftwerke, endlose
Flächen von Solarkollektoren, Landschaften voll mit Windrädern
und vor allem Biosprit-Plantagen schädigen die Ökosysteme, deren
Raum sie einnehmen. In der neuen Beziehung (neu für die Zivilisation, nicht neu für indigene Kulturen) werden wir uns jedes Mal, wenn
wir etwas von der Erde nehmen, bemühen, dies so zu tun, dass es sie
bereichert. Wir sind uns durchaus unseres Einflusses bewusst, und
wir trachten nicht danach, ihn zu minimieren, denn die Auswirkungen unseres Handelns sollen schön sein und dem Leben dienen.

Die Antworten auf die obigen Fragen (Wofür sind wir hier?...), die ich in den folgenden Kapiteln untersuche, beginnen mit der Erkenntnis aus diesem und dem nächsten Kapitel, dass das Leben günstige Lebensbedingungen schafft.

Und wer sind wir Menschen? Wir sind auch Leben. Wir sind Leben, geboren in eine bestimmte Form, ausgestattet mit einer Reihe von Begabungen. Wie für alles Leben ist unser Zweck, dem Leben zu dienen – sowohl dem, was es ist, als auch dem, was es werden könnte. Das Leben ist niemals statisch. Jede Entfaltung von Komplexität baut auf der vorigen auf. Was ist der Traum des Lebens? Was will als Nächstes geboren werden, und wie können wir dem dienen? Diese Fragen müssen die alte Zivilisationsfrage ablösen: Wie können wir am effektivsten Ressourcen aus der Erde extrahieren, um die Welt der Menschen zu bauen?

5
Kohlenstoff und Ökosysteme

Ich habe in diesem Buch absichtlich das Kapitel über das Wasser vor das über den Kohlenstoff gestellt, um darauf hinzuweisen, dass wir bei unseren Überlegungen zu diesen beiden für das Leben so grundlegenden Substanzen möglicherweise unsere Prioritäten ändern müssen. Aber auch mit einem Blick auf den Kohlenstoff können wir viel über die Gesundheit des Gaia-Organismus erfahren. Am Ende führt dies zur selben Erkenntnis wie beim Wasser: dass wir unsere Aufmerksamkeit auf Ökosysteme, Boden und Biodiversität verlagern müssen.

Meist dreht sich die Diskussion über Treibhausgase um Emissionen aus fossilen Brennstoffen darum, wie man diese durch alternative Energiequellen ersetzen könnte und ob dies schnell genug möglich sein wird. Dieses Thema ist ausgiebigst beackert worden. Ich sehe davon ab, meine Meinung hierzu kundzutun, denn ich möchte keine weitere Aufmerksamkeit auf etwas lenken, das ich für eine irrige Diskussion halte. Unabhängig davon, ob wir die Emissionen reduzieren, wird sich die Klima-Störung weiter verschlimmern, solange sich nicht die Ökosysteme auf allen Ebenen wieder regenerieren können.

Wenn wir uns Ökosysteme unter dem Blickwinkel von Kohlenstoff ansehen wollen, müssen wir ein Element des Kohlenstoffhaushalts betrachten, das weit weniger gesichert ist, als die Emissionen

aus fossilen Brennstoffen: die Freisetzung von Kohlenstoff durch
»geänderte Landnutzung« (ein Euphemismus für die Zerstörung
von Ökosystemen) sowie die ebenfalls ungewisse Fähigkeit intakter
Ökosysteme, Kohlenstoff zu absorbieren und zu binden.

Manche Forscher glauben, dass wir beides bei weitem unterschätzt haben[97], und in der Literatur werden die Schätzungen über
das Ausmaß der CO_2-Ströme auf der Erde ständig nach oben korrigiert. So kommt eine neuere Studie zu dem Schluss, dass der Wald-
verlust von 2,27 Millionen km^2 in den Tropen seit 1950 für zusätz-
liche 50 Gigatonnen Kohlenstoff in der Atmosphäre gesorgt hat;
und die Emissionen beschleunigen sich.[98] Dieser Studie zufolge
trägt die Abholzung in den Tropen derzeit pro Jahr 2,3 Gigatonnen
an Emissionen bei. Das sind mehr als 20 % der anthropogenen
Emissionen, weitaus mehr als bisher geschätzt.[99] Ähnliche Trends
beobachten wir auch in anderen Lebensräumen.

Es ist gut möglich, dass die Auswirkungen von Entwaldung, Bo-
denverlust, Artenverlust, Austrocknung von Sümpfen, Mooren und
Mangroven sowie anderen Landnutzungsänderungen so schwer-
wiegend sind, dass man – selbst aus der Kohlenstoff- und nicht aus
der Wasserperspektive – vernünftigerweise behaupten dürfte, der
Klimawandel werde von diesen Aktivitäten mindestens ebenso befeuert wie vom Verbrennen fossiler Energieträger. Diese Abgase
verstärken nur das ökologische Ungleichgewicht, das von der Umweltzerstörung sowieso angerichtet wird.

Ich habe unlängst auf einem Klimawandel-skeptischen Blog die
Behauptung gelesen, dass das atmosphärische Kohlendioxid zwischen 1750 und 1875 viel schneller als alle menschlichen Emissionen zusammengenommen angestiegen und von Letzteren erst 1960
überholt worden sei.[100] Der Autor behauptet, das Kohlendioxid sei
aufgrund steigender Temperaturen gestiegen (statt diese zu verursachen); ein typisches Skeptiker-Argument. Es gibt allerdings eine
weitere Erklärung, nämlich dass im fraglichen Zeitraum eine

massive Entwaldung stattgefunden hat und in Europa und Nordamerika große Flächen in Ackerland umgewandelt wurden. Das könnte die Emissionen aus fossilen Brennstoffen in den Schatten gestellt haben.

Im vorigen Kapitel beschrieb ich, wie Entwaldung, konventionelle Landwirtschaft und andere Formen des Landmissbrauchs Kohlenstoff aus der freigelegten und erodierten Erde in die Atmosphäre entlassen. Nun folgen ein paar Beispiele von der anderen Seite der Gleichung: der Fähigkeit intakter Ökosysteme, Kohlenstoff zu absorbieren und unterirdisch zu speichern.

Feuchtgebiete

Mit welcher traurigen Nachricht soll ich beginnen? Dass der Planet im Laufe der letzten einhundert Jahre die Hälfte seiner Mangrovensümpfe und ungefähr 70 % aller seiner Feuchtgebiete verloren hat?[101] Dass Seegrasflächen pro Jahr um 7 % schrumpfen?[102] Dass in den Vereinigten Staaten seit ihrer Gründung 50 % der Feuchtgebiete verschwunden sind und sich der Verlust im 21. Jahrhundert gegenüber dem 20. nochmals beschleunigt hat?[103] Die meisten Verluste entstehen durch Ausweitung von Landwirtschaftsflächen, städtisches Wachstum und Küstenbebauung. Gleichzeitig verschlechtert sich aufgrund von Umweltverschmutzung und Eindringen von Salzwasser der Zustand unberührter Feuchtgebiete. Der steigende Meeresspiegel wäre normalerweise kein Problem, wenn sich die küstennahen Feuchtgebiete verlagern könnten, aber heute verhindern Deiche ihre Ausbreitung, während Dämme die für ihr Wachstum nötigen Sedimente zurückhalten.

Im Hinblick auf die Artenvielfalt ist die Zerstörung von Feuchtgebieten eine Katastrophe; aber was hat das mit dem Kohlenstoff zu tun? Feuchtgebiete speichern mehr Kohlenstoff im Boden als jedes andere Ökosystem, Seegras beispielsweise bis zu 20 Tonnen pro Hektar und Jahr.[104] Einigen Schätzungen zufolge sind Feucht-gebiete zusammen mit Mangroven und Salzmarschen für weltweit die Hälfte der biologischen Bindung von CO_2 verantwortlich.[105] Torfmoore gehören ebenfalls zu den großen CO_2-Senken; ihr Boden enthält so viel Kohlenstoff wie alle lebendige Biomasse auf Erden – Kohlenstoff, der in die Atmosphäre austreten kann, wenn man Torfmoore trockenlegt, entwaldet oder abbrennt.

Die Speicherkapazität dieser und anderer Ökosysteme wird normalerweise bestimmt, indem man die Zunahme von CO_2 im Boden misst. Dieser analytische Zugang, bei dem Variablen isoliert werden, gehört zum Standardrepertoire der Wissenschaft, aber bei dieser Herangehensweise bleiben synergetische Verbindungen im System unsichtbar. Mangroven halten beispielsweise Sedimente zurück, die ansonsten die weiter draußen liegenden Korallenriffe stören und sie womöglich für Korallenbleiche anfälliger machen. Seegras puffert den Säuregehalt des umgebenden Wassers und ermöglicht dadurch schnelleres Wachstum von Schalentieren. Sowohl Schalentiere als auch Korallenriffe binden und speichern selbst Kohlenstoff. Die Kohlenstoff-Milchmädchenrechnung – man teile die Erde in Ökosysteme und Regionen und zähle dann den jeweils gebundenen Kohlenstoff zusammen – unterschätzt systematisch den Wert der einzelnen Lebensräume.

Grasland

Intaktes Grasland, das von Herden großer Pflanzenfresser bewohnt wird, hat eine ungeheure Fähigkeit, Kohlenstoff zu binden und im Boden einzulagern. Die Tonnagen an Kohlenstoff pro Hektar kann man nicht festmachen, weil Schätzungen auf Basis von Messungen und Modellen je nach den geologischen Bedingungen, der Regenmenge, den Grasarten und ob gemäht wird oder nicht, und je nachdem, ob und wie viele wilde oder domestizierte Herdentiere darauf

153

leben, um mehrere Größenordnungen voneinander abweichen. Der gebundene Kohlenstoff kann außerdem unterschiedlich lang im Boden verbleiben. Einiges kohlenstoffhaltiges organisches Material in der Erde zerfällt innerhalb eines Jahres, aber vieles davon bleibt für Jahrzehnte im Boden, und manches gerät, wenn überhaupt, jahrtausendelang nicht in die Atmosphäre zurück. Die drei Meter dicke Humusschicht im Mittleren Westen der USA, von der einiges bereits erodiert ist, zeugt für die Fähigkeit von Grasland, Kohlenstoff im Boden zu speichern.

Am meisten Kohlenstoff speichern einheimische Grassorten, die von großen Wanderherden von Pflanzenfressern genutzt werden. Leider wurden 97 % der ursprünglichen Hochgrasprärien Nordamerikas in Ackerflächen, Vororte und künstliche Weiden umgewandelt. Ihre Fähigkeit zur Kohlenstoffregulierung war mit 70 Millionen Hektar Fläche enorm. Den (wenn auch dürftigen) Daten zufolge, die aus dem ganzheitlichen Weidemanagement stammen – einer Praxis, mit der man das natürliche Verhalten grasender Pflanzenfresser zu imitieren versucht[106] –, ist vorstellbar, dass Hochgrasprärien zwischen acht und zwanzig Tonnen Kohlenstoff pro Hektar und Jahr sequestrieren können. Heute jedoch emittiert der größte Teil dieses Landes CO_2, weil es für die industrielle Landwirtschaft genutzt wird.[107] Anbau unter Einsatz von Pflügen setzt den Boden Luft, Wasser und Wind aus und ermöglicht die Oxidation von organischem Material (also die Umwandlung von Kohlenstoff zu Kohlendioxid). Ähnliches ist in den Steppen Asiens, den afrikanischen Steppen, den Pampas Südamerikas und anderswo geschehen. Laut Welternährungsorganisation ist so bis zu ein Drittel der globalen Graslandschaften bereits verloren gegangen.[108] Land, das eine CO_2-Senke sein könnte, wird nun zur Emissionsquelle.

Wälder

Von allen Ökosystemen sind es die Wälder, welche die Öffentlichkeit am ehesten als wesentlich für den Erhalt eines gesunden Klimas anerkennt. Derzeit absorbieren sie 40 % der globalen anthropogenen Emissionen; gleichzeitig emittieren sie im Zuge der Entwaldung wieder mindestens ein Drittel davon.[109] Je mehr CO_2 sich in der Luft befindet, desto mehr absorbieren sie – bis sie ihre Grenzen erreichen. Es sieht aus, als ob sie wacker ihr Bestes gäben, die Atmosphäre im Gleichgewicht zu halten. Dabei sind wir Menschen ihnen nicht behilflich. Einigen Schätzungen zufolge ist die Zahl der Bäume seit den Anfängen der Zivilisation um mehr als die Hälfte gesunken.[110] Jedes Jahr verschwinden weiterhin Hunderttausende Quadratkilometer Wald. Der Schwund ist womöglich noch größer als allgemein gedacht, weil die Statistiken kleinere Schäden in bestehenden Wäldern nicht verzeichnen, die nach Meinung einiger Forscher zwei Drittel der verlorenen Biomasse in tropischen Wäldern ausmachen.[111] So wie bei Feuchtgebieten und Graslandschaften verwandelt die Zerstörung von Wäldern auch eine Kohlenstoff absorbierende Landfläche in eine Kohlenstoff emittierende.

Die Walddegradation (Schädigung von weiter bestehendem Wald) wird seltener als Problem erkannt als Kahlschlag. Walddegradation entsteht vorwiegend durch selektive Baumfällung, Insektenbefall und Waldbrände, drei Faktoren, die eng zusammenhängen. Im Gegensatz zur Behauptung der Holzindustrie macht Holzeinschlag die Wälder anfälliger für verheerende Feuer.[112] Wie im vorigen Kapitel beschrieben sorgt er für trockenere Bedingungen, weil die Transpiration reduziert und das Ablaufen von Wasser sowie Bodenerosion erhöht wird. Durch Holzfällung stört man außerdem das ökologische Gleichgewicht, das die Insekten in Schach hält. Durch Holzfällung wird ein Wald homogener gemacht, wodurch er anfälliger für Insekten- und Krankheitsbefall wird, und die Baumstümpfe dienen beidem als Brutstätte. Weil gleichzeitig aufrecht stehendes Totholz und ausgehöhlte ältere Bäume entfernt werden, die ein wichtiges Habitat darstellen, erhöht sich das Risiko von Insektenplagen und Krankheitsausbrüchen. Zufahrtswege für schweres Gerät pressen die Erde zusammen und fragmentieren Ökosysteme, was zu weiterer Einbußen der Widerstandsfähigkeit führt.[113] Keines dieser Phänomene wird von CO_2-Messungen und Klimamodellen präzise einbezogen.

Wenn wir außerdem begreifen, dass Wälder selbst Lebewesen sind (und nicht nur Ansammlungen von Lebewesen), werden weitere Formen von Schäden sichtbar. Pilz-Myzelien, die Netzwerke von phänomenaler Komplexität bilden, verbinden die Bäume und anderen Waldpflanzen miteinander und bilden Kommunikationswege, über die Bäume Informationen austauschen, sich gegenseitig vor Schädlingen warnen und manchmal sogar Ressourcen teilen. Straßen zerreißen dieses lebende Netz in kleinere voneinander getrennte Teile. Konventionelle Waldbewirtschaftung hindert Bäume außerdem daran, ein hohes Alter zu erreichen, dann umzufallen und über Jahrzehnte oder Jahrhunderte langsam zu verrotten. Was, wenn die Baumältesten, die Großmütter unter den Bäumen, Weisheit besitzen (oder chemisch kodierte Informationen, wenn Ihnen das lieber ist), die der Wald braucht, um ungewöhnliche Umstände zu überstehen, wie sie einmal im Jahrhundert vorkommen? Was, wenn die verrottenden Bäume langsam wachsende Pilze beherbergen, die eine wichtige Rolle beim Erhalt des ökologischen Gleichgewichts spielen? All diese Phänomene sind viel schwerer zu quantifizieren als das Gewicht von Biomasse.

In seinem 2016 erschienenen Buch *Das geheime Leben der Bäume* legt der Förster Peter Wohlleben starke Argumente für die Empfindungsfähigkeit des Waldes und Bäume als soziale Wesen vor. Sein Team konnte mithilfe von mit Radionukliden präpariertem Zucker feststellen, dass gesunde Bäume kranke versorgen und dass ältere Bäume ihre Ableger ernähren. In Einzelfällen hält eine Baumgemeinschaft sogar die Stümpfe gefällter Artgenossen jahrhundertelang am Leben. Sie kommunizieren über die Luft mittels chemischer Substanzen, aber auch über Myzel-Netzwerke. Sie lernen außerdem sowohl als Individuen wie auch als Gemeinschaft aus Erfahrungen mit Dürren und sonstigen Bedrohungen.[114] Einige Bäume gehen Freundschaften mit anderen Bäumen ein, mit denen sie eher kooperieren, als um Sonnenlicht zu konkurrieren. Bäume arbeiten auch gemeinsam an der Schaffung eines Mikroklimas; eine von Wohlleben erwähnte Studie besagt, dass natürlich gewachsene Wälder die Temperatur um 3°C kühler halten können als ein kultivierter Forst.

Vielleicht lässt sich die ökologische Krise, die wir durch die Linse von Klimawandel und der Begrenztheit der Erde betrachten, erst lösen, wenn sie uns dazu bewegen kann, die Lebendigkeit der Wälder und aller anderen Dinge zu erkennen. Erst dann werden wir das notwendige Wissen und die Fähigkeit besitzen, uns in angemessener Weise um die Gewebe und Organe des Erd-Körpers im Sinn der Gaia-Theorie zu kümmern. Aber die Lebendigkeit wird übersehen, wenn ein Wald oder sonst ein Wesen auf einen Datensatz reduziert wird.

Das Lebewesen, das wir Wald nennen, enthält nicht nur Bäume, sondern alle Wesen, die dort leben. Wie kann man beispielsweise den Beitrag einer Wolfspopulation beziffern? Raubtiere an der Spitze der Nahrungspyramide (Spitzenprädatoren) sind von zentraler Wichtigkeit für die Widerstandsfähigkeit von Ökosystemen, selbst wenn sie keinen direkten Beitrag zur CO_2-Speicherung leisten. Ihr Beitrag ist indirekter, systemischer und diffuser Natur. In den Wäldern Nordamerikas hat die Ausrottung von Wölfen und Pumas zum Anwachsen der Wildpopulationen geführt, die Unterholz und Jungpflanzen auffressen, wodurch der Boden entblößt, das Abfließen des Wassers verstärkt, Erosion gefördert und

Wassereinlagerung reduziert wird. Das trägt zu verminderten Regenmengen während der trockenen Jahreszeit und Überflutungen während der feuchten Jahreszeit bei. Veränderung von Bodenbewuchs und Unterholz wirkt sich auch auf die Insekten-, Pilz- und Bakteriengemeinschaften aus. Bäume werden anfälliger für Insekten- und Krankheitsbefall und daraufhin auch für Feuer. Zusammen mit Abholzung, saurem Regen, erhöhten Ozonwerten und sich wandelnden Klimamustern kommt es zu einer wechselseitigen Verstärkung dieser Effekte. Die Ursachen sind an jedem Ort anders, aber weltweit sind die Wälder im Rückgang.

Ich könnte noch aufzählen, wie viel Kohlendioxid verschiedene Waldtypen – tropische, gemäßigte und nördliche Wälder, Primärwald mit geschlossenem Blätterdach oder Sekundärwald – über und unter der Erde binden und speichern können, aber ich bitte Sie: Sind diese Zahlen wirklich nötig, damit wir erkennen, dass wir unsere kostbaren Wälder bewahren und wertschätzen müssen? Selbst wenn wir auf einem entwaldeten Planeten leben *könnten* – würden wir das *wollen*? Wann hört das Baumtöten auf? Ich mag keine weiteren Zahlen anführen, weil ich fürchte damit zu unterstellen, wir müssten uns zuvorderst mit eben diesen befassen. Hilft es, immer noch mehr quantitative Gründe zu sammeln um zu belegen, warum wir etwas tun sollten, von dem wir längst wissen, *dass* wir es tun sollten? Ich glaube nicht.

Wenn wir jetzt noch immer nicht begriffen haben, dass die Wälder kostbar und heilig sind, werden uns mehr Zahlen auch nicht weiterhelfen.

Ein Wald ist ein unfassbar komplexes Lebewesen. Wenn wir es auf einen kleinen Datensatz generischer Beziehungen und numerischer Größen reduzieren, bereiten wir den Boden für Gewalt: Der gedanklichen Verkleinerung des Waldes auf seine messbaren Größen und Leistungen folgt seine Zerkleinerung auf materieller Ebene durch Kettensägen und Bulldozer. Darum drücke ich den Wert des Waldes so ungern in Kohlenstoffeinheiten aus; das unterschlägt seine nicht auf Kohlenstoff bezogenen Ökosystemleistungen und seinen Eigenwert und führt zu einer Debatte über Zahlen.

Einen Wald auf Zahlen zur Biomasse und CO_2-Bindungskapazität zu reduzieren unterscheidet sich kaum davon, ihn auf Laufmeter und Euros zu reduzieren; es ist dieselbe Denkweise. Ich weigere mich, so weiterzumachen.

Fixiert auf Emissionen

Ich habe die Kohlenstoffbilanzierung besprochen, um zu begründen, weshalb ortsnahe, innige und aktive Fürsorge auch im Rahmen der Treibhausgaslogik »funktioniert«.

Dabei habe ich jedoch mit einem gefährlichen Reduktionismus gespielt und ein schwindelerregendes Spektrum komplexer ökologischer Wechselwirkungen einer einzigen Messlatte unterstellt: Kohlenstoffeinheiten. Ich bin das Risiko eingegangen, damit unterschwellig die Aussage zu treffen, dass diese Ökosysteme hauptsächlich wegen ihrer Fähigkeit, CO_2 zu binden und zu speichern, von Bedeutung wären, womit ich bekräftigt hätte, dass Kohlenstoff ein gültiges Maß für die Gesundheit von Ökosystemen darstellte. Und so hätte ich an der überall verbreiteten Sichtweise mitgewirkt, dass »Umweltfreundlichkeit« oder »Nachhaltigkeit« gleichzusetzen ist mit niedrigen CO_2-Werten.

Dass lebendige Systeme eine zentrale Rolle für die Aufrechterhaltung eines stabilen Klimas spielen, ist gleichzeitig eine gute und eine schlechte Nachricht. Die gute Nachricht lautet, dass unsere Welt überleben, dass sie sich potenziell an höhere Treibhausgaskonzentrationen anpassen kann. Die schlechte Nachricht ist, dass jene Ökosysteme, die das bewerkstelligen könnten, auf der ganzen Welt rapide zurückgehen. Das bedeutet, dass sich das Klima wegen der selbstverstärkenden Rückkopplungsschleifen, die bereits große

Mengen Kohlendioxid und Methan aus nichtmenschlichen Quellen freisetzen, weiter destabilisieren wird, selbst wenn wir den Verbrauch fossiler Brennstoffe auf null zurückfahren – es sei denn, wir heilen und schützen die Wälder, Mangroven, Seegräser usw.

Manche Klimawandel-Skeptiker geben zu bedenken, dass CO_2-Konzentrationen und Temperaturen in früheren Epochen viel höher als heute waren und es dem Planeten damit ganz gut gegangen sei. Die Standarderwiderung darauf ist, dass die CO_2-Konzentrationen noch nie so plötzlich gestiegen seien. Unabhängig davon, ob das wahr ist oder nicht, übersieht man damit eine weit wichtigere Frage: Woher kam damals die Widerstandskraft der Biosphäre? Sie gründete auf gesunden Ökosystemen. Das Leben schafft günstige Lebensbedingungen. Die Moderne aber war eine Ära des beispiellosen Sterbens.

Klimawandel-Skeptiker verkünden außerdem eine wichtige, wenn auch einseitige Wahrheit, wenn sie behaupten, dass steigende CO_2-Konzentrationen in der Atmosphäre ein stärkeres Pflanzenwachstum und damit mehr CO_2-Absorption ermöglichen. Die Aufnahme von Kohlendioxid geschieht tatsächlich schneller als erwartet; sie ist innerhalb zehn Jahren von 40 % auf 50 % der Emissionen aus fossilen Energien gewachsen.[115] Es könnte funktionieren ... wäre da nicht die Tatsache, dass ein Viertel bis ein Drittel der irdischen Landmassen weitgehend von Vegetation befreit worden ist und der Rest großteils durch menschliche Aktivitäten gefährdet ist. Wüsten, landwirtschaftliche Monokulturen und Straßenbelag speichern nun mal kaum Kohlenstoff.

Durch die Zerrüttung von Ökosystemen sind viele Gebiete von CO_2-Senken zu CO_2-Quellen geworden. Die Skeptiker haben zwar recht damit, dass CO_2-Konzentrationen vor Millionen von Jahren mehrfach höher waren und dass das Erdklima natürlichen Schwankungen unterliegt; tragischerweise jedoch haben Lebensraumzerstörung, Umweltverschmutzung, Entwicklung, Bergbau, Trocken-

160

legung von Feuchtgebieten, Überfischung, Ausrottung von Raubtieren usw. Bedingungen geschaffen, unter denen Pflanzen und andere Lebewesen nicht mehr so flexibel auf veränderte Bedingungen
reagieren, wie sie das ohne den negativen Einfluss des Menschen
früher konnten. Gaia hat die Fähigkeit zur Selbstregulierung – aber
wir zerstören diese Fähigkeit.

Obwohl die zentrale Rolle von Wäldern und anderen Ökosystemen für die Klimaregulierung immer deutlicher wird, und auch das
weiter hinten im Buch besprochenen Potenzial der regenerativen
Landwirtschaft, riesige Mengen an Kohlenstoff in kurzer Zeit zu
speichern (und den Wasserkreislauf wiederherzustellen, was aus
meiner Sicht noch wichtiger ist), zunehmend erkannt wird, verwundert es, weshalb sich die Diskussion um politisches Vorgehen
so stark auf Emissionen konzentriert. Warum ist das so?

Hier ein paar der Gründe:

1. Es ist wesentlich einfacher, Emissionen aus fossilen Brennstoffen zu messen oder zu schätzen als aus Landnutzungsänderungen. Zwar kann die Biomasse durch neue Technologien und
   mehr Forschung immer besser gemessen werden, aber die Zahlen variieren noch immer von Ort zu Ort und von einer Studie
   zur anderen. In der gegenwärtigen politischen Kultur benötigen
   Entscheidungsträger, Verhandlungsführer und Gesetzgeber
   Maßnahmen, die in Zahlen ausgedrückt werden können, damit
   sie Ziele, Übereinkünfte und Regeln festsetzen können, die auf
   einer »Kohlenstoffbilanz« basieren. Emissionen passen daher
   weit besser zur politischen Kultur.
   Wie viel Kohlenstoff organisches Material binden und speichern kann, ist sogar noch schwerer zu messen als Biomasse. Ich
   habe Oswald Schmitz, einen Forscher an der Universität Yale
   gefragt, warum es so wenig verlässliche Daten zur Kohlenstoff-
   Sequestration gibt. Seine Erklärung war einfach: Es ist viel

leichter, oberirdische Speicherung zu messen oder zu schätzen als unterirdische. Das beleuchtet ein allgemeines Prinzip: Wenn wir uns bei unseren Handlungsrichtlinien auf Messungen verlassen, entsteht eine Schieflage zugunsten jener Dinge, die wir messen wollen, messen können und die für Messungen zugänglich sind.

Außerdem ignorieren wir häufig das, was kulturell im toten Winkel liegt oder gängige soziale, materielle und ökonomische Praxis ist.

Im Allgemeinen ist es sehr schwierig, die Gesamtmenge an Kohlenstoff in der Erde festzustellen, geschweige denn deren Kapazität, Kohlenstoff zu binden und zu speichern. Die meisten Analysen berücksichtigen nur die obersten 30 oder 100 Zentimeter, aber tief wurzelnde Gräser und andere Pflanzen können Kohlenstoff weitaus tiefer einlagern.[116] Und dann gibt es da das Problem der molekularen Zusammensetzung von gelöster organischer Substanz im Boden, die beeinflusst, wie lange diese im Boden gespeichert bleibt, bevor sie wieder in den Kohlenstoffkreislauf eintritt. Die Zeitspanne hängt ebenfalls von örtlichen Bedingungen, dem Mikroklima, der Zusammensetzung der Bodenorganismen usw. ab.

2. Biologische CO_2-Kreisläufe (und solche anderer Treibhausgase) eignen sich im Gegensatz zu Emissionen nicht so gut zur Erstellung von Modellen. Je besser das enge Zusammenspiel zwischen Klima und Leben verstanden wird, desto schwieriger wird es. Hydrodynamik, Wärmetransport sowie Luft- und Wasserströmungen sind mit einem Computer verhältnismäßig leicht simulierbar. Das trifft jedoch nicht auf Lebensprozesse zu. Auf welche Weise unberührte Wälder das Mikroklima besser bewahren als Baumschulen, welche Rolle die wolkenimpfenden Bakterien spielen, welchen Effekt Regenwürmer auf die Zahl der Metha-

notrophen und welchen Einfluss die Wale auf die Nährstoff-durchmischung der Ozeane und damit auf die Plankton-Biomasse haben – diese Dinge sind schwer zu modellieren oder auch nur zu verstehen, wenn man nicht jahrzehntelang intensiv dazu geforscht hat. Wir neigen dazu, uns auf das zu konzentrieren, was zu unseren gewohnten Werkzeugen passt.

3. Der Fokus auf Emissionen passt bestens zur vorherrschenden geomechanischen Sicht auf den Planeten: der Vorstellung, dass die Erde eine komplizierte Maschine und nicht ein lebendiger Organismus ist.

Moderne reduktionistische Methoden sind gut darauf abgestimmt, mit komplizierten (im Gegensatz zu komplexen) Systemen umzugehen. Bei einem komplizierten System wie einem Auto oder einem Computer mag es viele Variablen geben, aber diese sind voneinander unabhängig. Wenn das System nicht funktioniert, kann man den Fehler finden, indem man die Variablen eine nach der anderen isoliert und prüft. Man kann außerdem vorhersagbare makroskopische Effekte erzeugen, wenn man eine oder mehrere Variable gezielt verändert. Komplizierte Systeme sind also für schrittweise Problemlösung zugänglich. Das Ganze ist die Summe seiner Teile; kausale Zusammenhänge sind im Allgemeinen linear. Wenn man ein großes kompliziertes System verstehen will, spaltet man es in viele Teile auf und setzt auf jedes ein Team an. Die akademische Welt als Ganzes spiegelt diesen Ansatz in ihrer Aufteilung in relativ autonome Disziplinen und Subdisziplinen.

Der auf Kontrolle basierende Top-down-Ansatz funktioniert für komplizierte Systeme, versagt jedoch kläglich beim Umgang mit komplexen Systemen. In einem komplexen System sind die Variablen voneinander abhängig; kausale Beziehungen sind nicht-linear, und eine kleine Änderung an einem Element des Systems kann sich dramatisch auf das Ganze auswirken. Kein Teil kann isoliert verstanden werden, sondern immer nur im Zusammenhang eines ausgedehnten Beziehungsgeflechts mit anderen Teilen. In komplexen Systemen ist das Ganze größer als die Summe seiner Teile. Daher muss jede reduktionistische Analyse scheitern, mithilfe derer das System verstanden werden soll, und der Versuch, Variablen zu isolieren und zu ändern, wird unerwartete und unvorhersehbare Konsequenzen haben.

Körper, Ökosysteme, Genome, Gesellschaften und der Planet sind komplexe Systeme. Es besteht allerdings die Versuchung, sie trotzdem als extrem komplizierte Maschinen zu betrachten, weil wir dann unsere gewohnten Methoden der Top-down-Problemlösung anwenden und glauben können, die Situation unter Kontrolle zu haben. Kriegsdenken ist der Inbegriff dieser Illusion, wie bereits erwähnt, und das trifft auch auf jegliche Kontrolltechnologie zu: von Grenzwällen über Antibiotika bis hin zu betonierten Flussbetten. Jede führt letztlich zu unerwarteten schrecklichen Folgen und erreicht oft genau das Gegenteil von dem, was sie unter Kontrolle halten sollte (Einwanderung, Krankheiten, Überflutungen).

Jede Schilderung – und so auch das Standard-Narrativ zum Klimawandel – ist eine Linse, die einige Dinge hervorhebt und andere verdeckt. Sie verdeckt leider einige der Dinge, denen wir am meisten Aufmerksamkeit widmen müssten, wenn die Erde gesunden soll. Aus geomechanischer Sicht wurden Bodenerosion, Pestizide, Grundwasserschwund, Biodiversitätsverlust, die Rettung von Walen und Elefanten, giftiger und radioaktiver Müll usw. einst – und in vielen Fällen noch immer – als relativ unwichtig für den Klimawandel erachtet. Diese Blindheit ist erklärlich, wenn wir die Erde als enorm komplizierte Maschine auffassen. Wenn wir die Erde dagegen als lebendig betrachten, dann wird klar, dass die Zerstörung ihres lebendigen Gewebes sie natürlich ihrer Fähigkeit beraubt, mit den Schwankungen in der Zusammensetzung der Atmosphäre umzugehen.

Ich will damit nicht sagen, dass Emissionen keine Rolle spielten, sondern zu einer Änderung der Prioritäten auffordern. Wir müssen auf der politischen Ebene den Schutz und die Gesundung von Ökosystemen in den Vordergrund stellen, und zwar auf allen Ebenen und speziell auf der lokalen. Auf kultureller Ebene müssen wir uns als Menschen wiedereingliedern in die Familie allen Lebens und ökologische Prinzipien auch für soziale Gesundung zum Tragen bringen. Auf der Ebene von Strategie und Denken muss sich das Narrativ künftig um Leben, Liebe, Ort und Teilhabe drehen. Dann könnten wir sogar ganz aufhören, uns über Emissionen den Kopf zu zerbrechen, denn die Emissionen werden sicher sinken, wenn wir nach diesen neuen Prioritäten leben.

Geo-Engineering – eine Illusion

Aus der konventionellen CO_2-Perspektive steht der Welt eine düstere Zukunft bevor. Die zur Vermeidung einer Katastrophe notwendigen drastischen Einschnitte bei den Emissionen sind unmöglich rechtzeitig zu schaffen. Viele Klimawissenschaftler kommen zu dem Schluss, dass das sogenannte »Geo-Engineering« die einzig machbare Lösung sei: künstlich die Zusammensetzung der Atmosphäre und die Oberflächenreflektivität der Erde zu verändern, um die Temperaturen zu senken. Die drei am besten erforschten Technologien sind erstens das Verklappen großer Mengen Eisenoxids in die Ozeane, wo sie Kohlendioxid binden und speichern, zweitens das Versprühen von Sulfat-Aerosolen in die Atmosphäre, um die Albedo (das Rückstrahlungsvermögen) des Planeten zu erhöhen, und drittens die Errichtung von Millionen CO_2-Luftfilteranlagen.

Zwar stehen viele Wissenschaftler, insbesondere jene, die sich mit Systemtheorie beschäftigen, diesen Vorschlägen höchst skeptisch gegenüber, aber Mainstream-Organisationen wie der Nationale Forschungsrat der USA (National Research Council) unterstützen deren Entwicklung. Gut möglich, dass einige dieser Technologien bereits heimlich getestet werden und zu dem Phänomen beitragen, das manche »Chemtrails« nennen. Ich habe meine Vorbehalte gegenüber vielen Theorien, die von Chemtrail-Kundlern vorgebracht werden, insbesondere jenen, die sich um Versuche zur vorsätzlichen Gesundheitsschädigung der Bevölkerung drehen, aber von einem Geo-Engineering Standpunkt aus sind Sprühprogramme aus der Luft zur Klimaänderung und Wetterkontrolle durchaus plausibel.[117]

Geo-Engineering-Ansätze wurden aber auch vom Mainstream für mögliche unbeabsichtigte Folgen wie Ozonschwund, Meeresübersäuerung und verringerten Niederschlag in den Tropen weithin kritisiert. Besonders Ökologen sind besorgt. Wenn man bedenkt, welchen Schaden bereits die Einführung einer einzelnen neuen Art wie den Kaninchen in Australien angerichtet hat, stelle man sich die nichtlinearen Folgeeffekte umfangreicher Veränderungen der chemischen Zusammensetzung von Meeren und der Atmosphäre vor. Derartige Geo-Engineering-Vorschläge sind nur aus dem Blickwinkel des Ingenieurs attraktiv, der eine Maschine bedient.

Besondere Sorge bereitet mir die Ausbringung von Sulfat-Aerosolen in die Atmosphäre. Das würde zu einer helleren Blaufärbung des Himmels führen. Wenn wir einmal damit begonnen hätten, den Himmel zu bleichen, wären wir nicht mehr in der Lage, einfach wieder damit aufzuhören, denn das würde zu einem sehr plötzlichen Temperaturanstieg führen. Fänden also nicht gleichzeitig wirkungsvolle Maßnahmen zur Reduzierung von Treibhausgasen (oder aus meiner Sicht zur Wiederherstellung von Ökosystemen) statt, müssten wir für immer Sulfat-Aerosole versprühen.

Dieses Beispiel steht für ein allgemeineres Problem mit dem Geo-Engineering. Wenn es stimmt, dass der Planet lebendig ist, dann werden diese Kühlungsmaßnahmen dazu führen, dass das eigentliche Problem unvermindert fortbestehen kann. Wir glauben, wir hätten es gelöst und könnten einfach mit der Zerstörung der Ökosysteme weitermachen. Indem wir die Symptome kaschieren, verschlimmern wir das Gebrechen. Wenn wir Kohlendioxid als geeignetes Maß für den Gesundheitszustand der Erde akzeptieren, wird das Brummen der CO_2-Filteranlagen die Hilfeschreie der Erde übertönen.

Hey, ich habe eine Idee! Dank Maschinen, die Kohlendioxid aus der Luft filtern, und Algenbecken, die Sauerstoff herstellen, werden wir eines Tages vielleicht ganz auf die Natur verzichten können und alles Natürliche und Wilde gegen einen künstlichen Ersatz austauschen. Hydrokultursubstrat kann Erde ersetzen, Wasserfilter können Feuchtgebiete ersetzen, Fleisch aus dem Reagenzglas kann Viehzucht ersetzen. Wir könnten die Treibhausgaskonzentration so steuern, dass wir genau die gewünschte Temperatur erhalten. Dann haben wir die Natur vollkommen unter Kontrolle.

Was mich dabei am meisten beängstigt, ist nicht, dass dies eine eitle, zum Scheitern verurteilte Fantasterei ist. Was mich beängstigt, ist, dass wir das tatsächlich schaffen können.

Es gibt eine zweite Kategorie von Geo-Engineering, bei der statt Chemikalien das Leben als Werkzeug benutzt wird. Dies ist zwar ein Schritt auf die Einsicht zu, dass das Leben günstige Lebensbedingungen schafft, aber dieser Ansatz ist noch immer durch eine mechanistische, reduktionistische Geisteshaltung beeinträchtigt.

Als man zunehmend erkannte, welch wichtige Rolle Wald als Kohlenstoffspeicher spielt, hat das zum Beispiel Pläne für eine schnelle massive Wiederaufforstung mit Einsatz von Drohnen hervorgebracht. Die Zahlen sehen gut aus: Mehr Bäume bedeuten weniger CO_2.

Wir müssen uns jedoch vor Augen halten, dass ein Wald mehr als nur eine Ansammlung von Bäumen ist. Während Drohnen die Anpflanzung zehn oder hundert Mal schneller erledigen können als Menschen, sind sie notwendigerweise weniger empfänglich für die besonderen Ortsbedingungen. Diese Bedingungen können zum Teil durch Informationen über Boden, das Mikroklima usw. abgedeckt sein, aber diese Daten lassen auch eine Menge aus. Nur Menschen, die in länger dauernder Beziehung zum Land stehen und es aufmerksam beobachten – idealerweise über mehrere Generationen hinweg – können sehr genau wissen, was sie anpflanzen müssen, um einen lebendigen Wald heranzuziehen. Ohne dieses Wissen scheitern viele Wiederaufforstungsbemühungen oder verschlimmern die Probleme, die sie eigentlich beheben sollten. Der am besten bekannte Fall ist »Chinas Grüne Mauer« von Bäumen, die man angepflanzt hat, um die Ausbreitung der Wüsten zu stoppen. Zunächst schien es zu funktionieren; den Bäumen gelang es, tief liegende Grundwasservorkommen anzuzapfen. Schließlich aber hatten die durstigen Bäume alles erreichbare Wasser aufgebraucht und starben. Zuvor hatten ihre dichten Kronen den ursprünglichen Gräsern und anderer dort wachsender Vegetation das Licht entzogen. Nach dem Tod der Bäume war der Boden genau jener Erosion ausgesetzt, die ihre Anpflanzung hätte verhindern sollen.[118]

Wir lernen daraus, dass etwas, das an einem Ort funktioniert, anderswo versagen kann. Top-down-Lösungen basieren notwendigerweise auf vereinfachenden Annahmen und vereinheitlichten, skalierbaren Maßnahmen. Wir sollten von der Einstellung Abstand nehmen, dass die Natur ein Objekt ist, das man dirigieren kann, und stattdessen zu einer Haltung in bescheidener Partnerschaft finden. Im Gegensatz zum Geo-Engineering, das als globale Lösung der Zentralisierungslogik und der Globalisierungsökonomie in die Hände spielt, ist die Wiederherstellung von Böden und Wäldern eine grundsätzlich lokale Sache: Wald für Wald, Farm um Farm. Es gibt keine Standardlösungen, weil jedes Stück Land einzigartig ist und seinen besonderen Bedürfnissen entsprechend behandelt werden muss. Es überrascht nicht, dass diese Art von Wiederherstellung meist arbeitsintensiver ist als konventionelle Maßnahmen, weil sie eine direkte, enge Beziehung zum Land erfordert. Letztlich wird keine Geo-Engineering Maßnahme funktionieren, solange sie uns nicht diese enge Beziehung zurückbringt. Das Anpflanzen von Bäumen sollte ein erster Schritt in Richtung Pflege, Partnerschaft und Beziehung zu Bäumen sein. Es bräuchte Millionen von Menschen, die sich im weitesten Sinn auf Waldpflege einlassen, nicht lediglich eine Drohnenflotte. Ist das so schlecht?

Moment mal. Höre ich da gerade eine Stimme sagen: »Ja, ja, langfristig müssen wir es so machen, aber jetzt in diesem Moment müssen wir global handeln, und das schnell! Die Arbeit an der Heilung von Ökosystemen ist zu langsam, sie genügt nicht. Ohne sofortige globale drastische Einschnitte bei den Emissionen überschreiten wir die Schwelle zu einer unumkehrbaren selbstverstärkenden Klimakatastrophe«? Wie immer wird die Zukunft dem kurzfristigen Nutzen geopfert; die Reaktionen, die am ehesten zum Status quo passen, werden allen anderen vorgezogen. Wenn wir rasches Handeln verlangen, ermächtigen wir jene, die bereits an der Macht sind, weil sie die nötigen Mittel besitzen, schnell und global zu handeln. Und weil die Krisen unerbittlich, die Lösungen aber oberflächlich sind, wird die Zukunft nie erreicht. Wir werden lediglich mehr Macht an eben jene politischen Eliten, zentralisierten Bürokratien und politischen Systeme abgetreten haben, die unentwirrbar mit dem gegenwärtigen Regime der Umweltzerstörung verstrickt sind.

Das eigentliche Problem mit dem obigen Einwand besteht darin, dass die klimatischen Vorteile aus der Wiederherstellung und Regenerierung überhaupt nicht lange brauchen; das wird dort noch deutlicher werden, wo ich regenerative Landwirtschaft behandle. Denken Sie daran, ich bezeichne mich selbst als Schwarzseher. Wir müssen die Zivilisation *jetzt* mit der Ökologie in Einklang bringen. Aber wie machen wir das, ohne in unserer Eile in Reaktionsmuster zu verfallen, die das Problem vergrößern?

Letztlich fordert uns der Klimawandel dazu auf, die seit Langem bestehende Vorstellung zu überdenken, dass wir von der Natur getrennt sind; ihr zufolge glauben wir, mit der Technik schon irgendwie einen Weg aus dem Schlamassel zu finden, den wir angerichtet haben. Er fordert uns auf, unsere Biophilie, die Liebe zur Natur und zum Leben, wiederzuentdecken, unseren Wunsch, Fürsorge für alle anderen Lebewesen zu tragen, egal ob sie Treibhausgaswerte erhöhen oder senken. Über seine katastrophalen Risiken hinaus ist Geo-Engineering der Versuch, diesem Ruf auszuweichen, um stattdessen den Herrschafts- und Kontrollgedanken in neue Extreme zu treiben und die Ökonomie des Überkonsums ein paar Jahre länger betreiben zu können. Eileen Crist hat es folgendermaßen ausgedrückt:

Selbst wenn die Geo-Engineering-Lösungen genau wie erhofft funktionieren, gleichen sie doch viel stärker dem von Menschen gemachten Klimawandel, als dass sie eine Gegenbewegung darstellten. Sie sind ein Experiment an der Biosphäre, das von technologischer Arroganz, Widerwillen gegen das Infragestellen der Konsumgesellschaft und einem Gefühl getragen wird, den Planeten nach Belieben ummodeln zu dürfen; das ist unfassbar. Diese Elemente, die Techno-Arroganz, die Widerwilligkeit gegen radikalen Wandel und das unbeschränkte Anspruchsdenken im Verbund mit der Erosion unserer Ehrfurcht vor dem Planeten, der das Leben (auch uns!) hervorgebracht hat, genau die sind es, aus denen die im Gange befindliche Apokalypse besteht – wenn Apokalypse das richtige Wort ist; die Wörter Vermenschlichung, Kolonisierung und Besetzung der Biosphäre beschreiben es treffender.[119]

Hält man den technologischen Ansatz (zur vollkommenen Herrschaft der Menschen über die Natur) für den besten, weckt ein detaillierteres Verständnis von Wolkenbildung und Niederschlag unmittelbar den Wunsch, Wolkenbildung und Niederschlag zu manipulieren. Es wird uns bestimmt gelingen, die regellosen Prozesse der Natur zu verbessern! Mit dieser Mentalität nimmt man an: »Wenn wir das Funktionieren der Natur einmal genau genug verstanden haben, werden wir in der Lage sein, sie effektiv zu kontrollieren.« Um ein kompliziertes (im Gegensatz zu einem komplexen) System zu beherrschen, muss man zunächst alle Variablen verstehen. Wenn wir alle kausalen Zusammenhänge zwischen ihnen beziffert haben, wissen wir, wie man das Ergebnis beeinflussen kann. Das ist verwandt mit der Vorstellung, dass wir Krankheiten durch maßgeschneiderte Medikamente besiegen werden, wenn wir die zellulären und genetischen Prozesse der menschlichen Physiologie im Einzelnen verstanden haben. Allgemeiner gesprochen war es bisher der Heilige Gral der Wissenschaft, die Wirklichkeit auf Grundlage einer »Weltformel« vollständig reduktionistisch erklären und daher vollkommen kontrollieren zu können.

Sowohl in der Ökologie als auch in Gesundheitsangelegenheiten müssen wir nun auf die harte Tour erfahren, dass das reduktionistische Verstehen komplexer Systeme nicht notwendigerweise deren bessere Beherrschung bedeutet. Urteilt man nach der Zahl wissenschaftlicher Veröffentlichungen, scheint das Wissen über die molekularen Mechanismen zellulärer Funktionen in den letzten fünfzig Jahren exponentiell gestiegen zu sein; trotzdem sind wir noch weit von seit Langem versprochenen »maßgeschneiderten Therapien« zur Heilung von Krebs oder der neuen Welle von Autoimmunerkrankungen entfernt. Die grundlegenden (sprich: konventionellen) Behandlungsmethoden sind weitgehend dieselben wie in den 1970er-Jahren: mit roher chemischer, chirurgischer oder radiologischer Gewalt wird das Karzinom getötet und das

Immunsystem außer Kraft gesetzt. Im Bereich Umwelt findet das seine Parallele im Versagen gezielter Ausrottungsversuche gegen invasive Arten. Und auch »intelligente Präzisionsbomben« und »chirurgische Kriegführung« haben nicht dazu geführt, dass die erklärten Kriegsziele effektiver erreicht werden.

Ich will nun keineswegs behaupten, dass es nicht manchmal angebracht wäre, ein Geschwür chirurgisch zu entfernen, eine Infektion mit Antibiotika auszumerzen oder eine invasive Art zu verdrängen. Manchmal muss man kämpfen. Der Kampf ist nicht das Problem; das Problem ist, dass der Kampf zur *Gewohnheit* wird, die aus einer unrichtigen Weltsicht entsteht, in der es darum geht, einen Feind zu finden, den man beschuldigen kann. Allgemeiner ausgedrückt sind nicht kontrollbasierte Top-down-Reaktionen selbst das Problem; das Problem ist, automatisch auf diese zurückzugreifen, wenn man komplexe lebende Systeme nicht versteht. Wir verheddern uns dann in einem Gewirr unbeabsichtigter Konsequenzen; wir drehen und wenden uns glücklos zwischen einer Notlage und der nächsten und verursachen mit unseren Reaktionen den nächsten Ernstfall. Jede Lösung verschlimmert die Krise, die sie lösen sollte.

Was sollen wir dann tun? Es ist ja in Ordnung, Umweltschützer und Entscheidungsträger dazu anzuhalten, Systemdenken anzuwenden, aber offen gesagt wissen wir (kollektiv) nicht, wie man ganzheitlich-systemisch denkt. Weder unsere Institutionen noch unsere Denkgewohnheiten und auch nicht unsere soziale, finanzielle und epistemologische Infrastruktur sind darauf ausgerichtet. Unsere gängigen Methoden zur Problemlösung und zur Wissensgewinnung passen von Grund auf nicht zu einer gesunden Teilhabe in komplexen lebenden Systemen. Das bringt uns in eine veritable Zivilisationskrise. Darum ist der Klimawandel ein Übergangsritus für die Menschheit, eine Initiationsprüfung. Das Versagen unserer herkömmlichen Methoden, mit Gewalt die Umweltkrise zu beheben, wird uns auf einen neuen und alten Weg des Umgangs mit der Welt führen. Dieser neue und alte Weg ist bereits an den Rändern der Zivilisation bei indigenen und bäuerlichen Kulturen sichtbar sowie in vielem, was wir alternativ oder holistisch nennen. Ihm fehlt allerdings neben einer ausreichend breiten Anwendungskultur ein einigendes Narrativ.

Der Kult um messbare Größen

Kohlenstoffbilanzierung spricht den Mathe-Freak in mir an. Ich würde dem Klimawandel gern auf rationale Weise mit den vertrauten geistigen Werkzeugen begegnen. Ich würde die Erde in verschiedene Biome aufteilen und Forschungsergebnisse benutzen, um die jeweiligen Durchschnittswerte der CO_2-Sequestrierung pro Hektar einzuschätzen. Wenn man dies mit der Gesamtzahl in Hektar multipliziert, kann man die einzelnen Beiträge aller Biome aufaddieren, um eine globale CO_2-Bilanz zu erstellen. Ich könnte ausrechnen, wie viel wir von jedem Treibhausgas weiterhin ausstoßen dürften, ohne die Absorptionsfähigkeit der Biosphäre zu überschreiten; danach wüssten wir auch, wie schnell wir fossile Brennstoffe zurückfahren müssten, wie viele Bäume zu pflanzen wären, wie viele Seetangwälder usw. Jede Entscheidungsoption würde auf Zahlen basieren. Man könnte Kapazitäten hier hinzufügen und dort abziehen, etwa einen Tagebau mit einem neuen Wald anderswo gegenrechnen; so könnten wir rationale klimafreundliche Entscheidungen treffen.

Ich hoffe, dass das Bild des schlauen Kopfes, der mit globalen Zahlen um sich wirft, als ob es um ein Brettspiel ginge, wenigstens ein bisschen beunruhigend ist. Wie die obige Beschreibung des Waldes zeigt, besteht die Natur nicht aus einer Vielzahl einzelner unabhängiger Stückchen. Wenn wir die Natur in Stücke hacken, um sie zu verstehen, verlieren wir die Zusammenhänge zwischen diesen Stücken aus den Augen. Bei ökologischer Genesung geht es jedoch um das Heilen von Beziehungen.

Die auf Zahlen basierende Berechnung der CO_2-Sequestrierung legt nahe, wir könnten natürliche und soziale Prozesse aus dem Zusammenhang reißen. Wenn wir natürliche Prozesse CO_2-technisch aufgliedern, reduzieren und benennen, unterschlagen wir die Beziehungen zwischen ihnen. Wir neigen dazu, verschiedene Prozesse »Faktoren« zu nennen, die zu Klimawandel oder Klimagesundung beitragen, aber bereits der Begriff des Faktors ist ein Problem. Faktoren werden multipliziert, um ein Produkt zu erhalten; ändere einen Faktor, und das Produkt ändert sich ebenfalls. Mit Faktoren reduzieren wir eine Zahl auf kleinere, einfachere Zahlen. Aber komplexe Systeme lassen sich nicht so einfach mit unabhängigen Faktoren beschreiben, die wir einzeln ansprechen können. Genau dieser unser Problemlösungsansatz wird zum Hindernis bei der Problemlösung.

Und es sind nicht nur die Wälder, deren lebendige Komplexität sich unserem Vermögen, etwas zu messen, zu quantifizieren und auf Daten zu reduzieren entzieht. Welche Zahl sollen wir dem Klimabeitrag der Seeotter zuordnen? Sie sequestrieren keinen Kohlenstoff, aber sie halten die Seeigel-Population in Schranken, die andernfalls Seetangwälder zerstören würde, und diese absorbieren CO_2 und alkalisieren das Wasser, was es Schalentieren ermöglicht, weiteres CO_2 zu absorbieren.

Welche Zahl sollen wir dem Klimabeitrag von Küstenfischen zuordnen? Deren Dezimierung durch kommerzielle Küstenfischerei hat zu einer Explosion der Populationen von Schnecken und Krabben geführt; seither zerstören diese die Salzmarschen, die Kohlenstoff abscheiden. Einige Biologen meinen, dass das Dahinschwinden von Seetang und Seealgen auf Jahrhunderte der Überfischung zurückzuführen und damit älter als die gegenwärtigen Stressfaktoren des Küsten-Ökosystems sei.[120] Die Störung von

174

Nahrungsketten macht die Ökosysteme anfälliger für Eutrophierung und andere Störungen. Unter anderem werden dadurch Seegräser und langlebiger Seetang, die viel CO_2 binden und speichern, von Algenblüten verdrängt, die ihnen den Sauerstoff nehmen. Fische helfen auch bei der Säurepufferung, indem sie mit ihren Fäkalien große Mengen Kalziumkarbonat ausscheiden. Laut dem 2015 erschienenen *Living Blue Planet* Report sind die Fischbestände seit den 1970ern um die Hälfte gesunken.[121]

Andere Forschungsergebnisse beziffern den Gesamtverlust der Biomasse von Fischen innerhalb der letzten einhundert Jahre auf zwei Drittel.[122] Der erhöhte Säuregrad schwächt Korallen und Krustentiere und führt zu weiteren Beeinträchtigungen des Ökosystems Meer. Das Wohlergehen eines Elements beeinflusst das Wohlergehen aller anderen.

Und was ist mit den Walen? Ich kann mich erinnern, dass der Aufruf: »Rettet die Wale!« in meiner Kindheit, zur Glanzzeit der Umweltbewegung, als der Umweltschutz ein Thema war, das Menschen über politische Meinungsunterschiede hinweg vereinte, noch ernst gemeint war. Heute ist die Rettung der Wale eines der Umweltthemen, die von der Klima-Kampagne an den Rand gedrängt worden ist. Wenn es darum geht, die Klimakatastrophe aufzuhalten, scheinen die Wale gerade mal einen sentimentalen Nebengedanken wert zu sein.

Als ich mit den Recherchen für dieses Thema begann, wusste ich, dass die Wale für das Wohlergehen des Planeten wichtig sein müssen – eine Intuition, für die ich keinen Beweis hatte. Wie könnte die Rettung der Wale überhaupt Einfluss auf Treibhausgase oder irgendeinen anderen globalen Parameter haben?

Es stellte sich heraus, dass ich mit meiner Ahnung richtig lag. Zunächst einmal sind marine Ökosysteme ein wichtiges Instrument zur Abscheidung von CO_2 aus der Luft, und insbesondere dort am produktivsten, wo kaltes, nährstoffreiches Tiefenwasser an die

Oberfläche aufsteigt. Die Nährstoffe ermöglichen das Wachstum von Tang und Plankton – Grundlage für eine ganze Nahrungskette, die Kohlenstoff in die Tiefsee transportiert. Gegenwärtig gibt es immer weniger Stellen, an denen Tiefenwasser aufsteigt, und darum gibt es immer größere »Meereswüsten«: Gebiete, in denen so gut wie nichts lebt. Dies wird normalerweise wärmerem Oberflächenwasser zugeschrieben; eine alternative Hypothese (oder zumindest ein Faktor, der dazu beiträgt) hat mit der Dezimierung der Walpopulationen zu tun, die heute nur noch einen Bruchteil ihrer Größe der Zeit vor dem Walfang ausmachen.[123] Wale bringen Nährstoffe von unterhalb der Thermokline[124] nach oben und geben sie mit ihren Fäkalien nahe der Oberfläche ab. Das könnte erklären, weshalb Krill-Populationen in antarktischen Gewässern gefallen sind, wo die Wale, die sich von Krill ernähren, dezimiert worden sind. Man sollte meinen, der Krill müsste sich gut entwickeln, da sein Hauptfressfeind nun fort ist, aber das Gegenteil ist der Fall.

Wale transportieren Nährstoffe auch über lange Strecken. Viele Wale, besonders die Blauwale, fressen sich in den Polarregionen Fett an, bevor sie in die Tropen schwimmen, um zu gebären und ihre Jungen zu versorgen. Geprägt vom geomechanischen Paradigma könnte man glauben, dass biologischer Nährstofftransport angesichts der Weite der Ozeane vernachlässigbar sei, aber gewissenhafte Forschung deutet anderes an. Ich empfehle speziell den Bericht *Global Nutrient Transport in a World of Giants*,[125] der die Rolle der Großtiere bei der Verteilung von Nitrat, Phosphor und anderen Nährstoffen sowohl im Ozean als auch auf dem Land dokumentiert. (Dies ist in Bezug auf den Kohlenstoff von Bedeutung, weil Phosphor und Nitrat notwendig und limitierend für die biologische Aufnahme von Kohlenstoff sind.) Der Bericht stellt fest, dass 150 große Säugetierarten seit dem Pleistozän ausgestorben sind, was zu einem steilen Rückgang des Nährstofftransports über Kontinente und Ozeane hinweg geführt hat. Walpopulationen sind je nach Spezies um bis zu 99 % gesunken (z.B. Blauwale), und die laterale Diffusionskapazität von Nährstoffen ist im Südpolarmeer um 98 %, im Pazifik um 90 % und im Nordatlantik um 86 % zurückgegangen. Wenn die Wale fehlen, ist es kein Wunder, dass sich Meereswüsten ausbreiten. Die Situation an Land ist besonders schlimm – auch hier wegen des Schwunds der Großtiere. Die laterale Nährstoffverteilung ist auf allen Kontinenten außer Afrika um mindestens 95 % gesunken.

Außerdem erzeugen Wale und andere Meeresorganismen im Ozean große Mengen kinetischer Energie, die nach einigen Schätzungen denen des Winds und der Gezeiten bei der Durchmischung der Wasserschichten gleichkommt.[126] Dies bringt nicht nur Nährstoffe an die Oberfläche, sondern könnte auch zur Kühlung der oberen Wasserschichten führen. Der starke Rückgang der Wale und neuerdings wegen des industriellen Raubbaus auch der Fische könnte leicht zur Erwärmung des Oberflächenwassers in den Meeren beitragen, selbst wenn der Gesamtwärmegehalt der Meere gleich bliebe.

Trophische Kaskaden[127] – Kettenreaktionen, die sich durch das Ökosystem fortpflanzen – könnten ein weiterer Weg sein, wie die Wale Treibhausgasmengen beeinflussen. Einer Hypothese zufolge hat der massive Verfall der Walpopulationen infolge des Walfang-Booms nach dem Zweiten Weltkrieg, der viele Spezies an den Rand des Aussterbens getrieben hat, die Schwertwale ihrer Hauptnahrungsquelle beraubt.[128] Daher wendeten sie sich kleinerer Beute zu, darunter Seehunden, Seelöwen und Seeottern. Sie dezimierten die Otter dermaßen, dass deren Beute, die Seeigel, eine Bevölkerungsexplosion erlebten und Tangwälder zerstörten. Tangwälder wiederum speichern CO_2 und mindern den Säuregehalt der Meere. Ein zu hoher Säuregehalt hemmt das Wachstum von Schalentieren und Korallen und schaltet damit weitere Kohlenstoffsenken aus.

Ich hoffe, diese Beispiele zeigen, dass es unmöglich ist, die Biosphäre mit quantitativen Modellen zu erfassen, und dass es unmöglich ist, die Biosphäre aufgrund von Entscheidungen, die aus diesen Modellen abgeleitet werden, zu heilen. Ich hoffe auch, es ist klar geworden, dass das Klima nicht von der von Pflanzen und Tieren bewohnten Biosphäre zu trennen ist, sondern dass das Klima ein Aspekt der Biosphäre und viel enger mit dem Leben verbunden ist, als die Wissenschaft geglaubt hat. Wenn wir also ein lebensfreundliches Klima haben wollen, müssen wir dem Gedeihen des Lebens in allen seinen Formen dienen.

Kohlenstoffbilanzierung stützt die Annahme, dass wir die Biosphäre gesund erhalten können, indem wir die Kohlenstoffspeicherung all ihrer Bestandteile analysieren und dabei womöglich jene opfern, die wenig beitragen, während wir jene fördern, die viel beitragen. Wenn man den Planeten als Lebewesen betrachtet, ergibt dieser Gedankengang keinen Sinn. Die Kohlenstoffbilanz kann nicht messen, inwiefern Wale, Wälder oder Feuchtgebiete atmosphärisches CO_2 beeinflussen, und erst recht nicht subtilere Variablen wie Chemikalien im Wasser, die Hormonstörungen verursachen oder Mikrowellenstrahlung in der Luft. Darum wird diesen bei der Bestimmung von politischen Klimastrategien nur geringe Aufmerksamkeit zuteil.

Um einschätzen zu können, was Messungen und Modelle auslassen, brauchen wir eine andere Grundlage für unsere Entscheidungen: das Paradigma des lebendigen Planeten, das sich auf die *Geschichte vom Interbeing* stützt, nach der das Wohlbefinden aller vom Wohlergehen jedes Einzelnen abhängt.

Wie die in diesem Kapitel zitierte Forschung zeigt, kann quantitative Wissenschaft dem Paradigma des lebendigen Planeten dienen, wenn sie die Verbindungen zwischen allen Wesen erforscht. Wir können jedoch nicht mehr hoffen, Handlungsrichtlinien zu bestimmen, indem wir verschiedene Optionen je nach ihrem errechneten Einfluss auf Treibhausgase gegeneinander abwägen. Solche Rechnungen bergen ein hohes Risiko, weil sie von Genauigkeit und Umfang unseres Wissens abhängen. Arten und Systeme, denen einst wenig Klimarelevanz zugeschrieben worden ist, stellen sich nun als entscheidend heraus. Erst in den 1990ern ist die Rolle der Mykorrhizen bei der Kohlenstoff-Sequestrierung erkannt worden. Erst 2009 konnten Forscher bestätigen, dass Fische Kalziumkarbonat ausscheiden.[129] Erst in den 2000ern wurde bekannt, dass nördliche Wälder Wolkenbildung auf niedriger Höhe fördern.[130] Das Papier zum Nährstofftransport durch die Megafauna ist 2016 veröffentlicht worden. Mit dem Wissensstand von vor einem Jahrzehnt hätten wir all diese Dinge in einer Kohlenstoffbilanz mit null veranschlagt.

Bis vor Kurzem schienen in Klimamodellen sowohl nördliche Wälder als auch solche in mittleren Breiten eher zur Erwärmung als zur Abkühlung beizutragen.[131] Man stelle sich die Auswirkungen von »auf Wissenschaft basierenden« Handlungsrichtlinien vor, die sich auf solche Modelle beziehen. Stellen Sie sich vor, Sie wären Leiterin eines Holz- oder Bergbauunternehmens und müssten die Zerstörung von Wäldern zum Zwecke des Profits rechtfertigen. Vielleicht haben Sie ein Gewissen. Sie wünschen sich wirklich, dass der Einschlag in Ordnung ist – und nun haben Sie einen Grund.

Tatsächlich behauptet die Holzindustrie stolz, dass forstwirtschaftliche Produkte im Kampf gegen den Klimawandel helfen, weil die gefällten Bäume als Baumaterial enden, das seinen Kohlenstoff jahrhundertelang nicht in die Atmosphäre entlassen wird und die nachwachsenden Bäume der Atmosphäre zusätzliches CO_2 entziehen. Wenn der im Holz gespeicherte Kohlenstoff alles ist, was man misst, dann ist das Argument schlüssig. Es unterschlägt jedoch den schwer zu messenden Kohlenstoffgehalt des Bodens, Erosion, hydrologische Effekte, Folgen für die Artenvielfalt usw.

Es lässt sich nicht vermeiden, dass unsere Modelle und Messungen Fehler enthalten und dass sie klimatische Wirkungen verschiedener natürlicher und menschlicher Aktivitäten manchmal über-, manchmal unterschätzen. In einer Umgebung, in der Entscheidungen auf Grundlage von Messungen getroffen werden, stürzen sich Bauträger und Umweltverschmutzer auf genau jene Unstimmigkeiten, die zu ihren Wirtschaftsinteressen passen. Ihre Argumente strotzen nur so vor Wissenschaftlichkeit.

Während es uns scheinen mag, dass Mangroven aus klimatischer Sicht wichtiger sind als Wälder der gemäßigten Zone oder dass Korallenriffe wichtiger sind als Bergflanken oder dass Wölfe wichtiger sind als Sperlinge, müssen wir uns darüber im Klaren sein, dass unser Wissen begrenzt ist. Die Aufrechnung von Kohlenstoff wird immer etwas außer Acht lassen.

Was haben wir sonst noch übersehen? Ich befürchte, dass die Wissenschaftsbrille weit mehr ausklammert, als in diesem Kapitel gezeigt wurde. Der Beitrag der Wale zur Nährstoffzirkulation ist bereits schwer messbar, aber was ist mit der Rolle ihres Gesangs bei der Erhaltung des gesamtozeanischen neuronalen Netzwerks? Was ist mit der Rolle der Elefantenwanderungen bei der Erhaltung der subtilen energetischen Bahnen der Erde, die man Ley-Linien nennt? Man würde mich wohl von ernsthaften Klimadiskussionen ausschließen, wenn ich die Gelegenheit nutzte, das Bewusstsein der Wale, die telepathische Kommunikation der Delphine, die Lehren der Tierflüsterer, Pflanzengeistträumer, Wünschelrutengänger, Schamanen usw. anzuführen, die behaupten, relevante Botschaften für das Genesen des Planeten zu haben. Den Leuten mit den Zahlen gelten diese als einfältige Ablenkung von den bevorstehenden praktischen Herausforderungen. Doch das Wissen und die Methoden der Zahlenleute lassen uns im Stich, und ein neues Weltbild steht vor der Tür. Ich glaube, dass die Heilung des Planeten das Schöpfen aus Wissensquellen erfordert, die weit jenseits des heute Akzeptierten liegen.

Auch wenn man lediglich der nüchternen ökologischen Wissenschaft folgt, sollten die letzten beiden Kapitel deutlich gemacht haben, dass sich der Klimawandel verschlimmern wird – selbst wenn wir es schaffen, den Gebrauch fossiler Brennstoffe drastisch zurückzufahren –, solange wir nicht das Ausgegrenzte, Entwertete und am Rand Stehende wieder integrieren. Es könnte wärmer werden, es könnte kühler werden, es könnte zur Intensivierung von Schwankungen kommen, zu einer Störung der normalen lebensfreundlichen Rhythmen. Dann werden wir die Bedeutung jener Dinge erkennen, denen wir geringe Priorität eingeräumt haben: der Mangrovensümpfe, des tief liegenden Grundwassers, der heiligen Stätten, der Brennpunkte von Biodiversität, der unberührten Wälder, der Elefanten, der Wale ... aller Wesen, die auf für uns unsichtbare und geheimnisvolle Weise das Gleichgewicht des Planeten wahren. Dann werden wir vielleicht verstehen, dass alles, was wir irgendeinem Teil der Natur antun, unausweichlich auf uns selbst zurückfällt.

6

Ein Pakt mit dem Teufel

Ich fürchte, dass die Umweltschützer einen Pakt mit dem Teufel eingegangen sind, indem sie das Klima zu ihrem zentralen Thema erhoben haben. Zunächst schien der Klimawandel ein Segen für den Umweltschutz zu sein, ein zugkräftiges neues Argument für das, was wir schon immer gewollt haben, ein neuer Grund für die Einstellung von Tagebau, die Bewahrung von Wäldern und letztlich das Ende der Ausbreitung der Konsumgesellschaft. Und weil es um die Wurst geht, hatten wir ein starkes Argument für landwirtschaftliche Methoden, die den Boden regenerieren, einen Grund für die Renaturierung von Wäldern und Feuchtgebieten, den Bau kleinerer Häuser in Gemeinschaften höherer Dichte, die Einführung von Wiederverwertungswirtschaft, Abfallveredelung und Geschenkgemeinschaften, die Förderung der Fahrradkultur und die Mehrung von Hausgärten. Dementsprechend hießen Umweltschützer das Klima-Narrativ als nützlichen Verbündeten willkommen, als Legitimation für Dinge, von denen sie sich gewünscht hätten, die Leute würden sie aus eigenem Antrieb übernehmen.

Wir Umweltschützer dachten: »Das, was wir immer tun wollten, werden sie nun tun *müssen*.« Die Prämissen des Gesprächs verlagerten sich von da an von der Liebe für die Natur zur Angst ums Überleben. Wir bewegten uns vom Herz zum Hirn, als wir verlangten, dass uns ferne Konsequenzen wie z.B. der Meeresspiegelanstieg bis 2050 motivieren sollten, und nicht der Schaden, der uns ins Gesicht starrt: Die Fische sind fort, die Aale sind fort, die Bäume sind fort, die Wale sind fort. Außerdem müssen wir uns das erst vom wissenschaftlichen Establishment sagen lassen, dem wir aufs Wort glauben sollen. Das zu einer Zeit, in der viele Menschen sich von der Wissenschaft und von Autoritäten ganz allgemein verraten fühlten, so wie die Leute in Flint, Michigan, denen von Funktionären unter dem Deckmantel der Wissenschaft erzählt worden war, dass ihr Wasser sicher wäre, oder die Millionen, die sich von der Medizinwissenschaft im Stich gelassen fühlen.

Lassen Sie mich einen weiteren Punkt erläutern, weshalb ich glaube, dass sich die Umweltschützer auf einen Pakt mit dem Teufel eingelassen haben:

1. Als wir uns in unserer Argumentation auf den Klimawandel konzentriert haben, um gegen die Zerstörung ganzer Landstriche durch Fracking, Tagebau und Teersand-Extraktion vorzugehen, haben wir uns in eine angreifbare Position begeben, sollte die globale Erwärmung in Misskredit geraten. Nicht gleichmäßige Erwärmung, sondern zunehmend extreme Wetterkapriolen, die unmöglich einem einzelnen Grund überzeugend zuzuordnen sein werden, könnten auf uns zukommen. Was geschähe, wenn die Erde in eine Abkühlungsphase einträte? Hieße das, wir sollten beim Umweltschutz pausieren? Sicher nicht, aber so scheint es, wenn globale Erwärmung das zentrale Umweltthema ist. Wie der Widerstand der Skeptiker zeigt, lässt sich Klimawandel schwer beweisen. Vernünftige Menschen können Zweifel hegen, dass es tatsächlich eine globale Erwärmung gibt, aber es besteht kein Zweifel, dass die fortschreitende Schädigung von Ökosystemen die Fähigkeit der Erde, das Klimagleichgewicht zu wahren, einschränken und letztlich zerstören wird. Wenn

man sich auf den Klimawandel beruft, um Umweltschutzricht-linien durchzusetzen, ersetzt man einen leicht zu beweisenden durch einen schwer zu beweisenden Grund.

2. Das Klima-Narrativ macht »Umwelt« zu einem globalen Thema und lässt lokale Umweltprobleme als nachrangig erscheinen. Wenn der Grund für die Rettung eines Waldes das CO_2 ist, dann könnte man seine Zerstörung mit dem Versprechen rechtfertigen, andernorts einen neuen anzupflanzen. Im globalen Rahmen können andere Leute weit entfernt den Wandel vollziehen. Nicht ich. Nicht wir.

3. Wenn Fracking- oder Atomenergie-Fürsprecher plausibel machen können, dass ihre Technologie die Treibhausgasemissionen reduzieren wird, dann müssen wir diese unserer eigenen Logik zufolge ebenfalls gutheißen. Das ist bereits geschehen. Die »*Think About It*«-Kampagne warb für die Klimavorteile von Erdgas. Hillary Clinton äußerte sich lobend über »saubere Kohle«. Befürworter genetisch manipulierter Nutzpflanzen versprechen neue Organismen zur verbesserten CO_2-Sequestrierung. Gigantische Wasserkraftwerke werden weiterhin Gemeinschaften und Ökosysteme rund um den Globus zerstören. Und vielleicht am schlimmsten bei alledem sind die riesigen Landflächen, die in Südamerika, Afrika und Asien von Konzernen aufgekauft werden, um diese auf Biosprit-Produktion umzustellen, angeblich CO_2-neutrale Energie. Keine dieser Praktiken hält einer genaueren Prüfung stand. Trotzdem scheinen sie ausreichend plausibel zu sein, entsprechenden Projekten einen umweltfreundlichen Glanz zu verleihen.

4. Wenn wir uns auf Temperaturen und CO_2 konzentrieren, leisten wir potenziell katastrophalen Geo-Engineering-Plänen Vorschub, wie dem Düngen der Ozeane mit Eisenoxid oder dem Ausbringen von Schwefelsäure in der Atmosphäre. Wir suggerieren damit, dass die technische Justierung von CO_2-Kon-

zentrationen oder der Albedo das Problem lösen werden, ohne dass sich unser Verhältnis zum Planeten grundlegend verändert, und wir stärken die Vorstellung, dass wir uns mit technischen Mitteln unbegrenzt den Folgen unserer Handlungen entziehen können.

5. Das Argument, dass Klimawandel schlecht ist, weil er unsere Zukunft bedroht, stärkt die Geisteshaltung des instrumentalen Utilitarismus: Die Natur ist wertvoll, weil sie nützlich für uns ist. Haben der Planet und alle seine Kinder einen Wert an sich? Oder ist die Welt am Ende nur ein Haufen nützlicher Dinge? Wenn es im eigenen Interesse liegt, CO_2 zu begrenzen, ist es umso mehr im Interesse eines Landes, einer Firma oder einer Person, es weniger als die Konkurrenz zu begrenzen. Wenn wir Egoismus und Furcht ansprechen, verstärken wir die mit ihnen verbundenen gewohnten Reaktionsmuster, die, machen wir uns nichts vor, normalerweise die Zerstörung des Planeten vorantreiben, statt ihn zu retten. Wir werden nie ein Mehr an Fürsorge in der Welt erreichen, indem wir an das Eigeninteresse appellieren.

6. Das Heraufbeschwören der Klima-Apokalypse führt zur Entwertung von Arbeit, die wenig erkennbare Relevanz für den Klimawandel hat. Die Gesundheit der Atmosphäre hat mit Themen wie Armut, Obdachlosigkeit, Ungleichheit, Masseninhaftierung, Rassismus, Menschenhandel, Schwermetallbelastung, Genmanipulation, Plastikabfall usw. kaum eine greifbare Verbindung. Vielleicht sollten wir alle diese Angelegenheiten für eine Weile beiseiteschieben, bis wir das Problem mit dem Klimawandel behoben haben? Denn welcher Stellenwert kommt ihnen zu, wenn der Planet unbewohnbar wird?

Diese Denkweise ist verkehrt. Die oben aufgeführten Themen haben alle mit dem Klima zu tun, denn die Ursache für die Instabilität des Klimas ist alles: jeder Aspekt unserer Abspaltung – von der Erde, der Natur, dem Herzen, von Wahrheit, Liebe, Gemeinschaft und Mitgefühl. Wenn es stimmt, dass ich und die Welt, Mensch und Natur einander spiegeln und einander zugehören, erscheint es nur logisch, dass die Instabilität des Klimas mit der Instabilität des sozialen und politischen Klimas einhergeht und dass Ungleichgewichte in der Natur solche im menschlichen Bereich spiegeln. Treibhausgase sind lediglich das Medium, mit dessen Hilfe dieses Prinzip funktioniert.

Eine *Geschichte vom Interbeing*, die der Genesung der Welt zugrunde liegt, ist weder von der Geschichte abhängig, dass die Welt vor den Treibhausgasen gerettet wird, noch widerspricht sie ihr: Sie macht sie überflüssig. Die größere *Geschichte von der Menschheit* im Dienste der Genesung und des Gedeihens Gaias bricht sich bereits Bahn. Schon jetzt ist sie die wahre Motivation für viele Aktivitäten, die Menschen noch über das Klima-Narrativ rechtfertigen. Ökologische Instandsetzung erhält umfangreiche Fördermittel und Aufmerksamkeit, wenn man sie mit dem Klimawandel in Verbindung bringt; wie bereits besprochen, ist dies jedoch eine gefährliche Strategie. Stehen wir doch zur wahren Motivation. Geben wir doch zu, dass wir aus Liebe für *diesen einen* Wald handeln, nicht wegen seines Potenzials CO_2 zu sequestrieren; dass wir aus Liebe für *dieses* Stück Land, *diesen* See, *diese* Flussmündung, *diesen* Ort handeln und darauf vertrauen, dass die Gesundheit des einen der Gesamtgesundheit förderlich ist, unabhängig davon, ob wir das mit einem Klimaargument beweisen können oder nicht.

Eine Freundin schrieb mir über ihr Engagement in der *California Healthy Soils Initiative*:

Der Initiative geht es um gesunden Boden, aber wir müssen so tun, als ginge es um den Klimawandel, damit wir Fördermittel bekommen – so wie jede andere Umweltinitiative.

Man mag so zwar an mehr Fördermittel kommen, aber die Argumente fühlen sich oft konstruiert an. Es ist nicht verwunderlich, dass rechts stehende Blogger Klimawandelaktivisten beschuldigen, eine versteckte »Agenda« zu verfolgen. Ich glaube, die meisten haben tatsächlich eine Agenda, aber es geht nicht um die Errichtung einer sozialistischen Weltregierung oder die Förderung der teuflischen Pläne von George Soros.[132] Es geht um den Schutz dessen, was uns heilig ist. Darum benutzen wir Klimaargumente in Fällen, bei denen es eigentlich nicht um Klimawandel geht.

Klimaaktivisten, aufgepasst. Wenn man die Rolle der Ökosysteme bei der Erhaltung des Klimagleichgewichts verstanden hat, kann man die Argumente der Skeptiker umgehen und Bündnisse schmieden, indem man Anliegen nicht im Rahmen des CO_2-Narrativs formuliert. Das ist möglich, wenn man begriffen hat, dass jegliche ökologische Genesung auch das Klima stabilisiert.

Dasselbe gilt für soziale, kulturelle, persönliche und Beziehungsgenesung. Alles ist mit allem verbunden. Man kann es mit quantitativen Argumenten nicht belegen, aber im Grunde unseres Herzens wissen wir, dass das atmosphärische Klima irgendwie auch das politische, soziale und spirituelle Klima spiegelt, und umgekehrt.

Die Ursachen für unsere Untätigkeit

In weiten Teilen der Welt sind nicht die Skeptiker das größte Hindernis für Maßnahmen gegen den Klimawandel, sondern die Gleichgültigkeit der Öffentlichkeit und der Politik. Sie bekunden ihren Glauben, aber glauben sie es wirklich? Ich schreibe diese Zeilen auf dem Hof meines Bruders. Wenn nun jemand käme und sagte: »Hey Charles, dein kleiner Junge läuft da draußen herum, wo wir die Giftschlange gesehen haben!«, und ich antwortete: »Ich glaube dir. Da muss ich etwas unternehmen. Ich werde mich darum kümmern, sobald ich meine Tetris-Partie beendet habe«, dann würden Sie zu Recht denken, dass ich der Warnung nicht ernsthaft glaube. Vielleicht denke ich, es war nur eine Blindschleiche, oder vielleicht ist die Person dafür bekannt, gern zu übertreiben. Jedenfalls könnten Sie fest davon ausgehen, dass ich es nicht wirklich glaube, denn glaubte ich, mein Kind befände sich wirklich in Gefahr, würde ich alles stehen und liegen lassen, um es zu schützen.

Ein Großteil der Bevölkerung ist der Meinung, dass der Klimawandel eine ernsthafte Bedrohung für die Zivilisation darstellt, aber glauben sie das wirklich? Vielleicht stehen diese Menschen den unverhohlenen Klimaskeptikern gar nicht so fern. Die Skeptiker stehen zu ihrem Unglauben und tun das auch öffentlich kund. Der angeblich Glaubende denkt, dass er glaubt, tatsächlich aber glaubt er nicht. Hand aufs Herz: Glauben Sie es *wirklich*? Oder verhält es sich eher so, dass Sie manchmal verzweifeln und der Klimawandel erdrückend real erscheint, während Sie zu anderen Zeiten vorgeben, an ihn zu glauben, tatsächlich aber nicht so handeln, als ob die Zukunft der Menschheit auf dem Spiel stünde? Andere Umweltschützer haben die Frage ebenfalls gestellt und dabei händeringend nach einer Möglichkeit gesucht, diesen Panzer des Nichtwahrhabenwollens zu durchdringen und die Menschen zu einem aufrichtigen Glauben zu bewegen. Die übliche Strategie hierbei war die Arbeit mit der Angst. Ich behaupte, dass der Frontalangriff auf die Leugnung (die psychologische Leugnung des Durchschnittsbürgers ebenso wie die ideologische Haltung des Klimaskeptikers) unnötig ist und nicht funktioniert hat. Je übertriebener die Schlagzeilen, desto weniger Wirkung zeigen sie tatsächlich.

93 % aller Nachrichten der letzten zwanzig Jahre aus dem Bereich Umwelt drehten sich um Klimawandel.[133] Es scheint gerade so, als ob jeder Artikel entweder sagte: »Schauen Sie, das Klima ändert sich wirklich« oder »Dieser Wirbelsturm oder jenes Feuer oder diese Hungerkatastrophe ist durch den Klimawandel verursacht oder verschlimmert worden«. Obwohl dieser Chor der

Weckrufe anschwillt, glaubt die Gesellschaft als Ganzes noch immer nicht ernsthaft daran. Ganz im Gegenteil. Der Psychologe Per Espen Stoknes schreibt:

Langzeitstudien zeigen, dass sich vor 25 Jahren mehr Menschen in den wohlhabenden Demokratien Sorgen wegen des Klimawandels gemacht haben als heute. Je mehr Forschung, je mehr Sachstandsberichte des Weltklimarats wir haben, und je mehr Beweise sich aufhäufen, desto weniger sorgt sich die Öffentlichkeit. Dem rationalen Geist ist dies ein Rätsel.[134]

Stoknes erklärt dieses Rätsel in seinem Buch *What We Think about When We Try Not to Think about Global Warming*: Da die Folgen des Klimawandels zeitlich und räumlich weit entfernt stattfinden, wird ihnen von den meisten Menschen weniger Dringlichkeit zugeschrieben als näherliegenden Themen. Ihnen scheint im Vergleich zur Abzahlung ihrer Hypothek oder dem Suchtproblem ihrer Tochter Klimawandel ziemlich fern und theoretisch zu sein; er findet nur in der Zukunft oder in den Nachrichten statt. Selbst wenn jemand intellektuell vom Klimawandel und der Tragweite des Problems überzeugt ist, ist das Gefühl im Alltag oft trotzdem: »Es ist nicht real« oder »Es wird schon gutgehen«. Außerdem, so Stoknes, wird das Klimaproblem oft so bedrohlich dargestellt, dass sich die Menschen machtlos empfinden und gar nicht glauben, etwas daran ändern zu können. Gleichzeitig fühlen sie sich aber wegen ihrer Untätigkeit und ihrer eigenen Komplizenschaft an der fossilen Brennstoff-Ökonomie schuldig. Das erzeugt diverse Formen psychologischer Abwehrmechanismen, um das Schuldgefühl zu mindern.

Der Erklärung von Stoknes mit der zeitlichen und räumlichen Ferne des Klimawandels würde ich eine weitere tückischere Art der Distanzierung beifügen: Die Abhängigkeit des Klima-Narrativs von globalen Datensätzen und Computermodellen schafft eine

Kluft zwischen Ursache und Wirkung, die nur überbrückt werden kann, wenn man den Erklärungen des Wissenschaftsestablishments glaubt. Selbst für jene, die der Wissenschaft vertrauen, liegen Ursache und Wirkung hier wesentlich weiter auseinander als bei Aussagen wie: »Holzfällerei schädigt den Wald« oder »Giftmüll verschmutzt den Fluss«.

Wenn wir sagen, dass ein Hochwasser in Bangladesch oder eine Dürre in Niger vom Klimawandel verschärft worden sei, können die Leute es nur glauben, *weil die Wissenschaft es sagt*. Vergleichen Sie dies mit der weiter oben besprochenen Wasser-Perspektive, der zufolge die bevorstehende Zerstörung von Feuchtgebieten in der Sahelzone durch neue Dämme verheerende Auswirkungen für das regionale (oder sogar globale) Klima haben wird: Hier haben wir eine viel kürzere Kausalkette. Wenn man Feuchtgebiete entwässert, sterben die Vögel, der Boden wird hart, die Tiere verschwinden, und die Dürre verschärft sich.

Rund um den Globus machen Entwaldung, Feuchtlanddrainage, industrielle Landwirtschaft, Wasserkraftwerke und Verstädterung das Land für katastrophale Überschwemmungen, Dürren und Temperaturextreme anfällig. All das kann auf lokaler Ebene behoben werden. Das Klimawandel-Narrativ lässt das als belanglos, als einen Tropfen im Fass globaler Emissionen erscheinen. Es lenkt die Aufmerksamkeit von den Verheerungen vor Ort ab und verlagert sie auf ferne, oft hypothetische Auswirkungen.

Der von mir vorgeschlagene alternative Interpretationsrahmen mit seinem Schwerpunkt auf lokalen Ökosystemen hebt die von Stoknes beschriebenen Mechanismen der Leugnung und Lähmung auf. Man befasst sich mit konkreten Missständen und erreicht damit konkrete Ergebnisse. Die Leute können nicht die Veränderung der Konzentration eines unsichtbaren geruchlosen Gases in der Atmosphäre wahrnehmen, und sie können sich auch nicht unmittelbar der fernen Auswirkungen aufs Klima bewusst werden, aber sie können einen entblößten Berghang, Erosionsrinnen, Smog, Giftmüll, kontaminierte Gewässer usw. sehen und ihre unmittelbaren Auswirkungen spüren. Sie können auch den Rückgang von Singvögeln und Fischen, den steigenden Grundwasserspiegel oder die zunehmende Reinheit von Luft und Wasser sehen, wo umweltfreundliche Handlungsrichtlinien umgesetzt werden.

Ein Problem bleibt jedoch bestehen: Nicht nur die Auswirkungen des Klimawandels haben mit unserer alltäglichen Lebenswirklichkeit wenig zu tun, sondern Umweltzerstörung ganz allgemein. Das gilt insbesondere für die Industrieländer. Bisher können die führenden Nationen den Schaden auf Distanz halten, den die Umweltzerstörung anrichtet; darum scheint er für sie nicht real zu sein. Die Klimaanlage läuft noch, der Wagen fährt noch, die Kreditkarte funktioniert noch, die Müllwerker nehmen den Abfall mit, die Schule beginnt um 7.40 Uhr, und es gibt Essen im Supermarkt und Medizin in der Apotheke. Die Routinen, aus denen das tägliche Leben besteht, sind noch immer intakt. Wenn wir warten, bis die Katastrophe bis hierher vordringt, ist es zu spät.

Solange die normalen Routinen funktionieren, werden die meisten Menschen nicht zu überzeugen sein, ernsthaft aktiv zu werden. Mit Überzeugungsarbeit dringen wir nicht durch. Niemand kann dazu »überzeugt« werden, sein Leben in großem Maßstab umzukrempeln, wenn das Argument nicht von einer Erfahrung begleitet ist, die auf körperlicher und emotionaler Ebene Eindruck hinterlässt.

Deshalb plädiere ich dafür, dass wir die Menschen auf andere Weise zu erreichen versuchen, egal ob das unter dem Standard-Klima-Narrativ oder dem eher lokal orientierten Umweltzerstörungs-Narrativ stattfindet, das ich vorschlage. Wir müssen die begrifflichen, emotionalen und systemischen Strukturen aufbrechen, die die Menschen von ihrer Liebe für alle irdischen Wesen trennen.

Ich wünsche mir, dass alle in der Klimawandelbewegung Folgendes hören: Man kann die Menschen nicht dazu bewegen, etwas zu tun, indem man ihnen Angst einjagt. Wissenschaftliche Vorhersagen über Ereignisse in zehn, zwanzig oder fünfzig Jahren kümmern sie nicht – nicht genug. Wir brauchen das Ausmaß an Kraft und Engagement, das wir in Standing Rock gesehen haben. Wir brauchen die Bandbreite an Aktivismus, wie wir ihn in Flint, Michigan, gesehen haben, wo alle von der Yoga-Lehrerin bis zu Biker-Gangs unermüdlich gegen die Bleikontamination protestiert haben. Das erfordert, dass die Sache zu einer persönlichen Angelegenheit wird. Und das erfordert, dass wir der Realität des Verlusts ins Auge sehen. Der Realität des Verlusts ins Auge zu sehen nennt man Trauer. Anders wird es nicht gehen.

Der Versuch, bei Standing Rock den Bau der Dakota Access Pipeline aufzuhalten, wurde überhaupt nicht mit dem Klimawandel begründet (zumindest nicht, bis weiße Umweltschützer sich beteiligten), sondern mit dem Schutz des Wassers und der Unversehrtheit indigener Orte; nicht des Wassers allgemein und nicht aller Orte, sondern eines bestimmten Gewässers und bestimmter Orte – ganz realer Orte. Tausende von hauptsächlich jungen Menschen haben lange Reisen und widrige Umstände auf sich genommen, um daran teilzunehmen. Ein solches Engagement braucht es für die Verteidigung des Heiligen und die Verteidigung aller irdischen Wesen. Es speist sich aus Schönheit, Verlust, Liebe und Trauer.

Würden wir immer noch neue Öl- und Gasquellen anbohren, neue Pipelines bauen, neue Steinbrüche eröffnen oder neue Kohleminen graben, wenn wir aus Liebe für die Welt und das Wasser in unserer Nähe handelten? Das könnten wir nicht, und die von Menschen verursachte globale Erwärmung wäre ein rein akademisches Problem. Es stimmt zwar, dass die Standing-Rock-Bewegung die Dakota Access Pipeline nicht aufhalten konnte, aber sie machte eine enorme schlummernde Kraft sichtbar, als so viele Menschen gewillt waren, solch große Mühen für die Verteidigung des Heiligen auf sich zu nehmen. Was wäre möglich, würde diese Kraft vollständig mobilisiert?

Was geschähe, wenn wir dem Lokalen, dem Unmittelbaren, dem Qualitativen, dem Lebendigen und dem Schönen neuen Wert zumäßen? Wir würden noch immer gegen die meisten Dinge Widerstand leisten, die auch Klimawandelaktivisten bekämpfen, aber aus anderen Gründen: gegen die Teersand-Extraktion, weil sie den Wald tötet und das Land verunstaltet; gegen das Abtragen von Bergen, weil es heilige Orte vernichtet; gegen das Fracking, weil es das Wasser verletzt und kontaminiert; gegen Offshore-Ölbohrungen, weil austretendes Öl wilde Tiere vergiftet; gegen Straßenbau, weil er das Land zerstückelt, den Verkehrstod von Tieren herbeiführt, Verstädterung und Habitatzerstörung begünstigt und den Verlust von Gemeinschaft beschleunigt. Schauen Sie sich nur die Bilder von den Teersandgruben in Alberta an. Selbst wenn Sie nichts über den Treibhauseffekt wüssten, weint das Herz beim Anblick der giftigen Gruben und Becken, wo einst unberührte Wälder standen. Oder sehen Sie sich die *Gasland* Filme an. Lesen Sie etwas über die Ölteppiche, die das Niger-Delta verheert haben. Diese Tragödien spielen sich genau jetzt ab, und sie stechen direkt ins Herz, egal was man über globale Erwärmung denkt.

Aus diesem Blickwinkel werden wir noch immer fast alles zu ändern versuchen, was im CO_2-Narrativ als gefährlich gilt, aber aus anderen Gründen und mit anderen Augen. Wir brauchen unser Umweltbewusstsein nicht mehr auf das Vertrauen in namhafte Wissenschaftler und die Autorität von Institutionen zu gründen und damit zu suggerieren: »Wenn die Leute nur mehr Vertrauen in Autoritäten setzten (in diesem Fall die Wissenschaft, aber es gilt für alle Systeme, in denen Wissenschaft eingebettet ist und die sie legitimieren), dann wäre alles in Ordnung.« Wissen Sie was? Selbst wenn ich die Ansicht der Klimaskeptiker teilte, würde das meine Leidenschaft für die Umwelt kein bisschen verringern. Umweltbewusstsein kann auch geweckt werden, ohne dass man zuerst eine intellektuelle Debatte gegen die skeptischen Kräfte gewinnen muss. Das wird niemanden dazu bringen, sich zu engagieren.

Wenn wir Umweltprobleme in CO_2-Begriffen formulieren, erzeugen wir eine Distanz zu unmittelbarer Trauer und Entsetzen der Menschen. Wenn wir unsere Augen von den Bulldozern ab- und den Grafiken von CO_2-Konzentrationen und globalen Durchschnittstemperaturen zuwenden, scheint es völlig vernünftig zu sagen: »Nun, wir werden dieses Gasfeld mit der Pflanzung eines Waldes ausgleichen. Außerdem ist es nur eine Übergangslösung, bis wir genügend Windräder ans Laufen bekommen haben.«

Paradoxerweise ermöglicht die CO_2-Perspektive die Fortführung von CO_2-produzierenden Aktivitäten. Aus globaler Sicht ist der Treibhausgasbeitrag irgendeines örtlichen Kraftwerks oder einer Stadt vernachlässigbar. Jede Stadt kann sagen: »Wir brauchen unsere Emissionen erst zurückzuschrauben, wenn die restliche Welt es auch tut.« Jeder Staat kann sagen: »Wir können uns die ökonomischen Kosten nicht leisten. Sollen doch andere Staaten Einschnitte machen.« Auseinandersetzungen, die die Klimagespräche so zäh machen, sind unvermeidlich, wenn man Problem und Lösung in globalen quantitativen Begriffen ausdrückt.

Wenn wir unsere Aufmerksamkeit den spürbaren örtlichen Schäden zuwenden, kann man die Verantwortung nicht mehr auf andere abschieben, die sich weit weg befinden. Niemand kann sagen: »Soll doch jemand anderes unseren geliebten Berggipfel erhalten. Soll doch jemand anderes unseren geliebten Fluss bewahren. Soll doch jemand anderes unseren geliebten Wald schützen.« Wir werden uns nicht dadurch besänftigen lassen, dass die Vernichtung unseres Lachsflusses durch ein Wiederaufforstungsprojekt in Nepal »ausgeglichen« wird. Wenn das Sankt-Florian-Prinzip

(»Nicht vor meiner Tür!«) von einer mächtigen Bürgerschaft universell angewendet wird, wird daraus »Vor niemandes Tür!«.

Ein Freund unserer Familie, der inzwischen verstorbene Roy Brubaker, mennonitischer Geistlicher in Zentral-Pennsylvania, organisierte eine besonders erfolgreiche Wasserschutzkampagne in einer Gegend, die politisch extrem konservativ ist: Er mobilisierte den Angler- und Schützenverein. Im ganzen Bezirk findet man kaum einen Hillary-Clinton-Wähler oder irgendjemand, der auch nur einen Finger gekrümmt hätte, wenn Roy das Thema über den Klimawandel angepackt hätte. Und nicht nur das Wassereinzugsgebiet ist verbessert worden, was sich auch weiter unten in der Chesapeake Bay positiv ausgewirkt hat; wenn die von mir hier vorgebrachte Ansicht vom lebendigen Planet stimmt, hat die ganze Welt davon profitiert.

Bedeutet es, dass wir wie gewohnt weitermachen dürfen, wenn das CO_2-Narrativ nicht mehr gilt? Nein, im Gegenteil. Wie Wolfgang Sachs schon Anfang der 1990er-Jahre vorausschauend bemerkt hat, sieht es so aus

als ob, nach den Jahrzehnten, in denen »Unwissenheit« und »Armut« im Vordergrund standen, nun, in den 1990er Jahren, die »Rettung des Planeten« zum Dringlichkeitsprogramm erklärt wird, das, unter großer Anteilnahme der Medien, eine weitere wilde Runde auf dem Entwicklungskarussell einläutet.[135]

Die lokalen Ökosysteme überall auf der Welt zu schützen und wiederherzustellen wird für den normalen Gang der uns vertrauten Zivilisation weitaus störender sein, als uns die fossilen Brennstoffe abzugewöhnen. Die etablierte Umweltstrategie geht davon aus, dass wir einfach dazu übergehen könnten, die Industriegesellschaft mit erneuerbaren Energien zu speisen und weiter globales Wirtschaftswachstum zu haben; daher die Ausdrücke »Green Economy« und »nachhaltige Entwicklung«. Die Herrschenden haben kein

Problem mit dem Klimawandel, solange er so konzipiert ist, dass er ihnen mehr Macht verleiht; ihnen, die, wie Sachs es ausdrückt, mit der prometheischen Aufgabe betraut sind, *[d]en weltweiten Apparat am Laufen zu halten und immer weiter zu beschleunigen und zugleich die Biosphäre des Planeten zu schützen (...)*.[136]

Dies, fährt er fort, wird *eine gewaltige Zunahme von Überwachungs- und Ordnungsmaßnahmen erfordern (...). Wie sonst will man die unzähligen Entscheidungen aufeinander abstimmen, die auf allen Ebenen gefällt werden, bei den einzelnen, im Rahmen der Nationen und im Weltmaßstab? Es ist dabei eher eine Nebensache, ob die Modernisierung des Industrialismus überhaupt gelingt, ob sich dabei Marktanreize als das beste Mittel erweisen, strenge Gesetze, Sanierungsprogramme, raffinierte Methoden der Ausspähung oder eindeutige Verbote – all diese Strategien erfordern jedenfalls mehr Zentralismus und vor allem eine Stärkung des Staates. Die »Ökokraten« werden wohl kaum die industrielle Lebensweise infrage stellen, nur um die Belastung der Natur zu reduzieren, also bleibt ihnen nichts anderes übrig, als ihr ganzes Geschick, ihren Weitblick und die neuesten technologischen Mittel einzusetzen, um die zahllosen gesellschaftlichen Aktivitäten zum Gleichlauf zu bringen.*[137]

Der Klimawandel deutet auf eine Revolution der Beziehung zwischen Natur und Zivilisation hin, aber es geht nicht um eine Revolution zur effizienteren Verteilung globaler Ressourcen innerhalb des endlosen Wachstumsprogramms. Es geht um eine Revolution der Liebe. Es geht darum, den Wald wieder als heilig zu erkennen, auch die Mangroven und die Flüsse, die Berge und die Riffe – jedes einzelne von ihnen. Es geht darum, sie um ihrer selbst willen zu lieben und sie nicht nur wegen ihres Klimanutzens zu schützen.

Die Vorstellung, dass das Erleben von Schönheit und die Erfahrung von Kummer und nicht Angst vor zukünftigem Untergang tiefgreifendes und aktives Handeln für den Planeten auslösen sollen, scheint vielleicht kontraintuitiv. Viele Leute sagen mir, dass sie Umweltschützer geworden sind, als sie von den bevorstehenden katastrophalen Konsequenzen des Klimawandels erfuhren. Entsprechend haben wir uns die Sprache der Kosten und Konsequenzen in der Hoffnung zu eigen gemacht, auch andere dazu zu bringen, etwas für die Umwelt zu tun.

Aber sind Sie wirklich deswegen zur Umweltschützerin geworden? Ein psychologisches Gegenstück zur Argumentation mit Klima-Gründen, wenn wir Menschen eigentlich für andere Umweltanliegen gewinnen möchten, ist die Pflege eines Image und Selbstbildes von uns als nüchterne Realisten, wo es keinen Platz für schwammige Gründe wie Naturliebe gibt und nur rationales Nutzendenken zählt. Sie können Daten über Meeresspiegelhöhe und ökonomische Einbußen und Ernteverlustrisiken vorschieben, aber im Grunde sind Sie jemand, der Bäume umarmt: ein Ökofreak. Sie sind ein Waldliebhaber, eine Schmetterlingsguckerin, ein Schildkrötenliebkoser. Möglicherweise praktizieren Sie druidische Rituale oder verbinden sich durch Visionssuche mit Gaias Seele. All Ihre Argumente über Zukunftsfolgen, 1,5 °C oder 2 °C, Meter an Meeresspiegelanstieg, Hektar an Wald, Energieausbeute von Solarzellen oder Geschwindigkeit der Methanhydrat-Ausgasung, die Sie liefern … sie legitimieren nur Ihre rührseligen Ökofreakgefühle. Doch auch dies könnte ein Faustischer Pakt sein, bei dem der Umweltschutz sich der Sprache der Macht bedient – im Tausch für seine Seele.

Der Handel wäre das vielleicht wert, wenn er tatsächlich die beabsichtigten Ergebnisse erzielt hätte. Aber das hat er nicht. Trotz der Übernahme der datenbasierten Modelle und der aus ihnen entstandenen Kosten-Nutzen-Argumente hat sich der Zustand des Lebens auf Erden stetig verschlechtert. Wir haben versucht, vernünftig zu sein. Vielleicht ist es nun Zeit, unvernünftig zu sein. Der

Liebende bedarf keiner eigennützigen *Gründe*, seine Geliebte wertzuschätzen. Wenn wir unseren inneren Naturliebhaber annehmen und aus diesem Geist heraus sprechen, werden uns andere hören. Vielleicht haben wir die falsche Sprache verwendet, weil wir einen Geisteswandel zu erreichen versuchten, wo wir eigentlich einen Herzenswandel bräuchten.

Warum sollte ich meinen Sohn lieben?

Cam Webb, ein Regenwald-Ökologe erzählte mir: »*Die üppigen Tieflandregenwälder Borneos mit ihren Riesenbäumen (die höchsten Regenwaldbäume der Welt gibt es auf Borneo) und den vielen Arten großer Nashornvögel und den Gibbons mit ihrem schönen Gesang und den Orang-Utans sind fast verschwunden. Nachdem ich 1989 das erste Mal als unerfahrener Jüngling dort angekommen war, habe ich ein ganzes Jahr lang im Dschungel gelebt. In der Zeit sind wir oft auf einen Berggipfel geklettert und haben uns von oben angesehen, was wie Tausende von Kilometern lückenlosen Regenwaldes aussah. Wenn man heute dort steht, sieht man, dass der Park eine Insel in einem Meer von Ölpalmen ist.*«

Als ich Cam traf, war er voller Schmerz: »*Die Regenwälder, die ich mein ganzes Leben lang studiert habe, sind fort*«, sagte er. Ist er traurig, weil er indirekt eine Treibhausgasberechnung durchführt, nach der die Entwaldung Borneos den katastrophalen Klimawandel um X Prozent wahrscheinlicher macht? Natürlich nicht. Er liebt diese Regenwälder um ihrer selbst willen, nicht wegen ihrer Nützlichkeit.

Selbst wenn wir die Kohlenstoffrechnung über die Verbrennung von fossilen Treibstoffen hinaus erweitern und den Beitrag von Fischen, Gras und Bäumen zur CO_2-Speicherung einbeziehen, schätzen wir diese dann nur wegen der von ihnen produzierten Zahlen wert, nicht um ihrer selbst willen. Ob man etwas schätzt, weil es Profit einbringt oder weil es CO_2 kompensiert – instrumentalisiert und verdinglicht wird es gleichermaßen. Im nächsten Schritt wird man es unweigerlich ausbeuten und schädigen. Egal ob man es der Natur oder Menschen antut, bleibt das Ergebnis letztendlich grässlich, selbst wenn die ursprüngliche Absicht eine gut gemeinte war.

Ich bin Vater von vier Jungs, darunter ein Vierjähriger. Stellen Sie sich vor, ich sagte zu Ihnen: »Endlich sind meine Jungs erwachsen; nur einer ist noch hier. Was für eine Geld- und Zeitverschwendung, ihn zu ernähren. Ich sehe keinen guten Grund, warum ich mich um ihn kümmern sollte. Vielleicht schmeiße ich ihn raus, was meinen Sie?«

Stellen Sie sich des Weiteren vor, Sie antworteten: »Nun, Charles, wenn Sie das tun, wird man Sie wegen Vernachlässigung des Kindes einsperren. Und selbst wenn Sie damit durchkommen, wird er sich im Alter nicht um Sie kümmern. Außerdem – was sollen die Nachbarn sagen?«

»Sie haben recht«, würde ich sagen. »Ich sollte mich vielleicht doch um ihn kümmern.«

Ganz offensichtlich gibt es da bereits ein Problem, wenn ich fragen muss, weshalb ich für mein eigenes Kind sorgen sollte. Egal wie groß die Anreize bzw. die Abschreckungsmaßnahmen sind, um meine Fürsorge zu erzwingen – ich werde nicht so gute Arbeit leisten, als wenn ich aus Liebe handelte. Ich werde gerade genug tun, um negative Konsequenzen zu vermeiden. Ich werde tun, was nötig ist, das Gesetz und meine Nachbarn zufriedenzustellen. Ich werde jeden quantifizierbaren Bedarf decken, wenn man mich genau kontrolliert. Ich werde vielleicht sogar die verlangte Menge an gemeinsamer Zeit mit ihm verbringen. Aber keine noch so lange Liste quantifizierbarer erzieherischer Normen kann jemals Liebe ersetzen. Wird die gemeinsame Zeit oberflächlich oder herzlich verlaufen? Man kann mich nicht durch Geld oder Zwang oder Furcht dazu bringen, mein Kind tatsächlich zu lieben. Und wenn ich meinen Sohn nicht tatsächlich liebe, wird es ihm nicht gut gehen.

Was noch schlimmer ist: Wenn Sie das Gesetz, die Nachbarn und meine Zukunft im Alter als Gründe anführen, weshalb ich für meinen Sohn Sorge tragen sollte, deuten Sie damit an, dass es in Ordnung wäre, ihn auf die Straße zu setzen, wenn ich die negativen Konsequenzen vermeiden könnte.

Beachten Sie, dass die drei Gründe, die Sie mir genannt haben, weshalb ich für meinen Sohn sorgen sollte, ein Spiegel der Art und Weise sind, wie wir umweltfreundliches Verhalten zu erzwingen versuchen. »Man wird Sie wegen Vernachlässigung des Kindes einsperren« – wir bringen Rechtsstrafen zur Anwendung, um von Verschmutzung und anderen Verstößen abzuschrecken. »Er wird sich im Alter nicht um Sie kümmern« – wir versuchen nachzuweisen, dass »grüne« Handlungsrichtlinien im Grunde gut für die Bilanzen der Konzerne und die nationale Wirtschaft sind. »Was sollen die Nachbarn sagen?« – wir appellieren an die Folgen für ihr Image, um Konzerne und Regierungen dazu zu bewegen, die Umwelt zu schützen.

Das Ergebnis solcher Beweggründe ist häufig Regelbefolgung pro-forma, Umgehung, Ausnutzung von Gesetzeslücken und Betrug. Der Konzern, die Regierung oder die Person mag sich an den Wortlaut der Regulierung halten, während sie offensichtlichen Schaden ignorieren, der vom Gesetz nicht verboten wurde und auch nicht auf dem Schirm von Organisationen auftaucht, die darüber wachen. Belohnungen und Drohungen schaffen keine echte Fürsorge.

Ich habe gerade »Verlust an Artenvielfalt« gegoogelt, und als zweites Ergebnis kam: »Das große Sterben: Der Verlust der Artenvielfalt bedroht Milliarden Menschen«. Im Grunde beantwortet die Seite die Frage, weshalb es uns kümmern sollte, mit »weil unsere Gesundheit und unsere Lebensgrundlage bedroht sind«. Damit gibt es ein Problem: Die Antwort läuft darauf hinaus, dass es Sie nicht kümmern müsste, wenn Ihre Gesundheit und Ihre Lebensgrundlage nicht bedroht wären. Und sind sie bedroht? Ich denke schon, aber jemand, der an die Allmacht von Technologie glaubt, meint vielleicht, dass das nicht so ist. Er wird sagen, dass wir für alles einen künstlichen Ersatz schaffen werden, was die Natur uns bietet: synthetische Nahrung, Kuppelstädte mit künstlicher Atmosphäre usw. Selbst wenn man akzeptiert, dass der Verlust an Artenvielfalt unser Wohlergehen gefährdet, gibt es zudem in unserer gelebten Erfahrung wenige Belege hierfür, weil uns das moderne Dasein weitgehend von der Natur isoliert. Was macht Ihre Gesundheit gerade? Wie geht es Ihnen finanziell? Wenn Sie krank und pleite sind, können Sie dann ernsthaft sagen, das Aussterben der Bramble-Cay-Mosaikschwanzratte oder des Rabbs Fransenzehen-Laubfrosches hätte etwas damit zu tun? Wird Ihnen die Rettung des Östlichen Glattschweinswals bei der Zahlung der nächsten Miete helfen?

Wenn wir die Frage stellen »Warum sollte es mich kümmern?« und eine Antwort liefern, haben wir die Diskussion verloren. Die Sorge um andere Wesen, um das Leben und um die Erde ist uns als Menschen angeboren. Jemandem einen eigennützigen Grund anzubieten, weshalb man sich kümmern sollte, ist beleidigend. Damit unterstellt man ihm: »Ich kenne dich. Wenn nicht dein Wohlstand, deine Gesundheit und dein Ego bedroht wären, würdest du über Leichen gehen, um dich persönlich zu bereichern.« Unglücklicherweise ist dies das die *Geschichte über das Ich*, die von Wirtschaft und Genetik verbreitet wird und davon ausgeht, dass die Menschen im Grunde von Eigeninteresse geleitet sind. Dieses Denkmuster findet man überall. Warum singen die Vögel? Um ihr Territorium zu markieren und Partner anzulocken. Warum spielen Kätzchen? Um Geschicklichkeit für die Jagd zu trainieren. Warum schmecken Himbeeren so köstlich? Um Tiere anzulocken, die sie essen und die Saaten wieder ausscheiden.

Ich finde solche Antworten entmutigend und für die Betroffenen ähnlich beleidigend wie die Frage, »Warum sollte es mich kümmern?«. Ich werde an dieser Stelle nicht versuchen, eine Alternative zum neo-darwinistischen genetischen Determinismus zu skizzieren, nur einen Gedanken anstoßen, der für eine Alternative spricht: Alle Wesen sehnen sich danach, ihre Lebensenergie in überschwänglicher Weise zum Ausdruck zu bringen. Vögel singen viel mehr, als sie müssten; Kätzchen spielen mehr, als sie müssten; Himbeeren schmecken viel besser, als sie müssten. Und auch Sie, mein Freund, möchten Ihre Gaben auf schöne Weise zum Ausdruck bringen – viel schöner, als es nötig wäre, um Ihren Lebensunterhalt sicherzustellen.

Die Geschichte, die wir uns über jemanden erzählen, spricht eine Einladung an diesen Jemand aus, in diese Geschichte einzusteigen. Warum laden wir uns nicht gegenseitig zu der uns angeborenen Liebe für das Leben ein, die tief unter unseren Gewohnheiten und Sichtweisen der Getrenntheit vergraben liegt? Warum schaffen wir nicht Gelegenheiten, dieser Einladung zu folgen? Denn ich kenne Sie: Genau das werden Sie tun, wenn man ihnen die kleinste Chance dazu gibt.

Die Kommerzialisierung der Natur

Stellen Sie sich einen Moment lang vor, ich hätte Macht über Ihr Leben und Sterben. Sollte ich Ihr Leben verschonen, weil sie mir lebend mehr nutzen als tot? Sie könnten Glück haben, wenn es so ist, aber Sie können sich nicht sicher sein; was, wenn sich die Situation ändert? Was geschieht, wenn Sie für mich nicht mehr wertvoll sind?

Keine eitle Spekulation. Auf globaler Ebene fließen lebensspendende Ressourcen jenen zu, die für die globale Wirtschaft wichtig sind. Diejenigen, deren Beitrag nicht in vermarktbare Produkte und Dienstleistungen umsetzbar sind, tun sich mit dem Überleben schwer. In konventionellen Wirtschaftsbegriffen gesehen, sind sie tatsächlich lebend nicht wertvoller als tot, und das betrifft immer mehr. Nur wenn wir sie aus nicht-finanzieller Perspektive betrachten, sind sie genauso viel wert wie alle anderen.[138]

Die Einzigartigkeit und Heiligkeit jedes Wesens geht verloren, wenn man es auf eine Zahlenkolonne reduziert.

Die daraus resultierende Herabsetzung sieht man im Extremfall Menschenhandel besonders deutlich, aber auch wir erleben sie in abgeschwächter Form, wenn wir in die Rolle des Arbeitnehmers oder der Konsumentin schlüpfen. Werden wir nach unserem Geldwert beurteilt, geht es nicht mehr um unser Wohlergehen, sofern dieses nicht unseren Wert beeinträchtigt. Diese Logik zeigt sich, wenn für Arbeitnehmergesundheitsprogramme mit dem Argument geworben wird, dass gesündere Arbeitnehmer weniger Kosten verursachen. Gut. Und was geschieht, wenn die Kosten höher als der Nutzen von besserer Gesundheit sind? Dann gilt nach eben derselben Logik: Opfern wir die Gesundheit. Das ist genau das, was passiert, wenn eine Firma eine Gesundheitsgefahr entdeckt, deren Behebung zu teuer wäre. »Wir lassen es schleifen.«

Können wir bitte endlich verstehen, dass *das* die Revolution ist: alle Wesen um ihrer selbst willen zu lieben und nicht wegen ihrer Nützlichkeit? Wenn wir uns dem öffnen, wird sich nicht nur unsere Beziehung zur Natur ändern, sondern auch unser Wirtschaftssystem, das auf eben dieser Ausbeutung von Menschen für Profit basiert, also auf ihrer Nützlichkeit. Es gefällt Ihnen wahrscheinlich nicht, dass man Sie so behandelt: als ein Instrument für das Eigeninteresse eines anderen, als Konsument oder als Arbeitnehmerin, deren Wert auf null fällt, sobald Ihr Geld oder Ihre Arbeitskraft erschöpft sind. Den Geschöpfen der Natur gefällt es ebenfalls nicht. Alle Äußerungen der ausbeuterischen Geisteshaltung müssen sich gleichzeitig ändern, denn eine jede spiegelt und stützt die anderen.

Darum sind alle heute in Gang befindlichen Revolutionen ein und dieselbe Revolution.

Wie beim Menschenhandel, so bei der Kommerzialisierung der Natur. Wie die wirtschaftliche und politische Logik die Menschen behandelt, erlaubt auch die Kohlenstoffbilanzierung zu sagen: »Dieses Land ist wichtiger als jenes Land. Diese Art ist wertvoller als jene Art.« Im nächsten Schritt werden natürlich, den Zahlen folgend, jene geopfert, die weniger wertvoll sind.

Quantifizierung und Monetarisierung gehen Hand in Hand. Wenn man etwas nach einem Maßstab beurteilt hat, kann man es leicht in ein anderes Maß übertragen: Geld. Wenn wir einmal Umweltschutz mit niedrigem Kohlendioxid gleichgesetzt haben, können wir für Kohlendioxid einen Preis festlegen, um Umweltschutz mit Geld zur Deckung zu bringen. Das ist die zugrunde liegende Logik von Plänen zur »Monetarisierung von Ökosystemdienstleistungen«.

Das ist auch die Logik eines Genres umweltfreundlicher Schriften, für die beispielhaft ein Titelzusatz in *Scientific American* steht: »Fische ersparen der Welt milliardenschwere Schäden, indem sie Kohlendioxid in den Meeren speichern«.[139] Der Artikel beschreibt eine Studie, die zeigt, dass Hochseefische 74 bis 220 Milliarden Dollar an Klimawandelschäden pro Jahr verhindern. Das ist sehr viel mehr als der Wirtschaftswert der Fischereiindustrie. Darum, so schließt der Aufsatz, sollten wir unsere Fischereirichtlinien ändern.

Gut für die Fische, dass sie uns Geld sparen. Gut für die Arbeitnehmer, dass sie gesund profitabler sind als krank. Gut für die Honigbienen, dass sie wirtschaftlich so wertvolle Dienste leisten. Aber zu schade für alle anderen und alles andere, dessen Wert nach unserem Maßstab niedriger angesetzt wurde.

Kennen Sie das Gefühl der Verzauberung, wenn man einen seltenen Vogel entdeckt oder einem Tier nahekommt, wenn man einen Adler über dem Wasser sieht oder einen ausblasenden Wal im Meer? Können Sie in Zahlen ausdrücken, um wie viel ärmer Sie ohne diese Tiere wären? Kommen Sie schon! Nennen Sie mir eine Zahl! Dann wissen wir, ob sie es wert sind, geschützt zu werden.

Falls Sie sich gefragt haben, ob die Meere es wert sind, geschützt zu werden, hat der WWF ihnen freundlicherweise einen Wert zugeschrieben: 24 Billionen US-Dollar.[140] Zweifellos versucht man, ökonomische Anreize mit einem gesunden Ökosystem in Übereinstimmung zu bringen; ein lobenswerter Beweggrund. Denken Sie allerdings einen Moment darüber nach, welcher Geisteshaltung diese Art Bewertung in die Hände spielt. Sie besagt:

1. dass Geld eine geeignete Methode sei, den Wert von etwas wie Ozeanen festzulegen;

2. dass wir Entscheidungen über den Planeten aufgrund der vorhersehbaren finanziellen Gewinne bzw. Verluste treffen können und sollten; und darum,

3. dass, wenn wir mehr als 24 Billionen Dollar (sagen wir 48 Billionen) mit der Zerstörung der Meere machen könnten, wir es tun sollten;

4. dass es möglich sei, den Beitrag der Ozeane zum Wohlergehen der Menschen überhaupt vorherzusehen und zu beziffern, dass also unser Wissen ausreiche, um diese Bewertung überhaupt vornehmen zu können;

5. dass man die Meere vom Rest des Planeten trennen könne, als ob sie eine Zeile in einer Tabelle wären, die mit allem anderen nichts zu tun hat;

6. dass man Entscheidungen über die Meere aufgrund der Folgen für die Menschen treffen könne, als ob die Ozeane selbst und alles, was in ihnen lebt, keinen eigenen Wert hätten und nur ihr ökonomischer Wert, ihr Nutzen für uns zählte.

Diese Haltung ist ganz klar Teil des Problems. Wir vermüllen die Meere genau jetzt, in diesem Moment, aus finanziellen Gründen. Ich habe keine Ahnung, wie viele Billionen Dollar wir im Zuge dessen machen, aber wenn ich von zehntausend Seehunden lese, die tot auf Kaliforniens Stränden angespült werden, oder Hunderten von gestrandeten Walen in Neuseeland oder Seevögeln, die an Plastik ersticken, oder schwindenden Korallenriffen, dann weiß ich, dass unabhängig davon, wie viel wir verdienen, es nie genug sein wird.

Wir müssen begreifen, dass manche Dinge nicht messbar, aber unbezahlbar sind. Das steht im Widerspruch zur herrschenden Ideologie unserer Zeit: Die Wissenschaft behauptet, dass nichts unmessbar sei; die Ökonomie behauptet, dass alles einen Preis habe. Daher haben wir (die vorherrschende Kultur) geglaubt, dass wir mit immer umfangreicheren und genaueren Zahlen als Grundlage für unsere Technologie die Welt bezwingen könnten, und dass wir mit der größtmöglichen Ausdehnung der Märkte am effizientesten den größtmöglichen Wohlstand produzieren würden.

Wenn unsere Kontrolltechnologien mächtiger und präziser werden, warum scheint die Welt dann *außer* Kontrolle zu geraten? Wenn das globale Sozialprodukt neue Rekordhöhen erreicht, warum erleben wir dann immer mehr Armut – eine Armut, von der selbst die finanziell Reichen nicht ausgenommen sind? Weil in unseren Berechnungen etwas fehlt: das schwer Messbare und das Unmessbare, wie beispielsweise Schönheit, Freude, Leid, Sinn, Schmerz, Heiligkeit, Erfüllung, Spiel ... und der Anblick von Robben auf einem Strand, selbst wenn sie zu sonst nichts zu gebrauchen wären. Aber das ist es, was das Leben reich macht.

Ironischerweise nützt die Geisteshaltung des instrumentellen Nutzens, also die Beurteilung aller Dinge nach ihrem Nutzen für uns, nicht einmal uns selbst. Innerhalb der *Geschichte von der Separation* ist das schwer erklärlich, außer vielleicht zu sagen, wir müssen uns eben noch mehr anstrengen, wir müssen die Welt schlauer ausbeuten, nicht so kurzsichtig wie jetzt. In der *Geschichte vom Interbeing* aber ist der Grund offensichtlich: In einer Welt der innigen Beziehungen bedeutet Schaden für einen oder eines Schaden für alle. Unsere Kontrollversuche werden stets an Grenzen stoßen; unsere Vermessungs- und Vorhersagebemühungen werden nie perfekt sein. Zahlen haben ihren Platz, aber wenn wir jene Dinge auf dem Planeten bewahren wollen, die unbezahlbar sind, können wir das nicht der Mathematik überlassen. Wir können uns nicht zu Mitgefühl zwingen, indem wir uns gegenseitig Angst einjagen und darauf hoffen, dass die korrekte Bezifferung der Folgen uns davon abhält, weiteren Schaden anzurichten. (Denn Sorge um das Eigeninteresse ist es ja, die das Mitgefühl verhindert.) Wir können uns auch nicht zur Liebe bestechen in der Hoffnung, dass wir uns irgendwann um unsere Meere kümmern werden, sobald wir erkennen, wie viel Geld sie uns sparen. Der geldorientierte Geist wird uns nicht vor den Zerstörungen bewahren, die der geldorientierte Geist anrichtet.

Wenn wir den Nutzen betonen, um Nachhaltigkeit zu erreichen, bestätigen wir damit implizit, dass es ganz normal und richtig sei, Entscheidungen aufgrund von Nützlichkeit zu treffen. Das ist kontraproduktiv, weil meistens der berechenbare unmittelbare Nutzen für uns, egal ob in der Rolle eines Unternehmens oder als Konsumenten, den Planeten schädigt. Das Eigeninteresse, wie es von unserer Kultur konstruiert worden ist, sagt der Bergbaugesellschaft: »Mach aus dem Wald einen Tagebau.« Es sagt zu Ihnen: »Kaufen Sie das Smartphone mit den Mineralien aus dem Tagebau.« Es sagt vielleicht, wir könnten anderswo einen neuen Wald pflanzen, um die verlorene CO_2-Senke zu ersetzen. Es verleitet uns außerdem dazu, mit der Ausbeutung einfach weiterzumachen, denn es hilft meinem Eigennutz wirklich mehr, wenn jemand anderes – nicht ich – auf Mineralien, Profite oder sein Smartphone verzichtet.

Wie viel müsste ich Ihnen für die Abholzung eines Waldes bezahlen, der Ihnen heilig ist? Kein Betrag wäre hoch genug, so wie Ihnen auch kein Betrag hoch genug wäre, als dass Sie Ihre Mutter oder Ihr Kind der Vernichtung übereignen. Wenn wir den Wert eines Waldes oder sonstigen Ökosystems in CO_2-Sequestrierung übersetzen, besteht sein Wert nur in dieser einen endlichen Zahl. Der Wald wird entbehrlich, wenn man ihn mit etwas Wertvollerem ersetzen kann.

Bestenfalls ermöglichen finanzielle Argumente den (inneren und äußeren) Erbsenzählern, in ihrer Wachsamkeit nachzulassen und uns die Erlaubnis zu geben, aus Liebe für die Erde zu handeln: »Das geht in Ordnung. Es rentiert sich ja auch wirtschaftlich.« Unglücklicherweise sorgen sie auch für den Fortbestand der Idee, dass das Ökosystem im Grunde ein »Dienstleister« sei; dass uns der Planet gehöre und wegen seines Nutzens für uns von Wert sei, nicht aus eigenem Recht. Die ökologische Revolution muss tiefer greifen.

Rechte der Natur

Liebe ist die Revolution. Es geht nicht um intelligentere Bewertung und Nutzung der Natur; es geht um aufrichtigen Respekt für die Natur, und das kann nur erreicht werden, wenn man sie zur Gänze als Wesenheit anerkennt und sie heiligt. Wo ist das Heilige, wenn wir sie auf einen endlichen Wert reduzieren? Wir brauchen einen besseren, einen echteren Grund, wenn wir etwas für die Welt tun wollen. Wir brauchen eine Motivationsquelle, die sich nicht einmal begründen lässt.

Während ich dieses Buch schrieb, war ich versucht – und es ist mir geraten worden – zu vermeiden, Dinge wie »Die Erde ist lebendig und empfindungsfähig« zu sagen. Solche Äußerungen disqualifizieren mich in den Augen von Entscheidungsträgern, die rational formulierte Argumente benötigen. Können wir aber je rational einen Weg bis zur Liebe durchargumentieren? Das Wort rational ist in diesem Zusammenhang normalerweise ein anderes Wort für utilitaristisch. Seit wann ist Liebe rational? In Wahrheit lieben wir die Welt um ihrer selbst willen, nicht für das, was sie liefert.

Ich vermute, dass sich selbst der nüchternste Umweltschützer, der am lautesten die Leute verspottet, die die Erde als lebendig betrachten, im Geheimen nach dem Objekt seiner Verachtung sehnt. Tief innen glaubt auch er daran, dass der Planet und alles auf ihm lebendig und heilig ist. Er fürchtet sich, dieses Wissen anzurühren, obwohl es ihn so danach verlangt.

Diese Person bin auch ich. Die Vorstellung einer lebendigen, empfindungsfähigen Erde zieht mich an und stößt mich gleichzeitig ab, was die polarisierten Meinungen auf Konferenzen spiegelt, bei denen sich das technische und das spirituelle Lager gegenüberstehen. Anschuldigungen wie »naiv!«, »schwachsinnig!« und »unwissenschaftlich!« geistern durch meinen eigenen Kopf und sind Ausdruck einer inneren Verletzung. Vielleicht kann ich diesen Schmerz vorübergehend abmildern, wenn ich mich mit den Kritikern verbünde, die Kritik nach außen richte und andere beschuldige, sie missachteten die Wissenschaft und ließen sich zu Gefühlsduseleien hinreißen. Es wäre jedoch ehrlicher, meine Irrationalität zu akzeptieren. Und es wäre auch für andere inspirierender, wenn ich in ihnen dieselbe Biophilie wecken könnte, die ich auch in mir trage.

Die Vorstellung, dass unser Planet lebt, und darüber hinaus, dass auch jeder Berg, jeder Fluss, jeder See und jeder Wald ein lebendiges, ja fühlendes, zielstrebiges, heiliges Wesen ist, ist keine rührselige emotionale Ablenkung von echten Umweltproblemen. Im Gegenteil. Sie veranlasst uns, mehr zu fühlen, uns mehr zu kümmern und mehr zu tun. Wir können uns nicht länger vor unserem

Schmerz und unserer Liebe hinter einer Ideologie verstecken, die aus der Welt einfach einen Haufen Zeug macht, den wir für unsere Zwecke instrumentalisieren.

Da das instrumentelle Nutzendenken für die Weltzerstörungsmaschine von so großer Bedeutung ist, muss die Umweltbewegung darauf achten, diese Geschichte mit ihren Argumenten nicht zu stärken. Sie muss von einer anderen Geschichte ausgehen, sie vorleben und verbreiten: einer Geschichte von Fürsorge, Schönheit und Liebe. Das heißt nicht, dass wir die Folgen der Umweltzerstörung für den Menschen ignorieren sollten – denn auch wir sind schließlich Gaias Kinder –, aber wir sollten solche Argumente nicht in den Vordergrund rücken. Bisher war dies die (fast alleinige) Sprache »ernsthafter« Richtliniendiskussionen zum Klima und anderen Umweltthemen. Es hat nicht funktioniert. Vielleicht sollten wir es noch einmal mit der Sprache der Liebe versuchen.

Wenn wir der nicht-menschlichen materiellen Welt die Eigenschaft eines liebenswerten Wesens absprechen, machen wir es unmöglich, die Natur und die materielle Welt zu lieben. Wenn die Welt im Grunde aus einem Haufen gleichförmiger zweckfreier Partikel besteht, die von unpersönlichen blindwütigen Kräften gesteuert werden, was gibt es da zu lieben? Ausdrücke wie »natürliche Ressourcen« und sogar »die Umwelt« fördern solcherlei weltanschauliche Abschottung. Teilnahmsvolle Liebe entsteht durch die Erkenntnis, dass Sie ein Jemand sind, genau wie ich. Ein Kind schaut die Sonne an und weiß, diese schaut zurück. Doch dann werden wir erwachsen und wissen es besser; wir geben solche Vorstellungen als kindlich-anthropomorphe Projektionen auf. Der Wissenschaftler macht dasselbe, wenn er oder sie behauptet, nur Menschen besäßen in vollem Umfang Bewusstsein, Handlungsfähigkeit, Absicht, Verlangen und eine Seinserfahrung; dass Tiere diese Eigenschaften vielleicht besitzen, aber nur in geringerem Umfang – je »niedriger« das Tier (das heißt je unähnlicher es uns ist), desto weniger; dass Pflanzen nur rudimentäre Elemente davon in sich tragen, wenn überhaupt; und dass in Flüssen, Bergen, Erde, Wasser oder Steinen keine persönlichen Eigenschaften zu finden sind. Intuitiv aber wissen wir es besser, so wie das Kind oder ältere Kulturen. Wir wissen, dass die gesamte uns umgebende Welt uneingeschränkt ein Jemand ist, und auch jeder Teil von ihr.

Geld ist zwar ein ungenügendes Mittel, den Wert von etwas wiederzugeben, das keinen Preis hat, aber es gib ein weiteres Instrument, auf das sich Menschen geeinigt haben, das wir hier anwenden können: das Gesetz. Die wachsende *Rights of Nature* Bewegung für Rechte der Natur versucht zu erreichen, dass nicht-menschlichen Wesen ein Rechtsstatus zugestanden wird. Bisher haben Bolivien, Ecuador und Neuseeland diese Rechte in Gesetzen festgeschrieben. Polly Higgins, Anwältin für die Rechte der Erde, hat sich dafür eingesetzt, diese Rechte weltweit anzuwenden, indem Ökozid (Umweltzerstörung) neben Genozid, Kriegsverbrechen, Angriffskriegen und Verbrechen gegen die Menschlichkeit auf die Liste der Verbrechen gegen den Frieden gesetzt wird und damit unter die Rechtsprechung des Internationalen Strafgerichtshofs gelangt. *Interbeing* würde dadurch zu etwas erhoben, das mehr als eine persönliche Philosophie oder religiöse Orientierung ist. Das würde es als Grundprinzip einer anderen Art von Gesellschaft verankern.[141]

Es gab einmal eine Wissenschaft, die das Konzept der Persönlichkeit von Natur lächerlich fand. Obwohl die Wissenschaft sich jetzt verändert (z.B. erwägen immer mehr Biologen ernsthaft, dass es Pflanzenintelligenz geben könnte), würden sich auch heute noch viele fürchten, ihren seriösen Ruf zu gefährden, wenn wir sagten: »Wen interessieren Kosten und Nutzen? Wir schützen den Wald einfach, weil wir ihn lieben. Wir schützen ihn, weil er so schön ist.«

Das heißt nicht, wir sollten nie wieder Bäume fällen. Es soll heißen, dass diese Handlung nie aufgrund einer Ideologie ausgeführt werden sollte, die die Heiligkeit der Bäume und sonstigen Lebens nicht anerkennt. Wenn wir Wälder nach Festmetern oder Holzpreisen bewerten, wenn wir die Meere nach Tonnen an Protein oder Eurowert gefangener Fische bewerten, wenn wir Nationen »Ökonomien« nennen und Menschen »Konsumenten«, wenn wir Orte als Eisenerz-, Bauxit- oder Goldlagerstätten sehen, wenn wir diese Mineralien nur als Mineralien betrachten, die zufällig abgelagert worden sind und keinen Bezug zum Leben um sie herum haben, wenn wir in einem Wald oder Torfmoor nur deren Sequestrierungspotenzial sehen, dann fassen wir die Erde als Maschine auf, nicht als Organismus – als tot, nicht als lebendig.

Der Grund, weshalb unser gegenwärtiges Produktionssystem die Welt umbringt, ist, dass es von Anfang an davon ausgeht, die Welt sei tot. Was gibt es da zu lieben?

7

In einem Nashorn
die ganze Welt

Vor einigen Jahren erreichte mich folgende E-Mail einer jungen Frau, ihres Zeichens Jurastudentin an einer Elite-Universität:

Ich weine selten. Aber diese Woche weinte ich gleich zweimal. Um die Nashörner. Es bricht mir das Herz, dass sie aussterben. Ich versuche, das zu rationalisieren, um mich besser zu fühlen. Ich sage mir, dass es total irrational ist, um die Nashörner zu trauern. Warum traure ich nicht um die kleinen Garnelen, die genau hier in Südkalifornien aussterben?

Es gibt so vieles zu betrauern – Polizeigewalt zum Beispiel. Eben schreibe ich ein Memo über exzessive Gewalt im Zuge von Festnahmen, und wenn man in die Westlaw Datenbank die Suchbegriffe »exzessive Gewalt« und »qualifizierte Immunität«[142] eingibt, findet man mehr als 600000 Fälle. Und die sind nur ein kleiner Bruchteil aller Zwischenfälle mit Polizeigewalt. Die meisten werden nicht einmal gemeldet, oder sie werden nicht juristisch verfolgt. In diesem Land grassiert eine Epidemie von Polizeigewalt. Darüber könnte ich trauern. Aber hier sitze ich und lese die Berichte über diese Fälle – und es ist entsetzlich (die Anwendung von Elektroschockpistolen, das Schießen, das Schlagen, das Pfefferspray, die Verletzungen mit Langzeitfolgen, wie leicht es ist, sich dem Vorwurf exzessiver Gewaltanwendung zu entziehen), und ich weine keine Träne.

Aber dann lese ich irgendwelche Artikel über die letzten weißen Nashörner, die in Zoos auf der ganzen Welt altern, und bin am Boden zerstört. Wie können wir nur so versagt haben? Und Sie haben recht, Charles, es ist die Trauer um die sterbende Biosphäre. (Ich habe schon lange aufgehört, die Umweltkrise mit der globalen Klimaerwärmung gleichzusetzen, und ich hasse es, wenn die Leute das machen).

Da gibt es diesen Burschen in meiner Klasse. Was der von sich gibt, geht mir unter die Haut. Es sind nervige Dinge wie: »Wenn ich Bilder von McDonald's in anderen Ländern sehe oder wenn afrikanische Kinder Nike tragen, freue ich mich. Das ist so, als hätten wir gewonnen. Unsere Kultur ist die überlegene.« Ich warf ihm einen Blick zu, als er das sagte. Er weiß, wie ich denke, weil wir schon manchmal diskutiert hatten, also sagte er: »Ich kann nichts dafür, ich bin eben für Amerika.« Und ich sagte: »Ich bin für die Biosphäre.« Und er sagt: »Ich finde, wir sollten nur die Tiere behalten, die wir zum Überleben brauchen.« Und ich bin von dieser Dummheit so schockiert, dass mir die Worte fehlen. Ich brachte buchstäblich minutenlang keinen Satz heraus. Ich wollte gar nicht mit ihm reden. Mir war ein bisschen übel. Schließlich sagte ich: »Ich glaube nicht, dass das möglich ist.« Und er sagte: »Versuchen wir es doch.« So als wäre es eine gute Sache, das zu versuchen. Er macht mir Panik, weil ich denke: Was ist, wenn er recht hat? Was, wenn es in Zukunft wirklich nur mehr Beton mit Kühen, Schweinen, Hühnern und ihrer Scheiße gibt? Was würden wir machen mit ihrer ganzen Scheiße? (Davor hat er mir einmal gesagt, dass er sich nie um ein Tier kümmern könnte, dass Tierleid ihn nicht berührt.)

Ich bemühe mich wirklich, ihn nicht als von mir getrennt zu sehen. Ich saß in diesem Semester neben ihm, weil ich weiß, dass ich von ihm etwas zu lernen habe. Ich versuche, freundlich zu ihm zu sein, auch wenn mich die Dinge krank machen, die er sagt. Aber ich möchte ihm auch nicht moralisch kommen oder mich überlegen fühlen. Ich versuche, dieses Verhalten, diese Art, zu denken, zu verstehen, weil ich nie

214

auf sinnvolle Weise darauf reagieren kann, solange ich ihn nicht verstehe. Aber es ist eine Herausforderung. Manchmal kommt bei mir eine innere Bissigkeit oder Abfälligkeit an die Oberfläche, aber ich weiß, dass das nur ein Schutzmechanismus für mich ist. Irgendwelche Vorschläge?

Das Erschreckendste an diesem Kerl ist, dass er total für CO_2-Beschränkungen ist. Er glaubt an die globale Erwärmung und daran, dass sie eine Bedrohung ist und dass wir etwas dagegen tun sollten. Mir wäre ein Klimawandel-Leugner mit einem Herz für Tiere lieber. Wirklich.

Da ist noch etwas anderes außer Trauer. Die Trauer mischt sich mit so einem schrecklichen Gefühl der Hilflosigkeit. Ich habe das Gefühl, dass ich absolut keine Kontrolle über das Schicksal des Nashorns habe. Ich mache meine Arbeit, wissen Sie? Ich hatte nur Einsen im letzten Semester ... Ich bin diszipliniert. Ich bin fleißig. Aber ich mache nichts Reales.

Wie diese junge Frau weiß ich nicht, warum mich manche Tragödien tief traurig machen und andere nicht. Man könnte doch endlos heulen. Weil wir nicht wegen allem heulen können, bilden wir vielleicht eine Art emotionale Hornhaut, damit wir überhaupt funktionieren können. Von Zeit zu Zeit durchsticht etwas diese Hornhaut und schlägt eine Bresche, durch die alles andere Unbetrauerte, Schreckliche nachströmt. So kommt es, dass etwas scheinbar Unbedeutendes mich zu Tränen rührt oder mir das Herz zusammenkrampft: Eltern, die ein zweijähriges Kind zusammenschimpfen; oder himmelschreiende Ungerechtigkeit gegenüber Unschuldigen: ein Kind, das in diesem Land allein zurückbleiben muss, weil seine Eltern abgeschoben werden. Oder ein Fall von Brutalität, der mir unter die Haut geht – einer von Millionen. Jedes dieser Ereignisse steht für alle anderen. Vielmehr enthält jedes die anderen. Wenn Sie das nächste Mal zu einem anderen Planeten reisen und dort in Käfigen eingesperrte aussterbende Wildtiere sehen, werden Sie wissen, dass es auf diesem Planeten auch Altersheime gibt, in denen die Bewohner endgelagert werden. Eine Welt, in der die letzten weißen Nashörner in Zoos ihren Lebensabend verbringen, ist auch notwendigerweise eine Welt, in der es Gefängnisse, Krieg, Rassismus, Armut und Umweltzerstörung gibt. Das alles ist Teil derselben unheiligen Matrix.

Weil jeder Punkt in ihr die anderen mit einschließt, betrauern wir, wenn wir einen betrauern, zugleich alle anderen. Es spielt keine Rolle, ob es die Nashörner sind oder die Polizeigewalt, die zu Ihren Gefühlen durchdringen. Sie sind alle Ausdruck derselben Mythologie: der Geschichte von einem diskreten und vereinzelten Selbst in einer entheiligten Welt, die das Andere ist.

Wenn Sie von einem Universum aus standardisierten Bausteinen ausgehen, das keinerlei subjektive Qualitäten, keine inhärente Intelligenz und keinen Willen zur Entwicklung besitzt, dann haben wir eine so gut wir uneingeschränkte Lizenz, die Natur und die materielle Welt zu manipulieren. Vorübergehende Einschränkungen durch Folgen unseres Tuns, die das Gegenteil des Beabsichtigten bewirken, können wir prinzipiell mit etwas mehr Information und technischem Know-how vorhersagen und kontrollieren. Warum dann also nicht nur die Tiere behalten, die für uns nützlich sind? In der *Geschichte von der Separation* sind wir komplett unabhängig und getrennt von den Nashörnern. Was ihnen widerfährt, muss uns nichts angehen, außer wir lassen uns von rührseliger Sentimentalität übermannen.

Was für die Nashörner gilt, gilt auch für den Rest der belebten Welt. In der *Geschichte von der Separation* muss uns das, was der Biosphäre geschieht, nichts angehen, außer vorübergehend als rein praktische Angelegenheit, bis die Technologie so weit ist, dass wir von der Natur unabhängig sind. Das ist die Welt aus Beton und Schweinescheiße, vor der meiner Freundin graut.

Deswegen verstehe ich ihre Feststellung, dass ihr ein tierliebender Klimawandel-Leugner lieber wäre als dieser junge Mann. Liebe ist nicht mit der *Geschichte von der Separation* kompatibel. Liebe überschreitet die Grenzen des kleinen Selbst, sie schließt ein Anderes mit ein, dessen Wohlergehen Teil des eigenen Wohlergehens wird. Ohne Liebe für unseren Planeten wird es keine Heilung für ihn geben. Ein Tierliebhaber ist zumindest auf der richtigen Spur.

Wenn wir die Einstellung von Menschen wie dem Kommilitonen dieser Frau verändern möchten, werden wir mit rationalen Argumenten nicht weit kommen. Niemand kann mit logischen Argumenten überredet werden, sich zu verlieben. Vielleicht gelingt es uns, jemanden zu überzeugen, bestimmte politische Strategien mitzutragen, weil sie nützlich sind, aber den Planeten als Instrument für unseren Nutzen zu sehen – das war es ja, was uns überhaupt erst in die Bredouille gebracht hat. Das erinnert mich an die »pragmatischen« Gegner des Vietnam-Krieges und des Irak-Krieges, die Krieg als Mittel zur Durchsetzung amerikanischer Interessen nicht infrage stellten (auch nicht die amerikanischen Interessen als solche), sondern die nur sagten, dass dieser oder jener Krieg im Besonderen nicht sinnvoll wäre. Das Tor zu mehr Krieg blieb offen. Ähnlich die Aussage: »Wir dürfen keine fossilen Brennstoffe mehr verwenden, weil wir sonst geliefert sind.« Wenn hier nur mit dem vordergründigen Interesse der Menschheit argumentiert wird, bleibt nicht mehr viel über die Nashörner zu sagen. Sind wir »geliefert«, wenn sie aussterben? Wahrscheinlich nicht. Also steuern wir weiter auf eine Welt aus Beton und Scheiße zu, vielleicht mit ein paar Parks zur ästhetischen Auflockerung.

Was macht für diesen Mann und Millionen seinesgleichen die *Geschichte von der Separation*, die von der Ausbeutung und Manipulation der Welt handelt, so attraktiv? Es könnte damit zu tun haben, dass er sich selbst instrumentalisiert, ausgebeutet und manipuliert fühlt. Er selbst befindet sich in jener Lage, in die er die Tiere und den Planeten bringen möchte. Mangels echter Souveränität strebt er zumindest ein Gefühl von Kontrolle an. Wenn die Menschheit (mit der er sich identifiziert) Dinge unter Kontrolle hat, fühlt er sich gut. Ich möchte den armen Kerl nicht psychoanalysieren, aber wenn wir ernsthaft die Einstellungen verändern wollen, die die Umweltzerstörung antreiben (und es uns nicht um die psychologische Befriedigung geht, am Ende sagen zu können, dass wir recht gehabt haben), ist es wichtig, die Lebenserfahrung, die hinter dieser Weltsicht steht, zu verstehen. Ideologie und Psychologie hängen untrennbar zusammen.

Ich denke, dass diese junge Frau auf der richtigen Fährte ist, wenn sie gut zu ihm ist und gleichzeitig nicht zulässt, dass sie von ihm dominiert wird. Mit einer Weltsicht, bei der es ums Gewinnen und Verlieren geht, wird sich niemand große Mühe geben, in deinem Interesse zu handeln, wenn du ihn nicht unterwirfst, zwingst, bezahlst. In ihrem Extrem ist das eine Welt ohne Liebe, ohne echte Güte, ohne Großzügigkeit, die nicht Mittel sind, um mehr zu kriegen. Deshalb haben ungezwungene Güte und Großzügigkeit die Macht, die *Geschichte von der Separation* zu durchbrechen.

Die Güte, die meine Freundin ihrem Kommilitonen gegenüber zeigt, und ihr Wunsch, seine Welterfahrung zu verstehen, lässt sich auch auf die Ebene von Systemen und Politik übertragen. Aus welcher Geschichte heraus handeln unsere Gegner, die Täter, die, die wir beschuldigen möchten? Welche Lebenserfahrungen sind es, die für sie diese Geschichte attraktiv machen? Wo lebt sie in uns selbst noch geheim weiter? Wenn wir wissen, wie sie sich fühlen, sind wir viel besser in der Lage, den narrativen Panzer der weltzerstörenden Maschinerie zu knacken. Das nennt man Mitgefühl. Mitgefühl ist kein Ersatz für Strategie und aktives Eingreifen. Es eröffnet aber Wege zu neuen Strategien und macht das Eingreifen effektiver, weil wir unser Handeln auf die tiefer liegenden Ursachen ausrichten können, anstatt ewig nur die Symptome zu bekämpfen.

Wie ist es, ein Nashorn zu sein? Ein Polizist? Eine Vorstandsvorsitzende, ein Terrorist, eine Mörderin? Wie ist es, ein Fluss zu sein? Diese Fragen tauchen völlig natürlich auf in einer *Geschichte vom Interbeing*, in der wir auf allen Ebenen wechselseitig voneinander abhängig sind, sogar ganz elementar in unserem Sein. Das sind nicht nur psychologische Fragen. Es sind auch wirtschaftliche und politische Fragen, weil diese Systeme viel zu unserer Lebenserfahrung beitragen.

Durch die Brille des *Interbeing* kann auch das Gefühl der Hilflosigkeit der Frau, das sie am Ende ihrer Mail zum Ausdruck bringt, gelindert werden. Wie die Krisen der Welt einander wechselseitig in einer »unheiligen Matrix« enthalten, so gilt das auch für die Reaktionen darauf. Reagiert man auf eine, so reagiert man auf alle. Ich stelle mir vor, zu einem Nashorn im Gehege zu sprechen. Es fragt mich: »Was hast du mit deinem Leben gemacht, während ich ausgestorben bin?« Wenn ich ihm antworte: »Ich bemühte mich darum, die Korallenriffe zu schützen«, oder: »Ich half dabei, die US-Navy davon abzubringen, Sonar zu verwenden, das die Wale taub macht«, oder: »Ich verbrachte mein Leben damit, Menschen aus der Todeszelle zu befreien«, dann ist es zufrieden, und ich bin es auch. Wir beide wissen, dass all diese Bemühungen auf unbestimmte Weise auch den Nashörnern dienen. Ich kann dem Nashorn in die Augen schauen, seinen Blick erwidern und muss mich nicht schuldig fühlen.

Das ist etwas, was dem ganzen Spektrum an Positionen zum Klima von den Skeptikern bis zu den Apokalyptikern fehlt. Eine Welt, in der Säuglinge direkt nach der Geburt von ihren Müttern getrennt werden, in der Kinder mit Medikamenten behandelt werden, damit sie in der Schule aufpassen, in der wir Sümpfe trockenlegen und Giftmüll deponieren, in der Menschenhandel grassiert, in der Tiere in Mastparzellen gezwängt werden, in der Bestrafung mit Gerechtigkeit verwechselt wird, in der sich Wohlstand in immer wenigeren Händen konzentriert, in der Menschen einander wegen ihrer Hautfarbe hassen, ist notwendigerweise eine Welt, in der das Klima zunehmend aus dem Gleichgewicht taumelt. Und das sind nicht einfach Zeichen, das sind Ursachen. Daher hilft jemand, der an der Abschaffung jenes Systems arbeitet, in dem Kriminalität bestraft wird, das Klima zu heilen. Der ursächliche Zusammenhang zwischen Bestrafung von Verbrechen und dem Klima liegt wahrscheinlich jenseits unseres Verständnishorizonts, aber auf unbestimmte Weise erkennt das eine Anliegen das andere als ein Verbündetes. Nur vom Standpunkt jener zusammenhangslosen Weltsicht, die den CO_2-Reduktionismus hervorbringt, ist es denkbar, dass der Klimawandel irgendwie von all den anderen Dingen, die ich aufgezählt habe, zu trennen wäre.

Was einem beliebigen Teil widerfährt, widerfährt in der *Geschichte vom Interbeing* in gewisser Weise dem Ganzen. Also sind wir frei darauf zu lauschen, was uns ruft, was unsere Leidenschaft, unsere Sorge, unsere Talente weckt, sei es etwas, das groß oder klein erscheint, weitreichend oder unscheinbar. Weil jedes das Ganze enthält, können wir in unserem Eifer friedvoll und geduldig in unserer Dringlichkeit sein.

Die Betonwelt

Wir können friedvoll in unserem Eifer und geduldig in unserer Dringlichkeit sein. Wir lassen die Trauer herein, und Mitgefühl und Klarheit werden ihr nachfolgen. Staunend erkennen wir ein Wirken, das alles miteinander verwebt und die geheimnisvollen Zusammenhänge orchestriert, durch welche die Nashörner mit den Gefängnissen, mit den Korallenriffen, mit den Krebsstationen verbunden sind. Aber das beantwortet nicht die bange Sorge meiner Freundin: Was ist, wenn er doch recht hat? Was, wenn die Zukunft nur Beton mit Kühen, Schweinen, Hühnern und ihrer Scheiße bringt?

In diesem Buch nahm ich Bezug auf die Vorstellung, dass das Wohlergehen der Menschen und die Gesundheit des Planeten untrennbar miteinander verbunden sind. Unter dieser Prämisse wäre eine solche Zukunft daher nicht möglich. Ich werde jetzt die gegenteilige Vorstellung erforschen: die Idee, dass die menschliche Erfindungsgabe grenzenlos ist und dass wir die Leistungen des Ökosystems durch Technologie ersetzen können.

Mit anderen Worten: Was, wenn die *Geschichte vom Interbeing*, von der ich Ihnen erzählt habe, falsch ist? Was, wenn wir uns tatsächlich immer von den Auswirkungen unseres Tuns abgrenzen können? Was, wenn die Technik-optimistische Position im Spektrum der Meinungen über den Klimawandel die richtige und der Klimawandel nur eine technische Hürde auf dem Weg der Menschheit zu ihrer ruhmreichen Bestimmung ist?

Wenngleich es gerade im Trend liegt, den Zusammenbruch vergangener Zivilisationen auf ökologischen Verfall zurückzuführen, gibt es doch auch Kritik an diesen Narrativen. Denken Sie zum Beispiel an die berühmte Osterinsel Rapa Nui, deren Wandel von einem waldreichen Paradies voller Wildtiere zu einer baumlosen Wüste ohne große Tiere als mahnende Lektion in Sachen Überbevölkerung und Umweltzerstörung herhalten muss. Jared Diamond, der diese Erzählung in seinem Buch *Kollaps* populär machte, ist Chronist des Abstiegs einer hochentwickelten Zivilisation von mehr als fünfzehntausend Menschen zu Armut und Kannibalismus, nachdem sie die Land- und Wasservögel der Insel bis zum Aussterben gejagt und die Bäume gefällt hatten, um ihre Besessenheit mit den berühmten monolithischen Steinstatuen zu befeuern.[143] Die Parallelen zu unserer eigenen Zivilisation sind unübersehbar.

Dieses Narrativ ist neuerdings durch Terry Hunt und andere in Zweifel gezogen worden, die behaupten, dass überwiegend Ratten (die mit den Schiffen der polynesischen Siedler auf die Insel kamen) für die Entwaldung verantwortlich waren und dass die

Bevölkerungszahl nie fünfzehntausend erreicht hatte, sondern relativ konstant geblieben war, bevor die Europäer ankamen.[144] Mit anderen Worten: Auf den ökologischen Zusammenbruch folgte kein sozialer Zusammenbruch. Im Gegenteil: Trotz des ökologischen Zusammenbruchs blieb inmitten einer verwüsteten Landschaft die Bevölkerungszahl konstant und der soziale Zusammenhalt aufrecht. Sie verstreuten vulkanisches Steinmehl, das sich mit der Zeit zersetzte und ihre Gemüsegärten düngte, sie aßen Ratten als Proteinquelle und sie genossen immer noch genug Überfluss, um weiterhin ihre Steinfiguren zu errichten. Der Naturforscher J. B. MacKinnon stellt fest, dass die Bevölkerung erst nach dem ersten Kontakt mit Europäern, die tödliche Krankheiten auf die Insel brachten, einbrach und die Kultur zugrunde ging.[145] Beim ersten Kontakt waren die Einwohner mehr am Handel mit Hüten als am Handel mit Nahrungsmitteln oder anderen »Lebensnotwendigkeiten« interessiert.[146] Dies war durchaus keine verzweifelte Gesellschaft.

Geschichte ist oft eine Projektionsfläche für zeitgenössische Vorurteile. In einer Zeit, in der wir den ökologischen Kollaps fürchten, ist es natürlich, dass wir die Geschichte durch diese Brille sehen. Historische Beispiele können auch absichtlich verwendet werden, um jene Ängste zu verstärken, von der sich Umweltschützerinnen erhoffen, dass sie einen Wandel fördern. Ich denke aber, dass der Wandel, den wir brauchen, aus einer anderen Ecke kommen muss als aus eigennütziger Angst.

Für mich ist die revidierte Version der Geschichte vom Niedergang der Osterinsel gruseliger als die Vorstellung von einem Zusammenbruch, der von Umweltzerstörung herrührt. Sie lässt die Möglichkeit einer Welt aus Beton voller »Kühe, Schweine, Hühner und ihrer Scheiße« wahrscheinlicher erscheinen. Wie MacKinnon in seinem ergreifenden und aufschlussreichen Buch *The Once and Future World* schreibt:

*Die beiden Geschichtsversionen der Osterinsel repräsentieren zwei
mögliche Endpunkte für unsere globale Kultur, wenn wir auf dem jetzigen Kurs weiter auf eine immer weniger komplexe und immer stärker zerstörte natürliche Welt zusteuern. In der ersten Version ist das
Schicksal der Natur mit dem der Menschen eng verknüpft, und beide
gehen an einer sozialen und ökologischen Katastrophe zugrunde. In
der zweiten Version nimmt das menschliche Leben einen anderen Weg
als das nicht-menschliche. Das Ökosystem des Planeten ist nur mehr
eine Ruine, aber die darin lebenden Menschen harren aus, verehren
weiter ihre Götter und begehrten Statusobjekte und überleben in einer
Art futuristischem Äquivalent zur Rattendiät und den Steingärten
der Osterinsulaner.[147]*

Diese Stelle erweckt das Bild einer albtraumhaften Welt, in der die
gesamte Natur zu einer gigantischen Mastanlage und einem Indus-
triepark umfunktioniert wurde, einer Welt, in der wir den Planeten
wie eine Maschine mit technologischen Kniffen für alle materiellen
Probleme steuern und in der keine Spezies mehr besteht, die nicht
für menschliche Zwecke ausgebeutet wird. Es ist eine für das Leben
total giftige Welt mit Ausnahme von Enklaven, die künstlich aufrechterhalten werden. Es ist eine Welt, wo das Fleisch in der Petri-
schale gezüchtet wird, Landwirtschaft durch computergesteuerte
hydroponische Glashäuser ersetzt ist, Algenpools für den Sauerstoff sorgen, wo CO_2 mit Maschinen aus der Luft gesaugt wird, um
die Atmosphäre stabil zu halten, eine Welt der Entsalzungsanlagen,
der klimakontrollierten, luftgefilterten Kuppelstädte, und wo die
Erdoberfläche eine einzige Bergbaulandschaft und Mülldeponie ist.
In jener Welt ist das Leben der Menschen völlig abhängig von Technologie geworden, und wir flüchten vor der von uns geschaffenen
Hässlichkeit in künstliche oder gar virtuelle Umwelten. Können Sie
ruhigen Gewissens behaupten, dass wir nicht schon auf dem Weg
dorthin sind? In einer solchen Welt würde ich nicht leben wollen.

Keiner würde das. Aber seit Tausenden von Jahren hat sich die Menschheit als Ganzes mit jeder Entscheidung Schritt für Schritt auf eine solche Welt aus Beton zubewegt. Ich würde dieses Szenario gerne vom ökologischen Standpunkt aus als unmöglich abtun, aber was, wenn es tatsächlich möglich ist? Was, wenn uns nichts zwingt, es abzulehnen, sondern wenn wir uns bewusst für einen anderen Weg entscheiden müssen?

Klimaaktivisten sagen gern: »Wir werden jetzt mit dem Wandel beginnen *müssen.*« Vielleicht ist das Besondere am Klimawandel nicht die Drohung »Wandel oder Untergang«, sondern die sich bietende Chance, die Zivilisation neu zu orientieren, hin zur Schönheit und weg von den Zahlen. Er konfrontiert uns direkt mit den Auswirkungen unserer Macht und fragt: »In welcher Welt möchtest du denn leben?«

Egal ob immer weitere technologische Anpassungen an ein immer stärker zerstörtes Ökosystem möglich sind oder nicht – die *Idee* dieser Möglichkeit allein verlangt von uns eine bewusste Entscheidung. Könnte Umweltzerstörung uns zwingen einen Weg der Heilung einzuschlagen, wäre das schon passiert. Daher muss die Entscheidung zur Heilung auf Basis einer anderen Grundlage als reinem Zwang getroffen werden. Sie wird nicht aus Angst vor dem persönlichen Tod in unbestimmter Zukunft oder aus Angst vor dem Aussterben der Zivilisation gefällt werden.

Ich möchte noch einmal wiederholen: Wenn die Zerstörung der Umwelt die Macht hätte, uns zu zwingen, einen Weg der Heilung einzuschlagen, dann wäre das schon passiert.

Wird uns je die Entscheidung aufgezwungen, etwas zu heilen? Manche Menschen hören bei der ersten Diagnose einer Lungenkrankheit zu rauchen auf; andere rauchen nach der Kehlkopfentfernung durch das Loch in ihrer Luftröhre weiter, auch wenn der Krebs schon ihren Körper zerfrisst. Was passiert in dem kritischen Augenblick, wenn wir den absoluten Tiefpunkt erreichen und das alte Leben unerträglich wird? Wann sagen wir: »Jetzt reicht es. So geht es nicht mehr weiter«? Wann kündigen wir endlich den Job? Verlassen die Beziehung? Machen diese Reise? Beenden die Abhängigkeit? Befreien uns von jenem Groll? Meist ist es eine Krise, die eine Kursumkehr in Richtung Ganzheitlichkeit auslöst, aber die wievielte Krise die entscheidende ist, kann man nicht wissen. Jede Krise, jede Tragödie, jede neue Verletzung oder jeder Verlust ist eine Einladung, einen anderen Weg einzuschlagen. Es liegt an uns, diese Einladung anzunehmen.

Die fortschreitende Umweltzerstörung wird uns in Zukunft sicher reichlich Krisen, Tragödien und Verluste bescheren. Wenn die Angst vor weiteren Verlusten nicht reicht, dass wir unseren Kurs ändern, was dann? Das vorherrschende Narrativ der Umweltbewegung basiert (besonders wenn es ums Klima geht) auf der Angst vor negativen Auswirkungen für die Menschheit. Aber was ist unsere Entscheidungsgrundlage, wenn es nicht diese Angst ist?

Die meisten Menschen werden sagen, dass Liebe das Gegenteil von Angst ist. Diesem Stereotyp misstraue ich, weil es dem bekannten Paradigma »gut gegen böse« sehr nahe steht. Angst ist nicht immer eine schlechte Sache; manchmal kann sie Wachsamkeit und Aufmerksamkeit schärfen und zum Handeln herausfordern. Dieses Handeln kann im Dienste derer sein, die wir lieben; es muss nicht zwangsläufig im Eigeninteresse geschehen. Wir sorgen uns um das, was wir lieben, selbst wenn unsere Sorge uns selbst rational in keiner Weise einen messbaren Vorteil bringt. Manchmal opfern wir sogar unser Leben für das, was wir lieben. Liebe macht uns leidenschaftlicher, als Eigeninteresse es je vermag, und, wie Dr. Seuss es in *Der Lorax* ausdrückte:

Wenn nicht jemand wie du sich endlich kümmert, wird nichts jemals besser. Glaube mir!

Die Natur wird uns vermutlich nicht vor uns selbst retten.

Also entsteht die Sorge, die es braucht, um in einer schöneren Welt zu leben, aus der Liebe. Aber wodurch erwacht die Liebe? Ein Weg führt über Verlust, Trauer und die Erkenntnis der Sterblichkeit. Wenn ein Freund oder Familienmitglied erkrankt, dem Tod gerade noch einmal von der Schippe gesprungen ist oder in den Sterbeprozess eintritt, überwältigt die Erkenntnis, wie besonders und wertvoll dieser Mensch ist, meinen stand-by Modus und macht mich offen für eine tiefere Anteilnahme. Unglücklicherweise hat der stand-by Modus einen mächtigen Verbündeten: die Todesleugnung in der modernen Gesellschaft – ihren Fetisch für Jugend, Unvergänglichkeit und Wachstum. Die Leugnung des Todes hält auch das Leben auf Distanz. Die Liebe wird gestürzt, und an ihrer Stelle setzen wir den Heuchler namens Ego auf den Thron. Analog dazu herrscht in der modernen Zivilisation die Ideologie der Einzigartigkeit des Menschen: Für die Menschen und die menschliche Gesellschaft gelten keine Grenzen. Liebe kann nicht gedeihen, wo sich ein von allem abgeschnittenes Ego – sei es das individuelle oder das kollektive Ego der Menschheit – ungebremst aufbläht. Daher sind Tod, Verlust und Trauer die Verbündeten der Liebe.

Eine andere Verbündete der Liebe in ihrem Erblühen und in ihren Äußerungen ist die Schönheit. Wir verlieben uns in das Schöne und wir sehen Schönheit in dem, was wir lieben. Ersetzten wir als Motivation und Ziel in der Beziehung der Menschen zur Welt versuchsweise einmal zweckgerichteten Nutzen durch das Schöne. Auch wenn das Überleben in einer Welt voll Ratten und Beton möglich sein mag, ist es definitiv nicht so schön wie die »einstige und künftige Welt«, die MacKinnon beschreibt.[148] Entdecker und Naturforscher vergangener Jahrhunderte legten überwältigendes Zeugnis ab, wie unglaublich reich die Natur Nordamerikas und anderer Orte vor ihrer Kolonialisierung war. Hier einige Bilder aus einem anderen Buch, *Paradise Found,* von Steve Nicholls:

Atlantische Lachse so zahlreich, dass wegen ihres Lärms keiner schlafen kann. Inseln »so dicht bedeckt mit Vögeln wie eine Wiese mit Gras«. So viele Wale, dass sie die Schifffahrt gefährdeten, und mit ihren Fontänen brachten sie das ganze Meer zum Schäumen. Austern mehr als einen Fuß breit. Eine Insel von so vielen Reihern bevölkert, dass die Büsche rein weiß zu sein schienen. So viele Schwäne, dass das ganze Ufer wie in weißen Stoff gehüllt aussah. Kolonien von Eskimo-Brachvögeln so dicht, dass es aussah, als rauchte das Land. Zweihundert Fuß hohe weiße Kiefern. Fichten mit einem Umfang von zwanzig Fuß. Schwarze Eichen mit dreißig Fuß Umfang. Ausgehöhlte Ahorne, die dreißig Männern bei einem Sturm Schutz gewährten. Ein zweihundert Pfund schwerer Kabeljau (heute wiegen sie vielleicht zehn). Kabeljau-Fischgründe, wo »die Zahl der Fische gleich den Sandkörnern zu sein schien«. Ein Mann, der berichtete: »Mehr als 600 Fische konnten mit einem einzigen Netzwurf eingeholt werden, und ein Fisch war so groß, dass zwölf Siedler sich satt essen konnten und immer noch etwas übrig blieb.«[149]

Ich wählte das Wort »unglaublich« bewusst, als ich diese Bilder ankündigte. Unglaublich bedeutet »unmöglich zu glauben«; tatsächlich ist Unglaube eine gängige Reaktion, wenn wir damit konfrontiert werden, dass Dinge einmal erheblich anders waren, als sie es jetzt sind. MacKinnon führt dieses Phänomen, das in der Psychologie als »Veränderungsblindheit« bekannt ist, mit einer Anekdote über Fisch-Fotos von den Florida Keys vor. Alte Fotografien aus den 1940er-Jahren zeigen stolze Fischer, die mit ihren prämierten Fängen posieren – mannsgroßen Speerfischen. Wenn heutige Fischer solche Bilder sehen, weigern sie sich glatt zu glauben, dass sie echt sind.

Menschen tendieren dazu, die graduellen Veränderungen in ihrer Umgebung auszublenden und anzunehmen, dass die Dinge immer so waren und immer so sein werden, wie sie genau jetzt sind. Wir vermissen die frühere Schönheit der Welt nicht, würde MacKinnon sagen, weil wir sie nie gekannt haben.

Ich bin nicht sicher, ob wir sie nicht doch vermissen. Ich denke schon, aber wir wissen nicht, was wir vermissen. Wir fühlen eine Leere, ein Gefühl der Verarmung, einen Hunger nach etwas, das wir nicht benennen können. Übertragen auf Geld oder Konsumgüter treibt dieser Hunger ständig weitere Zerstörungszyklen an. Übertragen auf Drogen, Spielsucht oder Alkohol befeuert er das unlösbare soziale Problem der Sucht. Vielleicht bleibt die Zerstörung der Natur schließlich doch nicht folgenlos.

Selbst eine ganz kleine Berührung mit diesem verlorenen Reichtum beschenkt mich reich und verweist auf einen Überfluss, der eines Tages wiederhergestellt sein könnte. Einmal ging ich an der Nordküste Schottlands schwimmen, und ein Seehund schwamm heran, um mich zu mustern. Er reckte seinen Kopf in einem Anblick von komischer Neugier aus dem Wasser. Dieses Bild bereichert mich immer noch. Auf der Farm meines Bruders verbringe ich im Juni lange Minuten damit, die Leuchtkäfer zu beobachten, die wie Weihnachtsbeleuchtung funkeln. Es sind so viele, wie ich sie seit meiner Kindheit nicht mehr gesehen habe. Sie geben mir das Gefühl, auf der Welt zu Hause zu sein.

Als ich in Harrisburg lebte, besuchte ich täglich ein Grüngebiet in der Nähe meines Hauses. Obwohl es rundum von der Stadt umschlossen war, der kleine Flusslauf von leckenden Abflüssen verschmutzt war, die Wälder voller Zecken und Giftefeu waren und in der Nacht überall gedealt wurde, fand ich besondere Flecken, an denen ich das Spiel der kleinen Fische und die Vögel in ihren Unterschlupfen beobachten konnte. Ohne diese Stärkung damals würde ich das hier heute wahrscheinlich nicht schreiben.

Obwohl auf unserem Kurs Richtung Betonwelt schon so viel verloren gegangen ist, bleibt immer noch Schönheit übrig. Noch lebt die Erde. Jetzt ist die Zeit, das Leben zu wählen. Es ist noch nicht zu spät!

Die meisten würden eine Welt ohne Elefanten, Nashörner oder Wale als einen Verlust empfinden. Aber als Zyniker könnte man entgegnen, dass sie das bald verwinden würden; schließlich trauert auch kaum jemand mehr um den Pyrenäensteinbock oder die vielen namenlosen Arten, die jedes Jahr aussterben. In der *Geschichte vom Interbeing* aber, in der ich Beziehung bin, verarmt durch jede Art, die ausstirbt, das Netz der Beziehungen auf Erden, dem auch ich angehöre; es macht uns kleiner, reduziert uns.

Das Artensterben ist das Endergebnis einer Ideologie, die anderen Lebensformen kein uneingeschränktes Daseinsrecht zugesteht und sie nicht als dem eigenen Sein zugehörig betrachtet. Zuerst werden sie im Denken abgewertet, und am Ende steht ihre Verdrängung aus der physischen Existenz. Zuerst isoliert uns der Glaube an das Getrenntsein von unseren Mitlebewesen, die eigentlich Teil unserer selbst sind; dann gehen diese unsere Begleiter für immer zugrunde.

Diese Verarmung geht über eine vollständige Ausrottung hinaus. Viele Arten sind noch nicht vollkommen ausgerottet. In Restpopulationen überdauern sie auf winzigen Bruchstücken ihrer früheren Verbreitungsgebiete. So verschwinden sie zunehmend aus unserer gelebten Erfahrung. Außerdem leben Menschen heute fast ausschließlich in einer Sphäre aus Produkten, Medien und Innenräumen, was sie von den Lebensformen, die in ihrer Umgebung übrig geblieben sind, entfremdet. Ich kann nicht mehr als zehn Vögel nach ihrem Ruf mit Namen und Aussehen identifizieren. Können Sie es? Ich hoffe es, aber ich denke, dass die meisten in meiner Kultur das nicht können. Dieser Grad an Entfremdung ist mittlerweile normal.

Eine Folge davon ist eine immer weiter wachsende Einsamkeit, ein Schmerz, den nichts in der Welt der Innenräume, in der hergestellten Welt oder in der digitalen Welt lindern kann. Wir vermissen die Gesamtheit unserer Beziehungen in all ihrer Vielfalt. Standardisierte, digitalisierte oder abstrakte Beziehungen nähren nicht das volle Sein. Umgeben von standardisierten Waren, auf öffentlichen Plätzen voll mit Fremden, immer öfter über das Internet kommunizierend, in einer Welt der klimatisierten Häuser, des abgepackten Essens und maschinengestützter Arbeit weit entfernt von einer intimen Naturbeziehung sind wir arm im Kern unserer Existenz. Überleben wir? Ja. Aus der Perspektive der *Geschichte von der Separation* existieren wir weiterhin. Aber das ist eine bruchstückhafte, blutleere Existenz. Für ein Selbst, das wechselseitig mit allem verbunden ist, ist Existenz keine binäre Frage, die nur mit ja oder nein beantwortet werden kann. Es gibt Grade der Existenz nach dem Reichtum der Beziehungen.

Ich denke, dass die Frage »Könnten wir in einer zerstörten Welt mit synthetischen Nahrungsmitteln und Algenpools aus Beton überleben?« die falsche ist. Besser wäre zu fragen: »Was soll aus uns werden?«, »Wer möchten wir sein?«, und: »Für welche Art von Welt sollen wir uns entscheiden?«

Bei der Klimakrise und der allgemeinen Umweltkrise könnte es gar nicht darum gehen, ob unsere Art überlebt. Diese Situation könnte überhaupt eine Initiation für eine ganz neue Ausrichtung des Denkens sein. Dann wird aus der Frage, ob wir überleben können, die Frage, wie wir leben möchten. Es geht nicht länger darum, wie wir Nachhaltigkeit erreichen, sondern darum, *was* denn überhaupt nachhaltig sein soll.

Unsere Entscheidungsgrundlagen

Nehmen wir für einen Augenblick einmal den Standpunkt der Technologiebefürworter ein, die sagen, dass Klimawandel kein Problem ist, weil die menschliche Erfindungsgabe keine Grenzen kennt. Wenn dem so ist, wenn wir alles umsetzen können, worauf wir unser Denken ausrichten, warum sollten wir uns dann mit einer Welt zufriedengeben, die mit jedem Jahr hässlicher und zerstörter wird? Und warum sollten wir uns mit der inneren Verödung abgeben, die damit einhergeht? Ja, vielleicht könnten wir tatsächlich mit Technologie den Verlust der Ökosystemleistungen kompensieren. Und ja, vielleicht könnten wir den damit einhergehenden inneren Verlust auch mit Technologie lindern, mit psychiatrischer Behandlung, mit »gehaltvollen« virtuellen Welten, um damit die Verarmung der äußeren Realität zu kompensieren, mit einer Überfülle an Unterhaltung und Stimulierung, um den ästhetischen, sinnlichen und psychischen Hunger zu stillen, der vom Schwund der natürlichen Welt herrührt. Vielleicht könnten wir das.

Aber selbst wenn wir das könnten, müssten wir das nicht tun. Wir könnten diese »unbeschränkte menschliche Erfindungsgabe« in den Dienst der Ganzheit und Schönheit der gesamten Welt stellen, könnten sogenannte »Technologien der Wiedervereinigung« zur Wiederherstellung der inneren und äußeren Landschaften anwenden. Gehen wir von der wunderbaren Macht des menschlichen Willens aus, dann möchten wir die eben gestellte Frage (»Warum sollten wir uns dann mit einer Welt zufriedengeben, die mit jedem Jahr hässlicher und zerstörter wird?«) anders formulieren und fragen: »Warum *haben* wir uns mit einer Welt abgefunden, die jedes Jahr hässlicher und zerstörter wird?«

Wenn wir diese Frage nicht beantworten können, und wenn wir die Bedingungen dieser Entscheidung nicht ändern können, gibt es keine Hoffnung, dass wir den Kurs ändern werden. Dann gibt es überhaupt keine Hoffnung. Dann werden wir uns weiter mit dem zufrieden geben, womit wir uns immer zufrieden gegeben haben.

Die Grundlagen für unsere Entscheidung, uns mit einer zerstörten Welt abzufinden, sind so allgegenwärtig und wirken so unablässig, dass wir sie für die Wirklichkeit selbst gehalten haben.

Zusammen verweben sie sich zu Mythos und Erfahrung der *Separation*, in der wir leben.

Die grundlegende metaphysische Annahme der *Geschichte von der Separation* habe ich schon beschrieben: das vereinzelte und separate Ich in einem objektiven Universum, das nicht-Ich ist, bevölkert von unpersönlichen Kräften, austauschbaren Materiebrocken und konkurrierenden anderen Ichs. Hier einige Mechanismen, durch welche diese Weltsicht zur totalen Umweltzerstörung führt:

1. Durch das herrschende Geld- und Besitzsystem, das, wie ich in *Ökonomie der Verbundenheit* darlege, die Ideologie von konkurrierenden, separaten Ichs verdinglicht und rechtfertigt. Meist geht die Diskussion über den Einfluss von Geld auf die Umwelt nur so weit, die Gier der Unternehmen, die Korruptheit von Regierungen und verantwortungslose Konsumgewohnheiten zu beschuldigen. Außerhalb der linken Intelligenzschicht (und selbst dort viel zu selten) finden wir kaum eine treffende Erklärung, wie die Tiefenstruktur des Kapitalismus in seiner jetzigen Ausprägung fortschreitende Umweltzerstörung unvermeidlich macht. Das ist eine so wichtige Angelegenheit, dass ich ein ganzes Kapitel darauf verwenden werde, denn wenn wir das nicht verstehen, werden wir Strategien der nachhaltigen Entwicklung erfolglos betreiben, da wir blind für ihre inhärente Widersprüchlichkeit sind.

2. Durch reduktionistische und lineare Weltanschauungen, die immer dazu führen, dass wir die Folgen unseres Tuns unterschätzen. Die Auffassung der Natur als fantastisch komplizierte Maschine verschleiert ihre Ganzheit und die vielschichtige Bezogenheit ihrer Komponenten aufeinander. Bei einem Menschen wissen wir, dass die Schädigung eines Organs oder Gewebes für den ganzen Körper Folgen hat. Aber es ist noch nicht lange her, dass die herrschende Zivilisation begonnen hat zu

verstehen, dass das auch für den ökologischen Körper gilt. Schädigung an einer Stelle, das Aussterben einer Art, die Trockenlegung eines Mangrovenwaldes bleibt nicht für sich, sondern hat Effekte an anderen Stellen, die weiteres Eingreifen nötig machen. Zum Beispiel gilt nach der mechanistischen Weltsicht: Sind Insekten, die die Ernte zerstören, das Problem, dann sind Pestizide die Lösung. Und wenn die Pestizide als Kollateralschaden auch eine Art töten, die einen Pilz unter Kontrolle hält, dann ist die nächste Lösung ein Fungizid. Und wenn das Fungizid Netzwerke von Pilzmyzelen schädigt, die für einen intakten Boden und Wasserretention sorgen, dann ist die Lösung künstliche Bewässerung. Und wenn Bewässerung und Chemikalien die Wasserläufe belasten oder vergiften, dann ist die Lösung Wasser von irgendwo anders herzupumpen. Und das geht immer weiter so: Eine Reihe von technologischen Kniffen, die die Konsequenzen des Schadens immer weiter in die Zukunft verlagern, und die Ursachen von ihren Wirkungen trennen.

Mit anderen Worten haben wir uns dafür entschieden, die Biosphäre kontinuierlich zu zerstören, weil wir nicht wissen, wofür wir uns da entschieden haben. Ohne zu wissen, dass die Erde ein vielschichtig verbundener lebendiger Körper ist, denken wir, dass wir den Schaden eingrenzen und abschotten können. Wir sind verblüfft, wenn er anderswo in veränderter Form wieder ausbricht und wir die Ursache vielleicht gar nicht mehr erkennen können. Gefangen im linearen Denken, suchen wir wiederum nach der nächstliegenden direkten Ursache. Warum gibt es das Bienensterben? Wir versuchen, die Ursache, den Krankheitserreger, den Feind zu finden – etwas, das zu bekämpfen ist. Lineares Denken ist Kriegsdenken. So nützlich und angemessen es manchmal sein kann, führt es zu einem endlosen Krieg gegen die Feinde, die der vorige Krieg geschaffen hat, wenn es ohne Wissen um nichtlineare Rückkopplungen angewendet wird.

(Allem Anschein nach gilt dieses Muster genauso für die Politik wie für unsere Beziehung zur Natur.)

Wir befinden uns gerade in einer Übergangszeit zwischen dem linearen, kontrollorientierten Denken und dem nicht-linearen systemtheoretischen Denken. In der Genetik ist das alte Dogma »ein Gen – ein Merkmal« völlig zusammengebrochen, seit immer klarer geworden ist, dass kein Gen isoliert für sich allein wirkt. Der Traum von der Gentechnik – dass wir Organismen mit erwünschten Merkmalen ohne jegliche unerwünschte negative Folgen präzise designen können – hat sich als Fantasie herausgestellt, seit wir entdeckt haben, dass sich ein Lebewesen infolge der Veränderung eines einzigen Gens ganz neu konfigurieren kann. Der Teil ist untrennbar vom Ganzen.

Vielleicht war kein Wissensgebiet so entscheidend für diesen Paradigmenwechsel wie die Ökologie und die Gaia-Theorie. Ökosysteme sind der Inbegriff von Nichtlinearität (mit ihren Symbiosen, positiven und negativen Rückkopplungseffekten, autokatalytischen Schleifen, trophischen Kaskaden etc.), und der Planet hält durch homöostatische Rückkopplungsmechanismen eine lebensfreundliche Umwelt aufrecht.[150] Die Klimawissenschaft weiß um diese Nichtlinearität, aber sie hat die ganzen Implikationen noch nicht begriffen, besonders wenn sie vor der Aufgabe steht, ihre Erkenntnisse in eine Sprache der Politik zu übersetzen. Daher betont sie globale Variablen (vor allem Treibhausgase), die wir, im Prinzip zumindest, mit top-down Strategien kontrollieren können, während sie den Beitrag von lokal begrenzter Umweltzerstörung weniger betont.

3. Durch die getrübte Empathiefähigkeit und abgestumpfte Empfindsamkeit. Erstens verleitet uns eine Weltsicht, nach der wir andere Wesen für weniger empfindungsfähig halten, sie *nur* als wilde Tiere, *nur* als Vegetation, *nur* als Dreck zu betrachten, die keine Empathie verdienen. Das widerspricht unserer

angeborenen Herzensintelligenz und unseren pantheistischen Intuitionen, mit denen wir verstehen, dass wir in einer durch und durch lebendigen, fühlenden Welt leben. Um seine Empathie in bewusstes Handeln transformieren zu können, muss das Herz also das Hirn überwinden. Darüber hinaus ist unser wiederholtes Abstreiten von Gefühlen der Verwandtschaft mit der Welt eine Art Trauma, das unsere Empathie unterdrückt. Wir wiederholen diese Trauma jedes Mal, wenn wir einem anderen Menschen oder uns selbst vorwerfen, launisch, irrational oder rührselig zu sein, wenn Umweltschutz mit Empathie und nicht mit utilitaristischen Motiven begründet wird.

Zweitens stumpfen Traumata die Empathie und die Empfindungsfähigkeit ab. Im Extremfall führt ein schweres Kindheitstrauma zur Dissoziation. Es tut so weh, die Gefühle zuzulassen, dass das Unbewusste in seiner Weisheit eine Taubheit erzeugt, die den Schmerz abkapselt, bis das Kind groß und stark genug geworden ist, das Trauma zu verarbeiten. Bevor diese Heilung stattfindet, wird dieser Mensch einen eingeschränkten Zugang zu seiner Empfindungsfähigkeit haben. Er mag normal wirken, aber nur weil in der modernen Gesellschaft ein abgekoppeltes Gefühlsleben zur Normalität geworden ist. Teilweise ist das so, weil Vernunft und leidenschaftslose Objektivität in unserer Kultur über alles gestellt werden, und teils, weil Traumata selbst schon normal geworden sind. Ich beziehe mich hier auf die weniger offensichtlichen Formen von Traumata, die gegenüber erschreckend häufig vorkommenden Fällen von extremem körperlichen, sexuellen und emotionalen Missbrauch von Kindern, Krieg und politischer Unterdrückung, häuslicher Gewalt und ökonomischer Armut in den Hintergrund treten. Wir bemerken es kaum, so normal ist es geworden – so normal wie die eingeschränkte Empfindungsfähigkeit, die daraus resultiert.

Nicht alle seelischen Verletzungen im Leben können verhindert werden, sie sind sogar wichtig für die Entwicklung. Viele traditionelle Kulturen wussten das und machten traumatische Erfahrungen zum Bestandteil von Initiationsprozessen – Erfahrungen, die im Rahmen eines Rituals gemacht und anschließend integriert wurden. In unserer Gesellschaft läuft es oft anders: Ein Trauma wird entweder als schambehaftetes Geheimnis gewahrt, oder es versteckt sich hinter Rollenklischees von Klasse, Rasse und Geschlecht, oder es wird gänzlich unsichtbar, weil es zur Normalität wurde. Was die Gesellschaft für normal hält, ist in Wahrheit traumatisch. Von den Eltern angeschrien zu werden, sich für die eigene Sexualität schämen zu sollen, am ersten Schultag in einen Raum voll fremder Kinder gesteckt zu werden, exzessiven Darstellungen von Gewalt auf dem Bildschirm ausgesetzt zu sein, viel zu wenig oft berührt zu werden, sich nur in Innenräumen und auf Spielplätzen aufhalten zu dürfen, wegen häufiger Übersiedlungen immer wieder neue Freundschaften und Beziehungen aufbauen zu müssen, die Erfahrung, dass eine Welt zusammenbricht, wenn sich die Eltern scheiden lassen ... wenn auch nicht alles davon »Traumata« im gleichen Sinn wie direkte körperliche Gewalt sind, so trägt es dennoch zu einer Abstumpfung der Empfindungsfähigkeit bei.

Im Flugzeug schaute ich mir vor Kurzem ein paar Minuten eines Actionfilms in einer angeblich familienfreundlichen Version an. Wörter wie »bullshit« wurden zu »bullshine« und »fuck« zu »freak«. Szenen mit nackten weiblichen Brüsten waren auch herausgeschnitten worden. Nicht herausgeschnitten war eine Szene, in der in grausamer voller Länge ein Mann kopfüber durch einen gigantischen Fleischwolf gedreht wurde. Ein solcher Anblick ist sowohl Symptom als auch Mittel zur weiteren Normalisierung von traumatischen Erlebnissen. Solange die Gesellschaft einhellig befindet, dass die Fleischwolf-Szene weniger verstörend als der Anblick weiblicher Brüste ist – können wir da jemals auf eine Kursumkehr in Sachen Umweltzerstörung hoffen?

Zum Schluss gibt es auch ein Trauma, das mit der ökonomischen, sozialen und politischen Unterdrückung einhergeht. Ein verrohter oder verzweifelter Mensch richtet seine oder ihre Aufmerksamkeit aufs Überleben aus. Es stimmt nicht, dass die Unterdrückten nicht den »Luxus« haben, sich Mitgefühl »leisten zu können«. – Nach meiner Erfahrung sind arme Menschen nicht weniger empathisch als Mitglieder der privilegierten Klassen. Wenn, dann ist eher das Gegenteil der Fall. Aber die Anforderungen des täglichen Überlebens beschränken die Bandbreite, mit der diese Empathie zum Ausdruck gebracht werden kann. Denken Sie an verzweifelte landlose Bauern in Brasilien, die auf Straßen, in Minen oder auf Viehfarmen im Amazonasgebiet arbeiten müssen. Wenn sie stumpf sind gegen das Leid des Regenwaldes, dann deshalb, weil sie stumpf sein müssen, um tun zu können, was es braucht, um zu überleben.

Allgemein steht Überlebensangst im Widerspruch zu Empathie, und nicht nur die Unterdrückten leiden an ihr, auch die Unterdrücker. Das ist so, weil wir alle in einer Gesellschaft der künstlich erzeugten Knappheit leben, die ihre Mitglieder wie mit Bluthunden hetzt, schneller zu laufen als der Rest. Konkurrenz ist ein Grundbestandteil unseres Wirtschaftssystems. Wenn wir die wirtschaftlich vernünftigste Entscheidung treffen wollen, müssen wir oft unser Herz verhärten – bis es zur Gewohnheit, zum Reflex und zu einer Seinsweise geworden ist, sein Herz zu verhärten.

Lassen Sie mich die Logik dieser letzten paar Seiten rekonstruieren: Um vom Weg in die komplette Umweltzerstörung abzukommen, müssen wir uns vielleicht bewusst für einen Weg der Heilung entscheiden. Wir können nicht darauf zählen, dass uns der Kollaps dazu zwingen wird. Damit wir ihn einschlagen können, müssen wir die Bedingungen ändern, die unserer Entscheidung zugrunde liegen. Um diese Bedingungen zu ändern, brauchen wir ein anderes Wirtschaftssystem und ein anderes Naturverständnis und, noch wichtiger, wir müssen unsere empathische Fähigkeit wiederherstellen. Daher kann das Problem der Umweltzerstörung und des Klimawandels nicht von einer notwendigen sozialen, ökonomischen und schließlich persönlichen Heilung entkoppelt werden.

Es wird wehtun, wenn wir wieder fühlen lernen, wartet doch so viel Schmerz da draußen auf uns. Den äußeren Schmerz in der Welt haben wir ausgeblendet und den inneren in uns selbst unterdrückt. Außen halten Mauern aus Zement mit Stacheldraht, Mauern der Desinformation, Mauern der Gefängnisse, Mauern von Gated Communities, Mauern historischer Blindheit und Mauern des komplizenhaften Stillschweigens die dominante Kultur im Unwissen über das Leid geschädigter Völker (menschlicher und anderer). Im Inneren sind es falsche Hoffnungen, Illusionen, Süchte und medikamentöse Mittel zur Gedanken- und Gefühlskontrolle.

Ich glaube, dass wir nicht in alle Ewigkeit mit technischen Lösungen einen Weg aus dem ganzen Schaden, den wir angerichtet haben, konstruieren können; genauso wenig wie ein alkoholkranker Mensch seinen Schmerz für immer mit einem weiteren Drink hinauszögern kann. Jede technologische Antwort auf immer lebensfeindlichere Zustände bringt größere Komplikationen mit sich: kompliziertere soziale Systeme, kompliziertere Technologien. Diese Entwicklung überschreitet irgendwann einen Punkt, ab dem ein größerer Aufwand nicht mehr bessere Erfolge erzielt. Medizin, Erziehung, Regierungen und Militär, sie alle stöhnen unter der Last der aufgeblähten Verwaltungsstrukturen, die dazu führen, dass ihnen für ihre eigentlichen Aufgaben immer weniger Zeit bleibt. Es kommt der Punkt, an dem solche Systeme unter ihrem eigenen Gewicht zusammenbrechen.

Aber wiederum: Die theoretische Möglichkeit, auf einem zerstörten Planeten zu überleben, ist müßig, wenn wir stattdessen auf einer schönen, geheilten Erde leben könnten. So kann man auch sagen, dass vieles an der Debatte über den Klimawandel eigentlich auch überflüssig für jemanden ist, der dafür offen ist, den Schmerz zu fühlen, den die Umweltzerstörung anderen Wesen zufügt. Ob sie nun unser eigenes Überleben oder das unserer Enkelkinder gefährdet, die Industriezivilisation in ihrer jetzigen Form richtet schmerzlichen Schaden an, wo immer sie betrieben wird. Wäre das die einzige Form, die eine Zivilisation annehmen könnte, dann mag das vielleicht ein akzeptables Opfer sein.

Ich denke aber, dass eine andere Art von Zivilisation möglich ist. Das Alternative und Holistische, das Indigene und Traditionelle, das Innovative und Einfallsreiche und das Regenerative und Restorative markieren ihre Konturen. Nicht nur Visionärinnen haben sie schon gesehen. Sie, liebe Leserin, lieber Leser, haben sicher auch etwas vor Augen, das mal deutlicher erkennbar ist und dann wieder außer Sicht gerät, während Sie sich bemühen, im Meer von Gewohnheit und Zweifel Ihren Kopf über Wasser zu halten. Wir sind da, um einander daran zu erinnern, dass wir eine Wahl haben.

8

Regeneration

Im vierten Kapitel schrieb ich: *Wir sind aufgefordert, tiefe Fragen zu stellen, wie:* »*Wozu sind wir hier?*«, »*Was ist die Rolle der Menschheit auf Erden?*«, »*Was will die Erde?*«

Ich schrieb: *In der neuen Beziehung ... werden wir uns jedes Mal, wenn wir etwas von der Erde nehmen, bemühen, dies so zu tun, dass es sie bereichert. Wir sind uns durchaus unseres Einflusses bewusst und wir trachten nicht danach, ihn zu minimieren. Denn die Auswirkungen unseres Handelns sollen schön sein und dem Leben dienen.*

Dies ist die Maxime einer ganzen wachsenden Bewegung, die ihre Praktiken als regenerativ bezeichnet; die am besten bekannte ist regenerative Landwirtschaft.

Regenerative Landwirtschaft umfasst eine Reihe von Techniken zur Erneuerung von Boden, Wasser und Biodiversität. Dazu gehören der Zwischenfruchtbau und der Anbau von ausdauernden Pflanzen, sodass der Boden niemals freigelegt wird, die Förderung synergetischer Beziehungen zwischen verschiedenen Nahrungs- und anderen Nutzpflanzen, die Wiederherstellung des natürlichen Wasserkreislaufs und Tierhaltung in Nachahmung wild lebender Herden. Mit ihrem Schwerpunkt auf den Boden entspricht sie ganz dem ursprünglichen Geist des Biolandbaus. Das Wort »Bio« (engl.: organic) ist vom Vordenker Jerome Irving Rodale für organische (kohlenstoffhaltige) Moleküle benutzt worden, die den lebendigen Boden aufbauen. Seinem Verständnis nach ist Erde mehr als nur ein Chemikalienmix. Unglücklicherweise hat das Wort seine ursprüngliche Bedeutung verloren und ist so weit pervertiert worden, dass das US-Landwirtschaftsministerium die Bezeichnung Bio für Gemüse zulässt, das ganz ohne Erde in Hydrokultur wächst. Darum benutze ich hier nicht den Ausdruck biologische Landwirtschaft, obwohl die im Folgenden beschriebenen regenerativen Praktiken dem eigentlichen Geist Rodales entsprechend tatsächlich bio sind.

Regenerative Praktiken sind seit Kurzem ins Interesse gerückt, da durch sie schnell große Mengen Kohlenstoff gebunden und gespeichert werden können. Wie Sie bereits wissen, glaube ich, es wäre ein Fehler, Technologien aufgrund einer einzigen quantifizierbaren Eigenschaft wie Kohlenstoff zu bewerten; in diesem Fall aber entspricht Kohlenstoff dem Aufbau von Mutterboden. Mutterboden ist die Grundlage für das Leben an Land. Er ist eine lebendige Schicht auf der Oberfläche der Erde. Regenerative Bäuerinnen und Permakulturfarmer begreifen, dass es allen Wesen auf einem Hof, auch den Menschen, gut geht, wenn es dem Boden gut geht.

Eine vielversprechende Technik zur Wiederherstellung der Bodengesundheit ist das Mob- bzw. Umtrieb-Weidesystem (engl.: MIRG, management-intensive rotational grazing), bei dem die Tiere möglichst so gehalten werden, wie sie in freier Wildbahn auf natürlichem Grasland leben würden. Wenn Sie nicht aus einer Kultur stammen, die noch immer Naturweidewirtschaft praktiziert, denken Sie beim Wort Viehweide vermutlich an eine mit Kühen oder Schafen gesprenkelte Wiese, ein Bild, das man so in gesunden Ökosystemen nicht findet. In gesunden Ökosystemen gibt es Raubtiere, für die ein Feld mit verstreut stehenden Schafen einem

All-you-can-eat-Buffet gliche. Darum sammeln sich Pflanzenfresser zum Schutz in großen Herden, grasen ein Gebiet intensiv ab und ziehen dann weiter. Das Mob-Weidesystem ahmt dies nach.

Wie beim natürlichen Grasland erhalten große, dichte Herden von Pflanzenfressern die Gesundheit der Weideflächen und bauen Boden auf. Die Herde frisst hauptsächlich die Spitzen der Süßgräser und zieht dann weiter, bevor alles bis auf die Wurzel abgefressen wird. Die verbleibenden Pflanzen werden niedertrampelt und mit den Ausscheidungen gedüngt. So kann sich das Gras schneller erholen, nachdem die Herde weitergezogen ist. Der Boden wird durch die dicke Schicht zertrampelter Vegetation nicht nur vor Erosion geschützt; der Schaden veranlasst die Pflanzen, Zucker in ihre Wurzeln zu schicken und die nahrhaften Exsudate zu bilden, die zusammen mit dem Dung und zerfallendem Pflanzenmaterial Bodenorganismen nähren. Diese Organismen, besonders Regenwürmer, erhöhen die Durchlässigkeit des Bodens, sodass dieser Regenwasser aufnehmen kann. Die Tierhufe tragen ebenfalls dazu bei, weil sich in ihren Abdrücken Wasser sammelt. Wenn man Mob-Weidewirtschaft auf geschädigtem Land anwendet, wird dieses wieder lebendig. Ausgetrocknete Quellen fangen wieder an zu fließen, braune Landschaften werden grün, Vögel und diverse Wildtiere kehren zurück, jahreszeitlich vorhandene Gewässer fließen ganzjährig, und ausgelaugte Böden gewinnen an Gare und Tiefe.

Der einflussreichste Anwender der Mob-Weidewirtschaft ist Allan Savory, ein Biologe und Landwirt aus Zimbabwe, der Farmer in ganz Afrika südlich der Sahara sowie in Nord- und Südamerika bis nach Australien inspiriert und seine Methoden gelehrt hat. Sein TED-Talk zeigt atemberaubende fotografische Vorher-Nachher-Vergleiche von Land, das mit jener Methode wiederhergestellt worden ist, die er *holistische Weidewirtschaft* nennt.[151]

Seine Behauptungen haben eine erhebliche Kontroverse ausgelöst.[152] Ich neige dazu, der Pro-Seite zu glauben; erstens, weil seine

Kritiker sich nicht tiefgehend mit dem Konzept von Savory befasst haben, sondern eine oberflächliche Karikatur davon angreifen; zweitens, weil es eine regelrechte Welle von Farmern und Ranchern gibt, die seine Methoden anwenden und ihre Erfahrungen damit in alternativen Landwirtschaftsmedien verbreiten. Stichhaltige Beweise hierfür sind jedoch schwer zu bekommen, was zum Großteil an einem Mangel an belastbarem Fakten- und Zahlenmaterial liegt. Zusätzlich zur schwierigen Messung von Kohlenstoff in der Erde ist das Mob-Weidesystem kein normierter Prozess, sondern muss sich lokalen Bedingungen anpassen, sogar von einer Farm oder einem Tal zum nächsten. Das ist der Kern von Savorys Verwendung des Wortes holistisch. Die richtige Praxis kann man nur in enger Beziehung mit dem Land bestimmen.

Obwohl Daten zur Kohlenstoffeinlagerung bei der Mob-Weidewirtschaft rar sind, deuten neuere Studien auf Mengen hin, die weitaus größer sind, als die meisten Wissenschaftler für möglich gehalten haben. Eine Studie der Universität von Georgia maß 2014 auf Höfen, die von Reihenkultur auf ganzheitliches Weidemanagement umgestellt hatten, jährliche Zuwächse von acht Tonnen je Hektar.[153] Auch die Wasserretention nahm um ein Drittel zu. Weltweit werden 3,5 Milliarden Hektar Land als Weideflächen und für den Futtermittelanbau benutzt. Konvertierte man auch nur ein Zehntel davon in Mob-Weiden, könnte man (auf Grundlage der oben genannten 8 Tonnen pro Hektar und Jahr) ein Viertel der gegenwärtigen Emissionen abscheiden. (Mob-Weidewirtschaft reduziert übrigens auch Methan-Emissionen um bis zu 22 % gegenüber konventioneller Fleischproduktion).[154]

Einzelne Bauern berichten von viel höheren Zahlen bei der Kohlenstoffsequestrierung. Eine der bekanntesten regenerativen Farmen ist Brown's Ranch in North Dakota, die den Kohlenstoffgehalt mit holistischen Weidepraktiken innerhalb von sechs Jahren von 4 % auf 10 % anheben konnte. Das entspricht 20 Tonnen pro

Hektar im Jahr.[155] Regenwasser wurde auch viel besser absorbiert, von etwa einem Zentimeter Niederschlag pro Stunde mit massivem oberflächlichem Abfluss auf zwanzig.[156] Der Viehzüchter und Ackerbauer Gabe Brown und seine Familie betreiben nicht bloß holistische Weidewirtschaft, sondern wenden auch eine komplexe Mischung aus Zwischenfruchtbau und mehrschichtiger Mischkultur an. Stellen Sie sich Radieschen und Steckrüben vor, die im Schatten von Sonnenblumen wachsen. Sie bauen zielgerichtet Pflanzen mit unterschiedlicher Wurzeltiefe an. Die vielfältige Dauervegetation nährt eine große Bandbreite verschiedener Insekten, die auf natürliche Weise Schädlingsbefall eindämmen. Der Hof hat keinerlei Probleme mit dem Maiswurzelbohrer, der benachbarte Farmen plagt und in Amerika der größte landwirtschaftliche Schädling ist. Obwohl er keine Pestizide verwendet, fährt der Hof 25 % mehr Mais ein als der Bezirksdurchschnitt, und das bei weit geringeren Kosten pro Scheffel.

Ähnlich wie regenerative Weidewirtschaft verspricht regenerativer Gartenbau immense Kohlenstoffabsorption nach ähnlichen Prinzipien. Er vermeidet das Pflügen und jede andere Form der Bodenstörung und bevorzugt Deckbepflanzung, die zerquetscht oder abgeschnitten wird, um Bodenorganismen zu nähren, die daraus die nächste Humusschicht aufbauen. Laut einer Studie des Rodale Instituts würde die globale Anwendung biologischer regenerativer Techniken auf Anbauflächen über 40 % der globalen Emissionen wettmachen, während die Anwendung auf Weideland 71 % auffangen könnte.[157] Das Potenzial für landgestützte CO_2-Reduktion liegt bei über 100 % des gegenwärtigen Ausstoßes – und das enthält noch nicht einmal Aufforstung und Wiederbewaldung.

Ein weiterer eindrucksvoller Ansatz ist *syntropische Landwirtschaft*, auch Waldgartenlandwirtschaft genannt, die der Schweizer Ernst Götsch in Brasilien entwickelt hat. 1984 kaufte er sich eine

500 Hektar große Farm, die durch Kahlschlag, Maniok-Plantagen an Hängen und andere Misshandlungen schwer geschädigt worden war. In der Gegend war sie als »das trockene Land« bekannt. Götsch stellte die Gesundheit des Bodens wieder her, indem er biologische Sukzession nachahmte, Mischkulturen einführte und massive Rückschnitte im »Chop & Drop«[158]-Stil praktizierte, um organische Substanzen im Boden anzureichern. Dreißig Jahre später ist das Land völlig verwandelt. Vierzehn ausgetrocknete Quellen sind wieder zum Leben erwacht, Bäche fließen ganzjährig, die Artenvielfalt des ursprünglichen atlantischen Regenwaldes ist zurückgekehrt, die Temperaturen in der Mikroregion sind zurückgegangen, und es fällt mehr Regen. Außerdem produziert die Farm reichhaltig Nahrung, Nutzholz und andere Dinge, darunter Kakaobohnen, denen von manchen die weltbeste Qualität attestiert wird, und all das ohne irgendwelche Bewässerung, Pestizide oder Düngemittel.[159] Einer der Arbeiter dort erläutert, natürliche Wald-Sukzession werde nicht bekämpft; vielmehr beruhe die Nahrungsmittelproduktion darauf. Mit jeder neuen Ernte werde der Boden besser, Jahr für Jahr.[160] Von Götschs Vorbild inspirierte Projekte gibt es in ganz Brasilien und auch in Australien und anderen Orten.

Götsch hat die Methode nicht entwickelt, um Kohlendioxid zu binden; trotzdem stellte eine Studie von Cooperafloresta Brazil fest, sie sequestriere ca. zehn Tonnen Kohlenstoff pro Hektar, abhängig davon, an welcher Stelle des Sukzessionszyklus sie sich befindet.[161] Ich erwähne dies hauptsächlich, um nochmals zu betonen, dass der Ökosystem-zentrierte Ansatz dieses Buches nicht den Anforderungen des Standardnarrativs zum Klima widerspricht; gleichzeitig ist er von diesem in seiner Motivation aber auch nicht abhängig: Mit Wasser und Artenvielfalt im Fokus sind regenerative Praktiken sogar noch attraktiver.

Weshalb blieb regenerative Landwirtschaft bisher weitgehend unbeachtet?

Regenerative Landwirtschaft ist ökologisch sinnvoll – egal ob man sie in Hinblick auf CO_2, auf den Wasserkreislauf oder auf die Biodiversität beurteilt. Sie ist auch vom Standpunkt der Nahrungsmittelproduktion her sinnvoll. Warum bleibt sie dann trotz steigender Popularität sowohl in der Landwirtschaft als auch in der Forschung so wenig beachtet?

Weil sie unvereinbar mit eingeschliffenen Denkweisen, ökonomischen Institutionen und der wissenschaftlichen Praxis ist.

Auf Höfen wie denen von Brown und Götsch werden viele regenerative Praktiken flexibel kombiniert angewendet und an einzigartige und sich dauernd im Wandel befindliche Umstände vor Ort angepasst. Das macht es sehr schwer, die Effekte einer einzelnen Maßnahme zu isolieren und zu quantifizieren. Die wissenschaftliche Demonstration einer dieser Maßnahmen würde es erfordern, alle anderen Variablen auf mehreren Test- und Kontrollfeldern konstant zu halten. So aber funktioniert regenerative Landwirtschaft nicht. Man kann sie nicht in standardisierten Verfahren auf mehreren Parzellen anwenden, weil jeder Ort eigentümlich ist. Darum passen regenerative Praktiken nicht ins gegenwärtige wissenschaftliche Untersuchungsschema.[162] Des Weiteren haben Pestizid-, Düngemittel- und GMO-Firmen, die die meiste landwirtschaftliche Forschung finanzieren, wenig Anreiz, Studien über Verfahren zu bezahlen, die keines ihrer Produkte benötigen. Daher bleibt Information über Kohlenstoffsequestrierung, Wasserrückhaltung oder Biodiversitätsförderung regenerativer Landwirtschaft meistenteils anekdotischer Natur.

Der Mangel an belastbaren Daten wiederum verhindert, dass regenerative Landwirtschaft in den datenbasierten Entscheidungsdiskurs einbezogen wird. Wie kann man, da nun Umweltpolitik auf quantitativen Treibhausgaszielen basiert, Verfahren fördern, die sich mit der Produktion quantifizierbarer Ergebnisse schwertun? Im Vergleich mit Emissionen aus fossilen Brennstoffen ist die biologische Speicherung von Kohlenstoff im Erdboden schwer zu messen, selbst wenn wir es versuchen. Noch viel schwieriger wären die mittelbaren Vorteile von Artenvielfalt, Grundwasserneubildung usw. quantifizierbar.

Es ist nicht etwa so, dass Entscheidungsträgerinnen Götschs Leistungen nicht beeindruckend fänden (sein Film ist auf der Pariser Klimakonferenz gezeigt worden); sie sind nur schwer in gegenwärtige datenbasierte Strategien übersetzbar. Letztlich sind wir dazu aufgefordert, anders mit der Welt umzugehen. Nur leblose Dinge lassen sich auf einen Datensatz reduzieren. Eine Zivilisation, die die Welt als lebendig betrachtet, wird lernen, andere Arten von Information in ihre Entscheidungen einzubeziehen.

Regenerative Landwirtschaft ändert mehr als nur Methoden. Sie verändert auch die Weltanschauung und die Fundamente unserer Beziehung zur Natur.

Regenerative Landwirtschaft versucht, die Natur nachzuahmen und daran teilzuhaben, anstatt sie zu dominieren. In der ganzheitlichen Sichtweise regenerativer Landwirtschaft werden Probleme wie unfruchtbarer Boden, Wasserverlust und Schädlinge als Symptome der Disharmonie zwischen Landwirt und Land verstanden. Statt gegen die Probleme zu Felde zu ziehen, versucht die Bäuerin ihre Methoden so anzupassen, dass diese die Gesundheit des Bodens und des Wassers, die Zusammensetzung der Arten usw. wieder herstellen, und zwar in einem Prozess, in dem sich die Beziehungen vertiefen.

In vielerlei Hinsicht passen regenerative Methoden wie Direktsaat und Mob-Weidewirtschaft nur schlecht zum landwirtschaftlich-industriellen Komplex der Gegenwart, der mit Standard-Inputs zu vorhersehbaren Kosten durch standardisierte Prozesse erzeugte normierte Produkte bevorzugt. Regenerative Praktiken bedürfen genauer Kenntnisse der Mikro-Bedingungen am jeweiligen Ort. Was in Österreich funktioniert, muss nicht ebenfalls in Kamerun funktionieren, oder auch nur im benachbarten Tal. Was letztes Jahr geklappt hat, könnte dieses Jahr versagen.

Es gibt keine Formel, nach der man berechnen kann, wie lang eine Herde in ihrer Koppel bleiben muss, damit sich der Boden bestmöglich regenerieren kann. Der Bauer muss die Bedingungen prüfen und sie unter Einbeziehung früherer Erfahrungen abwägen – seiner eigenen, der seines Vaters, Großvaters und der Nachbarn. Er muss aus Versuchen lernen und sein Wissen mehren. Es gibt auch keine Formel, um zu berechnen, wie tief ein Wasserrückhaltegraben[163] auszuheben ist und wie man ihn bepflanzt, um so viel Wasser wie möglich zurückzuhalten. Es gibt keine Formel für den besten Saatmix. All das ist vom Kontext abhängig. Daher können Bauern niemals ungelernte Arbeitskräfte sein.

Damit ein regeneratives landwirtschaftliches System funktioniert, müssen Bauern sich so auf das Land einlassen, als wäre es eine einzigartige Person. Sie müssen lernen, Bedürfnisse und Stimmungen wahrzunehmen. Allan Savory geht barfuß, um subtile Informationen vom Land aufzunehmen, das er betritt. Das Wissen um einen Ort wird über die Spanne einer Lebenszeit und auch über Generationen aufgebaut, es wird Teil der lokalen Kultur. Diese Art Beziehung unterscheidet sich komplett von industrieller Landwirtschaft, die Landstücke lediglich in so und so vielen Standardeinheiten bemisst, die in Form von pH-Wert, Nitrat-, Phosphor-, Kalium- oder Regenmengen beschreibbar sind. Regenerative Landwirtschaft passt nicht in das industrielle Produktionsmodell, bei dem Normierung und Skalierbarkeit angestrebt werden.

Ein Lebensmittelsystem, das von einer engen Beziehung zum Land ausgeht, wird einen anderen Platz in der Gesellschaft einnehmen als das gegenwärtige System. Zunächst einmal kostet es viel mehr Zeit, also muss ein viel größerer Anteil an der Bevölkerung Land- oder Gartenwirtschaft betreiben.

Heutzutage verdient weniger als 1 % der Bevölkerung der Vereinigten Staaten ihr Einkommen mit Landwirtschaft. Zuvor sind die Zahlen von ca. 67 % 1850 auf 50 % 1880 und 10 % 1955 abgesunken. Sogar in absoluten Zahlen ist die landwirtschaftliche Bevölkerung von ihrem Höchststand von 32 Millionen im Jahr 1910 um 90 % gefallen.[164] In anderen Ländern zeigt sich ein ähnlicher Trend.[165] Demographen und Menschen, die sich mit dem Klima beschäftigen, nehmen diesen Trend als gegeben hin. Oft liest man Aussagen wie: »Bis 2050 werden 70 % der Weltbevölkerung in Städten leben.«

Diese Tendenz muss sich ändern, wenn wir in einer guten Beziehung zur Erde leben wollen. Verstädterung ist weder ein Naturgesetz noch eine unausweichliche Entwicklungsstufe des Menschen. Sie wird von ökonomischen und technologischen Umständen vorangetrieben, darunter der Mechanisierung in der Landwirtschaft und ihrer zunehmenden Ausrichtung auf Warenproduktion. Urbanisierung entwurzelt uns. Sie entfremdet Menschen von Orten, in denen sie über Generationen verwurzelt waren. Sie entfernt uns vom Land. Ja, die Städte haben eine Rolle zu spielen; der Archetyp Stadt wird und soll nicht vom Angesicht der Erde verschwinden. Städte können Brutstätten wundervoller kultureller Vielfalt sein, alchemistische Schmelztiegel für Produkte, die nur an Orten mit einer hohen Menschendichte hergestellt werden können. Doch viele ruft das Land. Tatsächlich zeigt die Tendenz zur Urbanisierung in einigen Industrieländern bereits Zeichen der Umkehr. Laut einer Zählung des US-Landwirtschaftsministeriums wächst die Zahl der Jungbauern seit 2007 wieder und macht damit einen Langzeittrend rückgängig.

Ich höre oft Widerspruch gegen die Beschäftigung von mehr Menschen in der Landwirtschaft wie: »Du hast leicht reden; du mit deiner Arbeit bist privilegiert und weißt nicht, wie hart und schwer Landarbeit ist.« Dieser Einwand ist in mehrerlei Hinsicht unrichtig, nicht zuletzt, weil ich viel Zeit mit körperlicher Arbeit auf dem Hof meines Bruders verbringe. Landarbeit im Rahmen industrieller Landwirtschaft unterscheidet sich stark von solcher auf kleinen, vielfältigen Biohöfen. Auf letzteren sind auch die Tätigkeiten vielfältig; selten verbringt man Stunde um Stunde, Tag für Tag mit Bohnenpflücken oder Traktorfahren. In der industriellen Landwirtschaft ähnelt die Arbeit der Fabrikarbeit: Sie ist monoton, gleichförmig und entmenschlichend. Es verwundert keineswegs, dass ihre letzte Stufe buchstäblich die Ent-Menschlichung ist in dem Sinn, dass Menschen durch Maschinen ersetzt werden. Der techno-utopische Traum der Befreiung von Arbeit scheint verlockend, wenn wir als selbstverständlich hinnehmen, was der Aufstieg der Technik aus Arbeit gemacht hat.

In der *Geschichte vom Aufstieg* wäre eine Rückkehr aufs Land ein Rückschritt. Ihr zufolge waren wir dazu bestimmt, uns über Arbeit, Stofflichkeit und Dreck zu erheben; himmlisch war besser als irdisch, hoch besser als niedrig, sauber besser als schmutzig, Geist besser als Körper, und die obersten sozialen Klassen waren am weitesten vom Land entfernt. Die neuen rechnergesteuerten robotischen Hydrokulturgemüsefabriken sind das unausweichliche Ergebnis hiervon. Verstehen Sie nun, welch großen Wandel es bedeutet, das Landleben wieder schätzen zu lernen und sich mit der stofflichen Welt wieder zu versöhnen, die uns so lange fremd gewesen ist?

Die Prognosen von zunehmender Verstädterung nehmen genau das als gegeben hin, was geändert werden muss.

Einen hungrigen Planeten ernähren

Ich hoffe, die obige Beschreibung regenerativer Farmen hat die Vorstellung widerlegt, dass nur mit industrieller Landwirtschaft ein hungriger Planet ernährt werden kann. Letztere ist nicht nur langfristig unnachhaltig, sie ist noch nicht einmal in der Lage, Biolandbau kurzfristig zu überflügeln. Quantitative Beweise dieser Aussage sind aber eben schwer zu beschaffen. Die meisten regenerativen Höfe haben es nicht nötig, die Produktivität ihrer Flächen zu maximieren.

Einige Leser mögen einwenden, wissenschaftliche Studien zeigten immer wieder, dass biologisch erwirtschaftete Ernten geringer ausfallen als solche aus konventioneller Produktion. Hier müssen wir uns ansehen, was diese Studien voraussetzen. Die hohen Erträge kleiner Mischfarmen sind schwer messbar, weil sie oft verschiedenste Feldfrüchte anbauen, die ihren Weg nicht auf die Warenmärkte finden, sondern lokal über CSA-Projekte verteilt oder auf Wochenmärkten verkauft werden, manchmal außerhalb der Geldwirtschaft. Außerdem wenden traditionelle Formen von Landwirtschaft häufig Rotations- und Mischanbau an. Ein biologisches Feld mag weniger Mais als ein GMO-Feld erbringen, aber was ist mit der Gesamtproduktion eines Maisfeldes, in dem auch Bohnen und Kürbisse wachsen, und das von freilaufenden Hühnern patrouilliert wird, die sich um die Schädlinge kümmern? Was ist mit Früchten und Gemüse zweiter Wahl, die an Schweine und anderes Vieh verfüttert werden?

Optimale Ergebnisse erzielt man nach langer, oft generationenübergreifender Erfahrung, die in enger Beziehung mit dem jeweiligen Hof angewendet wird. Vergleiche biologischer und konventioneller Landwirtschaft werden häufig mit Biofarmen angestellt, die erst kürzlich von konventionellen Methoden auf Bio umgestellt worden sind. Äußerst selten werden sehr weit entwickelte Höfe berücksichtigt, wo Boden, Wissen und Methoden über Jahrzehnte vertieft und verfeinert worden sind.

Ich habe meinen Bruder gefragt, der ein Biogemüsebauer mit 50 Hektar Land ist, wie er seine Nahrungsmittelproduktion auf ökologisch nachhaltige Weise maximieren könnte (zurzeit bewirtschaftet er nur ein Zehntel des Landes). Auf seine typische lakonische Art erwiderte er: »Mit 200 Leuten.« Würde er den (150 Jahre lang schwer durch wiederholten Holzeinschlag geschädigten) Wald als Waldgarten bewirtschaften, Regenrückhaltebecken anlegen und Fische darin halten, den Anbau auf mehrjährige Pflanzen, Mischfrucht und Direktsaat umstellen, die Wiesen in Mob-Weidewirtschaft betreiben und aus seinem Kompost Biogas gewinnen, um Wärme und Strom zu erzeugen, könnte er zwanzig Mal mehr Nahrung produzieren als heute. Doch diese 200 Helfer für die Umsetzung all dieser Maßnahmen hat er nicht; er hat jahreszeitlich bedingt zwischen einem und zehn. Darum ist er mit seinem Betrieb darauf ausgerichtet, einen hohen Ertrag pro Person statt pro Fläche zu erwirtschaften.

Das könnte erklären, weshalb kleine Höfe überall auf der Welt Großbetriebe bei Weitem an Leistung übertreffen. Was 1962 zuerst von Wirtschafts-Nobelpreisträger Amartya Sen festgestellt wurde, ist nun von zahlreichen Studien in vielen Ländern belegt. Die wohl am besten bekannte neuere Studie untersuchte kleine Farmen in der Türkei, wo es noch immer ein starkes Fundament traditioneller kleinbäuerlicher Landwirtschaft gibt.[166] Die Kleinfarmen dort übertrafen Großbetriebe um das Zwanzigfache, trotz (oder wegen?) ihrer zögerlicheren Akzeptanz moderner Methoden. Aber das Narrativ von der modernen Landwirtschaft als Welternährer ist so stark, dass die Organisation für wirtschaftliche Zusammenarbeit und Entwicklung (OECD) feststellte, man müsse »die Flächenzerstückelung aufhalten« und »das stark zerstückelte Land zusammenlegen«; dies sei »unabdingbar zur Steigerung der landwirtschaftlichen Produktivität« in der Türkei.[167]

Natürlich können kleine Höfe ebenso die Umwelt zerstören wie Großbetriebe, aber im Allgemeinen geschieht der schlimmste Missbrauch im industriellen Maßstab. Kleine Farmer sind viel besser in der Lage, sich intensiv um ihr Land zu kümmern, die Zeichen zu deuten und flexibel zu reagieren.

Im übertragenen wie auch im buchstäblichen Sinn brauchen wir eine Rückkehr zum Land. Unglücklicherweise fördert die Politik der USA das Gegenteil, indem sie aggressiv die Interessen der globalen großen Agro-Konzerne forciert. Glücklicherweise leisten viele Länder, Orte und Bauern dem Widerstand. Insbesondere Frankreich, Deutschland, Venezuela und Russland haben den Anbau von genetisch modifizierten Pflanzen verboten. Russland verbietet auch den Import; dies ist Teil des nationalen Umschwenkens auf Biolandbau. Hier geht es nicht nur um GMOs, sondern um das gesamte industriell-landwirtschaftliche Modell, das dahinter steht.

Ist es möglich, rechtzeitig zu einem radikal andersartigen landwirtschaftlichen Modell überzugehen, um eine ökologische Katastrophe zu verhindern? Meine Kollegin Marie Goodwin hat ein Treffen der regionalen Planungsgruppe Delaware Valley zu Ernährungssicherung und kultivierbarem Land im Großraum Philadelphia besucht. Die Darstellung der Vorsitzenden zeigte, dass es weit weniger Farmland in der Region gab, als notwendig wäre, um im Falle eines Zusammenbruchs des allgemeinen Lebensmittelsystems alle zu versorgen. Marie wies darauf hin, dass genug Land verfügbar wäre, alle zu versorgen, wenn man Rasenflächen einbezöge. Die Vorsitzende wies das zurück. »Es ist unmöglich«, sagte sie. »Wir könnten die Leute nie dazu bringen, zu Hause so viel Nahrungsmittel anzubauen, dass das wirklich ins Gewicht fällt.«

Marie führte ins Treffen, dass in den USA während des zweiten Weltkriegs 40 % des damaligen Gemüseanbaus, das waren ungefähr neun bis zehn Millionen Tonnen, in den *victory gardens* angebaut wurde. In Großbritannien lag der Anteil sogar noch höher.

Dies ist ein gutes Beispiel, wie unsere Vorstellung darüber, was möglich oder realistisch ist, von kulturellen Sichtweisen abhängt. Kulturelle Sichtweisen können sich ändern, müssen sich ändern und werden sich ändern. Wenn »realistisch« bedeutet, dass alles beim Alten bleiben soll, dann müssen wir aufhören, so »realistisch« zu sein.

Betrachtet man den ruinösen Kurs, auf dem wir uns befinden, wäre die passendere Vokabel wohl eher »fatalistisch« und nicht »realistisch«. Ich möchte noch einmal Eileen Crist zitieren:

Fatalistisch betrachtet, scheint sich die industrielle Konsum-Zivilisation auf Schienen zu befinden, die sie nicht verlassen kann, ohne zu entgleisen. Man geht zwar davon aus, dass Einzelheiten der Zukunft nicht vorherzusehen sind, die groben Linien jedoch (im Guten wie im Bösen) auf mehr Desselben hinauslaufen. Fatalismus sieht den Lauf der Geschichte (der Menschheits- und damit einhergehend der Naturgeschichte) als unabwendbare Entwicklung infolge der Wucht gegenwärtiger Trends. Durch die schiere Trägheit gewaltiger Kräfte werden sich die gegenwärtigen Muster globaler Wirtschaftsexpansion – mehr Konsum, Bevölkerungswachstum, Umwandlung und Ausbeutung des Landes, das Töten wilder Tiere, Artensterben, chemische Verseuchung, der Raubbau der Meere usw. – aus fatalistischer Perspektive weiter entfalten.[168]

Wenn es eine ernstzunehmende Genesung des Planeten geben soll, muss »Unmögliches« wie die Rückkehr von mehr Menschen zur Landwirtschaft möglich werden. Wir sprechen hier in der Tat von einer vollständigen Transformation der Gesellschaft.

Ja, wenn wir uns ernähren und zugleich auch das Land heilen wollen, würde das mehr Zeit pro Person für die Nahrungsmittelproduktion erfordern. Es könnte erfordern, überall Hausgärten zu unterhalten, und die Regierung müsste diese fördern. Vielleicht 10 bis 20 % der Bevölkerung müssten in der Landwirtschaft tätig sein, nicht nur 4 % oder gar nur 1 %. Angesichts global wachsender Arbeitslosigkeit sollte das kein Problem darstellen.

Russland könnte ein Modell für zukunftsweisendes Vorgehen sein. 2003 machte Russland das »Gesetz über den Privatbesitz von Gartengelände« bekannt, das jeden Bürger zum Besitz eines steuerfreien Grundstücks als Garten oder zur Erholung berechtigte; es beschleunigte die dortige Datscha- und Ökodorf-Bewegung. 2016 lieferten kleine Flächen fast die Hälfte aller Nahrung in Russland.[169] In vielen Industrieländern machen es Landwirtschaftsverordnungen, Bebauungspläne, Baugesetze usw. schwer oder auch illegal, ökologischen Anbau zu betreiben, speziell für Kleinbauern. In Amerika beispielsweise haben Bedenken bezüglich Lebensmittelsicherheit zum Verbot von Mischbetrieben mit Viehhaltung und Pflanzenanbau geführt. Keine Enten mehr, die Schnecken fressen, keine Hühner mehr, die die Insekten unter Kontrolle halten, keine Hunde mehr, die die Felder vor Waldmurmeltieren und Rehen schützen. Komplizierte Regelungen, die geschaffen worden sind, um das verantwortungslose Verhalten großer Produzenten in Schranken zu halten, können den Kleinbauern, dem keine Rechtsabteilung für den Papierkrieg zur Seite steht, unverhältnismäßig viel Zeit und Geld kosten. Die Regulierungen sind für und zum großen Teil durch Großproduzenten geschaffen worden. Neuere Regulierungsvorschläge enthalten die Forderung, dass jede Viehbewegung dokumentiert werden muss. Dies ist für einen Viehhalter mit Tausenden von Schweinen oder Hühnern, die gelegentlich im Pulk bewegt werden, kein Problem. Für einen kleinen Ökobauern, der vielleicht ein paar Dutzend Köpfe Vieh und eine kleine Geflügelschar hält, die konstant in Bewegung sind, ist es unmöglich, die Auflagen zu erfüllen.

Auch außerhalb der Landwirtschaft gibt es Regulierungen, die mit ökologischen Anforderungen nicht harmonieren. Kleinsthäuser verstoßen gegen Größenbestimmungen des Baugesetzes;

Eigenheime mit Komposttoiletten und Grauwasser-Aquaponik-Systemen müssen zusätzlich teure und unnötige Abwassersysteme installieren.

Unsere Gesellschaft in Einklang mit ökologischer Genesung zu bringen ist nicht unmöglich; es bedarf lediglich der Veränderung unserer Auffassungen, Prioritäten und Gesetze. Die Natur tendiert zur Ganzheit, wenn wir uns dem nur angleichen, anstatt darum zu kämpfen, dass alles beim Alten bleibt.

Auf der Ebene nationaler und globaler Handlungsrichtlinien würde der Übergang zu regenerativer Landwirtschaft erheblichen politischen Willen und politische Führung erfordern. Viele Farmer sind heutzutage bis an ihre Grenzen durch Schulden belastet und können sich ein paar Jahre mit niedrigerem Einkommen während der Umstellung ihres Hofes schlichtweg nicht leisten. Zur Unterstützung der Umstellung braucht es Formen staatlicher Zuschüsse. Ich glaube, die beste Methode bestünde darin, die gegenwärtigen Subventionen – Landwirtschaft wird in vielen Ländern bereits hoch bezuschusst – neu zuzuordnen. In den USA fließen 85 % der Subventionen den größten 15 % der landwirtschaftlichen Unternehmen zu.[170] Die jährlichen Agrarsubventionen betragen in den USA mindesten 20 Milliarden Dollar, in der EU sogar noch mehr.[171] Würde man nur die Hälfte davon in dreijährige Übergangssubventionen umwandeln, könnten einhunderttausend amerikanische Kleinbauernhöfe pro Jahr je 100.000 Dollar Zuschüsse erhalten. Das wäre langsam genug, Störungen in der Nahrungsmittelversorgung zu vermeiden, und gleichzeitig schnell genug, erhebliche ökologische Fortschritte zu erzielen. Es wäre mir eine Freude, die Serviette, auf der ich die Rechnung aufgestellt habe, dem Parlament zur Verfügung zu stellen.

Dann gibt es da das Arbeitsproblem – das eigentlich gar keines ist. Auch hier brauchen wir lediglich Ressourcen neu zu verteilen. In den USA liegt die Jugendarbeitslosigkeit bei mindestens 10 %

und bei fast 20 % in Europa. Regierungen auf der ganzen Welt, speziell in den Vereinigten Staaten, geben große Summen aus, junge Menschen davon zu überzeugen oder gar zu zwingen, ins Militär einzutreten. In der amerikanischen Arbeiterklasse und der Unterschicht nutzen viele das Militär, weil sie das Bedürfnis zu dienen spüren, aber auch, weil sie in anderen Bereichen (außer illegalen Drogen) wirtschaftlich keine Chance sehen. Unglücklicherweise beruht dieser Idealismus auf veralteten Narrativen wie: »Amerika bringt der Welt Freiheit und Demokratie«, die eigentlich Geschichten zur Verschleierung von Imperialismus sind. Da die Zeit des Imperiums zu Ende geht, verlieren diese Geschichten ihre Kraft und machen beim Militär, speziell bei den Veteranen, einem schleichenden Zynismus Platz. Wenn ich so unbescheiden sein darf, einen Vorschlag zu machen: Was wäre, wenn wir diesen beiden Bedürfnissen, dem des Dienstes an der Welt und dem der ökonomischen Sicherheit, entgegenkämen, indem wir ein Öko-Korps gründen, das sich der ökologischen Genesung und dem Dienst am Leben auf der Erde widmet?

Ökologische Genesung hilft beiden Seiten: Die Arbeit mit Pflanzen, Tieren, Erde und Wasser ist therapeutisch enorm wohltuend.[172] Modalitäten wie Garten- und Naturtherapie zeigen beeindruckende Ergebnisse bei gefährdeten Jugendlichen, Gefängnisinsassen, Veteranen und chronisch Kranken, was nicht überrascht, wenn man Gesundheit als Verbundensein und Krankheit als Entfremdetsein begreift. Ganz besonders psychiatrische Probleme verbessern sich durch Interaktion mit der Natur; es scheint, als wären die meisten dieser Probleme in der Tat Symptome eines »Natur-Defizit-Syndroms«. Zustände wie ADHS, Depression und Angststörungen werden besser oder lösen sich ganz auf, wenn die Person regelmäßig in sinnstiftende Beziehung zur natürlichen Welt tritt. Die Genesung von Individuen, Gesellschaft und Welt gehen Hand in Hand.

Das Wasser heilen

Im kohlenstoffzentrierten Klima-Narrativ erhalten ökologische Heilungsversuche, die nicht direkt zur CO_2-Sequestrierung beitragen, wenig Aufmerksamkeit. Das muss sich ändern, wenn Wasser, wie ich erörtert habe, mindestens so wichtig wie Kohlenstoff für die Erhaltung des Klimagleichgewichts ist.

Ich möchte betonen, dass die oben vorgestellten Methoden regenerativer Landwirtschaft den Wasserkreislauf in hohem Maß begünstigen. Im Gegensatz zu Browns Ranch mit ihrer Wasseraufnahmekapazität von 20 cm pro Stunde fließt auf einer konventionellen Farm das meiste Regenwasser entweder ab und nimmt dabei Mutterboden mit, oder es bildet Pfützen, die schnell verdunsten. Dieses Wasser erreicht nie das Grundwasser.

Ganz allgemein gilt, dass das, was für den Boden gut ist, auch für das Wasser gut ist. Gesunde Wasserkreisläufe sind ein günstiger Nebeneffekt gesunden Bodens.

Dann wiederum gibt es Methoden mit der erklärten Absicht, einen gesunden Wasserkreislauf wiederherzustellen, bei denen der Aufbau von Bodenkrume ein günstiger Nebeneffekt ist. Diese Methoden sind speziell in Gegenden von Bedeutung, die von Wüstenbildung betroffen sind, denn sie halten den Prozess auf und können ihn sogar rückgängig machen.

Zu den durch Wasserknappheit am meisten gefährdeten Ländern gehört Indien. Massiver Grundwasserverbrauch zur Bewässerung hat zu schnell sinkenden Grundwasserspiegeln und ausgetrockneten Brunnen geführt. Also gräbt man tiefere Brunnen – eine offenkundig kurzsichtige Lösung. In Rajasthan dagegen hat Rajendra Singh, der auch »Indiens Wassermann« genannt wird, eine Bewegung zur Einführung einfacher Wasserrückhaltestrukturen inspiriert und damit eine jahrtausendealte Technik wiederbelebt. Dabei handelt es sich u.a. um *Johads*, Strukturen, die Wasser für späteren Gebrauch so speichern, dass es auch einfach langsam im Boden versickern kann; außerdem werden Erdwälle angelegt, die kleine Reservoire entstehen lassen, und Rückhaltedämme, die den Abfluss nach schweren Regenfällen verlangsamen und das Wasser bis ins Grundwasser absickern lassen. Singhs Arbeit löst einen positiven Kreislauf aus, da bessere Wasserverfügbarkeit zu mehr Vegetation führt, damit zu geringerer Erosion, besserer Wasseraufnahme und in der Folge besserer Grundwasserverfügbarkeit. Der Anbau wird produktiver, sodass die ländliche Bevölkerung, analog zum Wasser, nicht länger in die Städte abfließt. Mehr Arbeitskräfte vor Ort bedeuten größere Kapazitäten für den Erhalt der Johads und Dämme. Singhs Ideen sind in über eintausend Dörfern implementiert worden, die Tausende Wasserrückhalteprojekte unterhalten und Millionen Bäume gepflanzt haben. Fünf versiegte Flüsse der Region sind wieder zum Leben erwacht und fließen nun ganzjährig.[173]

Ein mit Singhs Arbeit verwandtes Konzept stellen »Wasserretentionslandschaften« dar; sie nutzen Terrassen, Böschungen, Senken und Teiche, um während der Regenperiode Wasser zu sammeln, damit dieses ins Grundwasser sickert statt abzufließen. Meine erste Begegnung mit Wasserretentionslandschaften fand in der Ökosiedlung Tamera im Süden Portugals statt, einer Region, wo einst ganzjährig fließende Gewässer nun nur noch saisonal fließen und die Wüste sich ausbreitet. Als ich nach mehreren Stunden Fahrt durch braune staubige Landschaften in Tamera ankam, hat mich dort eine Explosion von Grün überrascht: Mehrere Teiche und kleine Seen waren von Obstbäumen, Gärten und Wäldern umgeben, und das mitten in einem von Dürre geprägten Sommer.

Mein erster Verdacht war, dass sie das Grundwasser angezapft hatten. Aber es handelte sich bei dem von Erddämmen in Seen zurückgehaltenen Wasser um den im vorigen Winter gesammelten Regen. Mein zweiter Verdacht war, dass diese Gemeinschaft (die hauptsächlich aus deutschen Auswanderern besteht) die Landschaft in anmaßender Weise umgestaltet hätte. »Wie habt ihr entschieden, wo die Seen angelegt werden sollten?«, fragte ich. Sie antworteten, dass sie das Land mehrere Jahre lang genau beobachtet hätten, bis sie verstanden hatten, wo das Wasser sein wollte. Diese Einstellung ist beispielhaft für die enge Beziehung mit der Natur, die vor jeder praktischen Maßnahme da sein muss.

Wasserrückhaltung verlangsamt den Vorgang, bei dem Regen ins Meer zurückkehrt, und vervollständigt so, was der ebenso geniale wie umstrittene österreichische Naturforscher Viktor Schauberger den »vollen Wasserkreislauf« genannt hat. Im halben Wasserkreislauf verdunstet Wasser aus dem Meer, fällt als Regen über Land, fließt in Wasserläufe und schließlich zurück ins Meer. Im vollen Wasserkreislauf sickert das Wasser in die Erde und verbleibt dort Wochen bis Jahrzehnte, bevor es wieder als Quelle auftaucht. Schauberger war Anfang des 20. Jahrhunderts ein früher Kritiker der Entwaldung, die er als Ursache für die Unterbrechung des vollen Wasserkreislaufs erkannte.

Wasserrückhaltung kann auch in städtischen Gebieten praktiziert werden, mithilfe durchlässiger Oberflächen, Baumpflanzung, Auffangbecken und Hauszisternen zur Regenwasserspeicherung. Ohne solche Maßnahmen können Städte enormen Schaden in den umliegenden Kommunen und Ökosystemen anrichten. Los Angeles hat 1913 die berüchtigten Wasserkriege losgetreten, als man begann, das Schmelzwasser aus der Sierra Nevada umzuleiten. Auch heute dominiert die Stadt noch die Wasserressourcen der Region und gibt pro Jahr eine Milliarde Dollar für die Wasserbeschaffung aus. Gleichzeitig zahlt die Stadt eine halbe Milliarde Dollar für die Beseitigung von Wasser – zur Regenwasserableitung. Wie viele Orte hat Los Angeles sowohl zu viel als auch zu wenig Wasser – Überflutungen und Trockenheit. Diese gehen Hand in Hand. Überflutungen und Trockenheit sind beides Folgen von einer geringen Kapazität des Bodens, das Regenwasser zu absorbieren. Wasserrückhaltung verlangsamt den Abfluss und kann beides verbessern und damit sowohl Wüsten als auch Städte wieder begrünen.

Möglich ist dies nicht nur auf Bauernhöfen und in Städten, sondern auch in gigantischem Maßstab. Eines der eindrucksvollsten Projekte zur Umkehrung der Wüstenbildung ist das Projekt zur Wiederherstellung des Löss-Plateau-Wasserhaushalts im Norden Chinas, das durch den Filmemacher John D. Liu bekannt geworden ist. Die Löss-Ebene dieser Region war eine Wiege der Zivilisation, die nur vom antiken Mesopotamien übertroffen worden ist und ein ähnliches Schicksal erlitten hat. Liu zufolge haben bis zum Jahr 1000 Entwaldung und unnachhaltige landwirtschaftliche Praktiken ein üppiges Wald- und Grasland in eine ausgedörrte erodierte Ödnis verwandelt, die wie eine Wüste aussieht, obwohl sie bescheidene Niederschläge erhält. Diese fließen aber zu 95 % sofort ab und hinterlassen dabei riesige Erosionsgräben. Sie verleihen dem Gelben Fluss seine charakteristische Farbe.

Das Ergebnis des Sanierungsprojekts kann man in Lius erstaunlichen Vorher/nachher-Aufnahmen betrachten: Das Land ist buchstäblich wieder zum Leben erwacht. Die Verwandlung wurde durch einen enormen Aufwand an Arbeit, Geld und Planung ermöglicht. Die Bewohner vor Ort wurden in großer Zahl rekrutiert, um Erdwälle, Terrassen und andere Wasserrückhaltebauten zu errichten. Sie pflanzten Bäume, gaben die Kultivierung ungeeigneter Hänge auf und schränkten das Abgrasen durch Schafe und Ziegen ein. Von wesentlicher Bedeutung war auch ihre Beteiligung an der Planung des Projekts; ihre Arbeit ist subventioniert worden, und man hat ihnen Land im sanierten Gebiet gegeben. Zum Schluss ist eine Fläche von ca. 35000 Quadratkilometern (etwa die Größe Belgiens) für etwa eine halbe Milliarde Dollar wiederhergestellt worden. Worte können der Transformation der Landschaft nicht gerecht werden, aber Lius Film hat ähnliche Projekte in Ruanda, Äthiopien, Jordanien und anderen Ländern angeregt.

Solche Projekte zeigen, was möglich ist, wenn der kollektive Wille der Menschen mit der Genesungsfähigkeit der Erde in Einklang gebracht wird. Sie zeigen, was möglich ist, wenn wir uns kollektiv für das Schöne entscheiden statt für Masse. Einen Vorbehalt gibt es jedoch: Es braucht den Willen, aktiv eine Wahl zu treffen. Andernfalls werden wir weiter in die Richtung schlittern, die uns unsere Trägheit vorgibt.

Ist so etwas global möglich? Ist es machbar? Realistisch? Nein, wenn wir davon ausgehen, dass die Gesellschaft so bleibt, wie wir sie kennen. Ja, wenn wir bereit sind, das loszulassen, was unwandelbar schien. Eine halbe Milliarde Dollar in zehn Jahren ist nichts im Vergleich beispielsweise zum globalen Militärhaushalt, der ungefähr 3300 Mal so groß ist. Wenn man nur 10 % der Militärausgaben auf die Sanierung des Wasserhaushalts verwendete, würde dies etwa 330 Projekte wie das am chinesischen Löss-Plateau finanzieren. Die Erde bittet uns um sehr wenig.

Gut, ich gebe zu, der letzte Satz stimmt nicht ganz. Die Erde bittet uns um sehr viel. Sie verlangt eine Änderung der wesentlichen Prioritäten unserer Zivilisation. Die Erde fordert, dass wir sie als heilig betrachten. Die Erde will, dass wir sie als Lebewesen sehen. Die Erde ruft uns dazu auf, unsere Zivilisation und alle ihre Institutionen entsprechend neu zu ordnen. Geld, Regierung, Gesetz, Technologie … all das muss sich ändern. Darum ist die ökologische Krise für die Menschheit eine echte Initiation.

Mensch und Planet brauchen einander

Wenn ich in der Öffentlichkeit über die Krise des Planeten spreche, meldet sich häufig jemand aus dem Publikum in protestierendem Tonfall zu Wort, um mir mitzuteilen, dass es sich überhaupt nicht um eine Krise des Planeten handle. Dem Planeten gehe es gut, egal was wir Menschen tun. Nicht Gaia sei bedroht; wir seien es.

Diese abgedroschene Behauptung klingt nach Demut für die enorme Kraft der Natur; tatsächlich aber ist sie eine unterschwellige Form menschlicher Überheblichkeit und zeugt von Geringschätzung der Zweckhaftigkeit der Natur. Wenn wir bejahen, dass Gaia ein Lebewesen mit einem Lebenszyklus und einer Bestimmung ist, dann können wir nur annehmen, dass die Menschheit zu einem evolutionären Zweck entstanden ist. Jede Spezies, jedes Kind Gaias, hat einen Part zu spielen; wir sind da keine Ausnahme. Das Erfüllen dieser Rolle ist somit von elementarer Bedeutung für den Planeten.

Stellen Sie sich vor, Sie würden über eine Mutter mit einem schwerkranken Kind sagen: »Nicht die Mutter oder die Familie ist bedroht, nur das Kind. Sorgen Sie sich nicht um die Mutter. Auch wenn das Kind stirbt, wird es ihr gut gehen.« Nur wenn wir das Leben als einen zufälligen Biofilm auf einem kreisenden Felsen verstehen, können wir die Ahnung missachten, dass der Menschheit Gaben anvertraut worden sind und sie sich aus Liebe verpflichtet fühlt, der Evolution auf dem Planeten Erde zu dienen. Nur wenn man verneint, dass Gaia ein zusammenhängendes, bewusstes Wesen mit Absichten ist, kann man sich vorstellen, dass das Überleben der Menschheit keine Rolle spielt.

Die Natur bringt eine neue Art nicht zufällig hervor. Vor zehn oder zwanzig Jahren wäre diese Aussage eklatant unwissenschaftlich erschienen, weil sie dem Prinzip widerspricht, dass Evolution durch zufällige Mutation mit nachfolgender natürlicher Auslese geschieht. Heute machen Forschungen zu Epigenetik und biologischer Genmanipulation klar, dass sich Gene, Organismen und die Umwelt gemeinsam in eng verwobener nichtlinearer Partnerschaft entwickeln. Evolution ist zielgerichtet.[174] Nein, ich rede hier nicht *Intelligent Design* das Wort, es sei denn, wir sprechen über die der Natur innewohnende Intelligenz. Die Natur selbst hat Ziele; sie bedarf keiner Gottheit, die solche von außen einimpfen müsste. Diese Gottheit, die im Bilde des menschlichen Ingenieurs geschaffen worden ist, setzt sich zur Ruhe. Keine neue Gottheit bürdet einem leblosen Uhrwerk-Universum Intelligenz auf. Die neue Gottheit *ist* die Intelligenz eines lebendigen, heiligen Universums. Das Ziel, das die Evolution der Arten lenkt, entspringt größeren lebendigen Ganzheiten. Die Umwelt schafft für ihre Ziele Organismen, genau wie die Organismen für ihre Ziele die Umwelt verändern. Die Teile erschaffen das Ganze, und das Ganze erschafft die Teile.

Das Ganze hat seinen Zielen gemäß auch Menschen erschaffen.

Die Vorstellung, der Planet komme ganz gut ohne uns zurecht, ist natürlich beruhigend, aber sie ist auch fatalistisch. Ein ähnlicher Fatalismus resultiert aus der Entfremdung von seiner Bestimmung. Diese ruft eine gewisse Ziellosigkeit hervor. Nun, da die Menschheit ihre alte *Geschichte vom Aufstieg* und dem Triumph ihrer techno-utopischen Bestimmung hinter sich lässt, erleben wir tatsächlich eine kollektive Ziellosigkeit. In dieser Geschichte waren wir selbst unser Ziel. Dieses Ziel hat sich erschöpft. Wir sind nun bereit, uns etwas Größerem zu widmen.

In der *Geschichte vom Interbeing* sind uns Gaben anvertraut worden, und wir fühlen uns aus Liebe verpflichtet. Hier wird uns klar, dass das Durchlaufen der gegenwärtigen Initiationskrise von planetarer Tragweite ist. Aus den Trümmern dessen, was wir glaubten zu wissen, kann etwas Anderes entstehen.

Das Wilde pflegen

Die von mir beschriebenen regenerativen Methoden wurzeln in einer Geisteshaltung und einer Art, Beziehungen einzugehen, die Zehntausende von Jahren vor die Zivilisation zurückreichen; es gibt sie sogar als rezessives Gen innerhalb der Zivilisation – das Saatkorn der Zukunft.

Dieser Abschnitt ist nach einem Buch von Kat Anderson benannt, das die Beziehung zwischen den vorkolonialen indigenen Ureinwohnern Kaliforniens und dem Land beschreibt. Anderson zerstört den Mythos, dass Jäger-Sammler-Völker lediglich Bewohner einer unberührten »Natur« gewesen seien, und weist ihre vorsätzliche, kontinuierliche Einflussnahme auf die Zusammensetzung von Biotopen und auf Arten in ihrem Territorium nach. Ganze Landschaften, die dem ungeübten Auge weißer Siedler wild erschienen, waren alles andere als das. Anderson schreibt:

Durch Niederwaldwirtschaft, Beschnitt, Eggen, Säen, Jäten, Verbrennen, Graben, Ausdünnen und selektives Ernten förderten sie die gewünschten Eigenschaften bestimmter Pflanzen, erhöhten die Zahl nützlicher Pflanzen und veränderten die Struktur und Zusammensetzung von Pflanzengemeinschaften. Das regelmäßige Abbrennen vieler Vegetationsarten überall im Gebiet schuf besseren Lebensraum für Wild, beseitigte Gestrüpp, minimierte die Gefahr katastrophaler Feuer und begünstigte die Vielfalt von Nahrungspflanzen. Insgesamt ermöglichten diese Ernte- und Bewirtschaftungsmethoden jahrhunderte-, wenn nicht jahrtausendelang nachhaltigen pflanzlichen Ertrag.[175]

Als weiße Siedler die erstaunliche Fülle an Fisch, Wild und wilder Pflanzennahrung bestaunten, die den Indianern, so schien es, ein Leben in Faulheit ermöglichten, als Jon Muir die Herrlichkeit des kalifornischen Central Valley mit seinen endlosen Wildblütenwiesen pries, sahen sie tatsächlich einen ausgeklügelten Garten, der generationenlang liebevoll gepflegt worden ist. Laut den Ältesten, die Anderson interviewt hat, war »Wildnis« kein positives Konzept in der Kultur der Ureinwohner; es bedeutete, dass das Land nicht gut gepflegt wird; es bezog sich auf Land, in dem die Menschen nicht ihrer Pflicht nachkamen, das Leben zu schützen, zu verbessern und zu entwickeln.

Man kann unschwer erkennen, wie die Vorstellung, die faulen Ureinwohner lebten in »jungfräulicher« Wildnis, das Eindringen in ihr Territorium erleichterte. Sie bewohnten es schließlich ja nur; sie erschlossen es nicht, machten nichts damit und ließen es verlottern. Die Ideologie der Wildnis und die Ideologie der Eroberung sind ein und dasselbe.

Was den Europäern wie ungezähmte Wildnis vorkam, war tatsächlich die Frucht jahrtausendelanger absichtsvoller Einflussnahme durch die Menschen. Indem sie »Wildnis« oder »unberührte Landschaft« dazu sagten, nahmen sie sich das Recht, das Land zu besetzen, zu kultivieren, zu »erschließen« und zu »verbessern«.

Diese Haltung richtet noch immer Schaden in Gegenden wie Brasilien an, wo die Amazonasstämme, die ihre Anrechte auf das Land ihrer Vorfahren durchzusetzen versuchen, die angestammte Bewohnung des Gebiets nachweisen müssen. Die Schwierigkeit besteht darin, dass ihre Prägung des Landes nicht von der Sorte ist, die die Regierung leicht (an)erkennen kann. Sie haben keine bleibenden Farmen oder Behausungen errichtet. Die Ideologie der »Wildnis« täuscht über die Gegenseitigkeit ihrer Beziehung zum Land hinweg.

Es ist verzeihlich, dass die Naturschützer der Moderne den menschlichen Einfluss minimieren möchten, denn der menschliche Einfluss, den wir im Industriezeitalter gesehen haben, lässt den mitfühlenden Beobachter vor Entsetzen schaudern. Es ist verzeihlich, wenn wir die Ethik befürworten, »keine Spuren zu hinterlassen«. Es ist verzeihlich, dass wir uns eine Zukunft vorstellen, in der die Menschheit sich in Kuppelstädte, Raumkolonien oder virtuelle Realitäten zurückzieht und es der Natur überlässt, ihr einstige Vollkommenheit wieder herzustellen; wenn man sie als Naturschauspiel oder Erholungsort betrachtet, sie vielleicht als Geist ohne Fußabdruck besucht und dabei Beobachter bleibt, aber nicht Teilhabender ist.

Tending the Wild steht für eine andere Vision, die uns von Auffassungen befreit, die uns die Industriegesellschaft übergestülpt hat. Statt Null-Einfluss regt Anderson einen positiven Einfluss an; statt keine Spur zu hinterlassen regt sie an, eine schöne Spur zu hinterlassen oder Zeichen der Heilung zu setzen. Wir sollen uns fragen: »Was ist unsere angemessene Rolle und Funktion im Dienst der Gesundheit, Harmonie und Evolution dieses Ganzen, dessen wir ein Teil sind?«

Wir haben wirkmächtige Gaben von Hand und Kopf, die sich in Technologie und Kultur äußern. Diese Gaben waren nicht für uns allein gedacht. Sie sollten der Ganzheit und der Evolution des Lebens dienen.

Es stimmt schon, dass wir als Zivilisation unsere Gaben nicht dafür genutzt haben. Auch vorindustrielle Völker haben verheerende Schäden angerichtet und zur Wüstenbildung im Nahen Osten und anderen Regionen sowie zum Verschwinden der Großtiere Nord- und Südamerikas beigetragen. Letzteres ging mit dramatischen Veränderungen der Vegetationszusammensetzung einher. Das Aussterben des Mammuts, des Mastodons und anderer Großtiere führte dazu, dass Wälder in vielen Teilen des Kontinents Savannen ersetzten und die Artenvielfalt[176] und die Nährstoffverfügbarkeit[177] stark sanken. Vielleicht lag es an der Tragik dieses Aussterbens, dass die Neuankömmlinge in Nordamerika ihre besondere Aufmerksamkeit dem Erhalt und der Mehrung dessen widmeten, was vom biologischen Reichtum des Kontinents noch übrig war.

Nur weil jemand eingeboren ist, heißt das noch lange nicht, dass er oder sie oder die Kultur wissen, wie man in gegenseitig förderlicher Harmonie mit der Welt lebt. Jede Kultur muss das zuerst lernen. Außerdem erfordert jede Entwicklungsstufe neues Lernen.

Das Aussterben von Großtieren und anderen Tieren und Pflanzen war oft eine Folge der Besiedelung durch Menschen. Wir sehen dies in Australien, Amerika, Neuseeland, Madagaskar und Polynesien, und das legt nahe, dass Umweltzerstörung durch Menschen gewissermaßen unvermeidbar ist; ihr Ausmaß hat im Lauf der Zeit stark zugenommen. Schlussendlich aber haben die Bewohner an allen diesen Orten wieder zu einem Gleichgewicht mit dem Land gefunden. Meistens handelte es sich, wie der biologische Reichtum der beiden Amerikas veranschaulicht, um ein Gleichgewicht der Fülle und Artenvielfalt. Also ist es möglich, dass der Mensch nicht nur als Zerstörer auf den Plan tritt. Wir können aus unseren Fehlern lernen, unsere Gaben ausreifen und sie einem anderen Zweck widmen.

Wenn das stimmt, haben wir eine Menge von indigenen Völkern zu lernen, die das Land und die Gewässer ihrer Heimat nachhaltig geschützt und bereichert haben. In manchen Fällen können wir von ihnen konkrete Methoden lernen, aber wahrscheinlich geht es vor allem darum, ihre Mentalität zu übernehmen, mit der sie jene Methoden entwickelt haben, denn die Umwelt von vor 10000 oder auch 500 Jahren ist womöglich für immer verloren. Diese Mentalität ist ein Produkt des Weltbildes, die ich die *Geschichte vom Interbeing* nenne, einer Geschichte, die die vielfältigen Mythologien indigener Völker eint. Praktisch gesprochen ist damit die Ausbildung enger, respektvoller Beziehungen mit der Natur in ihrer spezifisch-lokalen Ausprägung gemeint. Durch ausgiebige genaue Beobachtung und Interaktion mit der Natur können wir Antworten auf Fragen erhalten wie: »Was will der Fluss?«, »Was möchte der Berg?« und »Wovon träumt das Land?«

Es sind Fragen, die vermutlich lange, genaue wissenschaftliche und nicht-wissenschaftliche Beobachtung zu ihrer Beantwortung brauchen. Es gibt keine feste Formel, mit der man bestimmen könnte, welches Land von zusammengedrängten Herden abgeweidet und welches Land ganz vor Beweidung geschützt werden sollte. Es gibt keine feste Formel, welche exotische Art als »invasiv«

kontrolliert und welche wegen ihres Beitrags zu einem neuen Gleichgewicht willkommen geheißen werden soll.

Letztere Fragestellung spiegelt sich in der Debatte zwischen der konservativen Ökologie, die den Schaden an der Umwelt rückgängig machen und einheimische Arten wieder einführen möchte, und der »neuen Ökologie«, die die Prämissen hinter dem Konzept der Wiederherstellung infrage stellt. Die Wissenschaftsautorin Janet Marinelli beschreibt die Kluft zwischen ihnen folgendermaßen:

In einer Zeit, da die Wiederherstellung von Wäldern und anderen Ökosystemen zunehmend an Bedeutung gewinnt, wird das vorherrschende Paradigma der konservativen Ökologie bis ins Innerste erschüttert. Konservative Ökologen, für die die Rückführung des Landes in den Zustand vor der Ankunft der Europäer auf dem [amerikanischen] Kontinent noch immer die Grundlage, wenn nicht sogar das selten ausdrücklich genannte Ziel darstellt, liegen sich mit den sogenannten Neuen Ökologen in den Haaren, die einheimischen Spezies das Primat abstreiten, welches ihnen das Bewahrungsdenken zugesteht; sie favorisieren die »neuen Ökosysteme« aus einheimischen und exotischen Spezies, die in zunehmendem Umfang auf dem Planeten vorherrschen.[178]

Diese Passage deutet eine neu entstehende Synthese zwischen den Positionen an. Die Wiederherstellung von Ökosystemen erfordert offensichtlich menschliches Eingreifen, aber nicht notwendigerweise zur Wiederherstellung ihrer einstigen Verfassung, sondern eines gesunden Zustands. Ihr früherer Zustand ist jedoch nicht irrelevant. Historisches Wissen kann helfen, die Bedürfnisse des Landes zu verstehen, woher sie rühren und wie man sie stillen kann. Keine allgemeingültige Formel kann uns beispielsweise sagen, wann eine invasive Spezies kontrolliert werden muss und wann sie tatsächlich bei der Wiederherstellung des Gleichgewichts in einem geschädigten Ökosystem hilft.[179]

Weder »Vertrauen in die Natur« noch die »Renaturierung von Ökosystemen« liefern ein zuverlässiges Handlungsrezept. Die Frage ist nicht, ob wir uns beteiligen sollen, sondern wie. Ohne Rezept bleiben uns nur die ortsspezifische, genaue Beobachtung und das offenherzige Erforschen, geprägt vom Verständnis der nichtlinearen lebendigen Natur jedes biologischen Wesens. So können wir die Weisheit gewinnen, wie wir uns an der Wiederherstellung der Gesundheit des von uns bewohnten Ortes und des Planeten beteiligen können.

Bei allen regenerativen Praktiken, die ich in diesem Kapitel beschrieben habe, steht ein gemeinsamer Gedanke Pate: Die Erde lebt. Was lebt, kann geliebt werden. Was wir lieben, dem möchten wir helfen. Wenn das von uns Geliebte krank ist, möchten wir sein Leid lindern und bei seiner Genesung behilflich sein. Je besser wir es verstehen, desto besser können wir uns an seiner Genesung beteiligen.

9
Energie, Bevölkerung und Entwicklung

Da Klimawandel heute im Hauptfokus des Umweltschutzes steht, drehen sich Debatten zur Nachhaltigkeit zunehmend um Energie. Im Gegensatz zu Artenvielfalt und Gesundheit von Ökosystemen ist Energie leicht zu messen, was dazu verleitet, eine nachhaltige Gesellschaft mit nachhaltigen Energiequellen gleichzusetzen. Energie ist für die quantitative Analyse leicht zugänglich, also versuchen wir den Energieaspekt aus dem Gewebe sozialer und ökologischer Abhängigkeiten herauszulösen und getrennt zu behandeln.

Beim ersten Versuch, ein Kapitel über Energie zu schreiben, war der Zahlenfreak in mir entzückt von der Aussicht, ganz in die Welt netter, sauberer Zahlen einzutauchen. Ich versenkte mich in die Details von Emissionsfaktoren pro Kilowatt Elektrizität, Energieeffizienz und Erntefaktor, relativen Vorteilen und Risiken verschiedener Arten erneuerbarer Energien, Maximal- und Minimalprognosen usw. Unbewusst beeinflusst von der Vorstellung, dass jede »ernstzunehmende« Debatte der Energiefrage zahlenbasierte Argumente heranziehen müsste, fühlte ich mich moralisch verpflichtet, etwas dazu beizutragen. Ich wollte wissen: Ist es möglich, auf nachhaltige Energie umzuschwenken oder nicht? Je mehr ich las, desto unklarer wurde das, denn die Ansichten der verschiedenen Autoritäten stehen sich diametral gegenüber. Ich konnte mich nicht mehr konzentrieren und fühlte mich niedergeschlagen.

»Checke ich doch noch einmal meine E-Mails. Soll ich vielleicht ein paar weitere Artikel lesen? Oder vielleicht schaue ich mir *Game of Thrones* an.« Mir wurde langsam klar, weshalb sich die Öffentlichkeit scheinbar apathisch und passiv verhält. Wie anders sich das gegenüber dem Zustand anfühlte, wenn ich meine Lieblingsarbeit mache: Dann kann ich kaum damit aufhören. Faulheit, innerer Widerstand, Zögerlichkeit, Dinge vertagen – möglicherweise sind das gar keine Probleme; vielleicht sind das Symptome. Vielleicht sind sie die Stimme, die dem Mann im Labyrinth sagt: »Bleib einfach stehen!«

Und das habe ich getan. Da begriff ich, dass in allem, was ich las, die Fragen nicht weit genug gefasst und die Prognosen für den günstigsten Fall nicht gut genug waren. Wir können den Himmel auf Erden haben, wenn wir nur aufwachen und erkennen, dass wir diese Wahl haben. Die ökologische Krise sollte ein Weckruf sein, keine Herausforderung, die es zu überwinden gilt, damit wir weiterhin auf dem aktuellen Kurs bleiben können.

Darum werde ich Ihnen in diesem Buch die Grafiken und Daten ersparen, die beweisen, dass erneuerbare Energien ein gangbarer Weg in die Zukunft sind; oder dass sie es nicht sind. Maße wie der Erntefaktor zur Energieeffizienz scheinen auf den ersten Blick eine saubere, einfache Möglichkeit zu bieten, verschiedene Energiequellen abzuschätzen, aber die scheinbar objektiven Zahlen enthalten eine ganze Menge Annahmen und Projektionen, die Munition für endlose Diskussionen liefern. Erntefaktoren neigen dazu, in der Praxis niedriger als in der Theorie zu sein. Und dann ist da noch die Sache mit der Anrechnung von Netzabhängigkeit: Sollten die Photovoltaik-Zahlen um den Anteil der Kapazität an fossilen Brennstoffen angepasst werden, die man (zurzeit noch) unterstützend braucht? Wie bewerten wir Effizienz durch Massenproduktion oder technologische Fortschritte? Wie werden sich andere Technologien zusammen mit der Energietechnologie weiterentwickeln?

Wie werden sich Sozialstrukturen ändern? Wir stoßen hier auf dasselbe Problem wie beim Versuch zum Zwecke der Kohlenstoffbilanzierung eine Spezies aus ihrem Netzwerk ökologischer Beziehungen herauszulösen. Wo wir es mit Systemen komplexer Beziehungen zu tun haben, gibt es keine wertneutralen Zahlen. Das mag der Grund sein, weshalb die Energieeffizienzwerte für Solarenergie so stark variieren, von Erntefaktor 0,83 (wodurch sie zum Energieverbraucher wird)[180] bis hoch auf 14,4.[181] Das Internet ist voll mit zwingenden Beweisen, weshalb eine Energiewende unvermeidlich ist – und gleichermaßen zwingenden Beweisen, warum sie unmöglich ist. Jedes Mal, wenn ich eine dieser Positionen lese, komme ich mir dumm vor, die jeweils andere je geglaubt zu haben.

Wie die ganze Klimadebatte lenkt die Energiediskussion die Aufmerksamkeit von grundlegenderen Problemen ab. Am entscheidendsten ist das, was beide Seiten unhinterfragt akzeptieren. In der Energiedebatte gilt als selbstverständlich, dass die Menschheit davon profitiert, weiterhin viel Energie zu verbrauchen (vorausgesetzt dies ist nachhaltig machbar). Die gegenwärtigen Vorstellungen von Entwicklung durch Wachstum gelten als selbstverständlich. Als selbstverständlich gilt auch, dass der wachsende Energieverbrauch den Menschen Nutzen gebracht hat, weil er uns von mühsamer Arbeit befreit hat und jedem Menschen das energetische Äquivalent tausender Arbeitskräfte zur Verfügung steht. Als selbstverständlich gilt, dass medizinische und landwirtschaftliche Systeme, die mit großem Energieaufwand betrieben werden, ein Segen sind. Im Wesentlichen gilt als selbstverständlich, dass »Fortschritt«, wie wir ihn bisher aufgefasst haben, wünschenswert und notwendig ist, und Fortschritt wird mit der zunehmenden Fähigkeit gleichgesetzt, der stofflichen Welt unseren Willen aufzuzwingen.

Das soll nicht heißen, Energie sei kein Thema. Bei unserer Energie-Obsession spielt noch etwas anderes eine Rolle, nicht nur die Tatsache, dass sie gut kompatibel mit einer in Zahlen denkenden Geisteshaltung ist. Dass er Arbeit unter Zuhilfenahme von Energiequellen verrichten kann, die nicht Nahrung sind, macht den Menschen praktisch einzigartig. Seit einer halben Million Jahre haben Menschen zielgerichtet Feuer benutzt, um Materialien zu verändern; seit fünftausend Jahren benutzen wir Tiere für das Pflügen von Feldern und als Lastenträger; seit ein paar Jahrhunderten verbrennen wir Kohle, Öl und Gas als Antrieb für Industrietechnologie. Unser umfassender Einfluss auf den Planeten verdankt sich unserer Fähigkeit, Energie für Arbeit nutzbar zu machen.

Was den Menschen einzigartig macht, definiert ihn auch. Wer wir als Spezies sind, hat insbesondere mit unseren Energiequellen zu tun. Die alte Geschichte von der Überlegenheit des Menschen über die Natur rechnete den exponentiellen Energieverbrauch in die Zukunft hoch und nahm an, dass Atomkraft einen so großen Sprung gegenüber fossilen Brennstoffen erlauben würde, wie diese einst gegenüber Feuerholz und Ochsen.

Die Fantasien der frühen Atomwissenschaftler erwiesen sich als eitel. Die Energieverfügbarkeit pro Kopf hat ihren exponentiellen Anstieg nach Ende des Zweiten Weltkriegs nicht fortgesetzt, sondern vielerorts unabhängig von der Verfügbarkeit von Atomkraft sogar einen Rückgang erlebt. Der Energieverbrauch pro Kopf hat in Amerika in den 1970ern seinen Höhepunkt erreicht; weltweit ist er weiter gestiegen, weil die alten Kohle- und Öltechnologien durch die Industrialisierung im Rest der Welt verbreitet wurden, aber der Anstieg war nicht exponentiell. Wir kommen nicht einmal annähernd an die Verzehnfachung des Energiekonsums im 20. Jahrhundert heran. »Futuristische« Technologien wie Kernfusion werden wahrscheinlich nicht das exponentielle Wachstum wieder anfachen, das wir seit der Revolution durch die fossilen Energien für normal gehalten haben. Die (heiße) Kernfusion lag mein ganzes Leben lang »nur wenige Jahrzehnte« in der Zukunft.

Was uns futuristisch anmutet, hängt von unserer Vorstellung von der Zukunft ab, und die beschreibt die gegenwärtigen Bedingungen und Denkweisen besser als die eigentliche Zukunft. Wenn menschlicher Fortschritt die zunehmende Beherrschung der Erde bedeutet, ist er von stetig wachsenden Energiequellen abhängig. In einem kosmologischen System, das der Materie die innewohnende Intelligenz abspricht, hängt die Ordnung der Welt von der Fähigkeit der Menschen ab, Ordnung herzustellen, indem sie die Bausteine der Materie arrangieren und bearbeiten. Je mehr Energie uns zur Verfügung steht, desto größer der Maßstab, in dem wir Ordnung herstellen können.

Die *Geschichte vom Aufstieg* stellt die Menschheitsgeschichte als stetig zunehmende Fähigkeit dar, das Chaos zu ordnen, den Zufall auszuschalten und das Wilde zu zähmen. Diese triumphale Geschichte findet in unserer Zeit ihr Ende; das versprochene technologische Paradies hat sich in eine Zukunft verschoben, an deren Eintreten wir mittlerweile nicht mehr glauben. Stattdessen verschlimmern sich die Bedingungen auf dem Planeten, und zwar so weit, dass viele um das Überleben der Zivilisation insgesamt fürchten. Die »Unterwerfung der Natur« hat ihren einstigen heroischen, abenteuerlichen Glanz verloren. Mittlerweile lehnen viele von uns die bloße Idee ab. Unsere Vorstellungen vom Paradies sind nicht mehr von Kuppelstädten und Dienstrobotern bevölkert; stattdessen streben wir nach paradiesischer Harmonie zwischen Mensch und Natur.

Wenn wir von Dominanz zu Teilhabe übergehen, begreifen wir, dass wir das Leben verbessern können, indem wir mit natürlichen Prozessen mitgehen, statt sie zu überwinden. Der Energieaufwand, ein Landwirtschaftssystem zu betreiben, bei dem man Unkraut, Ungeziefer und Pilze bekämpfen und die Bodenchemie dauernd fest im Griff behalten muss, ist gewaltig. Es kostet viel Energie, ein Gesundheitssystem zu unterhalten, das darauf basiert, Keime abzutöten und physiologische Prozesse zu kontrollieren. Ein auf Kraft basierendes System bedarf eines hohen Energieaufwandes; das ist ein physikalisches Grundprinzip. Während so ein Ansatz in vielen Situationen wie beispielsweise bei einem akuten Trauma außergewöhnlich wirkungsvoll ist, sind energie- und geldintensive Methoden ganzheitlichen Praktiken in den meisten Fällen weit unterlegen, wenn es um chronische Krankheiten geht.[182]

Und was qualifiziert eine Methode als »ganzheitlich«? Wenn sie auf einem Wissen um die Vernetztheit von allem, die enge Verbundenheit von Ich und Welt beruht. Sie anerkennt eine alles durchdringende Intelligenz, die sich als Intelligenz des Körpers, des Mutterbodens, des Waldes, des Meeres und des Planeten manifestiert, mit der wir uns verbünden können.

Ich bin kein Wissenschaftler im Bereich der ganzheitlichen Gesundheit, aber meine persönlichen Erfahrungen und die Erfahrungen anderer haben mich überzeugt, dass kostengünstige natürliche Methoden die meisten »unheilbaren« Beschwerden heilen können. Meine Intuition sagt mir, dass das, was auf den menschlichen Körper zutrifft, auch für den ökologischen, den sozialen und den politischen Körper gilt. Keiner von ihnen wird genesen können, weil er am Ende ein für alle Mal genügend Kontrolle über Unkraut, Terroristen, Gewalt, Keime usw. ausüben kann. Nur wenn wir uns mit den natürlichen Tendenzen zur Ganzheitlichkeit zusammentun, wird die Genesung der Welt möglich.

Ich will die Analogien nicht zu weit treiben, aber was die meisten alternativen Behandlungsmethoden gemein haben, ist ihr Respekt für die natürliche Selbstheilungskraft des menschlichen Körpers; sie richten sich an ihr aus und unterstützen sie, statt sie beherrschen und kontrollieren zu wollen. Sie basieren nicht auf Kraftanwendung. Welche Wunder wären möglich, wenn wir der Wiederherstellung und dem Ganzsein von Gaia dienten? Was wäre möglich, wenn wir ihre Organe kräftigten, ihre Gewebe entgifteten und ihren Körpersäften das freie Fließen ermöglichten?

Was bedeutet Entwicklung?

Man braucht Energie, um Kraft anzuwenden. Die Energiekrise fordert uns dazu auf, einen weniger kraftintensiven Lebensstil zu wählen. Dass ein solcher als Einbuße von Lebensqualität gesehen wird, spiegelt die Vorurteile unserer Zeit wider. Eine andere Art von Entwicklung lockt.

Ganzheitliche Medizin ist nicht energieintensiver als Hightech-Medizin, sondern braucht weniger Energie. Regenerative Landwirtschaft ist nicht energieintensiver als Chemie-abhängige, sondern braucht weniger Energie. Eng vernetzte Gemeinschaften und Großfamilien sind nicht energieintensiver als das Einfamilienheim, sondern brauchen weniger Energie. Darüber hinaus führen diese Alternativen zu besserer Gesundheit, reichhaltigerer Ernährung und höherer Zufriedenheit als gegenwärtige Modelle.

Darum ist die große Frage im Nachhaltigkeitsdiskurs falsch gestellt. Die Frage »Wie sollen wir den wachsenden Energiehunger der Menschheit befriedigen?« enthält Annahmen, die nicht notwendigerweise wahr sind. Wir können eine andere Richtung von Entwicklung einschlagen, die sich vom westlichen Modell der letzten Jahrhunderte unterscheidet.

Eine Frau in Indien hat mir vor ein paar Jahren erzählt:

»Ich bin in einem Haushalt mit mehr als einhundert Personen aufgewachsen. Tanten, Onkel, Vettern ... mehrere Generationen lebten in unserem Gebäudekomplex unter einem Dach. Als Kinder hatten wir stets viele Leute, mit denen wir spielen konnten, und jeder Erwachsene in Sichtweite liebte uns. Dann aber hat sich alles verändert. Die Familie kam zu Wohlstand, und nun ziehen alle weg, wenn sie heiraten, und gründen ihren eigenen Haushalt. Niemand bleibt im Dorf. Wir sind nun alle wohlhabender und besitzen Eigenheime und Autos, aber niemand ist mehr so glücklich wie zur Zeit meiner Kindheit. Wenn Paare sich streiten, hört sie niemand mehr.

Niemand hilft mehr, die Kinder zu hüten, und niemand spielt mehr mit ihnen.«

Ähnliches geschah auf der ganzen Welt; Kleinstädte und Dörfer sind von einer Urbanisierungswelle leergefegt worden, die von der Entwicklungsideologie und -ökonomie erzeugt worden ist. Viele Menschen nehmen an, dass diese Entwicklung unvermeidlich und wünschenswert sei, dass es die Bestimmung jedes chinesischen Bauern und jeder indischen Dorfbewohnerin sei, den amerikanischen Lebensstil zu erreichen, im eigenen Auto herumzufahren, in einem 300-m²-Haus mit Zimmern für jedes einzelne Kind zu wohnen, sein Essen, das Tausende Kilometer entfernt angebaut worden ist, im Supermarkt zu kaufen und sich von digitalen Medien unterhalten zu lassen. Vielleicht, so denken die Optimisten, könnte das funktionieren, wenn ihr Stromnetz von Windturbinen gespeist wird und ihre Autos mit Ethanol oder Wasserstoff oder Elektrizität laufen. Gleichzeitig weisen die Pessimisten auf einige Schwierigkeiten hin, die die Verwirklichung eines solchen Lebensstils für alle mit sich bringt, wenn man nicht diverse Grenzen des Planeten überschreiten will.

Die Frage, ob solch ein Ergebnis überhaupt wünschenswert ist, geht in der Debatte unter. Immer mehr Menschen im Westen sehen nun ein, dass es nicht wünschenswert ist. Viele, die den amerikanischen Traum verwirklicht haben (eine schwindende Möglichkeit), wachen im amerikanischen Albtraum auf. Ich lebe in einem Land, in dem fast jeder Fünfte Psychopharmaka gegen Depression und Angstzustände einnimmt, wo sich Selbstmord und Sucht auf historischen Höchstständen befinden, wo jedes dritte Kind misshandelt wird, während die Hälfte aller Ehen in Scheidung enden. Dieses Elend überschreitet die Grenzen von Rasse und Klasse. Weder Privilegien noch Erfolg schützen davor.

Weil ihnen der Bankrott des Traums gewahr wird, kehren ihm viele Menschen im Westen den Rücken, manche bewusst, andere unbewusst (man könnte die Gelähmtheit aufgrund schwerer Depressionen oder die Flucht in die Sucht als unbewusste Verweigerung auslegen). Jene, die sich ihm bewusst verweigern, versuchen, anders zu leben; sie stecken ihre Hände wieder in die Erde; sie bilden Gemeinschaften; sie klinken sich aus den digitalen Medien aus; sie verkleinern ihr Heim und ihr Einkommen; sie möchten von Kulturen lernen, die sich eine andere Lebensweise erhalten haben. Heute findet man sie fast ausschließlich an den Rändern der Gesellschaft, aber das muss nicht so sein. Sie verkörpern eine Einladung in eine frühere und zukünftige Daseinsweise.

Statt uns zu überlegen, wie man energieintensive soziale Infrastrukturen aufrechterhält, sollten wir darüber nachdenken, sie völlig zu transformieren – und nicht deshalb, weil wir weniger Energie hineinstecken wollen. Durch den Wertewandel hin zum Örtlichen, zur Teilhabe, zum Greifbaren, Unmittelbaren, zur Gemeinschaftlichkeit, zu Ganzheitlichkeit und Empathie und zur Wiederherstellung ökologischer Beziehungen wird sich der Energiekonsum als Nebeneffekt notwendigerweise reduzieren. Das ist unausbleiblich, sobald wir nicht mehr versuchen, die Welt durch Kraftanwendung zu kontrollieren. Es ist unvermeidlich, wenn wir uns selbst als Teil des Ganzen annehmen und darauf horchen, wie wir uns an seinem Gedeihen beteiligen können.

Der Grund für Entstädterung, Regionalisierung, Gesundschrumpfung, Umlernen, Rückkehr aufs Land und Leben in einer Gemeinschaft muss nicht die Reduzierung von Energiekonsum oder die Reduzierung von Treibhausgasen sein. Diese und andere daraus resultierende quantifizierbare Vorteile sind ein Maß für gesunde Entwicklung, nicht deren Kern. Der Grund könnte lauten: Wir stellen die Bindungen wieder her, die uns glücklich machen, treten wieder in Beziehung zueinander und zu den Wesen der Natur und leben so, dass wir mit der *Geschichte vom Interbeing* harmonieren, in der wir Beziehung *sind*.

Viele, die über die Post-Carbon- und Transition-Town-Bewegungen berichten, verstehen sehr gut, dass es völlig sinnlos ist, auf erneuerbare Energien umzusteigen, wenn gleichzeitig alles andere beim Alten bleiben soll. Aber die meisten ordnen den sozialen Wandel noch immer dem Klimawandel oder der Energieknappheit unter. Entweder sagen sie, dass wir unseren Lebensstandard nicht wie bisher weiterführen können und uns auf eine Einschränkung einstellen müssen, oder sie sagen: »Lasst uns anfangen, alles Notwendige für den Übergang zur post-fossilen Welt in die Wege zu leiten.« Nicht eine bewusste Entscheidung ist ihr Ausgangspunkt, sondern ein Reagieren auf die Erfordernisse. Was, wenn wir, wie in Kapitel 7 angedeutet, nicht zu einer ökologischen Zukunft gezwungen werden? Was, wenn wir uns aktiv für sie entscheiden müssen?

Viele haben sich schon dafür entschieden – so gut sie das in einer gesellschaftlichen und wirtschaftlichen Matrix können, die diesem Ansinnen feindschaftlich entgegensteht. Ich höre niemand sagen: »Ich habe mit dem Amerika der Konzerne abgeschlossen und einen Permakultur-Design-Kursus belegt, weil ich keine Wahl hatte.« Gut möglich, dass eine persönliche Krise die Grundlage für diese Entscheidung gewesen ist; gut möglich, dass die Wahl zwischen einem schönen und einem sicheren Leben bis zu diesem Moment nicht zur Option stand. Wir wissen oft nicht, dass uns etwas zur Wahl steht, bis irgendein Zusammenbruch eine alte Geschichte beiseiteräumt. Wir sind nicht die Urheber unserer Wahlmöglichkeiten. Wir sind nur diejenigen, welche die Wahl treffen.

Die vielen gleichzeitig über uns hereinbrechenden Krisen eröffnen uns neue Wahlmöglichkeiten. Uns blüht keine Verschlechterung, sondern eine Verbesserung der Lebensqualität. Unser »Lebensstandard« mag sinken, aber Standards sind ein Ausfluss quantitativer Messungen. Die Entscheidung für ein Mehr an Ganzheitlichkeit ist auch eine Entscheidung für ein Weniger an Pro-

Kopf-Wohnfläche, Watt verbrauchter Energie, Flugkilometern, an Versicherungsansprüchen, ein Weniger am Ausmaß des Welthandels, Stunden bezahlter professioneller Kinderbetreuung, der Menge verkaufter Fertiggerichte, dem jährlichen Gesamt-Holzeinschlag usw. Falls wir nicht glauben, dass die Menschen in ihren überdimensionierten Einfamilienhäusern glücklicher sind als dazumal in kleinen Häuschen, falls wir nicht glauben, dass Kinder es lieber mögen, zu organisierten Aktivitäten durch die Gegend kutschiert zu werden, als wie früher draußen frei mit einem Rudel anderer Kinder zu spielen, falls wir nicht meinen, dass wir unsere engsten Freunde lieber mit dem Flugzeug als zu Fuß besuchen, kann unsere Entscheidung ein aktives »Ja« zu einer schöneren Welt sein, keine Kapitulation vor einer unerbittlichen Notwendigkeit.

Man kann die vor uns liegende Entscheidung auch als Übergang von quantitativen zu qualitativen Werten auffassen. Quantifizieren heißt meistern, heißt die unendliche Vielfältigkeit in der Welt auf normierte Einheiten reduzieren. Es bedeutet, dass wir uns die Welt aneignen, um sie unseren Maßen unterzuordnen. Diese gedankliche Gefangennahme der Welt bereitet den Boden für ihre tatsächliche Gefangennahme. Unglücklicherweise wird der Kerkermeister wie in allen Gefängnisgesellschaften selbst zum Gefangenen. Und so sind wir im endlosen Streben nach mehr, mehr, mehr stecken geblieben.

In meinem Buch *Die schönere Welt, die unser Herz kennt, ist möglich* habe ich geschrieben:

Wie viel des Hässlichen braucht es, um das Fehlen des Schönen zu ersetzen? Wie viele Abenteuerfilme braucht es, um das Fehlen von Abenteuer zu kompensieren? Wie viele Filme mit Superhelden muss man sich anschauen, um die verkümmerte Verwirklichung der eigenen Großartigkeit zu kompensieren? Wie viel Pornographie, um das Bedürfnis nach Intimität zu befriedigen? Wie viel Unterhaltung, um das fehlende Spiel zu ersetzen? Es braucht unendlich viel davon. Das

*ist eine Frohbotschaft für das Wirtschaftswachstum, aber eine Hiobs-
botschaft für den Planeten. Zum Glück erlauben unser Planet und
unser zerfetztes soziales Gewebe nicht, dass es noch viel länger so weitergeht. Wir haben das Zeitalter der künstlichen Knappheit fast hinter uns gebracht, wir müssen es nur noch schaffen, die Gewohnheiten
aufzugeben, die uns noch an es binden.*

Wie manche meinen, wenn sie nur mehr Geld hätten, könnten sie
glücklich sein, so haben wir gedacht, dass wir die Probleme der Welt
lösen könnten, wenn wir nur Zugriff auf viel mehr Energie hätten.
Ach, was man alles damit anstellen könnte ...

Vielleicht könnte dann jeder seine eigene Villa haben, und einen
Privatjet. Dann wären wir ganz bestimmt glücklich.

Bezeichnenderweise sind diejenigen, die tatsächlich ihre eigene
Villa und ihr eigenes Flugzeug besitzen, keineswegs glücklicher als
alle anderen. Als ich den Abschnitt über Depressionen, Angstzustände etc. schrieb, habe ich online recherchiert, um sicherzugehen,
dass ich nicht einfach nur behaupte, die Wohlhabenden wären genauso anfällig für diese Zustände wie jeder andere. Führen nicht
auch Sie Ihre Recherchen so durch: Zuerst entscheiden Sie, was
wahr sein kann, und dann machen Sie sich auf die Suche nach Beweisen dafür? Jedenfalls fand ich einen Artikel in *Forbes* mit dem
Titel: »Weshalb die Super-Erfolgreichen depressiv werden«.[183]
Depressionen scheinen in Kreisen leitender Angestellter regelrecht
zu grassieren. Das scheint plausibel. Bevor man »es geschafft hat«,
kann man seine eigene Unzufriedenheit damit erklären, dass man
kein größeres Haus, kein schickeres Auto, keine Jacht und keinen
Jet hat. Wenn man diese Dinge aber besitzt, was dann?

Ich brauche diesen Punkt nicht zu debattieren; es ist eine Bin-
senweisheit, dass immer mehr, mehr, mehr nicht glücklich macht.
Als Einzelne verstehen wir es, als Kollektiv dagegen nicht. Staat und
Politik setzen die Jagd nach mehr als selbstverständlich voraus.

Dafür gibt es eine gute Erklärung: Unser Wirtschaftssystem verlangt endloses Wachstum. Darum benötigen wir ein radikal anderes Wirtschaftssystem, wenn wir uns an qualitativen statt an quantitativen Werten orientieren wollen. Es geht hier nicht nur um die Entscheidungen des Einzelnen, wir müssen auch die Umstände ändern, unter denen Menschen Entscheidungen treffen.

Das ist kein Aufruf zum Stillstand. Es gibt viele Arten der Entwicklung, und nicht alle erfordern unendliches Mengenwachstum. Aus dem Blickwinkel der Technologien, die auf Kraftanwendung beruhen, hat die Welt tatsächlich keine höher entwickelte als die gegenwärtig dominante gesehen. Sie wendet mehr Energie auf, um mehr Arbeit zu verrichten als irgendeine andere zuvor. Aber die Zivilisationen, die sie zerstört, an den Rand gedrückt oder geschluckt hat, waren in anderer Hinsicht hoch entwickelt: in ihrem Verständnis von Körperenergien, Traumtechnologien, Architekturempfinden, Bewusstseinsförderung oder Landschaftsmanagement. Jede Kultur hat menschliche Fähigkeiten erforscht und entwickelt, von denen wir Heutigen kaum je gehört haben. Viele davon erscheinen jenen, die der *Geschichte von der Separation* mit ihren Ursachen und Kategorien verhaftet sind, geradezu unmöglich. Wenn dieses Narrativ bröckelt, geraten solche Fähigkeiten wieder ins Blickfeld, und wir wenden uns instinktiv dem Marginalisierten als Wissensquelle zu. Diese Art Entwicklung verlangt nicht im Geringsten, dass wir den gegenwärtigen hohen Energieverbrauch aufrechterhalten. Ganz im Gegenteil. Entwicklung im Sinne der *Geschichte vom Interbeing* ist unter den gegebenen Umständen kaum möglich. Klimatisierte Wohnungen, digitale Beziehungen, Langstreckenpendeln, industriell verarbeitete Nahrung, Entfremdung von materieller Produktion, Entbindung von körperlicher Arbeit ... all dies sind Dinge, die die überreichliche Energie möglich gemacht hat und die nun die nächste Entwicklungsstufe behindern.

Wie möchten *Sie* sich entwickeln? Welche Zukunft kommt Ihrem Traum näher: ein gigantischer Flachbildfernseher in einem 500-m²-Haus mit Dreifachgarage, Haushaltsrobotersystem und Ihrem privaten Helikopterlandeplatz oder ein kleines Haus aus natürlichen Materialien in sakralen geometrischen Proportionen, das von vor Leben überbordenden Gärten umgeben ist, wo Vögel zwitschern und Fußpfade Sie mit anderen Behausungen in einer Gemeinschaft von Menschen verbinden, die ihnen sehr wichtig sind? Sie sind nicht allein! Möchten Sie Ihr Bewusstsein, Ihr Gespür für feinstoffliche Energie, Ihre Vertrautheit mit regionalen Pflanzen und Tieren, Ihre emotionale Intelligenz und die Unverfälschtheit Ihrer Beziehungen »entwickeln«? Viele Menschen dürsten nach einer solchen Entwicklung. Können Sie sich vorstellen, was aus einer Gesellschaft werden könnte, die so etwas unterstützt und kollektiv anstrebt, statt es zu marginalisieren? Eine derartige Entwicklung erfordert ganz gewiss keinen höheren Verbrauch an Energie oder Rohstoffen. Ganz im Gegenteil: Die Jagd nach mehr behindert den Schwenk unserer Aufmerksamkeit und unserer Prioritäten, wie er für diese andere Art der Entwicklung vonnöten ist.

Übergang zur Fülle

Wenn ich mich in der Debatte um erneuerbare Energien für eine Seite entscheiden müsste, nachdem mir beide das Gefühl gegeben haben, beschränkt zu sein, würde ich mich den »Optimisten« anschließen. Ich glaube, dass speziell Photovoltaik schneller wachsen wird, als die meisten Analytiker vorhersagen, weil die Preise für Solarzellen sinken, neue Speichertechniken Serienreife erreichen und ihre Energieeffizienz steigt. Darüber hinaus glaube ich, dass die Macht des menschlichen Willens aus Visionen Wirklichkeit werden lässt. Beharrlicher Einsatz für eine Möglichkeit lässt sie schließlich zu einer Tatsache werden. Wenn die Menschheit ihre schöpferischen Kräfte bündelt, um ein System erneuerbarer Energien zu schaffen, wird es geschehen. Zurzeit explodiert die Kreativität in diesem Feld: Biotreibstoffe aus Blaualgen, Hubspeicherkraftwerke, Wärmespeicher, Biogasanlagen, Stapelsolarzellen usw.

Eine Zukunft mit erneuerbaren Energien ist in Reichweite, aber belasten wir sie nicht mit utopischen Erwartungen. Wir könnten vollständig auf erneuerbare Energien umrüsten und dann feststellen, dass diese keineswegs die Lösung für unsere Probleme waren. Den Treibstoff zu ändern wird nichts an den tieferen Ursachen menschlichen Leids und ökologischer Zerstörung in der Welt ändern. Die sogenannte »grüne Energie« könnte sogar die Umweltzerstörung beschleunigen, wie man im Falle großer Wasserkraftwerke und industrieller Biotreibstoffe sehen kann. Wenn wir uns nicht anderen Dimensionen ökologischer Genesung zuwenden (Boden, Wasser, Artenvielfalt ...) wird sich der Zustand der Biosphäre weiter verschlechtern. Und wenn wir nicht die Wurzeln des sozialen und psychologischen Leids behandeln, wird nachhaltige Energie lediglich nachhaltig weiteres Leid ermöglichen.

Dieselbe Warnung gilt auch für Energietechnologien, die nach konventioneller Auffassung unrealistisch sind. So mancher Leser ist womöglich überrascht zu hören, dass eine ganze Subkultur an »freie Energie« bzw. das »Perpetuum mobile« glaubt, das Energie aus Quellen bezieht, die der konventionellen Wissenschaft unbekannt sind. Viele Mitglieder dieser Subkultur sind hoch gebildet; sie kennen bestimmt die Grundprinzipien der Wissenschaft wie etwa den zweiten Hauptsatz der Thermodynamik. Aber wieder: Die Frage, ob solche Apparate echt sind, ist falsch gestellt. Wenn es das Perpetuum mobile gibt, wird es uns genauso wenig retten, wie Photovoltaik (ebenfalls freie Energie) das kann oder Erdöl es gekonnt hat. Fülle findet im Geist statt und ist eine Funktion sozialer Beziehungen. Technik ist nur das Werkzeug. Wir könnten schon heute in Fülle leben, und zwar ohne neue Technologie, wenn wir uns von den verschiedenen Systemen künstlicher Knappheit befreiten, die in der künstlichen Knappheit des Geldes versinnbildlicht ist.

Mit dem Abstecher in dieses Thema habe ich zweifellos meine Glaubwürdigkeit riskiert, aber ich wollte einen wichtigen Punkt demonstrieren: Das Kernproblem ist nicht Energie. Energietechnologie wird uns nicht retten. Jene, die freie Energie als realitätsfremde Fantasie verunglimpfen, die uns von den wirklichen Problemen der Welt ablenkt, haben recht, selbst wenn diese Apparate echt sind. Sie passen noch nicht in unsere Welt. Das wird sich erst nach Ende unseres Krieges gegen die Natur ändern – falls und wenn wir über unsere Ambitionen zur Beherrschung der Welt durch Kraftanwendung hinausgewachsen sind. Mit anderen Worten werden wir sie haben, wenn wir sie nicht mehr benötigen, um Knappheit zu bekämpfen. Ihr Zweck ist nicht, die gegenwärtige Form von Zivilisation aufrechtzuerhalten und zu intensivieren. Uns bleiben heute nur bescheidene Technologien wie Wind- und Sonnenenergie, deren Grenzen uns dazu auffordern, das Wachstumsparadigma zu überdenken.

Üblicherweise setzt man »Fülle« mit »viel« gleich, aber tatsächlich hängt Fülle genau so sehr von Verteilung ab, also von Beziehungen. Beim Geld wird das offensichtlich, wenn wie jetzt einige Wenige in Überfülle leben und eine Vielzahl in Armut. Seit der großen Rezession im Jahr 2009 sind Wirtschaft und Geldmenge gewachsen, aber fast das gesamte Wachstum ist beim obersten einen Prozent gelandet. Größere Mengen führten nicht zu größerer Fülle. Die Geldflut aus den Zentralbanken ist nicht in den Humus der Realwirtschaft eingesickert. So wie die jährliche Gesamtregenmenge an vielen Orten gestiegen ist, an denen sich Wüsten bilden; auch hier, weil der geschädigte Boden das geballte Regenwasser eines gestörten Wasserkreislaufs nicht aufnimmt. Auch Nahrung gibt es theoretisch in Hülle und Fülle, aber sie ist so ungleichmäßig verteilt, dass fast die Hälfte auf den Müll wandert, während jedes fünfte Kind hungert. In Anbetracht all dessen sollten wir, wenn wir über Energiefülle nachdenken, uns eher über Verteilung und Proportionalität unterhalten als über Menge und Quelle.

Die meisten Umweltdenker heutzutage meinen, beim Wandel unserer Zivilisation ginge es um den Übergang von fossilen Brennstoffen zu erneuerbaren Energien. Eine andere Art von Übergang wäre der von zentralisierten auf verteilte Systeme. Viele erneuerbare Energiequellen sind gut für verteilte Systeme geeignet. Wir könnten Solarzellen auf dem Dach und Biogas für das Stadtviertel haben. Kohleturbinen auf dem Dach und Atomkraftwerke im Viertel sind nicht möglich. In Afrika umgehen überhaupt ganze Regionen den Aufbau von Stromnetzen und installieren stattdessen Solarzellen auf dem Dach.

Verteilte Energie ist ein Teil des allgemeinen Trends zur Regionalisierung. Regionalisierung ist notwendig, damit wir wieder in enge Beziehung zum Boden, zum Wasser, zum Leben und zur Kultur eines Ortes treten können. Wie der Energiekonsum hat auch die Tendenz, die Welt in Standardeinheiten zu konvertieren, beinahe ihren Höhepunkt erreicht. In der Landwirtschaft, aber auch in der Wirtschaft und Technologie müssen wir wieder die Einzigartigkeit jedes Ortes zu würdigen verstehen. Dadurch erwachen Orte zum Leben. Regionale geschlossene Kreisläufe müssen globale »von-der-Mine-zur-Müllkippe«-Systeme ersetzen. Sicherlich wird die menschliche Kultur in manchen Aspekten weiterhin global bleiben, so wie es auch andere weltumspannende Systeme gibt, aber im Allgemeinen bedeutet Genesung, dass verloren gegangene Kreisläufe des Lebens erneuert werden.

Was die Menschheit erschafft, hängt von den Visionen ab, die uns begeistern, und von den Geschichten, die unseren Handlungen Bedeutung verleihen. Die Debatte über die Machbarkeit diverser alternativer Energiestrategien engt das Gespräch zu sehr ein und basiert auf einer zu beschränkten Geschichte. Die Energiekrise und auch die mit ihr zusammenhängende ökologische Krise sind die Gelegenheit für uns, von Dominanz zu Teilhabe überzugehen. Energie wird dann zu einer Frage der Beziehung statt der Menge.

Wie alle Lebewesen verwenden wir ständig Energie darauf, unsere Umwelt zu verändern, aber in einem Zeitalter der Partnerschaft mit der Natur überlebt sich die Vorstellung, dass der Fortschritt der Menschheit von immer mehr Energieaufwand abhängt. Wie wir Energie gewinnen und wie wir diese dann verwenden, wird Teil einer umfassenderen Entscheidung sein: Wie soll die Welt aussehen, auf der wir leben?

Bevölkerung

Ein Schauplatz, auf dem die Frage »Wer wollen wir sein?« konkrete Bedeutung annimmt, ist die Frage der Bevölkerungskontrolle, bei der uns das quantitative Denken erneut in eine unnütze Diskussion verwickelt. Ich komme hauptsächlich deshalb darauf zu sprechen, weil immer, wenn ich einen Artikel zu einem Umweltthema veröffentliche, unausweichlich Kommentare dahingehend fallen, ich hätte das Offensichtliche übersehen, nämlich das Bevölkerungswachstum. Immerhin scheint es einleuchtend, dass der Planet unabhängig von der Umweltfreundlichkeit unseres Lebensstils kein endloses Bevölkerungswachstum zulässt; wenn wir aber die Bevölkerung auf, sagen wir, den Stand von 1900 zurückführen könnten, würde das heutige Konsummodell kaum ein Problem darstellen.

Aha. Noch so eine vereinfachende Argumentation, die uns Erlösung verspricht, wenn wir nur eine globale Zahl reduzieren.

Wie so viele vereinfachende Argumentationen verdeckt die Fixierung auf Bevölkerungszahlen tiefer liegende Probleme. Eines davon ist der Ressourcenverbrauch. Wenn jeder so viele Ressourcen verbrauchte wie ein Nordamerikaner, läge die tragfähige Weltbevölkerung bei 1,5 Milliarden. Wenn jeder wie der durchschnittliche Guatemalteke lebte, wäre die gegenwärtige Bevölkerungszahl nachhaltig. Und wenn jeder so ökologisch wie alteingesessene Dorfbewohner in Ladakh lebte, könnte der Planet 15 Milliarden oder mehr tragen.[184] Die meisten Schätzungen setzen die Tragfähigkeit der Erde bei 8 bis 16 Milliarden Menschen an, obwohl einige Experten Zahlen angeben, die weit davon abweichen, von unter einer Milliarde bis über 50.[185]

Für uns wäre es zweifelsohne bequem, nicht mehr über unseren eigenen Ressourcenverbrauch reden zu müssen, sondern über die Frage, wie das Bevölkerungswachstum bei »denen da unten« eingedämmt werden könnte. Da die Geburtszahlen der meisten Industrieländer bereits unter dem Ersatzniveau liegen, bürdet der Bevölkerungsdiskurs die Verantwortung den weniger entwickelten Ländern auf.

Wie bei BIP oder CO_2-Mengen spiegelt das, was berücksichtigt, und das, was nicht berücksichtigt wird, die Interessen jener, die zählen. Weil politische Macht dahintersteht, tritt die Entscheidung darüber, was gezählt wird, häufig die Interessen der Machtlosen mit Füßen. Wie das BIP andere Formen des Wohlstands unsichtbar macht oder das Treibhausgas-Narrativ Wesen abwertet, die keine offensichtliche Klimarelevanz besitzen, so hat die Hysterie um Bevölkerungszahlen zu fragwürdigen Handlungsrichtlinien geführt, die speziell die wehrlosesten Menschen weltweit ins Fadenkreuz nehmen.

Die Verfechter von Bevölkerungskontrolle stehen historisch in enger Verbindung zur Eugenik-Strömung. Anfang des 20. Jahrhunderts galt der wissenschaftliche Konsens, dass die moderne Technologie die natürliche Auslese unterlaufe und daher die Menschheit von genetischer Degeneration bedroht sei. Man dachte, wir Menschen müssten nun vorsätzlich tun, was die Natur einst für uns bewirkt hatte: »minderwertigen Bestand aussortieren«. Es sei höchste Zeit, man müsse rasch handeln, sonst sei es zu spät.

Als nach dem Holocaust die explizite Eugenik-Ideologie untragbar geworden war, verlagerte sich der Impuls auf Maßnahmen zur Bevölkerungskontrolle, die sich ebenfalls gegen genau jene Leute richtete, die schon von der Eugenik ins Visier genommen worden waren. In den USA fiel die indigene Bevölkerung am stärksten der Bevölkerungskontrolle zum Opfer. Über 25 % der indianischen Frauen wurden in den 1960er- und 1970er-Jahren sterilisiert – häufig ohne informierte Einwilligung und unter verschiedensten Formen von Druck.[186] Die meisten Sterilisationen fanden in den frühen 1970ern statt, direkt nachdem die Volkszählung von 1970 gezeigt hatte, dass die Geburtenrate der amerikanischen Ureinwohner jene der weißen Mehrheit übertraf. Das Programm zur Sterilisation und Geburtenkontrolle zeigte Wirkung: Bis 1980 war die Geburtenrate der Ureinwohner um mehr als die Hälfte gesunken und lag weit unter dem Ersatzniveau.[187] In ähnlicher Weise, wenn auch nicht so umfassend, zielten Sterilisationskampagnen auf afroamerikanische Frauen sowie Frauen puerto-ricanischer und mexikanischer Herkunft, Asiatinnen, Gefängnisinsassen, Geisteskranke und verarmte Weiße ab.[188]

Die bei weitem größten Bemühungen zur Bevölkerungskontrolle wurden (mit kräftiger Unterstützung der USA) außerhalb der zivilisierten Welt unternommen. Die schäbige Geschichte der Kampagnen für Massensterilisation, erzwungene Einführung von Intrauterinpessaren, Zwangsabtreibungen und andere Maßnahmen, die fast ausschließlich gegen farbige Frauen verübt worden sind, ist Thema vieler Bücher. Kritik an Bevölkerungskontrolle fällt in zwei Hauptkategorien: eine techno-utopische und eine postkoloniale. (Ich werde die Gattung ignorieren, die sich auf verrückte Pläne geifernder Abtreiber und teuflischer UN-Verschwörer versteift hat.)

Die techno-utopische Kritik hält die Vormachtstellung der Menschen für unbeschränkt. Ihre Vertreter sind der Ansicht, dass wachsende Bevölkerungszahlen kein Problem für den Planeten seien, denn je mehr Menschen es gebe, desto mehr Innovation stehe zur Lösung unserer Probleme bereit. Die menschliche Kreativität sei unbegrenzt, sagen sie; daher müsse man jede Ideologie, die uns zu begrenzen versucht (z.B. Wertschätzung und Respekt für *alle* Kinder Gaias), als Form von »Antihumanismus« bezeichnen. Robert Zubrins Artikel *The Population Control Holocaust*[189] bietet ein treffendes, wenn auch polemisches Beispiel dieser Gattung; er beleuchtet ausführlich die rassistischen Motive und die imperiale geopolitische Berechnung hinter der Bewegung zur Bevölkerungskontrolle, die von den besten philanthropischen Stiftungen, Denkfabriken und der Regierung der Vereinigten Staaten finanziert und gefördert wurde.

Zur Untermauerung seiner These, dass die menschliche Erfindungsgabe jedes Problem lösen könne, führt Zubrin die »Grüne Revolution« an, die angeblich eine globale Hungerkatastrophe verhindert und die schlimmen Befürchtungen von Malthusianern wie Paul Ehrlich[190] unnötig gemacht habe. Die Grüne Revolution, die die mechanisierte, Chemie-intensive Landwirtschaft über den Globus verbreitet hat, war jedoch eine ökologische und soziale Katastrophe. Die angeblich erzielten Erntezuwächse sind fragwürdig und keinesfalls nachhaltig.[191] Wie im vorigen Kapitel beschrieben können ökologische Anbaumethoden industrielle Landwirtschaft übertreffen. Hunger ist ohnehin immer eine Frage von Politik und Wirtschaft, nicht der insgesamt verfügbaren Nahrungsmittelmengen. Die entsetzlichen Hungersnöte Indiens im 19. Jahrhundert fallen mit hohen Getreideexporten nach Großbritannien zusammen. Die Hungerkatastrophe von 1974 in Bangladesch trat ein, obwohl die Pro-Kopf-Produktion von Getreide höher als 1973 war. Die große bengalische Hungersnot von 1943 ging hauptsächlich auf britische Regulierungen zurück, die Getreideimporte in die Gegend verhinderten, und es wurde sogar noch Getreide exportiert.[192] Die äthiopische Hungersnot von 1984 spielte sich inmitten eines

Bürgerkriegs ab; Nahrungsmittelhilfslieferungen waren eingestellt und Ernten in Rebellengebieten zur Strafe verbrannt worden.[193] Bei allen diesen Beispielen waren Dürren und andere Naturkatastrophen nur der Tropfen gewesen, der das Fass zum Überlaufen gebracht hatte.

Die globale Nahrungsmittelproduktion liegt schon seit Langem weit über dem Niveau, mit dem sich alle ernähren ließen. Aus der Zahlenperspektive möchte man glauben, dass der Grund für Hunger zu wenig Nahrung sein muss; zumindest in modernen Zeiten war jedoch stets ungleiche Verteilung die Ursache.[194] Die USA sind das reichste Land der Welt; hier werden über 40 % aller Nahrungsmittel ungegessen weggeworfen; gleichzeitig hat ein Sechstel der Bevölkerung keine Ernährungssicherheit.[195] Auch global gilt: Es wird bei weitem genug Nahrung weggeworfen, um jeden hungrigen Menschen ernähren zu können, selbst wenn man die großen Gebiete fruchtbaren Ackerlandes unberücksichtigt lässt, die Biosprit, Zierrasen und Tierfutteranbau vorbehalten sind.[196] Bevölkerungskontrolle ist keine Lösung für den Hunger.

Das soll nicht heißen, die Erde könne eine unbegrenzte Zahl von Menschen ernähren. Es soll zeigen, dass die Grundprobleme, mit denen wir es zu tun haben, nicht eigentlich technischer Natur sind. Die Technologien der Grünen Revolution haben uns nicht vor Hunger bewahrt, und die Technologien zum Geo-Engineering werden uns nicht vor dem Klimawandel retten, möchte ich behaupten. Beide sind Ausdruck des Zahlenkults.

Eine weitere Kritik an Bevölkerungskontrolle kommt aus der Tiefenökologie und dem Postkolonialismus. Auf einer Ebene gibt es die rassisch-imperiale Geisteshaltung, nach der die »dreckigen Heiden« daran gehindert werden sollen, sich unkontrolliert zu vermehren. Weniger offensichtlich ist die Erzwingung moderner Lebensweisen durch »Entwicklungs-Feminismus«, wie Frédérique Apffel-Marglin es nennt. Sie schreibt:

Die moderne bürgerliche Epistemologie des Individualismus und ihre Wertschätzung der Selbstbeherrschung verwandelt alle, die ihr Leben nicht auf diese Weise führen, in abartige >Andere<, die man entweder aufklären oder falls das nicht geht dazu zwingen muss, ordentliches Normverhalten anzunehmen. Fachkräfte wie Therapeuten, Lehrer und Doktoren entwickeln rationale und individualistische Modelle für die universelle Anwendung.[197]

So definiert Entwicklungs-Feminismus Fortschritt für die Frauen: Sie sollen sich von den Fesseln des Gebärens und des Dorflebens emanzipieren, um bezahlte Anstellungen in der Berufswelt annehmen zu können, weil Geld die Grundlage für individuelle Autonomie sei. Im modernen Kontext, wo Gemeinschaften sich aufgelöst haben und Frauen von ihren Männern abhängig werden, ist eine solche Unabhängigkeit höchst wünschenswert. Aber in der weniger entwickelten Welt mit einem reichen Gemeinschaftsleben ersetzt eine solche Emanzipation schlicht die Abhängigkeit von Gemeinschaft durch Abhängigkeit von Arbeitgebern und dem globalen Wirtschaftssystem. Frauen, die in einer Dorfgemeinschaft unter Umständen viel Macht gehabt haben, besitzen ziemlich wenig davon in den globalisierten Institutionen, denen sie ihre Arbeitskraft zur Verfügung stellen. Die »Gleichstellung der Frau« als Grund für Maßnahmen zur Bevölkerungskontrolle beruht auf westlichen Vorstellungen davon, wie das Leben sein sollte. Es gilt als selbstverständlich, dass andere Gesellschaften sich unserer angleichen sollten. Das ist im Grunde der Kern von »Entwicklung«.

Da dieselbe Entwicklungsideologie die Welt zu einem konsumstarken, ressourcenintensiven Lebensstil treibt, sollten wir diesem besonderen Auswuchs des Fundamentalismus in Sachen Weltbevölkerung skeptisch gegenüberstehen.

Wenn wir die üblichen Begründungen für Richtlinien zur Bevölkerungskontrolle – Hunger und Klimawandel – zurückweisen, stellt sich eine andere Frage: In welch einer Welt wollen wir leben? Es gibt gute Argumente dafür, dass die Erde 50 Milliarden Menschen tragen könnte, aber wollen wir in einer solchen Welt leben? Wenn wir nicht gezwungen sind, das Bevölkerungswachstum zu bremsen oder umzukehren, um zu überleben, würden wir es vielleicht aus anderen Gründen tun?

So wie unsere Gesellschaft der Kriegslogik verhaftet ist, verwundert es kaum, dass die Lösung für Bevölkerungswachstum Geburtenkontrolle ist. Problem: Bevölkerung; Grund: zu viele Kinder; Lösung: Verhinderung von Geburten. Tatsächlich aber ist der Zugang zu Verhütungsmitteln ein minderer Faktor bei der Regulierung von Geburtenraten. Den bei weitem größten Einfluss auf die Geburtenraten nehmen (1) die Bildung der Frauen und (2) Sterberaten. Ersteres ist ein indirektes Maß für Wohlstand, soziale Stabilität und Abbau von Patriarchat. (Nein, es ist nicht so, dass dumme Landfrauen dahingehend »gebildet« werden müssten, kleinere Familien haben zu wollen). Was die Sterberaten angeht: Wenn viele Kinder nicht bis zum Erwachsenenalter überleben, werden Eltern und die Kultur mehr haben wollen. Wachsende Lebenserwartung führt innerhalb einer oder zwei Generationen zu niedrigeren Geburtenraten.

Die meisten Industrieländer haben heute eine Geburtenrate, die unter dem Ersatzniveau von etwa 2,1 Geburten pro Paar liegt; sie wäre genau 2, wenn alle Kinder das zeugungsfähige Alter erreichten. Um ein paar aktuelle Zahlen zu nennen: Die Geburtenrate der Vereinigten Staaten ist 1,87. In Uruguay und Chile ist sie 1,81. In Russland, Kanada und China liegt sie bei ungefähr 1,6. In Deutschland liegt sie bei 1,44, in Japan bei 1,41, in Polen bei 1,34, in Südkorea bei 1,25 und in Taiwan bei 1,12.[198] Die meisten dieser Länder haben eine hohe Lebenserwartung und niedrige Kindersterblichkeit. Gleichzeitig finden wir die höchsten Geburtenraten fast durchgehend in afrikanischen Staaten, darunter solche mit der niedrigsten Lebenserwartung der Welt. Die einzigen nicht-afrikanischen Staaten in der Top-40-Liste sind Afghanistan, Irak und Palästina – Orte, wo man seines Lebens nicht sicher ist.

Hohe Geburtenraten werden schneller der Geschichte angehören, wenn wir der Unsicherheit durch Kriege und Hunger und der patriarchalischen Unterdrückung von Frauen ein Ende bereiten. Starke soziale Ökosysteme unterstützen das Bevölkerungsgleichgewicht, so wie starke natürliche Ökosysteme die Grundlage des Klimagleichgewichts sind. Wie bei der Energie ist die Frage »Wie viel?« falsch gestellt. Die richtige Frage lautet: »*Wie* stellt man die Grundbedingungen für Gesundheit her?« In Energiefragen vollziehen wir den Übergang von einem Modell schnellen Wachstums und hoher Verschwendung zu einem Modell der Stabilität, das andere Arten von Entwicklung ermöglicht. Bei den Bevölkerungszahlen vollziehen wir den Übergang vom Modell hoher Geburten- und Sterberaten wieder hin zu einem Modell stabil niedriger Geburten- und Sterberaten. Die Zivilisation befindet sich mitten in einem Phasenwechsel. Der Klimawandel und die ökologischen Grenzen sind der Zündfunke.

10

Eine Reise nach Jerusalem

Wenn wir über die Abkehr von einer Wachstums- und Wegwerf-Gesellschaft reden, wenn wir Entwicklung nicht mehr an Zahlen festmachen wollen, stoßen wir sofort auf Fragen der Ökonomie. Und wenn wir ganz sachlich von den »Bedingungen unserer Entscheidung« für die Fortsetzung der Umweltzerstörung sprechen, ist es oft diese eine Quintessenz der Sachlichkeit – Geld –, die unsere Entscheidung bestimmt. Geld ist selten der Freund der Erdheilung. Gewöhnlich kann in unserem gegenwärtigen System mehr Geld damit verdient werden, Ökosysteme zu zerstören, statt sie zu bewahren. Abholzung, Bohrungen, Überfischung, Trockenlegung von Feuchtgebieten für den Bau mondäner Anwesen ... die Macht des Geldes ist der Motor dahinter. Aber warum? Ist Geld einfach schlecht? Sind die Menschen einfach gierig? Müssen wir einen ewigen Krieg gegen die Macht des Geldes führen?

Das folgende Gleichnis legt nahe, dass die Antwort auf diese Fragen »nein« lautet.

Die meisten Leser werden das Spiel »Reise nach Jerusalem« kennen. Stellen Sie sich vor, ein großes Reise-nach-Jerusalem-Spiel ist im Gange, mit tausend Leuten und 950 Stühlen. Ein Jeder tanzt um den Stuhlkreis, und wenn die Musik stoppt, stürzen sich alle auf die Stühle. Jene, die keinen erhaschen, scheiden aus, und die nächste Runde beginnt mit 950 Leuten und vielleicht 903 Stühlen.

Nun wollen wir das Spiel ein wenig interessanter machen. Wenn Sie in einer Runde verlieren, scheiden Sie nicht einfach aus. Sie verlieren auch Ihre Unterkunft und müssen sich entscheiden, ob Sie für Ihr Kind Medizin oder Nahrung kaufen. Das nackte Überleben von Ihnen und Ihren Lieben steht auf dem Spiel. Das Spiel beginnt. Jeder befindet sich in einem Zustand der Angst und manövriert sich stets auf die vorteilhaftesten Positionen. Wenn die Musik stoppt, folgt ein wilder Ansturm auf die Stühle, mit Ellbogen und Drängelei gehen die Stühle an die Starken, die Schnellen und die, die Glück haben.

Außen sitzen ein Wirtschaftswissenschaftler, eine Biologin, ein Politiker und ein Priester und beobachten die Szene. »Schauen Sie sich das an«, sagt der Ökonom. »Hier zeigt sich die menschliche Natur. Jeder ist darauf aus, sein Eigeninteresse auf Kosten aller anderen zu maximieren.«

»Ja«, stimmt die Biologin ein. »Wir können hier die natürliche Auslese beobachten. Nur die Starken, Schnellen und Rücksichtslosen werden überleben. Es liegt einfach in der Natur der Menschen.«

»Zum Glück gibt es uns«, sagt der Politiker, »die wir Gesetz und Ordnung schaffen. So halten wir die menschliche Natur in Schach und zwingen die Leute zu anständigem Verhalten.«

»Ich werde hingehen und sie lehren, netter zueinander zu sein«, sagt der Priester.

Ist diese heiße Schlacht am kalten Buffet aber wirklich die menschliche Natur, oder ist sie eine Folge der Spielregeln? Stellen Sie sich vor, es gäbe tausend Spieler und tausend Stühle in verschiedenen Formen und Größen, und im Spiel ginge es darum, für jeden Spieler den passenden Stuhl zu finden. Wie würde die »menschliche Natur« dann aussehen? Wer mag einen weichen Stuhl? Wer bevorzugt einen festen? Wer hat lange Beine? Wer hat einen breiten Hintern? Das Spiel sähe ganz anders aus; es würde viel geredet und zusammengearbeitet. Andere Strukturen würden entstehen, um die passende Person dem jeweiligen Stuhl zuzuordnen. Es mag vielleicht immer noch ein wenig Wettbewerb geben, aber er wäre nicht schon in den Regeln des Spiels vorgegeben.

Strukturen könnten auch im Originalspiel entstehen. Manchmal könnte eine starke Person einen Stuhl für sich selbst und einen Freund oder zwei sichern. Kleine Gruppen könnten sich bilden, um Stühle auf Kosten anderer Gruppen zu sichern. Gewisse altruistische Individuen könnten ihre eigene Chance auf einen Stuhl opfern, damit eine junge Mutter mit einem Säugling ihn erhält. Einige (nachdem sie sich selbst einen Stuhl gesichert haben) könnten andere ermutigen, ein wenig netter zueinander zu sein und nicht so sehr zu drängen. Die Spielregeln führen allerdings dazu, dass Großzügigkeit einer Aufopferung gleichkommt. Mehr für dich ist weniger für mich. Es ist ein Nullsummenspiel; es ist sogar ein Negativsummenspiel.

Die Reise nach Jerusalem ist unserem gegenwärtigen Wirtschaftssystem sehr ähnlich (mit einem wichtigen Unterschied, auf den ich gleich zu sprechen kommen werde). Da in unserem System Geld als Kredit in die Welt kommt und solche Kredite Zinsen nach sich ziehen, gibt es zu jedem Zeitpunkt mehr Schulden als Geld. So wie bei der Reise nach Jerusalem steht jeder in Konkurrenz mit allen anderen um das niemals ausreichende Geld. Die »Starken, Schnellen und die, die Glück haben« erhalten einen »Stuhl« – das Geld, das sie brauchen, um materielle Sicherheit zu genießen – und die Schwachen, die Unglücklichen und die Benachteiligten nicht.

Stellen Sie sich weiter vor, der Kreis der 950 Stühle wäre nicht gleichmäßig aufgestellt. Einige Bereiche haben eine spärlichere Verteilung von Stühlen als andere, und es sind diese Bereiche, in denen schwarze, rote und braune Menschen positioniert werden. Sie sehnen sich nach einem Platz im dichter gestellten Teil des Kreises und nehmen an, Rassismus sei die Quelle ihrer Armut. Was sie aber nicht erkennen, ist, dass immer jemand leer ausgeht – wenn nicht sie, dann jemand anderes –, weil dieses Resultat in die Spielregeln eingeschrieben ist. Für die schwarzen, roten und braunen Menschen sieht es ganz klar so aus, als sei Rassismus der Grund für ihre Armut, aber in Wahrheit ist er eher ein Symptom und ermöglicht ein System, in dem zwangsläufig jemand verarmen muss: wenn nicht wir, dann die anderen. Und so versuchen verschiedene Fraktionen, den Kreis so aufzustellen, dass ihr Abschnitt proportional mehr Stühle enthält (in der realen Welt entspricht das der imperialen Kontrolle von Ressourcen), was wieder eine neue Ebene des Wettbewerbs erzeugt und jene Bedingungen schafft, die Rassismus, Nationalismus und Imperialismus begünstigen.

Alle sind so darauf fixiert, mehr Stühle für sich und die eigene Gruppe zu sichern, dass niemand die Spielregeln infrage stellt; man könnte sie ja auch ändern.

Hier ist ein kleiner Schnappschuss davon, wie es abläuft. Laut Matthew Desmonds bestechendem Buch *Evicted* müssen heute Zig-Millionen Menschen in Amerika 50 % oder sogar 70 % bis 80 % ihres Einkommens für Miete aufwenden und befinden sich damit immer nur ein Gesundheitsproblem oder eine Autoreparatur von einer Abwärtsspirale entfernt, die mit Wohnungsverlust beginnt und in vollkommener Verarmung endet: Familien zerbrechen, es drohen Gefängnis, Obdachlosigkeit oder Schlimmeres. Man möchte die Schuld vielleicht bei der herzlosen Vermieterin suchen, doch in Wahrheit wird die Herzlosigkeit systematisch erzeugt. Es ist ein System, das durch und durch auf der Maximierung von Eigeninteresse beruht und deshalb verlangt, dass wir andere für unsere Zwecke instrumentalisieren. Die »herzlose Vermieterin« ist derselben grundlegenden ökonomischen Unsicherheit ausgesetzt wie wir alle, nur nicht so unmittelbar. Ein wirtschaftlicher Abschwung, ein Börsencrash, und auch sie könnte in die Armut schlittern. Sehr oft ist die Eigentümerin eines Gebäudes eine Immobiliengesellschaft, die die Verwaltung an Dritte vergibt und unter Druck steht, bestimmte

Gewinne zu erzielen, damit sie Schulden bei ihren Geldgebern bedienen kann. An der Basis des Systems gibt es große institutionelle Investoren, die Unternehmen den Geldhahn zudrehen, wenn sie nicht die höchstmöglichen Renditen erzielen. Vielleicht sollten wir die Schuld in *ihrer* Gier suchen – nur dass die größten von ihnen meistenteils Pensionsfonds sind, verzweifelt auf der Suche nach ausreichend hohen Renditen, die die Pensionen von Lehrerinnen, Feuerwehrleuten und anderen Arbeitnehmern sichern.

Herzlosigkeit ist ganz unvermeidlich eine Begleiterscheinung dieses Systems der Entmenschlichung und Ausbeutung. Wenn Sie zu viele Skrupel haben, werden Sie sehr wahrscheinlich in Konkurs gehen. Kein Stuhl für Sie.

Die politische Linke beschuldigt gern Konzerne und ihre Manager für die Misere des Planeten, aber diese sind Kreaturen des Systems, die strukturell vorbestimmte Rollen spielen. Sicherlich gibt es einen gewissen Ermessensspielraum für Unternehmen, mehr oder weniger im öffentlichen Interesse zu handeln, aber eine allzu starke Abweichung vom aggressiven Hauptzweck der Gewinnmaximierung konfrontiert dieses Unternehmen mit dem eisernen Gesetz des Marktes. Seine rücksichtsloseren Konkurrenten werden es zerstören oder es vielleicht in eine kleine Nische abdrängen. Aus diesem Grund ist es blauäugig zu hoffen, dass Ethiktraining oder Meditation in der Vorstandssitzung das Verhalten von Unternehmen im Großen und Ganzen verändern wird.

Zu versuchen, das Unternehmensrecht zu reformieren (eine Begrenzung von Bestandsdauer und Profiten vorzuschreiben und den öffentlichen Nutzen einzufordern), ist ein Schritt in die richtige Richtung, aber wir müssen auch verstehen, dass Konzerne, wie wir sie kennen, kein unglücklicher Zufall der Geschichte sind, sondern sich natürlich den »Spielregeln« angepasst haben; und sie sind das unvermeidliche Endprodukt einer allumfassenden Geschichte. Sie sind wie die Erfüllung einer Prophezeiung. Die Doktrin vom rationalen Eigeninteresse, die für die Menschen nicht wahr ist, nie wahr gewesen ist und nie wahr sein wird, war die Prophezeiung. Die Konzerne sind das Vehikel ihrer Erfüllung. In ihnen kulminiert die Ideologie vom Eigeninteresse.

Das Verhalten der Konzerne ist Destillat und Version im Großformat des Verhaltens von Menschen generell in einem Wirtschaftssystem künstlicher Verknappung, in dem Ursachen und Folgen weitgehend entkoppelt sind. Der Konzern ist ein viel rücksichtsloserer Mitspieler bei der *Reise nach Jerusalem*, als es die allermeisten Menschen sein könnten, und wird deshalb in diesem Spiel den größten Erfolg haben. Aber Sie und ich wiederholen dieselbe grundlegende Rücksichtslosigkeit, wenn wir den bestmöglichen Handel abzuschließen suchen. Nehmen wir mal an, Sie wollen tanken. Eine Tankstelle verlangt zehn Cent mehr als eine andere für genau die gleiche Qualität und Leistung. Alles, was Sie messen können, ist gleich. Welche wählen Sie aus? Werden Sie denken: »Nun, die günstigere Tankstelle macht unmöglich ausreichend Gewinn und kann sicher auch ihre Angestellten nicht fair entlohnen. Ich werde die teurere wählen«? Wahrscheinlich nicht. Und genau so entscheiden auch Unternehmen. Sie sind über die Zeit zu einem hoch entwickelten Werkzeug geworden, mit dem Leben und Materie dem Streben nach eigennützigem Wert unterworfen werden. Wie viele andere Dinge, die wir für unsere Probleme verantwortlich machen, sind sie eher ein Symptom als eine Ursache für unsere gegenwärtige Krise.

Ich möchte Unternehmen und Individuen nicht davon abbringen, ihr Bestes zu tun, um nachhaltige Praktiken anzuwenden. Solche Entscheidungen tragen dazu bei, dass sich die Vorstellung verschiebt, was »normal« ist. Selbst wenn es sich herausstellt, dass sie damit scheitern, schärft es den Blick auf den Konflikt zwischen unserem System und unseren Idealen. Auch wenn eine bessere Ethik und mehr Spiritualität die Spielregeln selbst nicht ändern oder den

Strom umkehren werden, gegen den Nachhaltigkeit anschwimmen muss, so sehe ich dennoch einen Wert in der oft belächelten Bewegung für »Achtsamkeit im Unternehmen«, »bewussten Kapitalismus« und Meditation in der Vorstandssitzung. Kritiker sagen, das unterstütze bloß den Status quo unter einem Deckmantel der Spiritualität – was tatsächlich der Fall wäre, hätten diese Praktiken keine echte Macht. Aufrichtig angewandt, haben sie allerdings den gegenteiligen Effekt: Sie machen den Status quo schwieriger. Sie wecken unbequeme Fragen, auf die es keine einfachen Antworten gibt. Sie lösen eine Krise in der Organisation und bei den Leuten in ihr aus. Und das ist gut.

Der Wachstumsimperativ

Es gibt einen entscheidenden Unterschied zwischen der *Reise nach Jerusalem* und dem Geldsystem, der allerdings an den fundamentalen, Angst und Wettbewerb erzeugenden Zwängen nichts ändert. Der Unterschied heißt Wirtschaftswachstum. Zur Illustration stellen Sie sich eine vereinfachte Ökonomie vor, in der das Bankensystem eine Million Euro mit sieben Prozent Zinsen an tausend Personen verliehen hat. Jede Person hat 1.000 Euro erhalten, und nach zehn Jahren muss jeder 2.000 Euro zurückzahlen. Es ist mathematisch unmöglich, dass mehr als die Hälfte der Leute dies können, weil anfänglich nur eine Million erschaffen wurde und zwei Millionen als Schulden ausstehen. Wäre das schon die ganze Geschichte, würde ein brutaler Wettbewerb folgen, in dem mindestens die Hälfte der Leute Bankrott geht, wie bei der *Reise nach Jerusalem*.

In der echten Welt können fast alle die Kredite bedienen, wenn sie fällig werden. Warum? Weil die Bank in der Zwischenzeit die fehlenden 1.000 Euro pro Person durch weitere Kredite erschaffen hat – eine weitere Million Euro Gesamtschulden. (Das Geld wird allerdings nicht gleichmäßig an alle verliehen; es geht nur an jene, von denen die Bank denkt, dass sie mit Zinsen zurückzahlen werden.) Solange durch Kreditvergabe fortwährend neues Geld erschaffen wird, kann das System weiterlaufen. Wenn sich die Kreditvergabe verlangsamt – oder selbst wenn sie nicht im gleichen Maß wie die Zinsen steigt –, sind Pleiten unvermeidlich. Ein Teufelskreis droht: Entlassungen und Lohnkürzungen führen zu sinkender Nachfrage und fallenden Preisen, und das führt zu sinkenden Gewinnen und damit zu weniger Kreditwürdigkeit, und dies führt zu mehr Pleiten und Entlassungen. Das nennt man dann Konjunkturabschwung.

Um den Abschwung hinauszuzögern, darf das Wachstum nicht aufhören. Es ist kein Zufall, dass Politiker aller Couleur – links, Mitte und rechts – Wirtschaftswachstum gutheißen: Sie glauben nicht, dass das gegenwärtige System geändert werden kann. Sie sind wohl unterschiedlicher Meinung darüber, wie Wachstum zu erreichen sei, aber sie stimmen alle darin überein, dass es notwendig ist. Und damit haben sie recht: Unter dem gegenwärtigen Finanzsystem ist es notwendig.

Das Wirtschaftswachstum wird von Politikern selten hinterfragt, da dessen Vorannahmen fest verankert sind. Das ist der Grund, warum die progressive Linke von »nachhaltigem Wachstum« fantasiert und sich vorstellt, dass wir irgendwie fortfahren könnten, Beziehungen durch Dienstleistungen und Natur durch Produkte ohne ökologische und soziale Schäden zu ersetzen.

Zahlreiche Ökonomen argumentieren – nicht nur aus ökologischen Gründen –, dass wir uns den Grenzen des Wachstums nähern.[199] Tragischerweise funktioniert unser gegenwärtiges Geldsystem nur bei schnellem Wachstum, im Wesentlichen weil Renditen aus Investitionen systemweit notwendig sind, um ausreichende Kreditvergabe zu motivieren. Kreditvergabe wiederum ist die Basis der Geldschöpfung. Ohne dass fortwährend neues Geld erschaffen wird, fehlt es an Mitteln, um Kredite zu bedienen, was zu Pleiten, Arbeitslosigkeit, Kapitalkonzentration und zur Notwendigkeit von

Sparprogrammen führt, damit die Kredite vorübergehend bedient werden können, wenn es keine steigenden Einkommen gibt, die dies könnten. Das erzeugt unablässigen Druck auf Regierungen, neue Wege zu finden, wie man Wirtschaftswachstum fördern kann: Kolonialismus, Ausbeutung natürlicher Ressourcen und so weiter. Heute stehen wir an den Grenzen des Wachstums, und es bleiben uns nur mehr Sparprogramme als Option, damit die Schuldner noch ein wenig länger zahlen können.

Wirtschaftswachstum bedeutet Wachstum bei Gütern und Dienstleistungen, die *gegen Geld ausgetauscht* werden. Deshalb offeriert ein abgelegenes Dorf in Indien oder ein traditionelles Stammesgebiet in Brasilien eine große Wachstumschance, weil die Menschen dort kaum für irgendetwas bezahlen. Sie pflanzen und jagen ihre Nahrung. Sie bauen ihre eigenen Häuser. Sie nutzen traditionelle Heilmethoden, um ihre Kranken zu behandeln. Sie machen ihre eigene Musik und Kunst. Stellen Sie sich den Entwicklungsexperten vor, wie er hingeht und sagt: »Was für eine enorme Marktgelegenheit! Diese rückständigen Menschen bauen ihre eigene Nahrung an – sie könnten sie stattdessen kaufen. Auch bereiten sie ihr Essen selbst zu – Restaurants und Imbisse könnten das viel effizienter für sie machen. Die Luft ist voller Lieder – sie könnten stattdessen Unterhaltungsmusik kaufen. Die Kinder spielen kostenlos miteinander – sie könnten in Kindergärten gehen. Sie begleiten Erwachsene und lernen traditionelle Fertigkeiten – diese Gesellschaft könnte für Schulen bezahlen. Wenn ein Haus niederbrennt, kommt die Gemeinschaft zusammen und baut es wieder auf – wenn wir diese Verbindungen gegenseitiger Hilfe auflösen, gibt es einen großen Markt für Versicherungen. Jeder hat ein starkes Gefühl der sozialen Identität und der Zugehörigkeit – sie könnten stattdessen Markenprodukte kaufen. Jeder ist fröhlich und zufrieden – sie könnten einen Ersatz dafür kaufen, z.B. legale und illegale Drogen oder sich auf andere Art glücklich shoppen.«

Okay, mir wird gerade ein wenig schwindlig bei diesen Visionen von Reichtum, aber Sie verstehen jetzt das Prinzip. Die Frage ist: Wie sollen diese Menschen für all das bezahlen? Ganz einfach. Sie verdienen Geld, indem sie lokale natürliche Ressourcen und ihre eigen Arbeit zu Waren machen. Der Regenwald wird zur Palmöl-Plantage. Der Berg wird ein Tagebau. Der Fluss wird ein Wasserkraftwerk. Die Bevölkerung gibt ihre traditionelle Lebensart auf und geht in der Geldwirtschaft arbeiten. Ein paar werden Ärztinnen, Anwälte und Ingenieure. Der Rest wandert in die Elendsviertel.

Kurz gesagt ist das der Prozess, der »Entwicklung« genannt wird. Das wurde durch Entwicklungshilfekredite seit mehr als einem halben Jahrhundert finanziert. Sie geht mit der Ideologie einher, dass Geld gleichzusetzen ist mit Wohlstand, dass Entwicklung im Sinne des westlichen Modells eine gute (oder unvermeidliche) Sache ist, dass ein hoch technisiertes Leben einem Leben in der Natur überlegen ist. Diese Annahmen sind mit logischen Argumenten schwer zu widerlegen. Am besten man verbringt eine Zeit in weniger entwickelten Kulturen und sieht mit eigenen Augen die Freude und Tiefe des Lebens dort und wie diese Schönheit schwindet, sobald die Modernisierung Einzug hält.

Das Wort »Entwicklung« enthält das Werturteil, dass andere weniger weit auf einer gedachten Fortschrittsskala vorangekommen sind. Demzufolge ist ein Finanzsystem, das Entwicklung erzwingt, eine gute Sache. Und es sieht tatsächlich wie eine gute Sache aus, wenn man das Bruttosozialprodukt als ein brauchbares Maß für Wohlstand akzeptiert. Als zig Millionen indischer Bauern von vielseitiger Bio-Landwirtschaft für den lokalen Verbrauch auf Monokulturen mit hohem Chemie- und Wassereinsatz für den Export umstellten, stieg ihr Beitrag zu dem gemessenen Bruttosozialprodukt deutlich. Warum? Vor der Vermarktung wurde der größte Teil der Nahrung von der erweiterten Familie, die es anbaute, verzehrt und zirkulierte in der Gemeinschaft durch unentgeltliche

Systeme der Reziprozität. Der Rest wurde auf lokalen Märkten in einer informellen Wirtschaft verkauft. Der Übergang zu einer chemischen und mechanisierten Landwirtschaft erforderte die Aufnahme von Krediten, um Maschinen, Dünger, Herbizide, Insektizide und Saatgut zu kaufen. Das Leid, das folgte, als die Weltmarktpreise für Konsumgüter fielen und die Bauern ihre Kredite nicht mehr bedienen konnten, ist wohlbekannt: Die Banken ließen Land, das sich seit Jahrhunderten oder sogar Jahrtausenden in Familienbesitz befand, zwangsversteigern, und Hunderttausende Bauern begingen Selbstmord. Die jüngere Generation hatte keine andere Wahl, als in die wuchernden Millionenstädte zu ziehen, da sich ihre traditionelle Lebensweise aufgelöst hatte. Industrieprodukte ersetzten die Leistungen von Töpfern, Werkzeugmachern, Weberinnen und anderen Handwerkern. Und das Bruttosozialprodukt stieg.

Meist wird die Schuld dafür Monsanto und den Banken zugeschoben und das Schreckgespenst der Gier von Konzernen heraufbeschworen. Es ist sicherlich angenehm, etwas zu haben, auf das man seinen Zorn richten oder das man beschuldigen kann, und es ist wahr, dass Monsanto auf aggressive Weise mit seinen Chemikalien und seinem genveränderten Saatgut auf den indischen Markt drängt. Wir müssen aber verstehen, dass dieser Konzern in den ideologischen Wassern der »Modernisierung« schwimmt und von sich glaubt, der Menschheit einen großen Dienst zu erweisen. Die Erträge sind gestiegen und mit ihnen das Wirtschaftswachstum. »Wir helfen rückständigen Bauern beim Übergang in das moderne Zeitalter und machen die hungrigen Massen der Erde satt.«

Wie so oft liegt das Problem mit diesen rechtfertigenden Zahlen darin, was nicht gemessen wird, wie etwa:

» die Störung des sozialen Gefüges durch abrupte Veränderungen in lokalen wirtschaftlichen Mustern;

» Verlust von Feldfrüchten zur Selbstversorgung, die nie in die Erntestatistiken eingeflossen sind;
» Ernährungsvielfalt, die wichtig ist für eine gute Gesundheit;
» zukünftige Einbußen durch fallende Grundwasserspiegel aufgrund wasserintensiver Monokulturen;
» zukünftige Einbußen durch Bodenerosion wegen moderner landwirtschaftlicher Methoden;
» Kontamination von Boden und Wasser durch Chemikalien;
» Verluste durch langfristige Bodenverdichtung und Verlust des Bodenlebens;
» zukünftige Auswirkungen von sogenannten Superunkräutern und Insektizid-resistenten Schädlingen.

Häufig ist gerade das am wichtigsten, was die Zahlen auslassen. Damit die Geschichte von der Modernisierung funktioniert, auf die sich Monsanto beruft, müssen diese Dinge unsichtbar bleiben. Dieselbe Unsichtbarkeit verhindert, dass das natürliche Mitgefühl der Menschen wirken kann, weil sich das Leid hinter den Zahlen verbirgt. Es ist natürlich nicht nur Monsanto; das Denkmuster der Entwicklung ist untrennbar verbunden mit dem System, in dem wir leben. Es ist Teil der *Geschichte von der Separation* mit jenem Handlungsstrang, in dem die Menschheit zur Herrschaft über die Natur aufsteigt. Wir könnten Monsanto sogar dafür bewundern, dass sie diese fast universelle Ideologie auf besonders innovative Weise umsetzen. Monsantos Gier (oder die ihrer Brüder, wie Syngenta, DuPont, Dow, Bayer etc.) die Schuld zuzuschieben, hieße das Problem falsch zu diagnostizieren, oder im besten Falle, das Symptom statt der Krankheitsursachen zu bekämpfen. Die Ursachen sind die *Geschichte* und das System. Von innen betrachtet sehen die Angestellten sich selbst als die Guten und die Anti-Monsanto-Demonstranten als verblendete Hippies, die es einfach nicht kapieren. Sie verstehen einfach nicht, dass Tausende hingebungsvolle Wissenschaftler – Wissenschaftler! – ihre Karrieren dem Fortschritt der landwirtschaftlichen Forschung gewidmet haben, die der Welt solchen Nutzen bringt. Sie verstehen nicht, dass wir uns im Wettlauf gegen den Hunger befinden.

Wenn wir das System und das Narrativ verstehen, aus denen heraus Monsanto und Co operieren, können wir unseren Aktivismus darauf richten, das System zu ändern und das Narrativ neu zu formulieren. Selbst bei solchen Gelegenheiten, wo Kampf notwendig wird, werden wir viel wirkungsvoller handeln, wenn wir erkennen, wie der Gegner die Welt und sich selbst sieht.

System und Narrativ sind eng verwoben. Und falls die Ideologie von Modernisierung und Entwicklung nicht ausreicht, gibt es da noch enormen finanziellen Druck, mit ihr konform zu gehen. In der Banken-Analogie von oben werden die 1.000 Euro nicht irgendwem geliehen. Sie werden an jene verliehen, von denen als wahrscheinlich angenommen werden kann, dass sie in der Lage sein werden, mit Zinsen zurückzuzahlen – indem sie Geld von jemand anderem im Kreis verdienen. Geld entsteht als Kredit an jene, die mit Zinsen zurückzahlen werden, indem sie dazu beitragen, dass neue Güter und Dienstleistungen geschaffen werden. Das bedeutet die Umwandlung von sozialen Beziehungen zu Dienstleistung und von Naturgütern zu Produkten. Das wird Entwicklung genannt.

Entwicklung und Schulden

Die klassische Ökonomie rechtfertigt die Entwicklungsideologie, indem sie sagt, dass die Auslagerung verschiedener Lebensfunktionen an Spezialisten, unterstützt von Technologie und Massenproduktion, es erlaubt, die Bedürfnisse der Menschen effizienter zu erfüllen. Es stimmt, dass die moderne Gesellschaft weit größere Mengen an Reichtum produziert als traditionelle – wenn dieser Reichtum in Geld gemessen wird. Die Ökonomie nimmt an, dass mehr Geld gleichzusetzen ist mit mehr Lebensglück; je mehr Güter wir kaufen können, desto »güter« ist unser Leben. Diese Logik ist nur in dem Maße zutreffend, in dem menschliche Bedürfnisse befriedigt werden können durch Dinge, die man quantifizieren, kaufen und verkaufen kann. Wir in der dominanten Kultur haben davon mehr als je zuvor; gleichzeitig ist vieles von dem, was den Menschen im Innersten nährt, künstlich verknappt. Wir haben einen Mangel an Zeit, einen Mangel an Schönheit, einen Mangel an Intimität, einen Mangel an echter Verbundenheit zur Gemeinschaft und zur Natur. Auf diese Weise knapp gehalten, hungern wir immer nach irgendetwas, aber keine noch so große Menge an Geld, Besitz, Status, Autos, Wohnfläche oder Likes in sozialen Medien kann diese unbefriedigten Bedürfnisse erfüllen. Sie sind nicht das, wonach wir eigentlich hungern. Wir nennen diesen endlosen Hunger »Gier« und ziehen darüber her, als wäre sie die Ursache unseres gegenwärtigen sozialen und ökologischen Albtraums, aber wie so oft führen wir Krieg gegen ein Symptom und nicht gegen die Ursache. Gier ist ein Symptom von Knappheit. Was wir Entwicklung nennen, hat uns von wirklichem Reichtum abgeschnitten. Sie hat uns von Heimat, von Menschen und nicht-menschlichen Wesen distanziert und diese Beziehungen durch standardisierte, mittelbare Beziehungen ersetzt. Im Zuge der Entwicklung haben wir vieles von dem gewonnen, was wir messen. Aber was haben wir verloren?

Die *Geschichte vom Interbeing* legt nahe, dass ein ganzer Mensch jemand ist, der von einem Netz enger Beziehung gehalten wird. Diese Beziehungen abzuschneiden heißt einen Teil von sich selbst zu amputieren. Um die Ganzheit wieder herzustellen und den Hunger, den wir Gier nennen, zu stillen, müssen wir deshalb diese verlorenen Beziehungen wiederherstellen. Es geht darum, Gemeinschaft aufzubauen, wieder in Verbindung zu unseren Nahrungsquellen zu treten und im Allgemeinen mit der Natur als Teilnehmer zu interagieren und nicht als Beobachter. Es bedeutet, bestimmte

Schlüsselaspekte von Entwicklung rückgängig zu machen. Es bedeutet nicht, die Technologie und die globale Kultur aufzugeben, sondern einen angemessenen Platz für sie zu finden und den Bereich zurückzufordern, den sie sich angeeignet haben. Es geht um eine andere Auffassung von Entwicklung. In dieser Auffassung, die die qualitativen Dimensionen des Lebens betont und Formen des Wohlstandes anerkennt, die unsere Gesellschaft ignoriert, halten wir uns nicht mehr für »entwickelter« als bäuerliche Dorfbewohner oder Amazoniens Jäger-Sammler.

Einer meiner Freunde leitet eine Farm mit spirituellem Zentrum in Brasilien. Er brauchte mehr Unterkünfte für Besucher und stellte ein paar indigene Menschen aus einem nahegelegenen Dorf ein, um ein neues Gebäude zu errichten. Er sagte: »Ich habe sie nicht beauftragt, weil sie Indianer sind, ich habe sie als Architekten eingestellt.«

Ohne die Verwendung von Messapparaten, Metallverbindungen oder Materialien, die nicht in der Gegend besorgt werden können, haben die indigenen Baumeister in nur drei Wochen ein Gebäude konstruiert, das vierzig Menschen in Hängematten beherbergen kann. Es ist ein Wunder intelligenter Gestaltung, kühl bei heißem Wetter, warm bei kühlem Wetter. Rauch von der zentral gelegenen Feuerstelle steigt zügig auf und entweicht durch das durchlässige Dach, das er dadurch noch gegen Insekten schützt; und doch ist das Dach vollkommen wasserdicht. Die geniale Zweckmäßigkeit des Gebäudes findet ihr Pendant in seiner ästhetischen Perfektion: Ohne Messapparate folgen seine Dimensionen exakt dem goldenen Schnitt; das Foto vermittelt darüber hinaus eine beeindruckende Ausstrahlung und Lebendigkeit des Gebäudes. Mein Freund erzählt, wenn professionelle Architekten zu Besuch kommen und den Bau sehen, weinen sie manchmal vor Beschämung darüber, wie weit das Ergebnis ihre eigenen Fähigkeiten übersteigt.

In einer wahrhaft fortgeschrittenen Gesellschaft würde jeder in einem Gebäude leben, das so schön ist.

Fortschritt in einer Postwachstumsökonomie ist kein Rückschritt in Sachen Wohlstand. Ein Rückgang von bestimmten quantitativen Wohlstandsmaßen, die wir heutzutage für gültig halten, könnte wohl festzustellen sein: weniger Quadratmeter Wohnfläche, weniger Autos und Energieverbrauch pro Person. Fortschritt könnte ein Mehr an Pflanzenmedizin bedeuten und ein Weniger an pharmazeutischer Medizin, mehr Körperarbeit und weniger hoch technologische Operationen, mehr schöne und weniger große Gebäude, mehr Gesang und weniger verkaufte Musik, mehr draußen verbrachte Zeit und weniger Zeit in Fitness-Studios, mehr freies Spiel für Kinder und weniger mit organisierten Aktivitäten verbrachte Zeit. Die Kindheit war nicht immer schon so kostenintensiv.

Wenn das Messbare an Wichtigkeit verliert, lässt auch die Umwandlung von Natur in Waren nach. Dieser Wertewandel erlaubt uns, die Wesen der Natur, die Ökosysteme und Arten als heilige Wesen an sich zu sehen. Schönheit und Heiligkeit und Liebe verlieren sich leicht in den Zahlen, mit denen versucht wird, dem Unendlichen einen endlichen Wert beizumessen. Sowohl in der Ökonomie als auch der Ökologie braucht es eine Verschiebung hin zu Werten, die sich nicht so einfach messen lassen.

Der Westen hat bereits Jahrhunderte der Entwicklung hinter sich, und es gibt dort kaum mehr etwas, das wir in Gemeinschaft tun können oder etwas, das noch nicht zu einem Produkt oder einer Dienstleistung geworden ist. Weil nur noch so wenig übrig ist, das zu Geld umgewandelt werden könnte, greift das System nach »weniger entwickelten« Teilen der Welt, um das Wachstum aufrecht zu erhalten.

Entwicklungshilfekredite finanzieren Infrastruktur für die Extraktion und den Abtransport natürlicher Ressourcen und den Aufbau von Industrien, durch die globale Unternehmen Zugriff auf die lokale Arbeitskraft bekommen. Darüber hinaus stellt die Rückzahlungspflicht der Kredite (mit durch Exporte erwirtschafteten Dollars oder Euros) sicher, dass die Infrastruktur im Sinne ihres beabsichtigten Zwecks genutzt wird. Da Kredite an weniger entwickelte Länder höheren Zinssätzen unterliegen, sind die Renditen auf Investitionen hoch genug, um das Funktionieren des Finanzsystems zu gewährleisten. Im Grunde wird das Wachstum aus weniger entwickelten Ländern in die entwickelten Länder importiert.

Außerdem lässt der Druck, sich zu »entwickeln«, niemals nach, weil sie hoffnungslos überschuldet sind. Wann immer die Geschwindigkeit der Ressourcenextraktion oder der Öffnung des Arbeitsmarktes nachlässt, hinkt auch die Erzeugung finanziellen Vermögens den fälligen Kreditzahlungen hinterher, und das Land muss stattdessen seinen bestehenden Wohlstand kannibalisieren, um die Gläubiger zu bezahlen. Dieser Prozess wird »Sparkurs« bzw. »Austerität« genannt. Die Gläubiger verlangen, dass die verschuldete Nation öffentliche Vermögen privatisiert, Renten und Löhne kürzt, natürliche Ressourcen liquidiert und öffentliche Dienstleistungen zurückfährt, um aus den Erlösen Gläubiger zu bezahlen und den Bankrott zu vermeiden. Ein anderer Ausdruck für die Vermeidung des Bankrotts ist »für immer Schuldner bleiben«, denn die Schulden sind untilgbar. Laut eines Berichts der *Jubilee Debt Campaign* hat Jamaika seit 1970 18,5 Milliarden Dollar geliehen und 19,8 Milliarden Dollar zurückbezahlt, schuldet aber nach wie vor 7,8 Milliarden. Die Philippinen haben 110 Milliarden geliehen, 125 Milliarden zurückbezahlt und schulden noch 45 Milliarden[200]. Diese und viele anderen Länder könnten sogar einen Überschuss erwirtschaften, würden sie nicht unter der Last der Zinszahlungen erdrückt, die sie im Grunde dazu verpflichten, dem globalen Finanzsystem für alle Ewigkeit Tribut zu entrichten und mehr zu exportieren, als sie importieren für das Privileg, weiterhin Schuldner zu bleiben.

Derselbe Druck plagt aber auch entwickelte Länder und Einzelne. In einer Umwelt künstlicher Verknappung stehen wir alle unter dem Druck, unser Leben auf die Produktion verkäuflicher Güter und Dienstleistungen auszurichten, genauso wie weniger entwickelte Länder. Diese Länder strampeln sich fortwährend auf der Suche nach Wegen zur Bedienung ihrer Schulden ab. Hört sich das bekannt an? Dasselbe gilt für Einzelne. Wenn Sie Ihre Raten nicht aus steigenden Einkünften begleichen können, dann müssen Sie eine persönliche Version von Sparkurs einführen: Besitzstand verkaufen, Einschnitte bei Gesundheit und Freizeit machen und Ihr Leben ganz aufs Geldverdienen ausrichten.

Heuchelei: Ein weiterer falscher Feind

Was, denken Sie, hindert Sie am meisten daran, Ihr Leben ganz der ökologischen und sozialen Heilung zu widmen? Für viele Menschen ist es die Notwendigkeit, Geld in genau der Ökonomie zu verdienen, die das soziale und ökologische Kapital dieser Welt verschlingt. So *entsteht* das Geld ja letztendlich: Es wird aus Investitionskrediten generiert, die an Firmen vergeben werden, die neue Güter und Dienstleistungen erzeugen. Die Firmen stellen Mitarbeiter ein, die ihnen helfen, dieses Ziel zu erreichen. Wenn nun Ihr persönliches Ziel dem zuwiderläuft – wenn es nicht Ihr Ziel ist, dabei zu helfen, die Natur in Produkte und Gemeinschaft in Dienstleistungen umzuwandeln –, dann werden Sie es schwer haben, eine Anstellung zu finden, denn allgemein gesprochen kommt genau daher das Geld.

Kein Naturgesetz schreibt fest, dass wir Geld auf diese Weise erschaffen müssten. Geld ist Ausdruck einer sozialen Übereinkunft darüber, was Wert besitzt und worauf wir unseren kollektiven Willen ausrichten. Wir könnten uns entscheiden, Geld auf eine Art zu erschaffen, die der ökologischen und sozialen Heilung direkt Wert zuspricht und sie unterstützt. In gewissem Maß tun wir dies bereits; Zentralbanken, die quasi-öffentliche Einrichtungen sind, kaufen Staatsschulden, mit denen Programme finanziert werden. Allerdings stützen solche zinspflichtigen Schulden immer noch den Wachstumsimperativ. Eine Alternative wären Null-Zinsen, Negativ-Zinsen oder von der Regierung in Verkehr gebrachtes »Positiv-Geld« zur direkten Subventionierung sozialer und ökologischer Heilung.

Umweltaktivisten werden immer gegen Windmühlen kämpfen, solange wir nicht unser Finanzsystem ändern. Schimpfen wir auf die Gier der Unternehmen, übersehen wir das eigentliche Problem: Unternehmen folgen lediglich Systemzwängen. Auf die Heuchelei der Konsumenten zu schimpfen verfehlt ebenfalls das eigentliche Problem. Können Sie die Verschmutzung in einem Kohlerevier dem Lebensstil der Einwohner anlasten? Im Gegenteil, wenn es Heuchelei gibt, dann dort, wo ein System aufrechterhalten wird, das zu umweltschädigendem Verhalten zwingt und wo dann die Menschen beschuldigt werden, die das umweltschädigende Verhalten ausführen.

Ecuador hat die Welt im Jahr 2007 gebeten, bei der Bewahrung des Yasuni-Regenwaldes zu helfen, von dem manche behaupten, er sei der artenreichste der Welt. Unglücklicherweise ist er auch reich an Ölvorkommen: Mehr als sieben Milliarden Dollar sind die Vorkommen wert, die unter ihm liegen. Und so bot der Präsident Rafael Correa an, auf die Hälfte davon zu verzichten, wenn internationale Spender Ecuador die andere Hälfte durch einen von der UNO betreuten Fonds bezahlen würden. Die Finanzierung kam nicht zustande – weniger als ein Prozent ist zugesichert worden – trotz der energischen Bemühungen der ecuadorianischen Regierung, für diese Idee zu werben. Im Jahre 2013 gaben sie auf und äußerten Pläne, die Region zu entwickeln. Nach einer intensiven aber fruchtlosen Kampagne der indigenen Bewohner, das Vorhaben zu stoppen, erhielt 2016 ein chinesisches Firmenkonsortium den Zuschlag für die Bohrrechte. Die Ölbohrungen begannen 2017.

Wer trägt hier die Schuld? Sind es die Ecuadorianer, weil sie ihren Regenwald nicht schützen? Oder ist es ein heuchlerisches System, das auf der einen Seite sagt: »Schützt euren Regenwald, bewahrt Biodiversität und stoppt den Klimawandel« und auf der anderen Seite: »Aber wir werden euch Geld ausschließlich dann geben, wenn ihr den Wald abholzt, um Platz für die Bohrtürme zu schaffen«?

Im Großen und Ganzen sitzen wir alle im selben Boot wie Ecuador. Wir werden dazu gebracht, uns für unsere umweltzerstörenden Aktivitäten schuldig zu fühlen, obwohl wir in einem System gefangen sind, das uns praktisch dazu zwingt, an diesen umweltzerstörenden Aktivitäten teilzunehmen.

Die systemische Natur der Heuchelei verkennend, mögen wir die Klimaaktivistin verurteilen, die im einen Moment nach einem Investitionsboykott für fossile Energien ruft und im nächsten ihren Benzintank befüllt. Ich könnte mich selbst verurteilen, weil ich den Abbau von problematischen Mineralien in Zentralafrika beklage, während mein Computer wahrscheinlich genau diese Mineralien enthält. Hier geht es nicht darum, persönliche Reinheit zu erlangen. Es geht darum, Ursachen zu verstehen.

Wie die Gier ist die Heuchelei ein falscher Feind. Sie ist ein weiteres Symptom. Ich betone das Symptom nur, um ein Licht auf die Krankheit zu werfen.

Heuchelei ist ein Symptom für eine Zwickmühle. Wenn Sie Heuchelei bei sich selbst oder anderen bemerken, könnten Sie, anstatt in Empörung oder Verurteilung anzuschwellen, dies als ein Zeichen nehmen, dass der Heuchler sich in einer unmöglichen Situation befindet. Im klassischen Bateson‹schen Sinne konfrontiert die Doppelbindung[201] eine Person mit Anforderungen, die einander auf unterschiedlichen Ebenen der Abstraktion oder Aufmerksamkeit widersprechen. Ein umweltschädliches Wirtschaftssystem versetzt uns in eine solche paradoxe Situation: Wenn wir die eine Anforderung (persönliche Sicherheit) erfüllen, können wir zugleich der anderen Anforderung (dem Planeten Erde zu dienen) nicht nachkommen. Das daraus folgende Unbehagen ermutigt zu den Ausflüchten und der Selbsttäuschung, die die Heuchelei ausmachen. Das ist die Art, wie wir oft mit einer paradoxen Situation umgehen, aber es gibt keinen Ausweg, außer die Prämissen über Bord zu werfen.

Es könnte hilfreich sein Heuchelei zu beleuchten, um so die darunterliegende Paradoxie zu enthüllen und im Geiste der Verbundenheit zu sagen: »Lass uns gemeinsam etwas gegen dieses Dilemma unternehmen.« Menschen oder Unternehmen für ihre Heuchelei zu attackieren bringt hingegen überhaupt nichts ein. Wenn das zugrunde liegende Dilemma nicht thematisiert wird, führt das im besten Fall zu oberflächliche Veränderungen, um *den Anschein* der Heuchelei zu vermeiden.

Also teilen beide, Gier und Heuchelei – die Lieblingsziele umweltbewusster Selbstgerechtigkeit – eine gemeinsame Wurzel in unserem ökonomischen System. Wenn die Gier die Aufzehrung der Natur antreibt und die Heuchelei ermöglicht, dass das weitergeht, dann müssen wir in ein anderes ökonomisches System wechseln, eines, das nicht länger Gier erzeugt, indem es uns vom wahren Reichtum zwischenmenschlicher Beziehungen und den Beziehungen zur Natur abtrennt, und das nicht länger die Heuchelei nährt, indem es uns mit einem unmöglichen Dilemma konfrontiert.

Das makroökonomische Äquivalent dieser Heuchelei steckt in solchen zuvor schon genannten Ideen wie »grünem Wachstum« und »nachhaltiger Entwicklung«. Hier sehen wir eine weitere Paradoxie: Unser System benötigt Wachstum, damit es funktioniert, und doch ist unendliches Wachstum auf einem endlichen Planeten unmöglich. Wir müssen die Annahmen hinter diesem Dilemma über Bord werfen und das Geldsystem ändern, das Wachstum erzwingt.

Grundzüge einer ökologischen Ökonomie

In meinem Buch *Ökonomie der Verbundenheit* versuchte ich zu beschreiben, wie ein Finanzsystem aussehen könnte, das Null-Wachstum oder negatives Wachstum als Prämisse hat und wie wir den Übergang dorthin realistisch gestalten können. Seine Hauptpfeiler waren: Geldschöpfung mit Negativ-Zins, bedingungsloses Grundeinkommen, Internalisierung ökologischer Kosten, ökonomische Regionalisierung und – was all diesen Vorschlägen Leben einhaucht – die Wiederherstellung eines Geistes, in dem das Geschenk die Basis der menschlichen Wirtschaft, Kreativität und Subsistenz wird. Im Rückblick habe ich Zweifel am Titel des Buches[202], der zwar bezüglich des Inhalts angemessen war, aber dafür gesorgt hat, dass das Buch von den meisten praktizierenden Ökonomen und Politikern nicht wahrgenommen wurde. Glücklicherweise ist die Zeit vieler der Ideen, die ich beschrieben habe, gekommen. Das Zeitalter des Wachstums endet trotz all unserer Versuche, es aufrechtzuerhalten; soziale und ökologische Grenzen setzen das Wirtschaftssystem unter Druck, und es knirscht unter der Belastung. Nun, da sein Niedergang in Sicht kommt, da die Unlösbarkeit der Krise offensichtlich wird, sickern Ideen, die einmal abwegig erschienen, in den Mainstream. Ich werde ein paar von ihnen, die besondere Relevanz für die ökologische Heilung haben und die ich in besagtem Buch ausführlich behandelt habe, kurz erwähnen.

1. Schuldenschnitt

Wie beschrieben, ist das globale Schulden-Regime ein Hauptgrund für die Umweltzerstörung. Auch wenn sie wie ein unveränderlicher Aspekt der Realität erscheinen, sind Schulden (wie das Geld selbst) ein soziales Konstrukt, gerade so real, wie die Gesetze und Übereinkünfte, die ihnen Macht verleihen. Gesetze können geändert werden. Übereinkünfte können widerrufen werden. Am Ende sind Schulden von politischer Macht abhängig.

Im Prinzip könnten die Zentralbanken der Welt einfach alle Studienkredite, alle Konsumkredite, alle Hypothekenschulden und alle Staatsschulden aufkaufen und annullieren, weil die Zentralbanken die Macht haben, quasi unbegrenzte Mengen Geldes zu erzeugen. Sie könnten diese Schulden auch teilweise streichen oder die Zinsen auf null senken. Ihnen fehlt das politische Mandat dazu, aber wir müssen erkennen, dass das gegenwärtige Schulden-Regime kein unveränderlicher Teil der physischen Realität ist. Wir haben die Macht, es zu ändern. Wir brauchen nicht in einer Welt des Wuchers stecken zu bleiben. In den letzten zehn Jahren sind wir Zeugen einer Serie von Rettungsplänen geworden, die eigentlich »Gläubiger-Rettungspläne« waren und die Funktion hatten, Schuldner weiter in Schuld zu halten. Wir könnten den Kurs ändern und der nächsten Krise – die bald kommt! – stattdessen mit einem Schuldner-Rettungsplan begegnen.

Eine weltweite Schuldnerrevolte ist im Kommen begriffen, die sich der ungerechten Ursprünge und der belastenden Auswirkungen der heutigen Schulden bewusst ist. Ein Schuldenstreik (die Weigerung, seine Schuldzahlungen zu bedienen) von einer organisierten Minderheit von Schuldnern (Individuen und Nationen) würde das System schnell in die Knie zwingen, weil es schon jetzt hoch belastet ist. Begreift man die Rolle der Schulden als treibende Kraft hinter der weltzerstörenden Maschine, sind Bewegungen wie der *Debt Jubilee* auch eine Form des Umweltaktivismus.[203]

2. Negativzinsgeld

Ein zinsbasiertes System ist zutiefst unökologisch. Es bindet eine Welt, die zyklisch ist, an symbolische Werte, die exponentiell wachsen. Es stellt die kurzfristigen Gewinne über langfristige Investitionen, indem es dazu ermutigt, spätere Einkünfte geringer zu

318

bewerten. Es erfordert endloses Wachstum in einer endlichen Welt. Dies sind einige der Gründe, ein System zu erforschen, das die Auswirkungen von Zinsen umkehrt.

Das lässt sich erreichen, indem man eine Liquiditätsgebühr auf Bankguthaben erhebt. Vereinfacht gesprochen bedeutet es, dass überschüssige Reserven, die eine Bank hortet und nicht verleiht, um einen Anteil, vielleicht etwa 5 Prozent pro Jahr schrumpfen.[204]

In diesem Kontext hätten die Banken einen Anreiz, Geld für null Prozent Zinsen oder noch weniger zu verleihen. Ob Geld verliehen wird, würde nicht länger vom Gesamtwirtschaftswachstum abhängen. Ein Unternehmen, das kostendeckend arbeitet, müsste seine Einnahmen nicht erhöhen, um seinen Zinszahlungen nachzukommen, und wäre damit rentabel. Der Bereich bezahlter Güter und Dienstleistungen müsste nicht ständig wachsen. Das Geldsystem wäre nicht mehr Motor für die Umwandlung von Natur in Eigentum und Produkte. Naturschutz müsste nicht mehr gegen den Strom der Geldlogik anschwimmen.

Ein Negativzinssystem
» erlaubt Geldzirkulation ohne Wachstum,
» kehrt die Konzentration von Reichtum um, die vom gegenwärtigen System gefördert wird,
» verschiebt die Besteuerung weg von Gehältern und Umsatz auf Geldbesitz selbst (und anderen Besitz, der Rendite bringt, wie Land),
» bietet Schuldenerlass, ohne das ganze System in die Knie zu zwingen und kleine Sparer zu ruinieren,
» bringt Geld in Einklang mit dem spirituellen Prinzip der Vergänglichkeit und dem ökologischen Gesetz des Kreislaufs von Werden und Vergehen,
» kehrt das Spekulieren auf schnelles Geld um und hält davon ab, unersetzliches Naturkapital zu liquidieren.

An dieser Stelle haben Sie jetzt vermutlich viele Fragen. Wie können Banken Geld verdienen? Würde das nicht zur Inflation führen? Wie verhindert man Spekulationsblasen, wenn die Menschen das Bargeld meiden und es in Güter investieren? Würde es nicht zu Mehrverbrauch ermutigen? Die meisten solcher Fragen sind in Kapitel 12 von *Ökonomie der Verbundenheit* behandelt, dort wird die Geschichte, Theorie und Anwendung von Negativzinswährungen im Detail beschrieben.

Ich erwähne die Idee an dieser Stelle, um auf eine Alternative zur gewöhnlichen Kritik am »Kapitalismus« hinzuweisen, der in linksgerichteten Analysen meist als Hauptschuldiger für die Umweltkrise angesehen wird. Aber, wie so viele Debatten – die um das Klima eingeschlossen – verschleiert die Kapitalismuskritik tiefere Annahmen, die von beiden Seiten geteilt werden. Das Wesen des Kapitalismus wird bestimmt durch das Wesen des Kapitals. Und das Wesen des Kapitals – insbesondere wer es besitzt und was man damit machen kann – hängt ab von sozialen Übereinkünften, die nicht schwarz oder weiß sind, sondern viele Gradierungen und Variationen zulassen. Der Negativzins stellt den Kapitalismus auf den Kopf.

Sozialismus wird meist definiert als »öffentliches Eigentum der Produktionsmittel«, aber was bedeutet eigentlich Eigentum? Niemals ist das Objekt absolut dem Subjekt unterworfen, wie uns das die *Geschichte von der Separation* glauben machen will. Eigentum ist immer eine soziale Übereinkunft. Die Objekte selbst, das Land, das Wasser, die Mineralien, die Bäume unterwerfen sich nicht der Auffassung, Eigentum von jemand zu sein. Selbst der unerschütterlichste Liberale denkt nicht, dass der Besitz von etwas das Recht einschließt, diesen Besitz auf eine Art zu verwenden, die anderen schadet. Die Besitzrechte sind immer gesellschaftlich eingeschränkt. Die Frage lautet dann: Da sich unser Verständnis davon, was anderen Schaden zufügt, weiterentwickelt, was wäre die passende gesellschaftliche Übereinkunft darüber, wer was wofür verwenden darf?

Liebe Aktivisten, wir werden nicht weit kommen, wenn wir all unsere Hoffnung daran knüpfen, die Öffentlichkeit aufzustacheln, den Kapitalismus zu Fall zu bringen. Aber wir werden auch nicht sehr weit kommen, wenn wir das gegenwärtige kapitalistische System intakt lassen. Wir müssen sein Fundament verändern, die grundlegenden Auffassungen und Übereinkünfte, welche die Kategorien von Geld und Besitz definieren. Selbst das Wort »mein« scheint veraltet, da wir beginnen, uns selbst als verbundene Wesen, als *Interbeings* zu verstehen und Objekte des Besitzes als eigenständige Subjekte zu sehen. Heute wissen wir, dass es falsch ist, einen Menschen zu besitzen. Sklaverei ist nur möglich, wenn wir den Sklaven entmenschlichen. Jetzt beginnt es ähnlich falsch zu erscheinen, Land zu besitzen. Wir können seine Hüter sein, seine Pfleger, seine Partner, seine Verbündeten, selbst seine Diener ... aber seine Besitzer? Wie können wir es wagen?

Die Herausforderung besteht darin, wie wir dieses Verständnis in unser Wirtschaftssystem übersetzen. Viele von uns möchten bescheidener und respektvoller leben. Wir wollen nicht vom Leid anderer profitieren. Diese wachsende Bewusstheit steht nicht im Einklang mit dem gegenwärtigen System von Geld und Besitz. Negativzinsgeld ist ein Schritt in Richtung einer Annäherung der Wirtschaft an die Ökologie.

3. Internalisierung ökologischer Kosten

Heute scheint recht offensichtlich, dass Geld meist ein Feind der Nachhaltigkeit ist. Man kann mit Ressourcenextraktion, Abholzung, Überfischung und Schadstoff-Verklappung eine Menge Geld machen. Und es ist wenig Geld mit der Begrünung von Wüsten, der Wiederherstellung von Feuchtgebieten, dem Schutz von Habitaten oder der Vermeidung von Verschmutzung zu verdienen. Das bedeutet, dass Regierungspolitik – und unsere eigenen guten Absichten – gegen die Macht des Geldes ankämpfen muss, um eine bewohnbare Welt zu bewahren, die das Leben ehrt.

Ist das ein notwendiger Zustand? Spiegelt er einen ewigen Kampf zwischen Altruismus und Selbstsucht, zwischen Geist und Materie, zwischen Gut und Böse, Gott und Mammon? Manche Ökonomen denken, es müsste nicht so sein, wenn es nur möglich wäre, umweltzerstörerische Aktivitäten sehr teuer und umweltbewahrende Aktivitäten lukrativ zu machen. Die Idee dahinter ist, dass Verschmutzung, Abholzung usw. Formen des Diebstahls an der Gesellschaft, der Natur und zukünftigen Generationen sind. Niemandem sollte erlaubt werden zu profitieren, indem die Kosten auf andere abgewälzt werden. Grüne Steuern und Emissionshandel für Verschmutzungsrechte versuchen diese Kosten zu internalisieren und die besten Geschäftsentscheidungen mit den besten ökologischen Entscheidungen in Übereinstimmung zu bringen. Auf der restaurativen Seite gibt es das Konzept der Bewertung von »Ökosystemdienstleistungen«, und man versucht Menschen dafür zu bezahlen, dass sie Land schützen, Wälder pflanzen, Wasserschutz usw. betreiben.

Ich habe diese Idee sowohl aus theoretischen als auch aus praktischen Gründen kritisiert, vor allem wenn das bedeutet, dass ökologische Gesundheit auf eine einzige Kennzahl – CO_2-Äquivalente mit ihrem entsprechenden Geldwert – reduziert wird. Wir können nur messen, was wir sehen können, und so entgeht unseren Berechnungen alles außerhalb unserer kulturellen Scheuklappen. Darüber hinaus lassen wir unwissentlich unsere unbewussten Vorurteile in unsere Entscheidung darüber einfließen, was wir messen und wie wir es messen, Vorurteile, die meist mit den finanziellen Interessen der Institutionen und Systeme einhergehen, die die Messung vornehmen. Was ist sichtbar für uns in der zivilisierten Welt? Tonnen von CO_2. Hektar Wald. Der Ozongehalt der bodennahen Luft. Der pH-Wert der Meere. Die Anzahl der Arten. Im Dienste dieser *messbaren* Dinge sind wir zu opfern gewillt, was in unseren Augen unsichtbar oder unwichtig ist: Generationen alte soziale Praktiken, die es traditionell lebenden Menschen erlauben, mit dem Land zu koexistieren; die Unversehrtheit heiliger Orte; komplexe ökologische Abhängigkeiten, die wir bisher noch nicht zu sehen oder zu messen gelernt haben.

Auf der anderen Seite können wir offensichtlich nicht fortfahren, ein System aufrechtzuerhalten, in dem Profit und Ökologie einander entgegenstehen. Lässt sich das Konzept der Ökosystemdienstleistungen verbessern? In der Tat waren manche der Programme, die durch das Konzept der Ökosystemdienstleistungen gerechtfertigt wurden, ziemlich erfolgreich, und wir sollten diese Erfolge nicht aus dogmatischen Gründen abtun. Bauern in Bolivien werden dafür bezahlt, ihre Wassereinzugsgebiete zu schützen, und Holzfäller werden dafür bezahlt, mit dem Kahlschlag aufzuhören. Emissionshandel für Schwefeldioxid hat den sauren Regen eingedämmt. Wenn wir aus den Fehlern (etwa den kläglichen Resultaten des Handels mit CO_2-Zertifikaten) lernen und die Erfolge fortführen, können wir mehr und bessere Methoden entwickeln, um Geld mit der Ökologie in Einklang zu bringen. Zum Beispiel:

» Wir können versteckte Subventionen eliminieren, die regionale und ökologische Praktiken unwirtschaftlich machen. Das ist sicherlich die wichtigste Maßnahme, denn so viele unnachhaltige Praktiken sind nur wegen öffentlicher Subventionen praktikabel. Lkw-Speditionen zahlen z.B. nichts für den Bau und die Reparatur von Straßen. Diese Kosten werden von der Öffentlichkeit getragen. Auch tragen Ölfirmen nicht die Kosten für die imperialen Öl-Kriege.

» Wir können Quotensysteme, grüne Steuern oder Auktionen dafür verwenden, den Verbrauch erneuerbarer Ressourcen auf ein Maß zu begrenzen, das nachhaltig aufrechterhalten werden kann.

» Wir können dasselbe tun, um Verschmutzung auf ein Maß zu begrenzen, das vom Rest der Natur abgebaut werden kann.

» Wir können auch Länder wie die Demokratische Republik Kongo, Ecuador und Brasilien dafür bezahlen, dass sie ihre Regenwälder bewahren, und zwar in etwa der Höhe der Profite, die entstünden, wenn sie diese Ressourcen liquidierten.

» Wir können Bauern dafür bezahlen, regenerative Landwirtschaft zu betreiben.

» Wir können die Schulden der Dritten Welt streichen und damit anerkennen, dass ein großer Teil davon zum Zwecke der Extraktion von Ressourcen eingesetzt wurde, für deren ökologische Kosten es nie eine Entschädigung gegeben hat.

Das Organisationsprinzip ist hier nicht, alles einer ökonomischen Logik unterzuordnen. Menschen und Nationen sollten in die Lage versetzt werden, mit Alternativen zur Extraktion (über ein nachhaltiges Maß hinaus) genauso viel Geld zu verdienen, wie sie durch die Extraktion selbst verdienen. Alles andere wäre Heuchelei: »Fällt diese Bäume nicht – aber ich bezahle euch nur, wenn ihr es tut.« Geld ist letztendlich ein Ausdruck dafür, was eine Gesellschaft wertschätzt. Da sich unser Wertmaßstab in Richtung ökologischer Heilung verschiebt, müssen wir das ökonomische System verändern, damit es diese Verschiebung widerspiegelt.

Wir sollten hingegen nicht so tun, als würden die finanziellen Anreize, die wir für ökologisch erwünschte Resultate schaffen, tatsächlich den Wert von Land, Wasser und Artenvielfalt repräsentieren. Es ist sicherlich eine gute Sache, Geld und Ökologie in Einklang zu bringen, aber es muss geschehen, ohne die Ökologie auf das Geld, die Natur auf eine Ware, das Unendliche auf das Endliche, das Heilige auf das Profane, Qualität auf Quantität und die

Welt auf einen Haufen dienlicher Materie zu reduzieren. Finanzielle Anreize von der Wert-Doktrin loszulösen gibt uns die Freiheit, sie von Fall zu Fall flexibel einzusetzen, sodass auch ihr gesellschaftlicher Zusammenhang vollständig einbezogen wird.

4. Bedingungsloses Grundeinkommen

Auf den ersten Blick scheint ein garantiertes Einkommen für alle eher den Konsum als die Nachhaltigkeit zu fördern. In Wahrheit kann es die Menschen von der erzwungenen Teilhabe an einer verbrauchsintensiven Ökonomie befreien und ihnen die Möglichkeit geben, als Heiler, Künstlerinnen, Friedensarbeiter und Hüterinnen der Umwelt zu wirken.

Das bedingungslose Grundeinkommen (BGE) wird sowohl von der Rechten als auch von der Linken scharf kritisiert. Die Rechte sagt, ohne den Zwang, für den Lebensunterhalt arbeiten zu müssen, würden die meisten Menschen aufhören, einen Beitrag zur Gesellschaft zu leisten. Wer würde die Busse fahren, die Teller spülen und die Toiletten reinigen?

Die marxistische Linke sagt, dass das BGE die grundlegende Struktur des Kapitalismus bewahrt (das Privateigentum von Produktionsmitteln); im besten Falle würde es lediglich die schlimmsten Exzesse des Kapitalismus mildern.

Während eine tiefgreifende Behandlung aller Argumente für und gegen das BGE den Rahmen dieses Buches sprengen würde, kann eine Antwort auf die eben genannten Kritiken helfen, das Potenzial des Grundeinkommens zu beleuchten. Zuerst das Thema »Wegfall von Arbeitsanreizen«. Das Argument beruft sich auf eine bestimmte Philosophie von der menschlichen Natur; nämlich, dass Menschen von rationalem Eigeninteresse bestimmt sind und keinen Beitrag zu etwas leisten würden, das größer als sie selbst ist, wenn sie dazu nicht gezwungen oder bestochen werden. Das heißt, dass Sie, liebe Leserin, lieber Leser, sich fröhlich zur Ruhe setzen würden, um sich völlig einem Leben aus Tennis, Golf, *World of Warcraft*, Fernsehserien, Partys und Ausschweifungen hinzugeben, wenn Sie damit durchkämen. Glücklicherweise sind Sie gezwungen, stattdessen Ihren Lebensunterhalt zu verdienen.

Was ich in der Welt sehe, ist jedoch das Gegenteil. Die Menschen haben den dringenden Wunsch, einen bedeutsamen Beitrag zum Wohlergehen der Gesellschaft und des Planeten zu leisten, aber der Zwang, den Lebensunterhalt zu verdienen, hält sie davon, das auch zu tun. Oder aber sie müssen gegen ökonomische Zwänge ankämpfen, um zu tun, was die Welt jetzt am meisten braucht.

Dies legt eine Fehlfunktion unseres Wirtschaftssystems nahe. Idealerweise sollte es genau dazu ermutigen, das zu tun, was der Welt dient. Stattdessen ermutigt es zu Handlungen, die dem Programm von Wachstum, Dominanz und Eroberung – *dem Aufstieg der Menschheit* – dienen. Diese Ziele sind für die meisten Menschen, die ihnen dienen, nicht mehr sinnstiftend und erfüllend.

In gewissem Sinne trifft also die Kritik der Rechten zu. Die Gesellschaft, wie wir sie kennen, bräche zusammen, wenn wir die Menschen nicht länger zwingen oder bestechen könnten, entwürdigende Arbeit zu verrichten. Auf der seelischen Ebene kann es genauso entwürdigend sein, in der Hochfinanz zu arbeiten, wie einen Pendelbus zu fahren – vielleicht sogar entwürdigender. Im Kontext des bedingungslosen Grundeinkommens hätten Unternehmen einen starken Anreiz, erfüllende Arbeitsplätze zu schaffen, weil sie sich nicht länger darauf verlassen könnten, dass es genug verzweifelte Menschen gibt, die praktisch alles machen würden.

Was die Kritik der Linken angeht, so könnte man das BGE tatsächlich als Rückführung der Allmende in das öffentliche Eigentum ansehen. In *Ökonomie der Verbundenheit* habe ich für das Grundeinkommen den Ausdruck »Soziale Dividende« verwendet – das ist der Anteil einer jeden Person am kollektiven natürlichen und kulturellen Wohlstand der Welt, auf den kein Mensch einen größeren Anspruch hat als ein anderer. Diese Sichtweise ist vor allem dann überzeugend, wenn das BGE durch Abgaben auf angehäufte Vermögen (z.B. durch Negativzins oder eine Einheitssteuer auf Land wie von Henry George vorgeschlagen[205] usw.) finanziert wird, die verhindern, dass man durch bloßen Besitz von Ressourcen Profit machen kann.

Jede Debatte über Kapitalismus hängt von der Natur des Kapitals ab. Sowohl Geld als auch Besitz sind Konventionen. Sie sind Geschichten, Systeme der Übereinkunft, denen man eine gewisse Bedeutung zuschreibt. Geschichten können geändert werden. Die derzeitige *Geschichte vom Geld* ist wesentlicher Bestandteil der *Geschichte vom Aufstieg*; sie ist das Fundament eines Gesellschaftssystems, das die Welt verschlingt, eines Systems, das Qualität in Quantität, Natur in Ware, Humus in Dreck, Bäume in Holzfestmeter und Werte in Wert verwandelt. Es ist ein System, das Schönheit auffrisst und Geld ausspuckt. Es ist der Strom, gegen den jede Umweltschutzbemühung anschwimmen muss. Das zu ändern ist keine kleine Sache. Das uns vertraute Geldsystem prägt unser Verständnis davon, wer wir sind und was real ist. Es kann sich nicht verändern, wenn sich nicht alles ändert; und wenn es sich ändert, wird alles andere sich mit ihm verändern. Diejenigen, die unsere Klimakrise als ein Omen für die vollständige Transformation unserer Zivilisation ansehen, sollten also verstehen, dass diese Veränderung notwendigerweise bis auf die Ebene des Geldes hinabreichen muss.

11
Eine
Herzensangelegenheit

Wissenschaft als Religion

Wenn Geld der Schlussstein im Bogen der modernen Gesellschaft ist, dann ist deren Fundament sicherlich die Wissenschaft. Wenn jemand verlangt, dass wir doch realistisch sein sollen, bezieht sich das oft entweder auf Geld oder ein wissenschaftlich verifizierbares Faktum. Die Wissenschaft ist für unsere Kultur wie eine Landkarte der Realität. Wenn uns durch die Klimaveränderung tatsächlich die Initiation in eine neue Phase der menschlichen Zivilisation bevorsteht, dann können wir erwarten, dass die Wissenschaft – so wie das Geld – eine grundlegende Metamorphose durchlaufen wird.

Außer vielleicht am äußersten religiösen Rand ist in unserer Gesellschaft die Wissenschaft der primäre Bezugspunkt für Autorität: Seit mindestens einem Jahrhundert ist »Wissenschaftlichkeit« eine der höchsten Quellen von Legitimität in Geschäftssachen, Regierungsangelegenheiten, in der Medizin und auf vielen anderen Gebieten. Selbst jene, die bestimmte wissenschaftliche Lehrmeinungen ablehnen, sind bemüht, ihre Ansicht wissenschaftlich zu belegen. Da unsere Kultur die Wissenschaft als vornehmliches Mittel der Wahrheitsfindung ansieht, erscheint die Ablehnung wissenschaftlicher Aussagen als Inbegriff von Irrationalität, als wollte man vorsätzlich die Wahrheit selbst leugnen.

Ich habe erläutert, inwiefern die Darstellung der Klimadebatte als Zusammenprall der Kräfte der Wahrheit mit den Kräften der Täuschung vieles auslässt. Dies ist keine bloße Schlacht zwischen den Intelligenten und den Dummen, den Rückschrittlichen und den Fortschrittlichen oder den Korrupten und den ethisch Integren. Die Zurückweisung der Wissenschaft, oder zumindest dessen, »was die Wissenschaft sagt«, deutet auf eine tektonische Verschiebung im Fundament der Zivilisation hin, wie wir sie kennen.

Wissenschaft ist in unserer Kultur mehr als nur ein System der Wissensproduktion oder eine Untersuchungsmethode. Sie ist so tief eingebettet in unser Verständnis darüber, was real ist und wie die Welt funktioniert, dass wir sie die Religion unserer Zivilisation nennen könnten. Wir sind hier nicht Zeugen einer Revolte gegen die Wahrheit, sondern einer Krise der Hauptreligion unserer Zivilisation.

Jetzt mögen Sie protestieren: »Wissenschaft ist keine Religion! Sie ist das Gegenteil von Religion, denn sie verlangt nicht, dass wir irgendetwas glauben. Die wissenschaftliche Methode bietet die Möglichkeit, Fakten von Unwahrheit und Wahrheit von Aberglauben zu unterscheiden.«

Faktisch ruht die wissenschaftliche Methode, wie die meisten religiösen Schemata zur Erlangung von Wahrheit, auf metaphysischen *a priori* Annahmen, die wir in der Tat glauben müssen. Die erste ist Objektivität: Man nimmt an, dass die Formulierung und Prüfung von Hypothesen die Realität, in der dieses Experiment stattfindet, nicht verändern.[206] Das ist eine gewagte Annahme, die von anderen Denksystemen keinesfalls als offensichtlich akzeptiert wird. Andere metaphysische Annahmen sind:

» Alles, was wirklich ist, kann im Prinzip gemessen und quantifiziert werden.
» Alles geschieht, weil es *verursacht* wurde (im Sinn der aristotelischen *causa efficiens* oder wirkenden Ursache).

» Die grundlegenden Bausteine der Materie sind generisch; so sind etwa zwei beliebige Elektronen identisch.
» Die Natur kann durch invariante (unveränderliche) mathematische Gesetze beschrieben werden.

Wissenschaftsphilosophen mögen begründet einwenden, dass einige dieser Prinzipien gegenwärtig unter den Angriffen der Quantenmechanik und der Systemtheorie ins Wanken geraten; sie prägen jedoch immer noch die Kultur und Denkweise der Wissenschaft. Über diese impliziten metaphysischen Grundannahmen hinaus ähneln sich Wissenschaft und Religion auch auf folgenden Gebieten.[207] Wissenschaft hat:

» ein Verfahren zur Erlangung von Wahrheit (die wissenschaftliche Methode),
» aufwendige divinatorische Rituale, um Wissen zu erlangen (Experimente),
» weitere Rituale (Technologie), mit denen wir die Realität manipulieren,
» unsichtbare universelle Geister (wie etwa »Energie« und »Kräfte«), die für alle Bewegung und Veränderung verantwortlich sind,
» eine esoterische Sprache, die nur Eingeweihten verständlich ist,
» Lehren über die menschliche Natur,
» einen Schöpfungsmythos (der Urknall und die Evolution nach Darwin),
» unsichtbare Entitäten (wie Elektronen, Mitochondrien, etc.), die sich nur mithilfe spezieller Geräte (wie Mikroskopen) offenbaren,
» spezielle Rituale zum Zwecke der Heilung (Medizin),
» eine Priesterschaft, Laien unterschiedlicher Frömmigkeit und Ungläubige,

- » eine Ausbildung und Initiation zur Priesterschaft (Universitäten),
- » Orden und Vereinigungen von Priestern,
- » »Prediger« – Wissenschaftsjournalisten, die den Massen der Laien die Evangelien bringen,
- » legendäre Heilige und Helden (Darwin, Newton, Archimedes, Einstein, Maxwell, Bohr ...),
- » Märtyrer für die Sache (Giordano Bruno, Galileo Galilei),
- » Hauptkonfessionen und schrullige Sekten,
- » Extremisten, Fundamentalisten und tolerante Gemäßigte,
- » dogmatische Schismen, Häretiker und Abtrünnige,
- » Exkommunikation von Häretikern (Entzug der Fördermittel, von Journalen auf die schwarze Liste gesetzt werden),
- » ein System von Ethik und Moral (z.B.: rationale Entscheidungen, wissenschaftlicher Handlungskodex),
- » ein System für die Indoktrination der jungen Generation.

Es geht hier nicht darum, die Wissenschaft mit der Begründung zu verwerfen, dass sie letzten Endes nichts anderes als eine Religion sei. Damit begingen wir einen subtilen Fehler: Wir übernähmen die der Wissenschaft eigene Auffassung von Religion als etwas Kritikwürdigem. Wenn wir aber die implizite Abwertung der Religion zurückweisen, die entstand, um sie klar von der Wissenschaft als dem Königsweg zur Wahrheit zu unterscheiden, dann setzen wir die Wissenschaft durch einen solchen Vergleich nicht herab. Stattdessen eröffnet das neue Fragen. Wir könnten fragen: Was sind die Grenzen der Technologien, die innerhalb einer solchen Weltsicht zur Verfügung stehen? Und: Welche anderen Religionen – metaphysische, technologische und Wahrnehmungssysteme – könnte die gegenwärtige Krise noch hervorbringen und notwendig machen? Wir könnten auch untersuchen, was aus der Wissenschaft werden könnte, wenn wir einige ihrer metaphysischen Annahmen aufgäben. Was wird aus ihr, wenn wir anerkennen, dass Beobachter und Beobachtetes unentwirrbar verflochten sind? Wenn wir das Bewusstsein und die Handlungsfähigkeit aller Materie anerkennen? Wenn wir aufhören, die quantitative über die qualitative Beweisführung zu stellen?

Die Wissenschaft ist nicht die einzige Religion mit einem Schleier von Dogma und institutioneller Fehlfunktion um einen Kern spiritueller Wahrheit. Die spirituelle Essenz der Wissenschaftsreligion ist das Gegenteil ihrer institutionellen Arroganz: Die wissenschaftliche Methode verkörpert eine tiefe und schöne Demut. Sie sagt: »Ich weiß etwas nicht, und so frage ich.« Wenn Wissenschaft gesund ist, nimmt diese Demut die Form kritischen Denkens, geduldiger empirischer Beobachtung, sorgfältiger Prüfung von Hypothesen und – vielleicht am wichtigsten – von Gemeinschaften von Wissenssuchenden an, die ihre Arbeiten gegenseitig kritisieren, verfeinern und auf ihnen aufbauen. Der wahre Wissenschaftler ist immer dafür offen, falsch zu liegen, selbst auf Kosten von Forschungsmitteln, Prestige und Selbstbild.

Wenn diese Werte der Demut und der Erfahrung praktisch in einer Kultur verankert sind, wird dieser Pfad zur Erkenntnis mit der Zeit zu einer Wissenschaft. Deshalb lautet mein Aufruf hier, die Wissenschaft nicht zu verwerfen, sondern sie zu erweitern und einzuschließen, was sie ignoriert hat.

Ökofeministinnen und Tiefenökologen haben die Wissenschaft für ihren Hang kritisiert, den Beobachter vom Wesen des Beobachteten zu trennen, zu isolieren und zu entfernen und damit die Welt zu einem Objekt zu machen. Francis Bacon empfand das Experiment als Methode wie ein Verhör der Natur, ja sogar wie eine Vergewaltigung – ein erzwungenes Vordringen in ihre tiefsten Mysterien. Wie mag sich das Experiment ändern, wenn wir es als Zwiesprache, nicht als Verhör, wenn wir es als Liebeswerben und nicht als Vergewaltigung verstehen? Was, wenn wir die Wissenschaft nicht als Mittel sehen, die Natur in unsere Kategorien zu zwingen, sondern als Weg, die Reichweite unserer Sinne zu erweitern, um die Geliebte besser betrachten zu können?

Ich bringe diese Fragen mit einer gewissen Beklommenheit auf, denn nach der konventionellen Sicht ist jede Zurückweisung von Wissenschaft ein Schritt zurück zu lange diskreditierten Mythen, Irrationalität und Aberglauben. Ich möchte nicht mit Ignoranten in einen Topf geworfen werden. Es erscheint den meisten Menschen recht offensichtlich, dass das Problem heute nicht zu viel Vertrauen in die Wissenschaft ist, sondern im Gegenteil: zu wenig. Folglich mögen Sie denken, selbst wenn meine obigen Punkte vielleicht philosophisch berechtigt sind, sei die Tatsache, dass ich sie im Kontext der Klimaveränderung überhaupt anbringe, ein strategischer Fehler, der die Leugner ermutigen und die Verschmutzer decken wird. Ich bringe sie trotzdem auf, denn sowohl die metaphysischen Annahmen der Wissenschaft als auch ihre institutionelle Ausdrucksform sind wesentlicher Bestandteil des Systems, das die Welt zerstört hat. Die wissenschaftliche Reduktion der Wirklichkeit auf Zahlen spiegelt sich in der Umwandlung von Natur in Geld wider. Ihre Verallgemeinerung der Materie zu generischen Teilchen spiegelt sich in der Standardisierung von Menschen und Waren in der industriellen Ökonomie wider. Und die Technologie, welche die Wissenschaft hervorbringt, begünstigt beides.

Auch wenn sie sich entwickelt, so hat die Wissenschaft, wie wir sie kannten – und zu einem hohen Grade auch heute noch – uns dazu erzogen,

» die Welt als einen Haufen empfindungsunfähiger Dinge zu betrachten,
» Entscheidungen »rational« zu treffen, das heißt aufgrund utilitaristischer Abwägungen,
» den Beobachter als unabhängig vom Beobachteten zu sehen,

» die Natur als zu manipulierendes und zu kontrollierendes Objekt zu betrachten,
» das Nicht-Messbare und Qualitative (Geist, Schönheit, das Sakrale etc.) zu ignorieren,
» in mechanistischen statt organischen Begriffen zu denken.

Die wissenschaftsfeindliche Öffentlichkeit könnte trotz all ihrer Ignoranz einer authentischen Ahnung über die Grenzen der Wissenschaft als Entscheidungskompass und ultimativer Richter über wahr und falsch auf der Spur sein. Wir sollten aufhören, die öffentliche Ablehnung von Wissenschaft und Autorität generell als eine Art lästige Aufsässigkeit anzusehen, sondern vielmehr auf die darin enthaltene unbequeme Wahrheit achten.

Wenn wir sagen: »Traue dem wissenschaftlichen Konsens zur Klimaveränderung«, implizieren wir damit:

1. Traue dem gesellschaftlichen Prozess, durch den Konsens entsteht.
2. Traue auch allen anderen Dingen, über die wissenschaftlicher Konsens erklärt wurde.
3. Traue der grundlegenden Art und Weise der Wissensgewinnung durch die Wissenschaft.
4. Traue den stillschweigenden metaphysischen und ontologischen Annahmen der Wissenschaft.
5. Traue auch anderen Institutionen, die ihre Legitimität von der Wissenschaft ableiten.
6. Traue wissenschaftlichen Technologien zu, unsere Probleme zu lösen.

Auf vielfältige Weise haben all diese Dinge, denen wir getraut haben, zur Zerstörung der Biosphäre beigetragen und tragen noch immer dazu bei. Dies konfrontiert die radikalere Umweltaktivistin mit einem Dilemma, wenn sie sich im Kampf gegen den Klimawandel auf die Wissenschaft beruft, denn dies erfordert eine Teilhabe an genau jenem System intellektueller Autorität, das schon seit Langem unser weltzerstörendes System leitet und verteidigt. Außerdem verleitet die Dringlichkeit zur Handlung dazu, existierende Institutionen, die als Einzige zu unmittelbarem Handeln fähig sind, weiter zu ermächtigen. Die Klimaaktivistin findet sich in der unbequemen Situation wieder, das Establishment gleichzeitig zu verteidigen und zu bekämpfen.

Wir stehen tatsächlich auf schwankendem Boden, wenn wir uns auf die Institution der Wissenschaft – und infolgedessen auch auf Autorität im Allgemeinen – verlassen, dass sie uns aus der Klimakatastrophe retten. Auf der rhetorischen und strategischen Ebene müssen wir über den guten Schuljungen und das gute Schulmädchen hinauswachsen, die der Wissenschaft vertrauen und glauben, dass das, was der Lehrer ihnen erzählt, wichtig ist. Und wir müssen uns vom Geruch der Selbstgerechtigkeit befreien, der aus unserer Verachtung für jene erwächst, die die Wissenschaft nicht begreifen (oder die wir wie aufsässige Bauerntölpel herablassend mit einer Version für »Dummies« belehren). »Es ist wissenschaftlich erwiesen, dass ...« wird die Farmer, Jäger, Viehzüchter und anderen Menschen mit (in den USA) typischerweise konservativer politischer Einstellung, die Leute wie Donald Trump wählen und sich auf die Seite der Klimaskeptiker geschlagen haben, nicht erreichen. Noch wird es Menschen aus der Arbeiterklasse beeindrucken, die verständlicherweise meinen, dass das Establishment sie betrogen hat.

Aktuelle politische Ereignisse wie der Brexit und die Wahl Trumps deuten auf eine wachsende öffentliche Ablehnung etablierter Autoritäten hin. Üblicherweise werden als Gründe Borniertheit, Fremdenfeindlichkeit und – sehr vielsagend – »Unvernunft« angesehen, doch eigentlich weisen sie auf eine Krise der Legitimität unserer Führungsinstitutionen und der sie lenkenden Eliten hin.

Und das wird sich verschlimmern, solange die Konzentration von Wohlstand intensiviert und der Gesellschaftsvertrag weiter strapaziert wird. Es wird sich verschlimmern, solange die Stützen der Gesellschaft – Medizin, Bildung, Rechtsprechung – immer absurdere Fehlfunktionen aufweisen. Es wird sich verschlimmern, solange progressive und konservative Regierungen gleichermaßen scheitern, das politische System zu reformieren. Es wird sich verschlimmern, weil die Menschen die Macht und Schönheit in Dingen erkennen, die außerhalb der Grenzen der Normalität im Reich des »Alternativen« aufgekeimt sind.

Viele Menschen haben direkte Erfahrungen gemacht, die dem widersprechen, was Wissenschaft und Autoritäten im Allgemeinen als real und möglich ansehen. Die lebenslangen menstruellen Krämpfe einer Freundin verschwinden nach ein paar Akupunkturbehandlungen trotz ihrer extremen Skepsis für immer. Eine Frau gesundet von einem »unheilbaren« Pankreaskarzinom im Endstadium. Ein Mann hat direkte Kommunikation mit seinen Ahnen in einer Iboga-Zeremonie und beendet seine Drogenabhängigkeit. Rivalisierende Gangs treffen sich in einem Restorative Circle[208] und schließen Frieden. Die Teenager-Freunde meines Sohnes sehen ein U.F.O. Erfahrungen wie diese öffnen die Menschen für weitere Erfahrungen. Wenn das »Unmögliche« geschieht, beginnen wir die Grenzen des konventionell Möglichen infrage zu stellen.

Einige der höchst gebildeten Menschen, die ich kenne, widmen sich der Astrologie: ein akademischer Philosoph, eine Jura-Professorin, eine medizinische Anthropologin. Das sind keine Menschen, die zu dumm sind zu verstehen, dass der Gravitationseinfluss anderer Planeten vernachlässigbar ist. Auch kennen sie das Phänomen des Bestätigungsfehlers und die Neigung des Verstandes, scheinbare Muster im Zufallsrauschen wahrzunehmen. Dies sind hoch intelligente, selbstreflektierte Menschen. Sie können sie als abergläubische Dussel abschreiben, die weniger rational als Sie sind, aber auf

Basis welcher Beweise? Weil Sie einfach wissen, dass die Weltsicht der institutionellen Wissenschaft und ihre Auffassung von Ursache und Wirkung identisch ist mit der Realität selbst? Und sind Sie gleichermaßen sicher, dass Kulturen auf der ganzen Welt, die seit Jahrtausenden prophetische Praktiken pflegen, die Neigung des Verstandes zur Selbsttäuschung einfach nicht bemerkt haben? Ist es so, dass wir weise sind und jene dumm, dass wir fortgeschritten sind und jene primitiv, und dass es unsere historische Pflicht ist, ihre minderwertigen Erkenntniswege durch unsere überlegenen zu ersetzen? Diese Mentalität scheint mehr Teil des Problems als Teil der Lösung zu sein.

Ironischerweise schließen sich viele der Menschen, die für Energieheilung, Astrologie, Kornkreise und anderes offen sind, dem Ruf nach einer »wissenschaftsbasierten« Klimapolitik an. Gleichzeitig treffen sie in ihrem eigenen Leben Entscheidungen auf Basis von I-Ging, Tarot oder Astrologie. Dies veranschaulicht den Trennwall, der Spiritualität und Politik in unterschiedliche Bereiche teilt. Dieser Wall muss abgetragen werden. Der Schlüssel zu unserer Rettung liegt jenseits dessen, was uns die Wissenschaft gegenwärtig anbietet; er liegt darin, die Welt als ein lebendes, ein heiliges und ein geliebtes Wesen zu sehen. Mit dieser Sichtweise können sich Technologien und Praktiken entwickeln, die weit über das hinausgehen, was die Wissenschaft heute für möglich hält. Die erstaunlichen Ergebnisse der regenerativen Landwirtschaft sind nur ein Vorgeschmack davon, was geschehen kann, wenn wir sagen: »Land, ich weiß, du willst genesen. Bitte erzähle mir, wie ich dir dabei helfen kann.« »Land, ich weiß, du möchtest geben. Bitte erzähle mir, wie ich dich dabei unterstützen kann.« »Land, ich weiß, du möchtest deinen höchsten Zweck erfüllen. Bitte erzähle mir, wie ich dir dienen kann.«

Das ist der Herzens- und Geisteszustand, aus dem die Erkenntnisse der regenerativen Landwirtschaft entstehen und ökologische Heilung stattfinden kann.

Wissenschaft kann ein machtvolles Werkzeug sein, um diese Fragen zu stellen und Antworten zu erhalten. Ich plädiere hier nicht dafür, sie durch Tarot-Karten oder durch divinatorische Praktiken anderer Kulturen zu ersetzen, die tatsächlich exquisite Rituale nutzten, um das Gleichgewicht mit dem Land zu erhalten. Was sich ändern muss, ist der Impuls hinter der Wissenschaft: die Manipulation einer Welt, die sie als tot – als Atome und Leere – ansieht. Wenn sich diese Sicht ändert, wird die Wissenschaft sich in etwas wandeln, das wir kaum noch wiedererkennen werden. Sie wird die belebende Kraft übernehmen, die in der Kommunikation der Indigenen mit der Natur liegt, sie wird ein Schritt hin zur Wiederentdeckung unserer eigenen indigenen Wurzeln sein. Dieses Wort muss bedeuten, wirklich von einem Ort zu sein, mit einem Platz und all seinen Wesen in einem intimen Verhältnis zu stehen. Letztendlich ist es egal, ob wir die technologischen Rituale der Wissenschaft oder irgendeine andere Religion ausüben. Was zählt ist, dass wir zur Liebe zurückkehren.

Sehen wir es so: Sie verfolgen keine »wissenschaftsbasierte Strategie« in Angelegenheiten des Herzens, nicht wahr? Sie verfolgen, so hoffe ich, eine liebesbasierte Strategie oder vielleicht eine hassbasierte oder angstbasierte Strategie. Sie mögen sie vielleicht in vernünftige Gründe kleiden, aber Liebe ist nicht vernünftig. Wenn wir uns unvernünftig für die Heilung der Erde einsetzen wollen, müssen wir unsere Beziehung zu ihr zu einer Angelegenheit des Herzens machen. Andernfalls könnten die Untergangspropheten recht behalten.

Wenn wir wüssten, dass sie fühlen kann

Es sind nicht nur die westlichen Prediger der Klimakatastrophe, die vor dem großen bevorstehenden Sterben warnen. Viele indigene Völker sehen diese drohende Gefahr ebenfalls. Nicht den Treibhausgasen gilt ihre Sorge, sie sehen Zusammenhänge auf einer anderen Ebene. Ihr Warnen gilt der Entweihung des Lebens selbst. Dieses tiefer gehende Kausalsystem legt auch tiefer gehende Antworten nahe, die alle darauf hinauslaufen, das Leben und die Materie wieder als heilig zu erkennen. Es bietet neue Hoffnung, einen Ausweg aus dem vergeblichen, endlosen »Kampf« gegen den Klimawandel.

Es wird niemanden überraschen, der Kapitel 4 und 5 in diesem Buch gelesen hat, dass viele ihrer Warnungen sich zum einen einfach auf die Zerstörung von Ökosystemen beziehen. Hier die Worte des bemerkenswerten Yanomami-Schamanen Davi Kopenawa aus dem Buch *The Falling Sky*:

Der Wald lebt. Er kann nur sterben, wenn die weißen Menschen darauf bestehen, ihn zu zerstören. Wenn ihnen das gelingt, werden die Flüsse sich in den Untergrund zurückziehen, die Erde wird bröckeln, die Bäume werden vertrocknen, und die Steine werden in der Hitze zerbersten. Die ausgedörrte Erde wird leer und geräuschlos sein. Die Xapiri-Geister, die von den Bergen herunterkommen, um auf ihren Spiegeln im Wald zu spielen, werden in weite Ferne fliehen. Ihre Schamanen-Väter werden nicht mehr in der Lage sein, sie zu rufen und sie zu unserem Schutz tanzen zu lassen. Sie werden machtlos sein, die krankmachenden Ausdünstungen zurückzuschlagen, die uns verschlingen werden. Sie werden nicht länger in der Lage sein, die bösen Wesenheiten zurückzuhalten, die den Wald ins Chaos stürzen. Wir werden einer nach dem anderen sterben, die weißen Menschen, wie auch wir. Alle Schamanen werden schließlich vergehen. Dann, wenn niemand mehr lebt, um ihn zu stützen, wird der Himmel herabfallen.[209]

Kopenawa drückt hier eine Überzeugung aus, die unter indigenen Völkern weit verbreitet ist: dass die Handlungen der Menschen, einschließlich ritueller Handlungen, zu den Kräften gehören, die die Welt zusammenhalten. Wenn wir unsere eigentliche Aufgabe vergessen und aufhören, dem Leben zu dienen, wird die Welt auseinanderfallen.

Die Stämme der kolumbianischen Sierra Nevada de Santa Marta – von denen die Kogi vielleicht die bekanntesten sind – haben eine ähnliche Überzeugung.[210] Sie glauben, dass eine schwarze Linie, ein verborgenes Netzwerk, alle sakralen Orte der Welt miteinander verbindet. Sollten diese Linien unterbrochen werden, steht Unheil bevor, und diese wunderschöne Welt wird vergehen. Hier einen Wald und dort ein Sumpfgebiet zu vernichten kann ernste Konsequenzen auf der ganzen Erde haben. Die Schamanen können ihre Arbeit, das Gleichgewicht der Natur zu halten, angesichts unserer Verheerungen nicht länger schaffen.

Wie sollen wir diese Warnungen interpretieren?

Dem westlichen Verstand erschließen sich mehrere Interpretationsmöglichkeiten – alle unbefriedigend. Die meisten von uns werden nicht mehr so grob sein, die Warnungen als magisch-religiöses Gezeter geistig umnachteter Primitiver abzuschreiben, denen wir ihren albernen Aberglauben austreiben müssen. Es gibt heute elegantere Methoden, uns für ihre Botschaft taub zu stellen.

Die erste könnten wir »ontologischen Imperialismus« nennen. Man könnte sagen: »Ja, die Indigenen sind da einer Sache auf der Spur. Die schwarze Linie ist eine Metapher für ökologische Netzwerke. Xapiri-Geister sind ein Code für den Wasserkreislauf. Die Indigenen sind aufmerksame Beobachter der Natur und haben wissenschaftliche Wahrheiten in der Sprache ihrer eigenen Kultur artikuliert.« Das klingt doch fair, nicht wahr? Wir erkennen an, dass sie scharfsinnige Beobachter der Natur sind. Allerdings setzt diese Sichtweise voraus, dass die grundsätzliche Realität die des wissenschaftlichen Materialismus ist, und sie stellt damit die konzeptuellen Kategorien und kausalen Erkenntnisse der Indigenen in Abrede. Sie sagt im Grunde, dass wir die Natur der Realität besser verstehen als sie.

Wenn ihre Botschaft bloß hieße: »Wir müssen uns besser um die Natur kümmern«, dann wäre das eben erwähnte Verständnis hinreichend. Aber Menschen wie Davi Kopenawa und die Stämme der Sierra Nevada laden uns zu einer viel tiefer gehenden Veränderung ein. Verstehen wir die Natur der Realität besser als sie? Einst erschien es so, doch heute nagen die Ausgeburten unseres vermeintlichen Verständnisses – die soziale und ökologische Krise – an unserer Sicherheit.

Eine zweite, ähnliche Form der Taubheit ist das, was Edward Said »Orientalismus« nannte: die Verzerrung (Romantisierung, Dämonisierung, Übertreibung, Reduzierung) einer anderen Kultur, um sie in ein bequemes, eigennütziges Narrativ einzupassen. So könnten wir die Kogi zu einem kulturellen oder spirituellen Fetischobjekt machen und sie damit in unsere eigene kulturelle Mythologie einbeziehen, vielleicht indem wir sie zu einem akademischen Gegenstand machen und ihre Überzeugungen und ihre Lebensauffassung in verschiedene ethnografische Kategorien einsortieren. Auf diese Art machen wir sie ungefährlich, wir eignen sie uns an. Auch dies ist eine Form von Imperialismus.

Wir könnten dasselbe tun, indem wir ihre Botschaften in eine bequeme Schublade namens »indigene Weisheiten« ablegen, den Indigenen übermenschlichen Status zuschreiben und sie dadurch entmenschlichen. Ein Bild zu verehren, das wir auf eine andere Kultur projizieren – die Umkehrung unseres eigenen Schattens –, zeugt in Wahrheit nicht von Respekt. Wahrer Respekt versucht, andere ihren eigenen Begriffen gemäß zu verstehen.

Die Stämme der Sierra Nevada haben dank zweier Filme – *From the Heart of the World* und *Aluna* – inzwischen Bekanntheit erlangt.[211] Ich habe mich immer ein wenig unwohl gefühlt mit Dokumentarfilmen über andere Kulturen, weil sie notwendigerweise ihre Sujets zum Objekt machen, sie in Material für ein (Video-)»Dokument« verwandeln. Indem wir sie dokumentieren, vereinnahmen wir sie für unsere Welt, packen sie in einen sicheren Rahmen zur Erziehung, Erbauung oder Inspiration und machen sie zum Bestandteil der Gesellschaft des Spektakels im Sinne Guy Debords. Glücklicherweise sind die beiden Filme keine Dokumentarfilme.

Wer war hier der Filmemacher? Normalerweise würde man sagen, es war Alan Ereira, ein ehemaliger BBC-Produzent, der mit Kamera und Team anreiste. Aber so sieht Ereira es nicht, und so sehen die Kogi es nicht. Nach ihren Worten haben die Ältesten bemerkt, dass sich der Zustand des Planeten immer schneller verschlechtert, und daraufhin mit der Außenwelt Kontakt aufgenommen, um die Botschaft zu überbringen, dass wir die Zerstörung beenden müssen. Zum ersten Mal taten sie dies in den frühen 1990ern mit *From the Heart of the World*, um sich danach wieder von Außenkontakten zurückzuziehen.

Offensichtlich haben wir ihre Botschaft nicht beherzigt. »Wir müssen uns wohl nicht klar genug ausgedrückt haben«, war ihre Folgerung, und deshalb wandten sie sich noch einmal an Ereira, um eine Fortsetzung zu machen. Der zynische, mit den Werkzeugen der postkolonialen Analyse vertraute Beobachter mag denken, die Behauptung, »die Kogi haben angeregt, dass dieser Film gemacht wird, um ihre Botschaft zu überbringen«, sei eine bloße cineastische Phrase oder ein Weg, um sich vor dem Vorwurf des Exotizismus, des Orientalismus oder der kulturellen Aneignung zu schützen. Allerdings ist diese Analyse selbst eine Art von Kolonialismus, der die Kogi herablassend als hilflose Schachfiguren des Filmemachers ansieht und ihre eigene ausdrückliche Beteuerung abtut, dass sie den Filmemacher wieder einbestellt haben, um eine wichtige Botschaft an den »kleinen Bruder« (uns) zu senden.

Wagen wir es, die Ältesten der Sierra Nevada beim Wort zu nehmen? Wagen wir es, ihnen volle Handlungskompetenz nicht nur als Autoren dieses Films, sondern auch für die in Eigeninitiative an uns gesendete Botschaft zuzuerkennen? Das zu tun kehrt die Machtbeziehung um, die selbst in der sensibelsten postkolonialen Ethnographie impliziert ist, welche die Unterscheidung zwischen ethnographischem Subjekt und Ethnographen gewöhnlich in irgendeiner Form aufrecht erhält (und institutionalisiert, wenn sie mit allen nötigen Erklärungen in akademischen Publikationen erscheint). Anthropologen billigen den Menschen, die sie studieren, normalerweise keine Handlungskompetenz als Urheber von Botschaften an die akademische Welt zu.

In diesen Filmen ist der koloniale Blick auf uns zurückgeworfen: ernst, inständig und mit großer Liebe. Die Ältesten sagen uns: »Ihr verstümmelt die Welt, weil ihr die *Große Mutter* vergessen habt. Wenn ihr nicht aufhört, wird die Welt sterben.« Bitte glaubt uns, sagen sie. Ihr müsst aufhören mit eurem Tun. »Denkt ihr, wir sagen diese Worte nur um des Redens willen? Wir sagen die Wahrheit.«

Warum hat der kleine Bruder nicht zugehört? Es ist fast dreißig Jahre her, seit sich die Kogi-Ältesten mit ihrer Botschaft das erste Mal an die moderne Welt gerichtet haben. Vielleicht haben wir nicht zugehört, weil wir noch nicht zur Demut gekommen sind. Wir fahren fort mit dem Versuch, die Kogi und ihre Botschaft irgendwie zu verpacken, sie einzudämmen und zu reduzieren, damit sie sich schonend und bequem in unsere bestehende *Geschichte über die Welt* einpassen lassen.

In diesem Buch habe ich in den Raum gestellt, dass unsere reduktionistische *Geschichte über die Welt* die Grundlage der buchstäblichen Reduktion der Welt sein könnte: des Massensterbens, der verarmten Böden, der kollabierenden Ökosysteme usw. Von den Kogi könnten wir eine ähnliche Sicht der Dinge lernen. Sie sagen, das Denken ist das Gerüst der Materie; ohne das Denken könnte nichts existieren. (Das ist keine anthropozentrische Sichtweise, denn sie betrachten das Denken nicht bloß als Produkt des menschlichen Geistes. Das Denken geht der Menschheit voraus;

unser Verstand ist nur einer seiner Empfänger.) Die offizielle Aluna-Website beschreibt die Sicht der Kogi wie folgt:

Sie sehen heute ein Riesenproblem, weil der Mensch die Welt nicht nur plündert und vernachlässigt, sondern neben der physischen Struktur auch ihre durch Gedanken untermauerte Existenz vernichtet.[212]

Zum Glück finden wir jetzt immer schneller zur Demut, die nötig ist, um ernsthaft auf die Ältesten der Sierra Nevada zu hören, und sie entsteht aus der – was wohl? – Demütigung. Unsere kulturelle Mythologie zerbricht, und wir erleiden wiederholte Demütigungen, wenn unsere hoch geschätzten technischen, politischen, rechtlichen, medizinischen, schulischen und anderen Systeme scheitern. Nur mit immer größerer Anstrengung und halsstarriger Ignoranz können wir leugnen, dass das große Projekt der Zivilisation in einer Sackgasse steckt. Wir sehen jetzt, dass wir das, was wir der Natur antun, uns selbst antun; dass ihre Plünderung uns Armut bringt. Die utopischen Illusionen von einer technisch und sozial durchkonstruierten Welt rücken in immer weitere Ferne.

Der Zusammenbruch unserer Kategorien und Narrative, der Zusammenbruch unserer *Geschichte über die Welt*, bringt uns das Geschenk der Demut. Nur sie kann uns offen für die Lehren der indigenen Menschen machen – offen, sie wirklich zu empfangen und sie nicht einfach in eine bequeme Schublade namens »indigene Weisheit« zu stecken, als wären sie ein Museumsstück oder eine spirituelle Neuerwerbung.

Ich schlage nicht vor, die indigene Kosmologie in Bausch und Bogen zu übernehmen. Wir brauchen ihre schamanischen Praktiken nicht zu imitieren oder zu lernen, auf das Blubbern von Blasen im Wasser zu lauschen. Es geht um das Grundverständnis, das die Motivation liefert, überhaupt zu versuchen, dem Wasser zu lauschen: das Verständnis, dass die Natur lebendig ist und intelligent.

Wenn wir das übernehmen, werden wir unsere eigenen Wege zu lauschen finden.

Der westlich-zivilisierte Verstand kann die Idee einer intelligenten Natur nicht so einfach begreifen, er versucht sie zu vermenschlichen oder zu vergöttern – wieder Eroberungsversuche.

Der Natur und allem in ihr Handlungskompetenz und Subjektivität zuzuerkennen heißt nicht, ihr *menschliche* Subjektivität und *menschliche* Handlungskompetenz zuzuerkennen und sie damit zu Bilderbuchversionen unserer selbst zu machen. Es gilt zu fragen: »Was will das Land?«, »Was will der Fluss?«, »Was will der Planet?« – Fragen, die aus der Perspektive von Natur-als-Ding verrückt erscheinen.

Der Materialismus ist allerdings nicht mehr das, was er einmal war. Die Wissenschaft entwickelt sich und erkennt an, dass die Natur aus wechselseitig abhängigen Systemen innerhalb von Systemen und wiederum innerhalb von Systemen besteht, so wie in einem menschlichen Körper; dass auch Mykorrhiza-Netzwerke im Boden so komplex sind wie Hirngewebe; dass Wasser Information und Struktur enthalten kann; dass die Erde und selbst die Sonne, so wie ein lebendiger Körper, homöostatische Gleichgewichte aufrechterhalten. Wir lernen, dass Ordnung, Komplexität und Organisation fundamentale Eigenschaften von Materie sind, die durch physikalische Prozesse vermittelt werden, die wir erkennen – und vielleicht auch durch andere Prozesse, die wir nicht erkennen. Der von der Materie geschiedene Geist kehrt zurück – nicht von außen, sondern von innen.

Damit die Frage »Was will die Natur?« kohärent erscheint, bedarf es nicht des Übernatürlichen und keiner externen Intelligenz. Das Wollen ist ein organischer Prozess, eine aus Beziehung entstehende Eigengesetzlichkeit, eine Entfaltungsbewegung in Richtung Ganzheit.

In diesem Verständnis können wir nicht länger straflos ganze Wälder abholzen, Sumpflandschaften trocken legen, Flüsse eindämmen, Ökosysteme durch Straßen zerteilen, die Erde für den Tagebau aufreißen und mit Bohrtürmen durchlöchern. Die Kogi sagen, dass solches Handeln den ganzen Körper der Natur beschädigt, so als würde man einer Person Gliedmaßen amputieren oder Organe entfernen. Das Wohlergehen des Ganzen hängt vom Wohlergehen aller Teile ab. Wir können nicht hier einen Wald abholzen und dort einen anpflanzen, um uns dann mit einer CO_2-Berechnung zu beruhigen, der zufolge wir keinen Schaden angerichtet hätten. Woher wollen wir wissen, dass wir kein Organ entfernt haben? Woher wollen wir wissen, dass wir nicht etwas zerstört haben, das die Kogi eine *esuana* nennen – einen wichtigen Knotenpunkt im schwarzen Liniennetz, dem Gerüst der natürlichen Welt. Woher wollen wir wissen, dass wir nicht einen heiligen Bau, den die Kogi »Vater der Art« nennen, zerstört haben, von dem die ganze Art abhängt?

Bis wir es wissen, sollten wir uns am besten zurückhalten, weitere Umweltzerstörung jedweden Umfangs zu begehen. Jedes intakte Mündungsgebiet, jeden intakten Fluss oder Wald, jedes intakte Feuchtgebiet, das uns geblieben ist, müssen wir als heilig behandeln und wiederherstellen, was immer wir können. Davi Kopenawa und die Ältesten der Sierra Nevada sind sich einig: Wir stehen kurz davor, dass die Welt stirbt. Diese Warnung steht nicht im Widerspruch zu dem Szenario, das ich in Kapitel 7 skizziert habe, dass nämlich die Menschheit in einer zerstörten Welt, in einer Betonwelt, einer toten Welt überleben könnte. Die Welt könnte sterben, und doch könnten wir leben. Für mich ist diese Vorstellung noch furchtbarer als das Aussterben der Menschheit, während die Welt überlebt.

Die Wissenschaft beginnt zu begreifen, was viele Kulturen immer schon wussten. Ein unsichtbares Netz der Kausalität verbindet in der Tat alle Orte der Erde. Der Bau einer Straße, die den natürlichen Lauf des Wassers an einer wichtigen Stelle durchschneidet, kann eine Kaskade von Veränderungen einleiten – mehr Verdunstung, Versalzung, Vegetationssterben, Überflutungen und Dürre –, die weitreichende Folgen haben. Wir müssen dies als Beispiel für das generelle Prinzip der Wechselbeziehung und Lebendigkeit verstehen. Andernfalls bleibt uns nur die Logik des instrumentellen Utilitarismus als Grund für den Schutz der Natur: Rettet den Regenwald, weil er für uns von Wert ist. Aber diese Denkweise ist Teil des Problems. Wir brauchen mehr Liebe und nicht mehr Eigeninteresse. Wir wissen, dass es falsch ist, eine andere Person zum eigenen Vorteil auszunutzen, weil die andere Person ein vollwertiges Subjekt ist mit eigenen Gefühlen, Wünschen, Schmerzen und Freuden. Wüssten wir, dass die Natur ebenfalls ein vollwertiges Subjekt ist, würden wir auch aufhören, sie zu verwüsten. So wie ein Ältester es in *Aluna* ausdrückt: »Wenn ihr wüsstet, dass sie fühlen kann, würdet ihr aufhören.«

Wenn ihr wüsstet, dass sie fühlen kann, würdet ihr aufhören. Ist es da nicht auch offensichtlich, dass wir, solange wir nicht wissen, dass sie auch fühlen kann, niemals aufhören werden? Ist es nicht offensichtlich, dass wir eine neue *Geschichte über die Welt* brauchen, die uns hilft zu erkennen, dass sie fühlen kann?

Die Kräfte des Landes

Das Problem mit der mechanistischen Sicht auf die Natur als Ding ist nicht nur, dass sie unser Mitgefühl betäubt und unsere Plünderei ermöglicht; sie lähmt auch unsere Fähigkeit, einer positiven Transformation zu dienen. Zum einen, weil wir mit einer mechanistischen Sicht nicht vollständig erfassen können, was das Land, der Ozean, der Boden, das Wasser oder der Wald wirklich braucht; so wie ich den Bedürfnissen meines Sohnes nicht voll nachkommen könnte, würde ich ihn als einen biomechanischen Roboter ansehen, der bloß eine präzise Zufuhr bestimmter Substanzen benötigt.

Zum anderen, weil wir mit einer mechanistischen Sicht keine Verbündeten haben. Wenn die Welt um uns herum ganz ohne Ziel, Intelligenz und Handlungskompetenz ist, dann liegt es nur an uns, ob die Veränderung stattfinden kann, indem wir möglichst viel Kraft auf die Materie ausüben.

Ohne Verbündete für die ökologische Heilung sieht die Lage düster aus. Kehren wir zurück zu meiner Frage von vorhin: Können wir den militärisch-industriellen-finanziellen-landwirtschaftlichen-pharmazeutischen-NGO-schulisch-politischen Komplex in seinem eigenen Spiel schlagen, bei dem eine Kraft gegen eine andere steht? Wenn wir keine Verbündeten haben, wenn allein die Menschen einen Willen besitzen in einer sonst dem Zufall überlassenen Welt, dann sind wir verloren.

Was wird möglich, wenn wir glauben, dass wir Gefährten haben, mit denen wir uns verbünden können, die unbegreiflich viel mächtiger sind als wir selbst? Was wird möglich, wenn wir uns zum Ziel setzten, an einer größeren ordnenden Intelligenz teilzuhaben?

Ältere Kulturen glaubten gemeinhin, dass Berge, Flüsse, Tierarten, die Ahnen und andere sichtbare und unsichtbare Wesenheiten an den menschlichen Angelegenheiten teilhaben und den Gang der Geschichte beeinflussen können. Können auch wir diese Wesenheiten zu Verbündeten machen?

Hier ist ein Wort der Vorsicht angebracht: Das ist nicht die Art von Allianz, an die wir im Kriegsdenken gewöhnt sind. Wir rekrutieren keine größere Streitmacht für ein Kräftemessen. Tatsächlich verlassen uns die Verbündeten, sobald wir mit dieser Mentalität handeln, die ihrerseits verwandt ist mit der Geschichte von der Natur als Ding. Diese Mentalität wirft uns in ein Universum, in dem Verbündete nicht existieren. Sie werden für uns durch die Linse des Utilitarismus unsichtbar, durch die Linse von »Ressourcen«, Mineralien, Waren und Profiten. Man könnte fragen: Wenn die Mächte der Natur so groß sind, warum haben sie dann der Zerstörung kein Ende gesetzt? Wenn es, wie die Indigenen uns erzählen, eine Macht des Landes, der Berge, der Wälder und der Gewässer gibt, die größer ist als die Macht der Menschen, warum sterben sie dann durch die Hand des Menschen? Das ist so, weil ihre Macht keine Macht des Kräftemessens ist.

Stephen Jenkinson formuliert es pointiert in seinem fabelhaften Buch *Come of Age*:

Die Wildnis spielt nicht nach unseren Regeln. Aber die Wildnis hat ihre Prinzipien, unerbittliche. Sie gibt ihre wilde Seele nicht preis, um sich zu schützen. Wer von uns war nicht schon mal auf einer Campingtour und hat das unerbittliche Herankriechen der Zivilisation erlebt, Neonlicht aus der Ferne, das dorthin vordringt, wo einst stockdunkle Nacht herrschte? Hast du nicht auch ältere Menschen von einer nicht allzu fernen Vergangenheit erzählen gehört, in der dort, wo in deinem Leben jeder Winkel erschlossen ist, in ihrer Kindheit immer noch Platz für Schafgarbe und Rehspuren war? Wer hat sich nicht schon einmal insgeheim gewünscht, etwas aus der Wildnis möge sich erheben und die Pharmariesen oder Landwirtschaftsgiganten oder den militärisch-industriellen Komplex oder einen entsprechenden regionalen Bösewicht niederschmettern, wie im Film Armageddon? Sie sollen eins aufs Haupt bekommen, das wäre doch ein Hoffnungsfunke für uns; und wir anderen sollen ungeschoren davonkommen, dann könnten wir ein bisschen bewussten Ökotourismus betreiben, von irgendetwas muss man ja schließlich leben ... Die Wildnis erscheint in unserer Zeit entsetzlich verwundbar. Mit gleicher Münze die Demütigungen und habgierigen Praktiken heimzuzahlen, die sie erdulden muss, das wäre unsere Art von Rache: Auge um Auge, Zahn um Zahn; anders die Wildnis, die auf so ganz nicht-menschliche Art und Weise sie selbst ist. Durch diese Schutzlosigkeit, könnte man sagen, bewahrt sie sich ihre Seele. Es bricht einem das Herz. Und wenn die Wildnis durch unser Tun in den kommenden Dekaden erlischt, Art für Art, Ort für Ort, macht sie dies nach Art der Wildnis: nicht, indem sie ihre Seele preisgibt, nicht, indem sie sich rächt oder bestraft, sondern in Stille.[213]

Das heißt aber nicht, dass uns eine Beziehung zu diesen übermenschlichen Mächten versagt ist. Wir können ihnen nicht unsere Bedingungen diktieren oder sie für unsere Zwecke pervertieren, aber es gibt einen schmalen Silberstreifen, wo sich ihre Sphäre mit unserer überschneidet. Ihn können wir suchen.

Der australische Aktivist Daniel Schneider erzählte mir eine Geschichte über einen Protest gegen ein Fracking-Projekt in New South Wales. Tausende Menschen einschließlich vieler Aborigines besetzten den betreffenden Ort, errichteten für drei Monate ein Camp, blockierten die Straßen, ketteten sich an Autos und saßen auf Pfählen, um schweres Gerät am Zugang zu hindern. »Im Grunde bereiteten wir uns auf eine Schlacht vor«, sagte Dan. Sie fanden heraus, dass in der folgenden Woche acht Hundertschaften Polizei zusammen mit Lockspitzeln aufmarschieren würden, die einen Vorwand für Massenverhaftungen liefern sollten. Die Protestierer bereiteten sich auf einen Showdown vor – nicht um die Polizei selbst zu bekämpfen, aber für den Kampf um die öffentliche Aufmerksamkeit und Medienwirksamkeit. Sie hatten Drohnen und Handy-Kameras, die live an Aktivisten weltweit sendeten. Sie waren bereit, den Krieg um die öffentliche Wahrnehmung zu gewinnen und das kriminelle Verhalten der Polizei und der Regierung zu entlarven.

Als die Spannungen ihren Höhepunkt erreichten, schlug Dan einer Gruppe von Aborigines im Camp etwas vor. Jeder hatte die Vorahnung, dass sie in eine verlorene Schlacht zogen, also warum sollten sie nicht etwas anderes versuchen? Er hatte eine Idee. Da sie wussten, dass die Hubschrauber der Nachrichtensender kommen würden, warum sollten sie da nicht riesige, aus der Luft sichtbare Kunstinstallationen anfertigen, die anstatt des üblichen Ablaufs

(Polizei verhaftet Aktivisten-Hippies) gefilmt werden könnten? Die Aborigines fanden die Idee sofort gut, holten ihre Traum-Geschichten hervor und hatten bald Motive für 70 Meter lange, riesige Regenbogenschlangen und andere Figuren skizziert, die mit heiligem Ocker auf den Boden gemalt werden sollten. Sie planten auch, die Polizei zeremoniell mit großen Feuern zu begrüßen, in denen heiliger Eukalyptus geräuchert würde, sowie mit 500 in zeremoniellen Farben bemalten Männern mit Klanghölzern und Didgeridoos.

Am nächsten Morgen erhielt Dan einen Anruf. Die Regierung hatte die Fracking-Lizenz widerrufen.

Später kam eine indigene Älteste zu ihm. »Gott sei Dank, dass wir vom Konflikt abgelassen haben. Deshalb waren wir erfolgreich. Ich kenne das doch schon«, sagte sie. »Es ist immer die gleiche Geschichte: Die Polizei kommt anmarschiert, alle dunklen Leute werden inhaftiert, viele weiße Leute werden inhaftiert, und das Projekt geht trotzdem weiter. Aber dieses Mal konnten die Ahnen des Landes kommen und ihre Macht ausüben, weil wir den Konflikt hinter uns gelassen und uns stattdessen auf Kunst und Zeremonien konzentriert haben.«

Ich habe auch eine andere Version der Geschichte von meiner guten Freundin Helena Norberg-Hodge gehört, die eine Stunde von dem Ort entfernt wohnt. Ihr zufolge kam der Sieg dank der »strickenden Damen« zustande – weiße und indigene ältere Frauen, die, während sie ruhig strickten, den Frieden im Camp aufrechterhielten, Schlägereien und Trunkenheit unter den Männern zähmten und heimliche Gesprächskanäle mit der Polizei öffneten. Mit ihrer Arbeit hinter den Kulissen haben sie die Dynamik weg von der Konfrontation geleitet; darüber hinaus haben sie das Narrativ von den »Umweltextremisten« entkräftet, das einen Einmarsch der Polizei erleichtert hätte.

Ich betrachte diese zwei Versionen der Geschichte als einander ergänzend und nicht als widersprüchlich. Wie lassen die »Ahnen des Landes« ihre Kräfte spielen, wenn nicht durch das stille Vertrauen der strickenden Damen? Welche Macht gibt diesen Frauen Kraft? Was bestärkt sie in ihrer Friedfertigkeit gegen das allgegenwärtige Wir-gegen-Die-Denken?

Hinter der Geschichte von Kraft gegen Kraft steckt die tiefere Annahme, dass, wenn etwas Zielgerichtetes passieren soll, dieses Ereignis von uns *herbeigeführt* werden muss. Das lässt keinen Handlungsspielraum für andere Wesenheiten, Synchronizitäten zu schaffen. Diese Geschichte sperrt uns in eine Welt, in der die Ahnen und die Mächte des Landes keinen Platz haben, von dem aus sie wirken können. Sie erlaubt nicht, dass die Frauen ihre feminine Macht, Frieden zu halten, ausüben, damit die Ahnen und das Land ihre Arbeit verrichten können. Die Botschaft an sie, die Frauen, Ahnen und Erdmächte, ist: »Wir brauchen euch nicht. Wir erkennen euch nicht an.«

Diese Mentalität ist mit der geomechanischen Sicht auf den Klimawandel verwandt, die ebenfalls die Fähigkeit lebender Systeme außer Acht lässt, lebensfördernde Bedingungen aufrechtzuerhalten. Sie könnten – wenn wir sie nur ließen. Aber wir lassen sie nicht. Stattdessen schwächen und zerstören wir diese Fähigkeit. Wir töten Wälder, Seen, Berge und Sümpfe, teils weil wir sie schon als tot ansehen. Mit unserer Sichtweise verhindern wir, dass die Mächte des Landes auf ihre Art und Weise wirken, die viel geheimnisvoller als die Regulation von Kohlenstoff- und Wasserkreisläufen und der Oberflächenalbedo ist.

Vielmehr sollten wir all jenen Wesenheiten auch ermöglichen, »lebensfördernde Bedingungen aufrechtzuerhalten«, indem sie uns im Bereich der Technologie und der Politik helfen. Wenn wir konfrontative Taktiken anwenden oder die Umweltzerstörer vor Gericht bekämpfen, dürfen wir nicht vergessen, dass nicht alles an uns liegt. Wir müssen uns erinnern, dass zielgerichtete Veränderung über das hinaus möglich ist, was wir in der Hand haben. Wir müssen uns erinnern, dass dies kein Kampf ist, den wir nur durch Kämpfen gewinnen können.

Haben Sie in ihrem Leben schon mal bemerkt, dass die erstaunlichsten Synchronizitäten scheinbar in unsicheren Zeiten geschehen? Wenn man ohne Plan in eine neue Stadt zieht oder ohne feste Route auf Reisen geht oder wenn man irgendetwas Ungewöhnliches tut, ohne vorher zu wissen, was geschehen wird, dann kommt es oft zu erstaunlichen – manchmal sogar lebensverändernden – Begegnungen oder Schicksalsereignissen. Sie geschehen selten, wenn alles geplant, vorhersagbar und kontrolliert ist. Es ist, als hätten dann die Wesenheiten keinen Raum für ihr Wirken.

Das Reich der Synchronizität zu betreten, die Hilfe der Ahnen zu erhalten und ein Bündnis mit den Mächten des Landes einzugehen ist nicht dasselbe wie herumzusitzen, nichts zu tun und darauf zu warten, dass es geschieht. Es reicht nicht aus, »positive Energie auszusenden«. Ein Opfer irgendeiner Art ist notwendig, etwas, das Risiko oder Verlust in sich trägt. Es mag Lebenszeit, Energie oder Geld sein. Es mag die Preisgabe von Sicherheit und Kontrolle sein, ein Akt, der sich wie ein Schritt in das wahrlich Unbekannte anfühlt. Es könnte echte Hingabe sein. Es könnte der Verzicht sein, zu »gewinnen« – der Verzicht auf die Genugtuung, wenn der Gegner eingestehen muss, im Unrecht gewesen zu sein. Es könnte auch das Opfer bedeuten, die Situation nicht so zu gestalten, dass Sie der Anführer sind oder das Lob für den Erfolg einheimsen. Es könnte bedeuten, die polarisierende, entmenschlichende Sicht auf die Gegenseite aufzugeben, die Sie selbst als gut dastehen lässt. Es könnte auch die Aufgabe eines Selbstbildes sein, beispielsweise die Person zu sein, die immer eine Antwort parat hat.

Warum ist ein Opfer notwendig? Man könnte es auch so erklären, dass mein gegenwärtiges Selbst nicht in Übereinstimmung mit der schöneren Welt ist, die ich mitzuerschaffen wünsche. Um diesem Ziel effektiv dienen zu können, muss ich in einer Realität leben, in der es möglich ist, und dafür muss ich zuerst selbst eine Transformation durchlaufen. Etwas wird verloren gehen, und etwas wird gewonnen werden. Ich muss etwas aufgeben, um mich auf die Zukunft auszurichten, die mich ruft.

Das Opfer, von dem ich spreche, kann ich mir nicht aussuchen, sondern es ergibt sich als Resultat meiner Neuausrichtung auf einen anderen Sinn im Leben oder ein kreatives Ziel. Was ich mir aussuchen kann, ist, Lebensenergie dem Gebet zu widmen, das heißt in der 3D-Welt aktiv zu werden und Handlungen zu setzen. Konventionell aktivistische Handlungen, speziell jene, die harte Arbeit oder substanzielle Geldmittel verlangen oder das Risiko einer Verhaftung eintragen, stellen ein Ritual der Hingabe dar, das dem Unbewussten und allen Beobachtern mitteilt: »Mir ist diese Sache ernst.«

Das, was unsere Gebete hört, hat es satt, Gebete zu hören, die nicht ernst gemeint sind. Oft wünschen wir uns in unserer Kultur bestimmte Dinge und verhalten uns aber in direktem Widerspruch zu diesem Wunsch. Und so wundert sich *das Zuhörende*: »Meinst du es wirklich so? Lass mich sicher gehen.« *Das Zuhörende* erschafft eine Situation – eine Herausforderung oder einen Rückschlag –, die der Wünschenden die Chance gibt, klarzustellen, dass sie es wirklich so meint.

Der Umweltaktivist Mark Dubois erzählte mir eine Geschichte über eine Kampagne, die er und andere Umweltaktivisten in den 1970ern und frühen 1980ern unternommen haben, um den Bau des New-Melones-Damms an einem unberührten Abschnitt des Stanislaus-Flusses zu verhindern. Die Aktivistengruppe versuchte alles, von gerichtlichen Wegen über Petitionen bis hin zu Lobbyarbeit bei Gesetzgebern und Protestaktionen (Mark hat sich an einen Felsen gekettet, um die Behörden daran zu hindern, das Speicherbecken zu befüllen), alles vergebens. Sie hatten so viel Herz und Seele in den Kampf gesteckt, dass ihr Schmerz und ihre Trauer, als sie schließlich verloren hatten, so groß war, dass viele von ihnen es nicht aushalten konnten, den gefluteten Canyon zu besuchen. Es fühlte sich wie eine totale Niederlage an. Und doch markierte das New-Melones-Projekt einen Wendepunkt. Es ist der letzte Damm dieser Größe, der in den Vereinigten Staaten gebaut worden ist; seitdem traf jedes Damm-Projekt auf harte Opposition und seitdem wurden mehr Dämme entfernt als gebaut.

Sicherlich könnte man auch profanere Erklärungen für das Ende der Ära der Dammbauten finden. Wenige Orte sind in Nordamerika überhaupt noch geeignet; die Sichtbarkeit und die Kosten des Kampfes um New Melones hat den Autoritäten den Appetit auf weitere Projekte verdorben; der Widerstand hat die öffentliche Aufmerksamkeit für die Schäden geweckt, die Dämme anrichten. Alles wahr, und doch können wir auf einer anderen Ebene die fehlgeschlagene Kampagne auch als ein Art Gebet verstehen. Wenn wir alles, was wir haben, in den Dienst einer Vision stellen, nimmt die Welt Kenntnis davon, und die Realität verändert sich. Unsere Fehlschläge sind unsere Gebete. Das soll nicht heißen, dass wir uns einem unmöglichen Ziel verschreiben sollen in der Hoffnung, dass die Durchführung des Protest-Rituals auf magische Weise das unmögliche Resultat bringt, das wir uns wünschen. Es gilt mit dem Wissen, das wir haben, unser Bestes zu tun, im Vertrauen, dass ehrliche Hingabe die Welt beeinflussen wird. Keine ernst gemeinte Handlung ist je vergebens.

Wir können nicht sicher sein, dass unsere Gebete in der Form beantwortet werden, die wir erwarten. Wir können aber darauf vertrauen, dass unsere Gebete immerhin gehört werden. Wir sind nicht allein. Etwas beobachtet. Etwas lauscht.

Nun werden meine christlichen Freunde vielleicht sagen: »Ja, das ›Etwas‹, von dem du redest, ist Gott.« Ich stimme ihnen weitgehend zu, außer, dass sie Gott als ein immaterielles Wesen begreifen, einen Geist, der die Materie dirigiert, der aber getrennt ist von ihr. Indem sie Materie als unbeseelt ansehen, stimmen sie dem wissenschaftlichen Reduktionismus zu. Ich würde sagen, dieses »Etwas«, das lauscht, ist alles: Erde, Himmel, Wasser, Luft, Fels, Bäume, Tiere, Pflanzen ... gemeinsam mit Wesen, die wir nicht sehen und die keinen Namen haben (zumindest in unserer Sprache). Materie fühlt, beobachtet und lauscht; Gott, könnte man sagen, ist in allen Dingen, und nichts ist nicht Gott.

Je mehr wir teilhaben an den Angelegenheiten der Erde, des Himmels, des Bodens, der Steine usw., desto einfacher ist es, Gott in allen Dingen zu sehen. Diese Sichtweise ist nicht ausschließlich animistischen Kulturen zugänglich. Der Dichter David Whyte erinnert sich an einen Besuch bei einem schottischen Fischer auf einer einsamen Insel, der noch auf traditionelle Art lebte. Er sprach ein Gebet für jede bedeutsame Handlung des Tages: ein Gebet für das Aufstehen, ein Gebet für das Zurückziehen der Vorhänge, ein Gebet für das Brechen des Brotes, ein Gebet für das Besteigen des Bootes, ein Gebet für das Auswerfen der Netze. Seine Welt war dicht erfüllt von Sein. Etwas beobachtet alle Zeit, etwas lauscht. Er war nie allein, weil die ganze Welt lebendig war.

Die Wiederbelebung unserer Welt ist unverzichtbar für die ökologische Heilung. Wenn wir in der Vorstellung leben, die Welt sei tot, werden wir unvermeidlich das töten, was lebt.

Wie geschieht diese Wiederbelebung? Wir hegen vielleicht hoch entwickelte Philosophien von nicht-dualer Spiritualität, Animismus, Pantheismus oder Panentheismus und doch, sobald Probleme auftreten, agieren wir automatisch aus der alten Geschichte heraus. Unsere ganze kulturelle Konditionierung verhindert das tiefe Vertrauen, das aus dem Wissen schöpft, dass Gott alles sieht, dass alle Wesenheiten leben und lauschen und dass alle Handlungen kosmische Bedeutung haben. Eine neue Geschichte mental anzunehmen ist ein erster Schritt, der allein aber nicht ausreicht, um kulturelle Prägung über Generationen rückgängig zu machen.

Nur zu, versuchen Sie, mit einem Baum oder einem Teich zu sprechen. Wenn Sie wie ich sind, wird eine Stimme in Ihrem Kopf Sie anherrschen: »Er hört nicht wirklich zu. Er kann dich nicht verstehen. Du bist einfach albern.« Und selbst wenn es so scheint, als antwortete Ihnen der Baum, würden Sie sich dann vielleicht fragen, ob es nur in Ihrer Einbildung geschah. Normalerweise brauchen die Menschen ein wenig Hilfe dabei, die *Geschichte vom Interbeing* so tief zu verinnerlichen, dass sie auch konsequent danach handeln.

Hilfe kommt in Form von direkter Erfahrung. Wir können die anderen Wesenheiten dieser Welt nicht zwingen, sich uns zu offenbaren, aber wir können sie bitten. Das geht, indem wir unserem eigenen Sehnen Aufmerksamkeit schenken: dem Sehnen, uns dem lebendigen Universum wieder anzuschließen, mit ihm vertraut zu sein.

Hier ein Beispiel für solche Hilfe, die ich vor ein paar Jahren erhielt, als ich Taiwan auf dem Weg zu einem Retreat in Indonesien besuchte. Früher hatte ich mal in Taiwan gelebt, und ich denke, ein Teil meines Herzens ist immer noch dort. Mein alter Freund Philip holte mich um fünf Uhr früh vom Flughafen ab, und wir fuhren fast eine Stunde auf schmalen, kurvigen Straßen direkt in die Berge zu einem Platz, von dem wir gehört hatten, dass es dort einen heiligen Hain gebe. Wir parkten am Beginn eines Wanderweges, der so steil war, dass man an manchen Stellen Seile brauchte. Aber nach ein paar Stunden des Wanderns hatten wir noch immer nicht den Hain gefunden. Wir mussten umkehren, weil wir müde waren und weil ich um drei Uhr nachmittags einen Vortrag in Taipeh zu halten hatte. Als wir also an einen schwierigen, schlammigen Steilabschnitt kamen, überlegten wir umzukehren.

»Lass uns noch ein kleines Stück weitergehen«, schlug ich vor, »nur noch auf diesen Hügel. Vielleicht können wir ihn von dort aus sehen.« Als wir oben angekommen waren, gab es keine

Aussicht, nur einen weiteren Anstieg, aber dann sahen wir ein kleines Schild, auf dem stand: »Kommt schon! Der heilige Hain ist nur noch 5 Minuten entfernt!«

Es war ein Schild, das nur für uns geschrieben schien.

Bald erreichten wir den Hain. Die Bäume waren unglaublich. Zweitausend Jahre alte, gewaltige Bäume, Stämme mit fünf Metern oder mehr an Durchmesser, mit alten Ästen, die dicker waren, als ich groß bin, bedeckt mit Farnen und anderen Pflanzen, ein jeder ein ganzes Ökosystem für sich. Es war unmöglich, sie ohne das fast überwältigende Gefühl zu betrachten, sich in der Gegenwart eines göttlichen Wesens zu befinden. Wir waren ganz von Ehrfurcht ergriffen. Für eine Weile sprach keiner von uns.

Ich dachte daran, dass der ganze Wald einmal aus solchen Bäumen bestanden hatte. Sie waren alle gefällt worden bis auf diese sieben oder acht Großväter, die über eine Fläche von vielleicht weniger als einem halben Hektar verteilt stehen. Ich fragte mich, ob die Bäume vielleicht wütend sind, dass die Menschen all ihre Gefährten gefällt haben. »Denkst du, dass die Bäume wütend auf uns sind?«, fragte ich Philip.

Er wusste genau, was ich meinte, und nahm die Frage ernst. Nach einer Weile sagte er: »Nein. Sie freuen sich, dass wir da sind.« In seinen Worten lag Wahrheit.

Später verstand ich, warum die Bäume sich freuten. Sie freuten sich, weil ich die Frage gestellt und Philip sie ernst genommen hatte. Weil diese Frage aus einer Weltsicht kam, in der Bäume tatsächlich reale Wesen sind, die wütend oder traurig sein können, statt sie so zu sehen, wie Holz verarbeitende Betriebe sie sehen: als eine Sache des Profits; oder wie die meisten Wanderer sie sehen: als Attraktion, von der man ein Foto macht.

Liebe Leserin, lieber Leser, haben Sie je die Erfahrung gemacht, endlich als die gesehen zu werden, die Sie sind? Besonders Frauen und Minoritäten wissen, wie es ist, nicht als ein vollwertiges Wesen angesehen zu werden, aber auch meine weißen, heterosexuellen Genossen wissen, wie es ist, bloß eine Nummer oder ein potenzieller Kunde zu sein. Deshalb denke ich, freuten sich die Bäume, dass wir Menschen uns ihnen angeschlossen hatten als Teil der Gemeinschaft allen Seins.

Auf dem Weg zurück zum Auto war etwas Eigenartiges geschehen; eine subtile Veränderung der Realität, als wären wir in eine Traumwelt eingetreten, wo alles eine symbolische Resonanz annimmt. Eine Horde Affen kam zu Besuch, die direkt über unseren Köpfen in den Bäumen schwangen. Als wir am Parkplatz ankamen, sagte Philip: »Ich bin ein wenig besorgt wegen der Schlüssel. Sie sind nämlich nicht in meiner Tasche.«

Wir suchten überall in seinem Rucksack und auf dem Boden. Schließlich schaute ich ins Auto. Sie lagen schlicht auf dem Vordersitz und blinkten uns neckisch an. Das Auto war verschlossen und die Fenster oben. Es war wie ein Traum: »Die Schlüssel für das Auto sind im Auto selbst verschlossen.« Ich schätze, hierin liegt eine spirituelle Botschaft.

Mein Freund wurde nervös, und je nervöser er wurde, desto entspannter wurde ich mit der Neugier, welches Abenteuer das Universum (oder die Bäume) wohl für uns arrangiert hatten. Ich war mir sicher, wir würden es irgendwie pünktlich schaffen, und machte mir keine Sorgen deswegen. Alles fühlte sich perfekt an.

Es war ein sehr verlassener Ort – das nächste Dorf war 20 Autominuten entfernt. Philip zückte sein Mobiltelefon, um jemand anzurufen, der uns abholen sollte. Natürlich war der Akku leer. Es gab ein kleines Haus in der Nähe, und wir fragten den Mann dort, ob er irgendwelche Werkzeuge hätte, mit denen wir in das Auto einbrechen könnten. Nein. Wie sieht es mit einer Autowerkstatt oder einem Schlosser aus? Er ließ uns sein Telefon benutzen, hatte aber keine brauchbaren Telefonnummern außer der nächsten Polizeistation. Ich rief sie an, und sie wollten jemanden schicken.

Eine Stunde später kam das Polizeiauto. Die Polizisten gaben sich eingangs routinemäßig und barsch, aber nur, weil sie beschämt waren, dass sie auch nicht wussten, wie man in das Auto gelangen könne. Sie riefen eine Autowerkstatt an, aber als sie den verlangten Preis hörten, waren sie für uns entrüstet und sagten der Werkstatt, sie sollten niemanden schicken. Da standen wir also, vier Typen ohne Lösung, mit den Füßen scharrend. Schließlich sagte einer: »Sie müssen einfach ein Fenster zerschlagen.«

Das war wie ein Traum, nicht wahr? Wie viele Schläge mit einem Steinbrocken hat es also gebraucht, um meine inneren Hemmungen zu überwinden und schließlich das Fenster zu zerschlagen? Drei Schläge. Und es flog ein kleiner Glassplitter, der einen einzigen Tropfen Blut an einem meiner Finger hervorbrachte.

Wir wollten nicht zu spät kommen und fuhren daher recht schnell, und doch stach mir im Vorbeifahren ein Früchtestand ins Auge. Und es stellte sich heraus, dass man dort lokale Apfelsorten feilbot und Mandarinen – die sehr kleinen taiwanesischen, in Bioqualität und unglaublich geschmackvoll, als wäre der Geschmack großer Mandarinen in ihnen konzentriert. Alles war perfekt. Ich teilte Philip dieses Gefühl mit, und er war bei der Aussicht, seinem Freund das Auto, das er von ihm geliehen hatte, in diesem Zustand zurückzubringen, verständlicherweise weniger enthusiastisch bezüglich unseres bisherigen Tages, auch wenn er von der Magie der Bäume genauso berührt worden war wie ich. Ironisch fragte er mich: »Gibt es sonst noch etwas, das ich tun kann, damit dein Tag noch erfüllender für dich ist?«

»Nun«, sagte ich halb im Scherz, »du kennst doch diese ›Erdguaven‹?« (Das sind winzige Guaven, die in Taiwan wachsen und kaum in Läden zu finden sind.) »Ich hätte sehr gern welche davon.«

»Ich weiß nicht, ob ich dir da helfen kann.«

Wir erreichten den Saal genau rechtzeitig, und ich gab meinen Vortrag mit matschbespritzten Hosen. Kurz bevor es losging, kam ein alter Freund zu mir, den ich seit zwanzig Jahren nicht gesehen hatte, um mir eine Tüte zu übergeben. »Ich dachte, du magst sie vielleicht«, sagte er. In der Tüte befanden sich gekochte Wassernüsse, *ling jiao,* und – Sie haben es erraten – Erdguaven.

Es war, als sagte die Insel Taiwan: »Du glaubst nicht, dass ich dich liebe? Nun, hier sind ein paar Erdguaven, vielleicht können die dich überzeugen.«

Natürlich kann all das auch Zufall gewesen sein, aber es schien, als hätten die Bäume mir das geschenkt und meinen Freund als ihr Werkzeug benutzt. »Mist«, habe ich scherzhaft gedacht, »hätte ich gewusst, dass jeder Wunsch erfüllt wird, hätte ich vielleicht um mehr als Guaven gebeten.«

Ich gebe diese Geschichte zum Besten, um die Idee anzuregen, dass die gesamte Welt lebendig wird, wenn wir uns auf eine *Welt-Geschichte* einlassen, in der alle Wesen empfindsam sind. Wir beginnen, Synchronizitäten wahrzunehmen, die bestätigen, dass das Universum intelligent ist. Oder ist es eher so, dass wir sie nun einfach bemerken? In der Denkweise der *Separation* muss erst der Beweis erbracht sein, dann kann man glauben, aber ich finde, es ist oft genau umgekehrt. Wir haben also die Wahl. In welcher Welt wollen wir leben? Hier klingt die Entscheidung aus Kapitel 7 nach: Wollen wir einen Betonplaneten oder einen üppig belebten Planeten? Eine schöne Welt oder eine hässliche Welt? Eine lebendige Welt oder eine tote Welt?

Wenn wir eine lebendige Welt wollen, müssen wir aus der Überzeugung heraus handeln, dass die Welt lebt.

12

Die Brücke zu einer lebendigen Welt

Jetzt, wo wir wissen, wie tief die Initiation reicht, die uns bevorsteht, stellt sich die Frage, welche ganz praktischen Schritte wir von hier aus als Nächstes setzen können. Ohne eine Brücke vom Reich der Metaphysik in die Welt des Tuns riskieren wir, die *Geschichte vom Interbeing* zu einer rein philosophischen Angelegenheit zu machen.

Eine solche Brücke muss eine große Kluft überspannen. Begriffe wie »die Stimme des Landes« erscheinen im gegenwärtigen öffentlichen politischen Diskurs vollkommen lächerlich.

Auf der einen Seite der Kluft liegen die für eine rechtzeitige Heilung der Erde notwendigen Lösungen. Ein Besuch auf dieser Seite weckt unglaubliche Hoffnungen. Anfang dieses Jahres besuchte ich das vom brillanten und redseligen Brock Dolman angeführte *Occidental Arts & Ecology Center* (OAEC), wo ich aus erster Hand die Praktiken sehen konnte, die schnell den Kurs der globalen Umweltzerstörung abwenden könnten. Waldgärten, die Wiedereinführung einheimischer Arten, Techniken der Wasser-Rückhaltung, Komposttoiletten ... alles keine unrealistischen Fantasien. Da waren sie, direkt vor meinen Augen. In diesem Moment wusste ich, dass die Weissagungen meines Herzens von einer schöneren Welt tatsächlich umsetzbar sind. Auf der anderen Seite der Kluft liegen die momentan vorherrschenden Praktiken, politischen Strategien und Wahrnehmungen. So real mir eine schönere Welt erscheint, wenn ich beim OAEC bin, so unvermeidlich sie scheint, wenn ich Brock mit seinem Wissen und seiner Intelligenz zuhöre, ist das OAEC dennoch nur die Spitze der Avantgarde. Nicht einmal im Scherz würde der Landwirtschaftsminister ernsthaft über Permakultur-Prinzipien nachdenken, die dort seit dreißig Jahren praktiziert werden. Das Permakultur-Budget beträgt weniger als 0,001 Prozent des Budgets des landwirtschaftlich-industriellen Komplexes. Wie ich mit diesem Buch zu zeigen versucht habe, sind die meisten der jetzt als progressiv gehandelten Antworten (wie kommerzielle Ökolandwirtschaft und erneuerbare Energien) immer noch zutiefst konventionell und mit den Glaubenssätzen und Praktiken belastet, die zum eigentlichen Problem beitragen.

Nichtsdestoweniger schrumpft die Kluft zwischen diesen beiden Welten dank der Bewegung der tektonischen Platten unserer Zivilisation – der Mythen, Werte und unbewussten Übereinkünfte. Während sie sich verschieben, driften vormals unrealistische Vorschläge in die Reichweite einer Brückenspanne zur Machbarkeit. Ja, die Maßnahmen, die ich in diesem Kapitel zusammenfassen werde, erscheinen zum gegenwärtigen Zeitpunkt noch immer vollkommen unpraktikabel; ich werde sie dennoch präsentieren, und zwar aus drei Gründen:

1. Der kollektive Geist ist bereit dafür, dass diese Ideen von der »Spitze der Avantgarde« zur bloßen Avantgarde avancieren – bereit, das politische Vakuum, das den Krisen und der Katastrophe folgen wird, zu füllen.
2. Für viele dieser Maßnahmen braucht es keinen breiten sozialen Konsens oder institutionelle Unterstützung. Sie können schon jetzt im kleinen Rahmen von Pionieren, Philanthropen und Landbesitzerinnen praktiziert werden.

3. Mehr braucht es gar nicht. Warum sollte man sich einer Vorstellung von »Machbarkeit« beugen, die so begrenzt ist, dass sie so gut wie überhaupt keine Veränderung bringt?

Hier sind einige der Strategien und Veränderungen, die über die nächsten Dekaden notwendig sind, wenn wir den Kurs ändern und uns auf eine lebendige Welt statt auf die Betonwelt aus Kapitel 7 zubewegen wollen. Viele von ihnen sind offensichtliche Folgerungen aus den Themen dieses Buches; ich werde zwei Maßnahmen an das Ende der Liste stellen, weil sie noch einiger Erklärung darüber bedürfen, warum sie für die planetare Heilung so entscheidend sind. Ich lasse wichtige Reformen wie etwa die Beendigung der Masseninhaftierungen oder die Umsetzung eines bedingungslosen Grundeinkommens aus, die nur von indirektem (doch machtvollem) langfristigen ökologischem Nutzen sind.

1. Die Regeneration von Land soll zu einer neuen bedeutenden Kategorie der Philanthropie werden: durch Finanzierung von Vorzeigeprojekten, Vermittlung von Land an junge Bauern und Unterstützung beim Übergang zu regenerativen Praktiken; ebenso öffentliche Finanzierung und Unterstützung durch die Regierung für diesen Übergang, indem der Schwerpunkt der landwirtschaftlichen Subventionen weg vom konventionellen Anbau verlagert wird.
2. Ein globales Moratorium für Abholzung, Bergbau, Ölbohrung und Nutzung aller verbliebenen Urwälder, Feuchtgebiete und anderer Ökosysteme verhängen.
3. Flächen bestehender Wild- und Naturschutzgebiete ausweiten. Wenn möglich, Einbindung lokaler und indigener Menschen, um ihren Lebensunterhalt mit einer intakten Natur und Wildnis in Übereinstimmung zu bringen.

4. Neue Meeres-Schutzgebiete gründen und vorhandene ausweiten, mit dem Ziel, ein Drittel bis die Hälfte aller Meere,
Flussdeltas und Küstenlinien in Null-Entnahme/Null-
Bohrungs/Null-Bebauungs-Schutzgebiete einzugliedern.
5. Einen strikten Bann von Schleppnetz- und Grundschlepp-
netzfischerei im Rest der Ozeane in Kraft setzen.
6. Plastiktüten aus den Geschäften verbannen und Plastik-
Trinkgefäße zugunsten der Pfandflaschen-Infrastruktur
ausschleichen.
7. Die Weltbank für ökologische Heilung statt für Entwicklung
einsetzen. Ein Beginn ist die Erklärung des Amazonas- und
Kongo-Regenwaldes zum globalen Welterbe, Ankauf der
Auslandsschulden von Ländern, in denen Regenwald wächst,
und Streichung von Schulden in einer Höhe äquivalent zum
potenziellen Einkommen durch dann gebannte Abholzungen,
Bergbau und Ölbohrungen in diesen Gebieten.
8. Auf- und Wiederbeforstungs-Projekte mit Augenmerk auf
die ökologisch angemessenen endemischen Arten global
fördern.
9. Ein »Öko-Corps« gegen die Jugend-Arbeitslosigkeit gründen, das für die Wiederherstellung des ökologischen Gleichgewichts durch Baumpflanzungen, Bau von Strukturen zur
Wasserrückhaltung auf öffentlichem Land, Rückbau von
Dämmen, etc. sorgt.
10. Bebauungs-, Flächennutzungs- und Abwasserpläne ändern, um
kompaktere Siedlungsräume, Minihäuser, Komposttoiletten,
biologische Abwasseraufbereitung usw. zu ermöglichen. Alle
Reglements streichen, die Gemüsegärten untersagen.
11. Schlüsselspezies, wie (in Nordamerika) Biber, Wölfe und
Berglöwen, wieder ansiedeln und schützen.
12. Weltweit Wiederherstellungsprojekte wie Landschaftsgestal-
tung zur Wasserrückhaltung (Mulden, Teiche, Schwellen, etc.),

regenerative Beweidung, regenerativen Gartenbau und strategischen Rückbau von Dämmen, Kanälen und Deichen umsetzen.

13. Die Nahrungsmittelversorgung im Besonderen und die Wirtschaft im Allgemeinen soll wieder regional werden, zuerst durch Abschaffung von Freihandelsabkommen und deren Ersatz durch »Fair-Handels-Abkommen«, die lokale ökonomische Selbstbestimmung schützen.

14. Ein Finanzsystem mit Negativ-Zins einführen durch die internationale Einhebung von Liquiditätsgebühren auf Bankreserven, begleitet von ergänzenden Maßnahmen wie einer Einheitssteuer auf Land nach dem Modell von Henry George und anderen anti-spekulativen Steuern.

15. Verschmutzungssteuern erheben um sicherzustellen, dass Unternehmen die sozialen und ökologischen Kosten von giftigen und radioaktiven Abfällen, von Luft- und Wasserverschmutzung selbst tragen.

16. Ein Pfandsystem für die meisten hergestellten Waren einführen, sodass Hersteller einen Anreiz haben, haltbare, reparierbare Produkte mit leicht wieder zu verwertenden Materialien zu produzieren.

17. Eine Abkehr von Pestiziden. Im konventionellen Klima-Narrativ sind Pestizide nahezu irrelevant für das Schicksal der Biosphäre. Nicht so im Narrativ vom lebendigen Planeten. Im dritten Kapitel habe ich auf den momentan stattfindenden Insekten-Holocaust hingewiesen, ein Ausdruck, den ich nicht leichter Hand verwende. Von Europa über Australien bis nach Amerika sinkt die Insekten-Biomasse steil ab, ein Phänomen, das viele Wissenschaftler auf die steigende Anwendung von Insektiziden in den letzten 80 Jahren zurückführen. Besonders besorgniserregend sind die allbekannten Neonicotinoide, die heute am intensivsten verwendeten Insektizide. Weil sie meist eine lange Halbwertszeit haben, reichern sich diese Chemika-

lien in der Umwelt an und finden sich in Pflanzennektar, Pollen, Grundwasser und im Boden.

Außer im Fall der Honigbienen und anderer Bestäuber gibt es derzeit keine direkten Beweise dafür, dass diese Chemikalien für das Insekten-Massensterben, das in manchen Gegenden fast 90 Prozent an Biomasse-Rückgang beträgt, verantwortlich sind. Der Mangel an Beweisen ist nicht überraschend, wenn man bedenkt, dass die meiste Forschung von denselben Unternehmen finanziert wird, die diese Insektizide herstellen. Außerdem sind die gegenwärtigen Forschungsmethoden dafür ausgelegt, monokausale Phänomene zu identifizieren, aber für den Insektenrückgang gibt es wahrscheinlich mehrere, synergistisch wirkende Gründe, wie gestörte Habitate, Bodenverarmung, Dürre und andere Formen von chemischer Verschmutzung. Doch für die Insekten sind die Insektizide sicherlich der wichtigste Faktor.

Insekten sind ein entscheidender Bestandteil nahezu aller Nahrungsketten, und sie sind im Lebenszyklus vieler Pflanzen wichtig. Unzählige symbiotische Beziehungen zwischen Insekten und Pilzen, Bakterien, Würmern, Pflanzen und Wirbeltieren erhalten das Netzwerk des Lebens aufrecht. Insektizide schädigen diese anderen Wesen auch direkt, nicht nur durch ihre schädigende Wirkung auf Insekten. Abgesehen von den Neonicotinoiden ist das Unkrautvernichtungsmittel Glyphosat ein anderes berüchtigtes Pestizid, das ebenso allgegenwärtige ökologische Auswirkungen weit über Zeit und Ort der Anwendung hinaus hat.

Wir haben im Grunde ein 80 Jahre währendes Experiment durchgeführt, um zu sehen, was mit der Biosphäre geschieht, wenn wir fortgesetzt Gift in ihr abkippen. Das Leben ist belastbar und deshalb waren die Auswirkungen zunächst schwer zu erkennen, aber nun haben sie eine kritische Masse erreicht.

Die Abkehr von den Pestiziden umfasst eine Deindustrialisierung der Landwirtschaft im großen Maßstab, insbesondere die Beendigung der Monokulturen. Dieser Übergang kann nicht über Nacht geschehen, aber er muss jetzt beginnen, und zwar massiv. Was allerdings über Nacht geschehen kann, ist ein kompletter Bann von Pestiziden für nicht-landwirtschaftliche Zwecke: Zierrasen-Chemikalien, Insektizide für den Garten, Verwendung von Glyphosat in Stadtparks usw. Neben der Zerstörung der Wald- und Feuchtgebiete könnten Pestizide das dringendste Umweltproblem sein, dem wir gegenüberstehen. Die Dezimierung der Insekten ist kein Witz. Insekten sind Leben fast in seiner grundlegendsten Form; sie sind integrales Gewebe des lebendigen planetaren Körpers. Wenn wir einen lebendigen Planeten wollen (mit unter anderem einem gesunden Klima), müssen wir die Botschaft hören, die uns das Insektensterben sendet, und etwas dagegen tun – und zwar jetzt gleich.

18. Die Gesellschaft entmilitarisieren. Wie die Redensart geht, kann man nicht zwei Herren zugleich dienen. Wenn eine Person oder eine Gesellschaft zwei im Widerspruch stehende Ziele verfolgt, tritt der Widerspruch irgendwann in Form einer zu treffenden Entscheidung, einer Weggabelung oder einer klärenden Prüfung zutage.

Welchem übergreifenden Ziel dient das Militär? Traditionell waren es die Interessen eines Nationalstaates; heute mögen es eher die Interessen transnationalen Kapitals sein. Auf einer tieferen Ebene dient es dem Paradigma der Dominanz durch Macht. Entmilitarisierung ist deshalb ein notwendiges Kennzeichen dafür, dass sich gesellschaftliche Prioritäten ändern. In einem Krieg ist die oberste Priorität die Niederlage des Gegners; alles andere muss vielleicht geopfert werden. In einem Krieg wird sich ein Land durch keine Rücksichtnahme auf den

Umweltschutz davon abhalten lassen, Ölbohrtürme, Pipelines, Fabriken usw. zu bombardieren. Die Luftwaffe wird ihre Bombenangriffe nicht zurückfahren, um fossile Energieträger einzusparen. Die Armee wird ihren Gebrauch von Munition mit abgereichertem Uran nicht aus Angst vor der Kontamination des Grundwassers einschränken. Das Militär dient einem anderen Herren – etwas anderes steht an erster Stelle.

Die Umweltkrise lädt uns ein, unsere Prioritäten zu ändern, die Heilung der Erde an die erste Stelle zu setzen und die ökologisch-soziale Heilung zum wichtigsten Kriterium für jede politische Entscheidung zu machen. Für das militärische Denken steht die Niederlage des Feindes an erster Stelle. Dafür verschlingt das Militär ungeheure Mengen an Energie, Material, Geld und Talent. Zehntausende der besten Wissenschaftler und Ingenieure widmen ihr Leben der Entwicklung von Waffentechnik. Millionen gesunder, fähiger, idealistischer junger Menschen verpflichten sich beim Militär. Und natürlich wäre das Geld, das für Waffentechnik verschwendet wird, ausreichend, um wahrscheinlich alle anderen Vorschläge aus diesem Buch zu finanzieren.

Das Militär steht für einen enormen Einsatz an menschlichem Aufwand und ist der konkrete Ausdruck eines Ziels – Wohlstand und Fortschritt durch Dominanz. Dieses Ziel ist seinerseits aus der welterklärenden *Geschichte von der Separation* abgeleitet. Demilitarisierung signalisiert sowohl eine grundlegende Verschiebung der Prioritäten als auch der *Geschichte*, die ihnen zugrunde liegt.

Wie im persönlichen Leben erfordert so eine psychologische Veränderung konkretes Handeln, damit sie wahr wird und sich auch so anfühlt. Demilitarisierung – die Schließung von Stützpunkten, Umrüstung von Waffenfabriken, Umschulung der Truppen usw. – ist ein kollektives Ritual, das dem kollekti-

ven Verstand demonstriert, dass nun alles anders ist.
Statt die Ressourcen und Energien aufzuzählen, die die
Demilitarisierung freisetzen würde, werde ich nur an Ihr
Gespür appellieren. Wir stehen an einem Scheideweg:
Krieg oder Frieden? Liebe oder Angst? Dominanz oder
Dienen? Wir werden keine echte Heilung der Erde sehen,
wenn wir den militärisch-industriellen Komplex beibehalten.
Wenn wir in einer schöneren Welt leben wollen, werden
wir zentrale Aspekte des Status quo aufgeben müssen. Was
könnte ein deutlicheres und relevanteres Zeichen sein als
die Demilitarisierung?

Beachten Sie, dass ich die CO_2-Steuer nicht in diese Liste von Vorschlägen aufgenommen habe. Die Gründe dafür sind, dass erstens
notwendigerweise viel weniger fossile Energieträger verwendet
werden, wenn die neuen großen Meeres- und Waldschutzgebiete
eingerichtet und die verschiedenen Verschmutzungssteuern und
Wasserschutz-Projekte umgesetzt werden; zweitens regenerative
Landwirtschaft und Wiederaufforstung große Mengen Kohlenstoff binden werden; drittens CO_2-Steuern verkehrte Anreize für
Dinge wie große Wasserkraftanlagen und Biokraftstoff-Plantagen
schaffen, welche die Ökosysteme zerstören. In diesem Buch habe
ich argumentiert, dass zwar hohe Treibhausgaswerte einer schon
angeschlagenen Biosphäre zusätzlichen Stress bereiten, dass das
Hauptproblem allerdings in der Verarmung des Lebens und der
Störung des Wasserkreislaufs liegt. Aber selbst wenn ich mich irre,
werden die Maßnahmen, die ich beschrieben habe, eine CO_2-Ab-
senkung erreichen, ohne den Kohlenstoff zum Hauptthema zu
machen.
　　Diese Maßnahmen sind viel ehrgeiziger als ein bloßer Umstieg
auf CO_2-neutrale Energieträger. Ich war schon drauf und dran zu
sagen, dass sie nicht »über Nacht geschehen werden«, aber darauf

sollten wir uns nicht versteifen. Der Prozess der Veränderung besteht oft aus langen Phasen des scheinbaren Stillstands, währenddessen sich unsichtbare Unterstrukturen verschieben, selbst wenn die sichtbaren Oberstrukturen mächtiger und dauerhafter denn je erscheinen. Eigentlich sind sie aber wie ein von Termiten zerfressenes Gebäude, das tatsächlich über Nacht zusammenfallen kann.

Wie dem auch sei: Viele der Veränderungen sind nur auf Grundlage einer neuen *Geschichte* sinnvoll. Sie werden Zeit brauchen, um zu keimen, zu blühen und Früchte zu tragen. Gut, wenn Sie die Dringlichkeit zu handeln verspüren, aber mit dieser Dringlichkeit muss auch die Geduld kommen, Dinge zu tun, die viele Generation brauchen, um sich zu entfalten. Wir müssen manches tun, das schnelle Resultate bringt (vieles davon ist oben genannt), aber wir müssen auch Dinge tun, deren Ergebnisse erst langsam sichtbar werden. Welche davon sind Ihre Aufgaben? Können Sie sich dafür begeistern, sich dort, wo Sie leben, für einen Bann von Plastiktüten einzusetzen? Für ein Meeresschutzgebiet? Wollen Sie eine Pipeline stoppen oder ein Fracking-Vorhaben? Oder ruft Sie etwas, das Generationen brauchen wird, um greifbaren Nutzen zu bringen? Ist es vielleicht die Arbeit mit traumatisierten Menschen? Flüchtlingshilfe? Das Praktizieren holistischer Geburtshilfe? Ein Mentor für gefährdete Jugendliche zu sein? Oder Kinder groß zu ziehen, die ein bisschen weniger Schmerz in das Erwachsensein tragen als Sie? Solche Dinge bereichern den kulturellen Boden, in den neue Paradigmen und Strategien gedeihen können. Außerdem, selbst wenn es keinen klaren, unmittelbaren, kausalen roten Faden von diesen Dingen zu, sagen wir, dem Wiederauffüllen des Grundwasserpegels oder dem Schutz von Regenwäldern gibt, weiß doch ein Teil von mir, dass sie unverzichtbar sind. Sie sind ein Statement, eine Aussage darüber, wie die Welt aussehen soll, in der wir leben möchten; sie sind ein Gebet, mit dem wir uns auf eine lebendige Welt ausrichten.

Alle Strategien und Praktiken, die ich beschrieben habe, sind heute schon machbar. Die Vision einer *grünen Welt* ist keine Fantasie; allerdings ist sie auch nicht realistisch. Sie ist eine Möglichkeit. Sie braucht die ganz und gar unvernünftige Hingabe jedes und jeder Einzelnen von uns, auf unsere je eigene Art zu dienen, und all das ohne Erfolgsgarantie. Sie erfordert, dass wir auf unser Wissen vertrauen, dass eine geheilte Welt, eine ergrünte Welt, eine schönere Welt wahrhaft möglich ist. Ich hoffe, dass dieses Buch jenen Ruf verstärkt hat und Ihnen als Kompass für diese Möglichkeit dienen konnte.

Literatur

Ahmed, Shariqua (2015): »How Rajendra Singh AKA ›Waterman of India‹ Solved Rural Rajasthan's Freshwater Crisis«, www.dogonews.com/2015/10/22/how-rajendra-singh-aka-waterman-of-india-solved-rural-rajasthans-freshwater-crisis

Albert, Bruce, et al. (2014): »Rescuing US Biomedical Research from Its Systemic Flaws«, in: *Proceedings of the National Acamdemy of Sciences* 111, Nr. 16 (18.3.)

Alley, R. B. (2000): »The Younger Dryas Cold Interval as Viewed from Central Greenland«, in: *Quaternary Science Reviews* 19

Anderson, Kat (2006): Tending the Wild: Native American Knowledge and the Management of California's Natural Resources. Oakland, CA: University of California Press

Andrich, M. A./ Imberger, J. (2013): »The Effect of Land Clearing on Rainfall and Fresh Water Resources in Western Australia: A Multi-functional Sustainability Analysis«, in: *International Journal of Sustainable Development & World Ecology* 20, Nr. 6

Angelini, I. M./ Garstang, M./ Davis, R. E., et al. (2011): »On the Coupling between Vegetation and the Atmosphere«, in: *Theoretical and Applied Climatology* 105 (August): 243. doi:10.1007/s00704-010-0377-5

Apfelbaum, Steve (1993): »The Role of Landscapes in Stormwater Management«, in: *Applied Ecological Services*. www.researchgate.net/publication/254840834_The_Role_of_Landscapes_in_Stormwater_Management

Apffel-Marglin, Frédérique (2012): Subversive Spiritualities: How Rituals Enact the World. New York, Oxford University Press

Arneth, A., et al. (2017): »Historical Carbon Dioxide Emissions Caused by Land-Use Changes Are Possibly Larger Than Assumed«, in: *Nature Geoscience* 10: 79–84

Baccini, A., et al. (2012): »Estimated Carbon Dioxide Emissions from Tropical Deforestation Improved by Carbon-Density Maps«, in: *Nature Climate Change* 2: 182–185. doi:10.1038/nclimate1354

Baccini, A., et al. (2017): »Tropical Forests Are a Net Carbon Source based on Aboveground Measurements of Gain and Loss«, in: *Science*, 28. 08.: eaam5962. Doi:10.1126/science.aam5962

Baker, Monya (2016): »1,500 Scientists Lift the Lid on Reproducibility«, in: *Nature* 533, 452–454 (26. 05.) doi:10.1038/533452a

Barnosky, Anthony D., et al. (2016): »Variable Impact of Late-Quaternary Megafaunal Extinction in Causing Ecological State Shifts in North and South America«, in: *Proceedings of the National Academy of Sciences of the United States of America* 113, no. 4: 856–861

Becker, Christopher (2016) »Ganzheitliches Weidemanagement«, in: *Freizahn*, 07.08. www.freizahn.de/2016/08/ganzheitliches-weidemanagement/

Belluz, Julia/ Hoffman, Steven (2015): »Science Is Often Flawed: It's Time We Embraced That«, in: *Vox*, 13. 05. www.vox.com/2015/5/13/8591837/how-science-is-broken

Biodiversity for a Livable Climate (2017): Compendium of Scientific and Practical Findings Supporting Eco-Restoration to Address Global Warming 1, Nr. 1 (Juli). https://bio4climate.org/wp-content/uploads/Compendium-Vol-1-No-1-July-2017-Biodiversity-for-a-Livable-Climate-1.pdf

Bonan, G. B. (2008): »Forests and Climate Change: Forcings, Feedbacks, and the Climate Benefits of Forests«, in: *Science* 320: 1444–1449

Buhner, Stephen Harrod (2002): The Lost Language of Plants. White River Junction, VT: Chelsea Green. Auf Deutsch erschienen 2017 unter dem Titel »Die heilende Seele der Pflanzen : Was wir von Pflanzen lernen können, wenn wir ihnen zuhören und warum Biophilia für das Leben auf Erden so wichtig ist«, Herba Verlag

Burtt, E. A. (1925): The Metaphysical Foundations of Modern Science. Reprinted by Dover Publications, 2003

Carrington, Damian (2016): »Global ›Greening‹ Has Slowed Rise of CO_2 in the Atmosphere, Study Finds«, in: *The Guardian*, 8. 11.

Christensen, V., et al. (2014): »A Century of Fish Biomass Decline in the Ocean«, in: *Marine Ecology Progress Series* 512, no. 1: 155–166

Clay, Jason W./Holcomb, Bonnie K. (1985): »The Politics of Famine in Ethiopia«, in: *Cultural Survival*, Juni

Community Cloud Forest Conservation (2018): »Deforestation in Guatemala: Tracking by Decade«, http://cloudforestconservation.org/knowledge/cloud-forest/deforestation/

Cooperafloresta (2016): »Pesquisas ajudam a comprovar benefícios das agroflorestas«, in: *Divulgador de Noticias*, 6. 8.

Courcoux, Gaëlle (2009): »Decline in Rainfall in the Amazon Basin«, Institut de recherche pour le développement Scientific Newssheets, Dezember. Übersetzt von Nicholas Flay. https://en.ird.fr/the-media-centre/scientific-newssheets/336-decline-in-rainfall-in-the-amazon-basin

Crist, Eileen (2007): »Beyond the Climate Crisis: A Critique of Climate Change Discourse«, in: *Telos* 4 (Winter): 29–55. www.umweltethik.at/wp/wp-content/uploads/CristBeyondTheClimateCrisis.pdf

Crowther, T. W., et al. (2015): »Mapping Tree Density at a Global Scale«, in: *Nature* 525 (10. September): 201–205

Curry, Judith (2016): »The Paradox of the Climate Change Consensus«, in: *Climate Etc.*, 17. 04. https://judithcurry.com/2016/04/17/the-paradox-of-the-climate-change-consensus/#more-21437

Daniels, Mitch (2017): »Avoiding GMOs isn't just anti-science. It's immoral.«, in: *Washington Post*, 27. 12.

Davidson, N. C. (2014): »How Much Wetland Has the World Lost? Long-Term and Recent Trends in Global Wetland Area«, in: *Marine and Freshwater Research* 65, Nr. 10: 934–941. doi:10.1071/MF14173

Dear, J., et al. (2013): »Life and Debt: Global Studies of Debt Resistance«, in: *Jubilee Debt Campaign*, Oktober

Demenge, Jonathan (2018): »Measuring Ecological Footprints of Subsistence Farmers in Ladakh«. Institute of Development Studies, UK

DeRamus, H. A., et al. (2003): »Methane Emissions of Beef Cattle on Forages: Efficiency of Grazing Management Systems«, in: *Journal of Environmental Quality* 32, Nr. 1 (Januar–Februar). Doi:10.2134/jeq2003.2690

Desmond, Matthew (2017): Evicted: Poverty and Profit in the American City. Broadway Books, New York

Dewar, W. K., et al. (2006): »Does the Marine Biosphere Mix the Ocean?« in: *Journal of Marine Research* 64: 541–561

Diamond, Jared (2005): Kollaps: Warum Gesellschaften überleben oder untergehen. Fischer, Frankfurt a.M.

Doughty, C. E., et al. (2016): »Global Nutrient Transport in a World of Giants«, in: *Proceedings of the National Academy of Sciences* 113, Nr. 4 (26. 01.): 868–873

Doughty, Christopher E./Wolf, Adam/Malhi, Yadvinder (2013): »The legacy of the Pleistocene megafauna extinctions on nutrient availability in Amazonia«, in: *Nature Geoscience* 6: 761–764. doi:10.1038/ngeo1895

Duarte, C. M./Sintes, T./ Marbà, N. (2013): »Assessing the CO_2 Capture Potential of Seagrass Restoration Projects«, in: *Journal of Applied Ecology* 50: 1341–1349. doi:10.1111/1365-2664.12155

The Economist (2013): »Trouble at the Lab« in: *The Economist*, 18. 10.

Eisenstein, Charles (2014): »The Waters of Heterodoxy«, 1. November. https://charleseisenstein.net/essays/the-waters-of-heterodoxy-g-pollacks-the-fourth-phase-of-water/

– (2015a): »Aluna: A Message to Little Brother«, in: *Tikkun*, 26. 05.

– (2015b): »Don't Owe. Won't Pay.« Everything You've Been Told about Debt Is Wrong, in: *YES! Magazine*, 20. 08.

– (2018): »Opposition to GMOs Is Neither Unscientific Nor Immoral«, 09. 01. https://charleseisenstein.net/essays/opposition-to-gmos/

Ellison, D., et al. (2017): »Trees, Forests and Water: Cool Insights for a Hot World«, Global Environmental Change 43

Fears, Darryl (2013): »Study says U.S. can't keep up with loss of wetlands«, Washington Post, 08. 12.

Ferroni, Ferruccio/Hopkirk, Robert J. (2016): »Energy Return on Energy Invested (EroEI) for Photovoltaic Solar Systems in Regions of Moderate Insolation«, in: *Energy Policy* 94: 336–344

Food and Agriculture Organization of the United Nations (2009): »Pastoralists –Playing a Critical Role in Managing Grasslands for Climate Change Mitigation and Adaptation«, www.fao.org/fileadmin/templates/agphome/documents/climate/Grasslands_Brief_final.pdf

– (2010): Global Forest Resources Assessment 2010. FAO Forestry Paper 163. http://www.fao.org/forestry/fra/fra2010/en/

Foster, Grant (2016): »Which Satellite Data?«, in: *Open Mind*, 27. 11. https://tamino.wordpress.com/2016/11/27/which-satellite-data/

Freedman, David H. (2010): »Lies, Damned Lies, and Medical Science«, in: *The Atlantic*, November.

Gordon, Robert (2012): »Is U.S. Economic Growth Over? Faltering Innovation Confronts the Six Headwinds«, in: *NBER Working Paper* No. 18315. National Bureau of Economic Research, August. Doi:10.3386/w18315

Gorshkov, V. G./Makarieva, A. M. (2006): »Biotic Pump of Atmospheric Moisture as Driver of the Hydrological Cycle on Land«, in: *Hydrology and Earth System Sciences Discussions* 3

Hallmann, C. A., et al. (2017): »More Than 75 Percent Decline over 27 Years in Total Flying Insect Biomass in Protected Areas«, in: *PloS ONE* 12, Nr. 10: e0185809

Hance, Jeremy (2012): »New Meteorological Theory Argues That the World's Forests Are Rainmakers«, in: *Mongabay*, 01. 02. https://news.mongabay.com/2012/02/new-meteorological-theory-argues-that-the-worlds-forests-are-rainmakers/

Harball, Elizabeth (2014): »How Fish Cool Off Global Warming«, in: *Scientific American*, 09. 06.

Hausfather, Zeke/Menn, Matthew (2013): »Urban Heat Islands and U.S. Temperature Trends«, RealClimate, 13. 02.

Hawken, Paul (2017): »Drawdown«. Penguin Books, New York

Hesslerová, P., et al. (2013): »Daily Dynamics of Radiation Surface Temperature of Different Land Cover Types in a Temperate Cultural Landscape: Consequences for the Local Climate«, in: *Ecological Engineering* 54: 145–154. doi:10.1016/j.ecoleng.2013.01.036

Hoegh-Guldberg, Ove, et al. (2015): »Reviving the Ocean Economy: The Case for Action – 2015«, in: *WWF International*, 22. 04. www.worldwildlife.org/publications/reviving-the-oceans-economy-the-case-for-action-2015

Horton, Scott (2010): »Churchill's Dark Side: Six Questions for Madhusree Mukerjee«, in: *Harper's Magazine*, 04. 11. https://harpers.org/blog/2010/11/churchills-dark-side-six-questions-for-madhusree-mukerjee/

Hughes, J. Donald (2014): Environmental Problems of the Greeks and Romans: Ecology in the Ancient Mediterranean. Johns Hopkins University Press, Baltimore

Hunt, Terry (2006): »Rethinking the Fall of Easter Island«, in: *American Scientist* Vol. 94, No. 5 September–Oktober. pp. 412-419

Hunziker, Robert (2018): »Insect Decimation Upstages Global Warming«, in: *Counterpunch*, 27. 03. www.counterpunch.org/2018/03/27/insect-decimation-upstages-global-warming/

Jehne, Walter (2007): »The Biology of Global Warming and Its Profitable Mitigation«, in: *Nature and Society*, Dezember 2006 – Januar 2007: 7–14

Jenkinson, Stephen (2018): Come of Age: The Case for Elderhood in a Time of Trouble. North Atlantic Books, Berkeley, CA

Ko, Lisa (2016): »Unwanted Sterilization and Eugenics Programs in the United States«, in: *PBS Independent Lens*, 29. 01. www.pbs.org/independentlens/blog/unwanted-sterilization-and-eugenics-programs-in-the-united-states/

Kopenawa, Davi/Albert, Bruce (2013): The Falling Sky: Words of a Yanomami Shaman. Harvard University Press, Cambridge, MA

Koppelaar, R. H. E. M. (2017): »Solar-PV Energy Payback and Net Energy: Meta-assessment of Study Quality, Reproducibility, and Results Harmonization«, in: *Renewable and Sustainable Energy Reviews* 72 (Mai): 1241–1255

Krons, Michael (2015): Peter Wohlleben im Dialog mit Michael Krons am 08.11.2015, Youtube. https://youtu.be/6YQmKuWZ3cc

Kravčík, M., et al. (2007): Water for the Recovery of the Climate – A New Water Paradigm. Übersetzt von David McLean and Jonathan Gresty. www.waterparadigm.org/download/Water_for_the_Recovery_of_the_Climate_A_New_Water_Paradigm.pdf

Krueger, Michael (2013): »Der Hockeystick: Rise and Fall des Symbols für den menschgemachten Klimawandel«, in: *Science Skeptical Blog*. http://www.science-skeptical.de/klimawandel/der-hockeystick-rise-and-fall-des-symbols-fuer-den-menschgemachten-klimawandel/0010940/

Kwok, Roberta (2009): »Fish Are Crucial in Oceanic Carbon Cycle«, in: *Nature*, 15. 01.

Lawrence, Jane (2000): »The Indian Health Service and the Sterilization of Native American Women«, in: *American Indian Quarterly* 24, Nr. 3 (Sommer): 400–419 www.jstor.org/stable/1185911

Life in Syntropy (2015), Film. https://vimeo.com/146953911

Light, Malcolm (2014): »Focus on Methane«, in: *Arctic* News, 14. 07. https://arctic-news.blogspot.ca/2014/07/focus-on-methane.htm

Lovins, L. Hunter (2014): »Why George Monbiot Is Wrong: Grazing Livestock Can Save the World«, in: *The Guardian*, 19. 08.

Luoma, Jon (2012): »China's Reforestation Program: Big Success or Just an Illusion?« in :*Yale Environment* 360, 17. 01. https://e360.yale.edu/features/chinas_reforestation_programs_big_success_or_just_an_illusion

Machmuller, Megan B./Kramer, Mark G./Cyle, Taylor K./Hill, Nick/Hancock, Dennis (2015): »Emerging Land Use Practices Rapidly Increase Soil Organic Matter«, in: *Nature Communications* 6, article no. 6995

MacKinnon, J. B. (2013): The Once and Future World. Houghton Mifflin Harcourt, Boston

Magill, Bobby (2014): »Methane Emissions May Swell from behind Dams«, in: *Climate Central*, 29. 10. www.scientificamerican.com/article/methane-emissions-may-swell-from-behind-dams/

Mahowald, Natalie M., et al. (2017): »Are the Impacts of Land Use on Warming Underestimated in Climate Policy?« in: *Environmental Research Letters* 12, Nr. 9 (18. 09.)

Marinelli, Janet (2017): »In the Sierras: New Approaches to Protecting Forests Under Duress«, in: *Yale Environment 360*, 13. 02. https://e360.yale.edu/features/in-the-sierras-new-thinking-on-protecting-forests-under-stress

McNeil, Ben (2014): »Is There a Creativity Deficit in Science?« in: *arsTechnica*, 03. 09.

Middleton, David (2012): »A Brief History of Atmospheric Carbon Dioxide Record Breaking«, in: *Watts Up With That?* 07. 12. https://wattsupwiththat.com/2012/12/07/a-brief-history-of-atmospheric-carbon-dioxide-record-breaking/

Millán, M. M. (2014): »Extreme Hydrometeorological Events and Climate Change Predictions in Europe«, in: *Journal of Hydrology* 518: 206–224. 14. 10. doi:10.1016/j.jhydrol.2013.12.041

Monbiot, George (2008): »Small Is Bountiful«, www.monbiot.com/2008/06/10/small-is-bountiful/

Mongabay (2018): auf den »Environmental Profile« Seiten. https://rainforests.mongabay.com/countries.htm

Moreno, C./Chassé, D. S./Fuhr, L. (2015): »Carbon Metrics: Global Abstractions and Ecological Epistemicide«, in: *Publication Series on Ecology* 42 der Heinrich Böll Stiftung.

Moriarty, Tom (2010): »Tree Rings: Proxies for Temperature or CO_2?« https://climatesanity.Wordpress.com/2010/02/15/tree-rings-proxies-for-temperature-or-co2/

Mothincarnate (2015): »Does Urban Heat Island Effect Exaggerate Global Warming Trends?«, in: *Skeptical Science*. https://skepticalscience.com/urban-heat-island-effect.htm

Muller, Richard (2004): »Global Warming Bombshell«, in: *MIT Technology Review*.

Nellemann, C., et al. (Hrsg.) (2009): »Blue Carbon: A Rapid Response Assessment«, United Nations Environment Programme, GRID Arendal. www.grida.no

The New Atlantis (2006): »Rethinking Peer Review«, in: *The New Atlantis*, Nr. 13 (Sommer): 106–110

Nicholls, Steve (2009): »Paradise Found: Nature in America at the Time of Discovery.« University of Chicago Press, Chicago

NOAA Geophysical Fluid Dynamics Laboratory (2018): »Global Warming and Hurricanes: An Overview of Current Research Results«, 24. 01. www.gfdl.noaa.gov/global-warming-and-hurricanes/

Noble, Denis (2017): Dance to the Tune of Life: Biological Relativity. Cambridge University Press, New York

Ohlson, Kristin (2014): »The Soil Will Save Us.« Rodale Books, Harlan, IA

Orion, Tao (2015): Beyond the War on Invasive Species. Chelsea Green, White River Junction, VT

Pan, Y., et al. (2011): »A Large and Persistent Carbon Sink in the World's Forests«, in: *Science* 333, Nr. 6045 (19. 08.): 988–993. doi:10.1126/science.1201609

Pearce, Fred (2017): »How Big Water Projects Helped Trigger Africa's Migrant Crisis«, in: *Yale Environment 360*, 17. 10.

Peplow, Mark (2014): »Social Sciences Suffer from Severe Publication Bias«, in: *Nature*, 28. 08.

Prashad, Vijay (2017): »The Human Carnage from Billionaires Trying to Carve Up the Planet to Build Their Empires Is Astounding«, in: *Alternet*, 16. 08. www.alternet.org/world/human-carnage-billionaires-trying-carve-planet-build-their-empires-astounding

Ridley, Matt (2015): »The Climate Wars' Damage to Science«, in: *Quadrant Online*, 19. 06.

Robbins, Jim (2017): »Why the World's Rivers Are Losing Sediment and Why It Matters«, in: *Yale Environment 360*, 20. 06.

Robertson, Joshua (2017): »›Alarming‹ Rise in Queensland Tree Clearing as 400,000 Hectares Stripped«, in: *The Guardian*, 05. 10.

Rodale Institute (2014): »Regenerative Organic Agriculture and Climate Change«, Rodale Institute White Paper, 17. 04. http://rodaleinstitute. org/regenerative-organic-agriculture-and-climate-change/

Roman, Joe/Palumbi, Stephen R. (2003): »Whales before Whaling in the North Atlantic«, in: *Science* 301, no. 5632 (25. 07.): 508–510

Rosa, Isabel M. D., et al. (2016): »The Environmental Legacy of Modern Tropical Deforestation«, in: *Current Biology* 26, Nr. 16 (22. 08.): 2161–2166

Ruddiman, William (2003): »The Anthropogenic Greenhouse Era Began Thousands of Years Ago«, in: *Climatic Change* 61: 261–293

Runyan, Christiane/D'Odorico, Paolo (2016): »Global Deforestation.« Cambridge University Press, New York

Russische Föderation, Federal State Statistics Service (2018): »Agricultural Production by Types of Enterprise (Percent)«, www.gks.ru/wps/wcm/ connect/rosstat_main/rosstat/en/figures/agriculture/

Sabajo, C. R., et al. (2017): »Expansion of Oil Palm and Other Cash Crops Causes an Increase of the Land Surface Temperature in the Jambi Province in Indonesia«, in: *Biogeosciences* 14: 4619–4635. doi:10.5194/bg-14-4619-2017

Sachs, Wolfgang (Hrsg.) (1993): »Wie im Westen so auf Erden. Ein polemisches Handbuch zur Entwicklungspolitik«. Rowohlt, Reinbek (auf Englisch 1992 erschienen unter dem Titel: »The Development Dictionary: A Guide to Knowledge as Power«. Zed Publishing. London)

Savory, Alan (2013): »How to Fight Desertification and Reverse Climate Change«, TED2013. www.ted.com/talks/allan_savory_how_to_green_ the_world_s_deserts_and_reverse_climate_change

Schellnhuber, Hans-Joachim (2004): Earth System Analysis for Sustainability. MIT Press, Cambridge, MA

Schiermeier, Quirin (2008): »›Rain-making‹ Bacteria Found around the World«, in :*Nature*, 28. 02. doi:10.1038/news.2008.632

Schiffman, Richard (2015): »How Can We Make People Care about Climate Change?« in: *Yale Environment 360*, 09. 07.

Schwartz, Judith D. (2013): »Clearing Forests May Transform Localand GlobalClimate«, in: *Scientific American*, 04. 03.

– (2016): Water in Plain Sight. St. Martin's Press, New York

Sendin, Patricia (2016): »Syntropic Agriculture: The Regenerative Food-Growing Method That Could Reverse Climate Change and End

Hunger«, in: *Not Only about Architecture*, 12. 08. www.patriciasendin.
com/2016/08/syntropic-agriculture-regenerative-food.html

Shapiro, James (2011): Evolution: A View from the 21st Century. Prentice
Hall, Upper Saddle River, NJ

Sierra Forest Legacy (2012): »Logging Impacts«, www.sierraforestlegacy.
org/FC_FireForestEcology/FFE_LoggingImpacts.php

Smith, Richard (2006): »Peer Review: A Flawed Process at the Heart of
Science and Journals«, in: *Journal of the Royal Society of Medicine* 99,
Nr. 4 (April): 178–182

Smith, Vincent H. (2016): »Crony Farmers: Farm Subsidies Exist Because of
Political Power, Not Economics«, in: *US News and World Report*, 14. 01.
www.usnews.com/opinion/economic-intelligence/articles/2016-01-14/
farm-subsidies-are-crony-capitalism

Soga, M., et al. (2017): »Gardening Is Beneficial for Health: A Meta-
analysis«, in: *Preventive Medicine Reports* 5: 92–99. doi:10.1016/
j.pmedr.2016.11.007

Spencer, Roy (2016): »Comments on New RSS v4 Pause-Busting Global
Temperature Dataset«, 04. 03. www.drroyspencer.com/2016/03/com-
ments-on-new-rss-v4-pause-busting-global-temperature-dataset/

Spielmaker, D. M. (2018): Growing a Nation Historical Timeline. 21. 03.
www.agclassroom.org/gan/timeline/index.htm

Spracklen, Dominick V., et al. (2008): »Boreal Forests, Aerosols and the Impacts on Clouds and Climate«, in: *Philosophical Transactions of the Royal
Society A*, 28. 12. doi:10.1098/rsta.2008.0201

Steele, Jim (2013): »Unwarranted Temperature Adjustments: Conspiracy or
Ignorance?«

Stoknes, Per Espen (2015): What We Think about When We Try Not to
Think about Global Warming. Chelsea Green, White River Junction, VT

Taguchi, Viviane (2016): »Agricultura Sintrópica, SP«, in: *Globo Rural*
Nr. 370 (August). Editora Globo

Teuling, Adriaan, et al. (2017): »Observational Evidence for Cloud Cover
Enhancement over Western European Forests«, in: *Nature Communications* 8 (11. 01.). doi:10.1038/ncomms14065

Thompson, Andrea (2008): »Earth's Clouds Alive with Bacteria«, in: *Live
Science*, 27. 02. www.livescience.com/2333-earth-clouds-alive-bacteria.
html

Trenberth, Kevin E./Stepaniak, David P. (2004): »The Flow of Energy through the Earth's Climate System«, in: *Quarterly Journal of the Royal Meteorological Society* 130: 2677–2701. doi:10.1256/qj.04.83

Turner, Scott J. (2017): »Purpose and Desire: What Makes Something ›Alive‹ and Why Modern Darwinism Has Failed to Explain It«. HarperOne, New York

Ünal, Fatma Gul (2008): »Small Is Beautiful: Evidence of Inverse Size Yield Relationship in Rural Turkey«, in: *Levy Economics Institute Working Paper* No. 551 (05. 12.).

Van Den Bergh, J./Rietveld, P. (2004): »Reconsidering the Limits to World Population: Meta-analysis and Meta-prediction«, in: *BioScience* 54, no. 3 (01. 03.): 195–204

Walton, Alice (2015): »Why the Super-Successful Get Depressed«, in: *Forbes*, 26. 01.

Watts, Anthony (2009): »Is the U.S. Surface Temperature Record Reliable?«, Heartland Institute, CHicago

Waycott, Michelle, et al. (2009): »Accelerating Loss of Seagrasses across the Globe Threatens Coastal Ecosystems«, in: Proceedings of the National Academy of Sciences of the United States of America 106, Nr. 30: 12377–12381

Weisman, Alan (2008): »Africa after Us: What Effects Have Human Actions Had on the Sahara—The World's Largest Nonpolar Desert?« in: *The Globalist*, 26. 01.

Weisse, Mikaela/Goldman, Liz (2017): »Global Tree Cover Loss Rose 51 % in 2016«, in: *Global Forest Watch*, 18. 10. https://blog.globalforestwatch.org/data/global-tree-cover-loss-rose-51-percent-in-2016.html

Whitfield, John (2003): »Whaling Blamed for Seal and Otter Slumps«, in: *Nature*, 23. 09. www.nature.com/news/2003/030922/full/news030922-5.html

Wohlleben, Peter (2016): »Das geheime Leben der Bäume«. Ludwig Verlag

The World Factbook of the Central Intelligence Agency. »Field Listing: Total Fertility Rate«, https://www.cia.gov/library/publications/resources/the-world-factbook/fields/print_2127.html

World Wildlife Federation (2015): Living Blue Planet Report: Species, Habitats, and Human Wellbeing.

Wuerthner, George (2016): »The Myth That Logging Prevents Forest Fires«, in: *Counterpunch*, 19. 04. www.counterpunch.org/2016/04/19/the-myth-that-logging-prevents-forest-fires/

Yang, Xiaoping, et al. (2015): »Groundwater Sapping as the Cause of Irreversible Desertification of Hunshandake Sandy Lands, Inner Mongolia, Northern China«, in: *Proceedings of the National Academy of Sciences of the United States of America*. Doi:10.1073/pnas.1418090112

Yirka, Bob (2015): »Study Indicates Groundwater Sapping Led to Desertification of Parts of Inner Mongolia«, in: *Phys.org*, 06. 01. https://phys.org/news/2015-01-groundwater-sapping-desertification-mongolia.html

Zubrin, Robert (2012): »The Population Control Holocaust«, in: *The New Atlantis* 35 (Spring): 33–54

Anmerkungen

1   Anm. d. Ü.: Der Autor verwendet »Geschichte« (engl.: »story«) ganz bewusst. Er setzt an diesen Stellen absichtlich kein Wort wie Narrativ oder Erzählung, denn es geht ihm darum, die Einfachheit einer »Geschichte« zu vermitteln. Er möchte die Menschen anregen, wieder darüber nachzudenken, was eine Geschichte ist und wie allgegenwärtig und machtvoll Geschichten sind. Diese einfache Sache – eine bloße Geschichte wie das, was wir Kindern erzählen – lenkt eigentlich die Welt.

2   Ich verwende das Adjektiv »neu« und meine damit »neu« für die industrielle Gesellschaft als ein leitendes Narrativ. Eigentlich ist es überhaupt nicht neu. Nicht nur ältere, indigene Kulturen leben eine Version der Geschichte vom Interbeing, sie findet sich auch in der westlichen Gesellschaft in Form esoterischer Lehren, Weisheitstraditionen und kultureller Gegenbewegungen. Neu wäre eine Massengesellschaft, die gemäß den Prinzipien des Interbeing funktioniert.

3   Anm. d. Ü.: »interbeing« heißt wörtlich »Zwischensein«. Es wurde teils mit »Intersein« übersetzt, teils als Interbeing im Deutschen übernommen. Die zweite Option wurde für diese Übersetzung gewählt, um den eindeutigen Bezug zu dem von Thich Nhat Hanh geprägten Begriff zu wahren.

4   Ganz ehrlich: Ich habe tatsächlich einen speziellen Ziegel, den ich für meine Qi-Gong-Übungen nutze, für den ich, wie ich gestehen muss, recht viel Zuneigung hege. Und zur Irrationalität der Liebe will ich einen Knittelvers des Science-Fiction-Autors Isaac Asimov zitieren. Entdecken Sie so wie ich einen Hauch von kläglicher Niederlage hinter der vorwitzigen Besserwisserei?

Sag mir, warum der Stern dort prangt,
Sag mir, warum sich der Efeu rankt,
Sag mir, was macht den Himmel so blau,
Dann sag ich, warum ich dich liebe, Frau.
Durch Kernfusion ist's, dass der Stern dort prangt,
Tropismen der Grund, warum Efeu sich rankt,
Raleigh-Streuung macht den Himmel so blau,
Testosteron macht mich dich lieben, Frau.

5 Ich hoffe, ich habe niemanden ausgelassen; ich möchte nämlich nicht unhöflich erscheinen.

6 Manche meinen, das wahre Ziel der Kriege in jüngerer Zeit war es, Chaos zu verursachen und den Widerstand souveräner Regierungen gegen neoliberale Freihandelspolitik und imperialistische geopolitische Zielsetzungen zu brechen. Unter diesem Gesichtspunkt waren einige Kriege, wie etwa jener, der Jugoslawien zersplitterte, oder der, der Libyen zerstörte, große Erfolge. Dennoch trifft es zu, dass wir mit den Werkzeugen des Krieges jene Ziele immer weniger erreichen, die wir offiziell erreichen wollen.

7 Anm. d. Ü.: Englisch: Mutually Assured Destruction – MAD. US-Nukleardoktrin. Ungefähr: Gegenseitig zugesicherte Zerstörung.

8 Anm. d. Ü.: Englisch: attachment parenting

9 Anm. d. Ü.: Community Organizing bezeichnet ein Bündel an Maßnahmen zur Gemeinwesenarbeit. Es wird auf Stadtteilebene oder zur Mitgliedergewinnung für die Stärkung der Durchsetzungskraft von (benachteiligten) Gruppen eingesetzt.

10 Grad Celsius (°C). In diesem Buch werde ich außer in expliziten Ausnahmefällen das metrische System verwenden. Ich bevorzuge die traditionellen Maßeinheiten für den Alltagsgebrauch und das metrische System für wissenschaftliche Anwendungen. Traditionelle Maßeinheiten sind weniger willkürlich; sie haben Bezug zur Erfahrungswelt (Spanne, Fuß, Elle, ein sehr kalter oder heißer Tag usw.). Das metrische System löscht im Gegensatz dazu lokale und kulturelle Differenzen aus und ersetzt sie durch einen globalen Standard. Das wurde bisher – wie die Kommerzialisierung von Natur und Kultur – als Fortschritt betrachtet.

11 Anm. d. Ü.: zum Schutz gegen elektromagnetische Strahlung (electromagnetic field).

12   Anm. d. Ü.: Der kaltherzige Geizhals Ebenezer Scrooge ist die Hauptfigur in der Novelle A Christmas Carol, dt.: Der Weihnachtsabend oder Eine Weihnachtsgeschichte, von Charles Dickens.

13   Moreno et al. (2015).

14   Magill (2014).

15   Robbins (2017).

16   Ein eindrucksvolles Video zur Funktionsweise dieser Maschinen kann man bei Krulwich (2014) anschauen: https://www.npr.org/sections/krulwich/2014/07/02/327243804/watch-it-swallow-an-entire-tree-in-seconds

17   Anfang 2017 hörte ich, wie er mit Überzeugung das Aussterben der Menschheit innerhalb der nächsten zwei bis vier Jahre vorhersagte.

18   Anm. d. Ü.: siehe Charles Eisenstein »The Ascent of Humanity« (2008), deutsche Übersetzung: »Die Renaissance der Menschheit«.

19   Anm. d.Ü.: »Gesetz zur Reinhaltung der Luft«, Bundesgesetz der USA aus dem Jahr 1963.

20   Anm. d. Ü.: »Gesetz zur Reinhaltung des Wassers«, Bundesgesetz der USA aus dem Jahr 1972.

21   Anm. d. Ü.: »Gesetz zur Erhaltung bedrohter Arten«, Bundesgesetz der USA aus dem Jahr 1973. Die entsprechende europäische Gesetzgebung ist wesentlich jünger.

22   Ich beziehe mich hier auf das Standard-Narrativ des Zweiten Weltkriegs. In Wirklichkeit gab es eindeutig die böse Seite, aber es ist nicht so klar, ob es auch eine gute Seite gab. Der Krieg gegen die Achsenmächte war unentwirrbar mit seinen historischen Ursprüngen und US-amerikanischen imperialistischen Ansprüchen verquickt. Der Sieg über noch schlimmere imperiale Mächte war ein glücklicher Nebeneffekt.

23   Anm. d. Ü.: etwa: »Feindeshilfe und Unterstützung des Feindes«, eine Formulierung, die Neutralität mit Landesverrat gleichsetzt, der in vielen Ländern mit dem Tod bestraft wird.

24   Lesen Sie zum Beispiel Muller (2004) oder eine zugespitzte Formulierung von Krueger (2013). Eine vereinfachte Zusammenfassung der Kritik an den verwendeten statistischen Methoden finden Sie bei Moriarty (2010).

25   Moriarty (2010).

26   Siehe Watts (2009).

27   Bei Steele (2013) finden Sie eine vernünftige Darstellung dieser Behauptung.

28 Moriarty (2010).

29 Anm. d. Ü.: »orbital decay« – die kontinuierliche Abnahme der Bahnhöhe eines Körpers, der ein astronomisches Objekt umkreist.

30 Foster (2016).

31 Hausfather und Menn (2013) erklären, wie das in etwa gemacht wird.

32 Mothincarnate (2015).

33 Spencer (2016).

34 Ich möchte hier nicht die wissenschaftliche Methodologie selbst anfechten, sondern hinterfragen, ob sie von den wissenschaftlichen Institutionen entsprechend eingehalten wird. Ob deren Scheitern beim Einhalten der wissenschaftlichen Methodologie tiefere epistemologische und ontologische Probleme widerspiegelt, ist ein anderes Thema. Die wissenschaftliche Methodologie basiert auf unausgesprochenen Annahmen (wie einer vom Beobachter unabhängigen Wirklichkeit), die innerhalb ihrer Grundannahmen nicht getestet werden können. Dass wissenschaftliche Institutionen augenscheinlich an der objektiven Wahrheitsfindung scheitern, könnte unweigerlich auf die Begrenzung ihrer metaphysischen Grundlagen und nicht auf eine bedingte Unzulänglichkeit zurückzuführen sein, die im Prinzip durch Reformen von Peer-Review, akademischen Praktiken, strengeren Anforderungen an die Reproduzierbarkeit von Experimenten etc. eliminiert werden könnte.

35 Ich kenne mehrere sehr intelligente Menschen, die glauben, dass die Erde flach ist. Die steigende Beliebtheit der Theorie von der flachen Erde spiegelt eine wachsende Entfremdung der Öffentlichkeit vom wissenschaftlichen Establishment wider. Man versucht, das mit der Arroganz der Wissenschaftler oder ihrer ungeschickten Öffentlichkeitsarbeit, mit der Unzugänglichkeit der hochspezialisierten Wissenschaftssprache oder der Dummheit und Ignoranz der Öffentlichkeit zu erklären. Eine andere Möglichkeit ist, dass sich die etablierte Wissenschaft dieses Misstrauen durch ihr Bündnis mit dem wirtschaftlichen oder auch ideologischen Establishment selbst zuzuschreiben hat. P.S.: Ich glaube, dass die Erde rund ist. P.P.S.: Zumindest insofern, als das objektive »ist«, im Sinne der Identität, ontologisch gültig ist.

36 Ich möchte die Grafik hier nicht abdrucken, weil ich fürchte, dass sie jemand aus dem Kontext reißen könnte. Sie können sie leicht im Internet finden, wenn Sie nach »GISP2 Ice Core Temperature Data Last 10,000 Years« suchen.

37 Alley (2000).

38 Diese Nachlässigkeit macht die Tatsache zweifelhaft, dass es während der Minoischen, Römischen und Mittelalterlichen Warmzeit wahrscheinlich wärmer als heute war.

39 Crist (2007), 54.

40 Light (2014).

41 Ridley (2015). Vielleicht um sich Glaubwürdigkeit zu verschaffen, bezichtigt Ridley in diesem Essay andere Abweichungen von der konventionellen Meinung, etwa den Glauben an die Homöopathie oder an die Gefahren von genetisch manipulierten Nahrungsmitteln, als Pseudowissenschaft.

42 Belluz und Hoffman (2015).

43 Freedman (2010).

44 Baker (2016).

45 The Economist (2013).

46 Smith (2006) und The New Atlantis (2006).

47 McNeil (2014).

48 Peplow (2014).

49 Albert et al. (2014).

50 Curry (2016).

51 Der Gastkommentar von Mitch Daniels 2017 in der Washington Post »Avoiding GMOs isn't just anti-science. It's immoral« ist ein Beispiel für diese Linie. Lesen Sie auch meine Antwort: Eisenstein, 2018.

52 Hallmann et al. (2017).

53 Eine Einführung in andere Forschungen zur Dokumentation des Insektensterbens finden Sie bei Hunziker (2018).

54 Mit »wir« meine ich hier die dominante Zivilisation. In dem Ausmaß, in dem Sie daran Teil haben, bezieht sich das »wir« auch auf Sie, selbst wenn Sie mit allen Fasern Ihres Herzens gegen die vorherrschenden Institutionen und Sichtweisen sind.

55 Mahowald et al. (2017).

56 Allgemein gesprochen, strahlen Wolken mit niedrigeren Wolkengipfeln mehr Wärme zurück in den Weltraum; siehe Trenberth & Stepaniak (2004).

57 Siehe Ellison et al. (2017). Dieser Artikel liefert ein starkes qualitatives Argument dafür, dass Wälder zur globalen Abkühlung beitragen. Mehr Details finden sich in Kravčík et al. (2007).

58 In Ellison (2017) findet sich eine Abbildung der Befunde, zuerst erschienen in Hesslerová et al (2013).

59 Schwartz (2013).

60 Runyan und D´Odorico (2016).

61 Sabajo et al. (2017).

62 Runyan und D'Odorico (2016), 62.

63 Ebd.

64 Thompson (2008).

65 Teuling et. al (2017).

66 Jehne (2007).

67 Schiermeier (2008).

68 Schellnhuber (2004), 253.

69 Die beste Einführung in die Theorie und ihre Bedeutung, die ich gefunden habe, ist dieses Interview mit den Autoren in Hance (2012).

70 Gorshkov und Makarieva (2006).

71 Schwartz (2013).

72 Courcoux (2009).

73 Siehe z.B. Angelini et al. (2011) und Andrich und Imberger (2013).

74 Kopenawa und Albert (2013).

75 Zitiert in Buhner (2002).

76 Schwartz (2016), 82.

77 Apfelbaum (1993).

78 Pearce (2017).

79 Ebd.

80 Biodiversity for a Livable Climate (2017).

81 Ebd.

82 Kravčík et al. (2007).

83 Millán (2014).

84 Siehe NOAA (2018).

85 Prashad (2017).

86 All diese Zahlen finden sich auf der Website Mongabay (2018), die einen herzzerreißenden Katalog von Abholzungen auf der ganzen Welt enthält.

87 Community Cloud Forest Conservation (2018).

88 Hance (2012).

89 In meinem Aufsatz »The Waters of Heterodoxy« (Eisenstein, 2014) finden Sie eine tiefergehende Diskussion dieses Themas.

90 Ruddiman (2003).
91 Yang et al. (2015). Und mehr in Yirka (2015).
92 Siehe z.B. Weisman (2008).
93 Hughes (2014), 3.
94 Crowther et al. (2015).
95 Robertson (2017).
96 Weisse und Goldman (2017).
97 Siehe z.B. Arneth et al. (2017).
98 Rosa et al. (2016).
99 Die Schätzungen des in der Biomasse des Regenwaldes steckenden Koh-
    lenstoffs sind nach oben gegangen. Ein 2012 in Nature Climate Change
    erschienener Bericht (Baccini et al., 2012) beziffert ihn mit 228,7 Giga-
    tonnen und damit ganze 21 % höher als das »Global Forest Resources
    Assessment« (Einschätzung der globalen Waldbestände) der Welter-
    nährungsorganisation von 2010. Trotzdem liegt der Bericht in Nature
    Climate Change mit seiner Einschätzung der jährlichen Emissionen aus
    der Abholzung in den Tropen bei weniger als der Hälfte der Zahlen aus
    Rosa et al. (2016) – wahrscheinlich, weil er die unter der Erdoberfläche
    gespeicherte Biomasse und Ausgasungen aus Altlasten nicht berücksich-
    tigt.
100 Middleton (2012).
101 Davidson (2014).
102 Waycott et al. (2009).
103 Fears (2013).
104 Duarte et al. (2013). Die Zahl leitet sich aus Messungen und Modellen
    wiederhergestellter Seegrasflächen über einen Zeitraum von 50 Jahren
    ab. Bei natürlichen Flächen könnte sie sogar noch höher liegen. Es war
    zu beobachten, dass sich im Lauf der Zeit die Kohlenstoff-Aufnahme-
    kapazität exponentiell (innerhalb gewisser Grenzen) steigert, was darauf
    schließen lässt, dass viele ältere Studien, die auf kurzfristigen Projekten
    zur Wiederbepflanzung basieren, die Fähigkeit von Seegras zur Kohlen-
    stoffspeicherung grob unterschätzen. Wenn weltweit 20-60 Millionen
    Hektar Seegras 20 Tonnen pro Hektar speichern, nehmen sie eine Giga-
    tonne Kohlendioxid jedes Jahr auf. Das ist ein Zehntel der von Men-
    schen emittierten Menge.
105 Nellemann et al. (2009). Die Zahlen in diesem Bericht liegen allerdings
    niedriger als bei neueren Einschätzungen.

106 Anm. d. Ü.: Diese Praxis ist in Europa noch wenig bekannt. Einen guten Überblick verschafft der Artikel »Ganzheitliches Weidemanagement« von Christopher Becker (2016). Siehe auch die englischen Wikipedia-Einträge zu »Managed intensive rotational grazing« und: »Holistic management (agriculture)«.

107 Dazu und zur regenerativen Landwirtschaft mehr im Kapitel 8. Die meisten Schätzungen liegen eine Größenordnung unter diesen Zahlen, aber die amerikanischen Hochgrasprärien machen auch nur 2 % der globalen Graslandflächen aus.

108 Food and Agriculture Organization of the United Nations (FAO, 2009).

109 Pan et al. (2011).

110 Crowther et al. (2015).

111 Baccini et al. (2017).

112 Wuerthner (2016).

113 z.B. Sierra Forest Legacy (2012).

114 Für eine Einführung in die Arbeit Wohllebens siehe Interview mit Richard Schiffman (2015). Anm. d.Ü.: Siehe auf Deutsch ein Gespräch mit Michael Krons (2015).

115 Carrington (2016).

116 Biodiversity for a livable climate (2017).

117 Ich werde die Diskussion an dieser Stelle nicht weiterführen. Wenn es Sie interessiert, schauen Sie sich die Dokumentation Overcast: Klimaexperiment am Himmel an. Ich bin diesbezüglich agnostisch, obwohl ich einige seltsame Dinge gesehen habe, etwa einen Jet, der einen unterbrochenen Kondensstreifen mit regelmäßigen Stößen von zwei Sekunden quer über den ganzen Himmel gezogen hat. Vielleicht hat er dabei Bereiche verschiedenen Feuchtigkeitsgehalts der Luft passiert, aber die Präzision der gestrichelten Linie, die er dabei am Himmel produzierte, war auffällig.

118 Luoma (2012).

119 Crist (2007).

120 Schellnhuber (2004), S. 259.

121 World Wildlife Federation (2015), S. 7.

122 Christensen et al. (2014).

123 s.z.B. Roman & Palumbi (2003).

124 Anm. d. Ü.: Die Thermokline ist der Übergang von Wasserschichten unterschiedlicher Temperatur.

125 Doughty et al. (2016).

126 Dewar et al. (2006).

127 Anm. d. Ü.: Unter einer trophischen Kaskade versteht man eine über die Nahrungskette vermittelte Veränderung der Produktion eines Ökosystems durch den Einfluss von Räubern (Prädatoren) auf Pflanzenfresser (aus Wikipedia).

128 Whitfield (2003).

129 Kwok (2009).

130 Spracklen et al. (2008).

131 Bonan (2008).

132 Falls Sie keine Ahnung haben, wovon ich hier rede, lesen Sie die Kommentare zu rechts stehenden Artikeln über den Klimawandel.

133 Diese Zahl habe ich völlig frei erfunden. Mein Argument erschien Ihnen überzeugender, weil es mit einer Zahl verbunden war, oder? Ich bin mir sicher, dass ich auf diese (oder jede beliebige andere) Zahl kommen kann, wenn ich die richtige Datengrundlage und Methodologie wähle; ein gutes Beispiel für die Verschleierungskraft der Zahlen. Wir müssen uns stets fragen, was hinter ihnen steckt.

134 Schiffman (2015).

135 Sachs (1993) S. 409f.

136 ebd. S.425.

137 ebd. S.425f.

138 Die konventionelle Wirtschaftstheorie setzt den ökonomischen Wert nach folgender Logik mit dem gesellschaftlichem Wert gleich: Jene, deren Beitrag gesucht und gebraucht wird, werden Menschen finden, die bereit sind, für diese Beiträge zu bezahlen. Jene, deren Beiträge nicht gebraucht werden, werden keinen Markt finden. Wer das meiste Geld verdient, tut das, weil er die größten Werte schafft. Die Schwäche dieser Argumentation erzeugt dieselben Probleme wie jedes andere quantitative Wertesystem: Die verwendeten Maße (Geld, Kohlendioxid …) sind oft ungeeignet oder unzureichend für die Bemessung des Werts.

139 Harball (2014).

140 Hoegh-Guldberg et al. (2015).

141 »Rechte der Natur« ist vielleicht nicht der geeignetste Ausdruck, natürlichen Wesen den Status von juristischen Personen zu erteilen, denn für das Rechtskonzept sind das Individuum und der Staat die Grundlage. Für indigene und andere auf Gemeinschaft basierende Kulturen sind

»Rechte« kein stimmiges Konzept. Wir sollten vorsichtig damit sein, diesen Begriff auf die nicht-menschliche Welt auszudehnen. Eine Alternative könnte »Verantwortlichkeit gegenüber der Natur« sein. Wichtig dabei ist es, irgendwie die Existenz nicht-menschlicher Personen in den Rahmen aus Übereinkünften und Narrativen einzuführen, den wir Gesetz nennen.

142 Anm. d. Ü.: »qualified immunity« ist nach US-amerikanischem Bundesgesetz ein Schutz für Regierungsbeamte vor Strafverfolgung aufgrund von in ihrem Ermessensspielraum gemachten Amtshandlungen, solange durch diese nicht eindeutig und mutwillig das Bundesgesetz oder das Verfassungsrecht verletzt wurde.

143 Diamond (2005).

144 Hunt (2006).

145 MacKinnon (2013), S. 199.

146 ibid., S. 198.

147 ibid.

148 Sie mögen einwerfen, dass sich ästhetisches Empfinden mit der Zeit verändert; dass manche Menschen gläserne Hochhäuser schöner finden als Wälder und Wasserfälle. Ich selbst finde bestimmte Hochhäuser schön (allerdings selten welche, die nach 1950 gebaut wurden). Man kann fragen: Ist das, was Landschaften aus Stahl, Glas und Chrom anziehend macht, wirklich Schönheit, oder ist es Sicherheit? Und wissen diese Menschen überhaupt, was sie verpassen?

149 Nicholls (2009).

150 Hier wird jemand sich beeilen mich aufzuklären, dass es unrichtig ist zu behaupten, die Biosphäre erhalte eine Homöostase aufrecht; sie verändert sich ja ständig, was jüngst in Mode gekommene Begriffe wie »homöodynamisch« angebrachter erscheinen lässt. Gut, ein Körper ist auch nicht immer vollkommen konstant, aber beide, sowohl der Körper als auch der Planet, weisen in bestimmten Aspekten beachtliche Konstanz auf. Der Salzgehalt der Meere zum Beispiel ist über Hunderte Millionen von Jahren fast gleich geblieben, obwohl ständig Salze eingetragen werden. Die globale Temperatur ist mit einer Schwankungsbreite von wenigen Prozent gleich geblieben, obwohl die Sonnenstrahlung stark zugenommen hat. Der Sauerstoffgehalt der Atmosphäre ist ebenso in einem Bereich geblieben, der das Leben der Tiere möglich macht. Und so weiter.

151 Savory (2013).

152 Ein Beispiel hierfür siehe Lovins (2014).

153 Machmuller et al. (2015).

154 DeRamus et al. (2003).

155 Hawken (2017), S. 73.

156 Diese und die folgenden Zahlen stammen von Ohlson (2014).

157 Rodale Institute (2014).

158 Anm. d. Ü.: Ein Begriff aus der Permakultur; wörtlich übersetzt: »abhacken und fallenlassen«.

159 Taguchi (2016).

160 Siehe »Life in Syntropy«, ein Kurzfilm über Götschs Farm und syntropische Landwirtschaft (Vimeo oder Youtube).

161 Cooperafloresta (2016), zitiert nach Sendin (2016).

162 Dasselbe trifft auf holistische Medizin zu. Weil jeder Körper einzigartig ist, widersetzt sich ernstzunehmende holistische Medizin einer Bewertung, in der Variablen über verschiedene standardisierte diagnostische und therapeutische Kategorien hinweg konstant gehalten werden müssen.

163 Anm. d. Ü.: auch auf Deutsch oft Swale genannt.

164 Spielmaker (2018).

165 Anm. d. Ü.: 2016 waren es in Österreich 4,4 %, in der Schweiz 3,3 % und in Deutschland 1,4 %, Tendenz überall fallend; https://de.statista.com.

166 Ünal (2008).

167 Monbiot (2008).

168 Crist (2007), S. 54.

169 Russische Föderation (2018).

170 Smith (2016).

171 Anm. d. Ü.: Rund 40 Mrd Euro, davon 7 Mrd allein für Deutschland (WWF, s.a. Wirtschaftswoche)

172 Sollten Sie hierfür, obwohl es offensichtlich scheint, die Bestätigung von Fachleuten benötigen, könnten sie mit Soga et al. (2017) einsteigen.

173 Ahmed (2015).

174 Als ich ungefähr 2005 erstmals Leuten davon erzählte, dass ich die Lehren von Lamarck vertrete, ist darauf mit Augenrollen oder leerem Blick reagiert worden. Unlängst habe ich dies gegenüber einem Biologen zugegeben, den ich auf einer Konferenz getroffen habe, und er hat mit keiner Wimper gezuckt. »Heutzutage sind alle Lamarck-Anhänger«, sagte er. »Lamarck hat recht gehabt.« Wir reden nun nicht mehr über eine

Grenzwissenschaft. Ich verweise den skeptischen Leser auf James Shapiros Buch Evolution (2011), Denis Nobles Dance to the Tune of Life 2017) und Scott Turners Purpose and Desire (2017).

175 Anderson (2006).

176 Barnosky et al. (2016).

177 Doughty et al. (2013).

178 Marinelli (2017).

179 Eine kritische Diskussion der Komplexität des Umgangs mit invasiven Arten findet man in Tao Orions Buch Beyond the War on Invasive Species. Oftmals verursachen die Bemühungen zur Kontrolle invasiver Arten mehr Schaden als Nutzen.

180 Ferroni & Hopkirk (2016), S. 336–344.

181 Koppelaar (2017).

182 An dieser Stelle kein Literaturnachweis. Wenn Sie dies bezweifeln, können Sie Ihre eigenen Nachforschungen anstellen. In manchen Bereichen wie Bluthochdruck und Herzerkrankungen sind die Belege für die Vorteile von Yoga, Meditation u.ä. so zahlreich, dass sie selbst jenen, die sonst nur quantitative, durch Fachleute geprüfte Studien akzeptieren, genügen.

183 Walton (2015).

184 Ich habe diese Zahlen aus länderbezogenen Daten des Global Footprint Network entnommen. Daten über Ladakhs Dorfbewohner lieferte Jonathan Demenge (2018): »Measuring ecological footprints of subsistence farmers in Ladakh«, der die Zahl 1,12 Globale Hektar (gha) pro Person für die Alchi-Saspol-Region angibt, und 0,69 gha/Person für die Region Trans-Singe La. Wenn wir mit letzterer Zahl rechnen, wird eine nachhaltige Bevölkerung von 18 Milliarden möglich.

185 Siehe die Meta-Analyse über Tragfähigkeitsstudien von Van Den Bergh & Rietveld (2004). Je nach den Grundannahmen über Technologie, Landwirtschaftsmethoden und Ressourcennutzungsmuster weichen die Schätzungen stark voneinander ab.

186 Lawrence (2000).

187 Ebd.

188 Ko (2016).

189 Zubrin (2012).

190 Anm. d. Ü.: Gemeint ist hier der US-Biologe Paul R. Ehrlich, Autor des Bestsellers »The Population Bomb«. Der britische Ökonom Thomas

Robert Malthus schrieb 1798 in seinem »Essay on the Principle of Population«, dass das Bevölkerungswachstum nicht mehr mit größerer wirtschaftlicher Leistungsfähigkeit einhergeht, sobald das exponentielle Wachstum der Bevölkerung das lineare der landwirtschaftlichen Produktion überschritten hat.

191 Natürlich wird im direkten Vergleich von Monokulturen das chemisch gedüngte, von Unkraut und Insekten befreite Feld viel besser abschneiden. Wenn man jedoch kleinbäuerliche Landwirtschaft als Ganzes berücksichtigt und nicht nur das als Ware produzierte Getreide als Maß nimmt, wird die Sache weniger eindeutig.

192 Horton (2010).

193 Clay & Holcomb (1985).

194 In früheren Zeiten konnten schlechtes Wetter und Naturkatastrophen schnell Hungersnöte auslösen, weil die Verkehrswege schlecht ausgebaut waren, und Überschüsse in der einen Gegend nicht die Defizite in anderen ausgleichen konnten. Die verheerende nordeuropäische Hungersnot von 1315 beispielsweise betraf die Mittelmeerländer nicht, aber es gab keine ausreichende Infrastruktur, über die man genügend Nahrung hätte transportieren können, um den Bedarf zu decken.

195 Anm. d. Ü.: In Europa werden durchschnittlich 173 kg Lebensmittel pro Kopf und Jahr weggeworfen, während sich laut Eurostat 2014 ca. 55 Millionen Menschen (also knapp ein Zehntel der Bevölkerung) jeden zweiten Tag keine nahrhafte Mahlzeit leisten konnten.

196 Das Tierfutter ernährt Tiere, die dann von Menschen gegessen werden, aber die Protein- und Kalorienausbeute pro Fläche ist im Vergleich zum Anbau von Nahrungsmitteln für Menschen recht niedrig. Die Fleischproduktion sollte keine großen Futtermengen erfordern.

197 Apffel-Marglin (2012), S. 147.

198 The World Factbook der CIA.

199 Eine Argumentation für das Ende der Ära des Wirtschaftswachstums, die ohne ökologische Überlegungen auskommt, liefert Gordon (2012).

200 Dear et al. (2013).

201 Anm. d. Ü.: Gregory Bateson, englischer Anthropologe und Sozialwissenschaftler, prägte den Begriff des double bind.

202 Anm. d. Ü.: Der englische Originaltitel lautet Sacred Economics – wörtlich: Heilige Ökonomie.

203 Mehr zur Philosophie, Ökonomie und Politik der Schuldnerrevolte

findet sich in meinem Artikel Don't Owe. Wont Pay im YES! Magazin (Eisenstein, 2015b).

204 Negative Zinsen könnten sogar noch einfacher auf digitale Währungen erhoben werden, und das könnte das weit verbreitete Horten und die Spekulation entschärfen.

205 Anm. d. Ü.: Nach der Philosophie des US-amerikanischen Ökonomen Henry George gehören Ressourcen wie Land der gesamten Menschheit, für deren Nutzung Steuern zu entrichten sind.

206 Eine detaillierte Erörterung der Ursprünge unhinterfragter metaphysischer Annahmen hinter den begrifflichen Kategorien, die Isaac Newton aufgestellt hat, findet sich in Burtts Abhandlung von 1925: The Metaphysical Foundations of Modern Science.

207 Nicht alle Religionen haben die folgenden Eigenschaften, aber die meisten institutionellen Religionen zeigen viele von ihnen. Offensichtlich ist von seiner Struktur her der nächste Verwandte der Wissenschaft der Katholizismus.

208 Anm. d. Ü.: Ein Restorative Circle ist ein strukturierter Dialog-Prozess zur Konfliktklärung zwischen Personen und Gruppen. Diese Methode wurde Mitte der 90er von Dominic Barter in Brasilien entwickelt und ist eine Praktik im Rahmen der Restorative Justice, eines Ansatzes zur Konflikttransformation durch ein Wiedergutmachungsverfahren als Alternative zu einem Strafverfahren.

209 Aus dem Vorwort zu Kopenawa und Albert (2013).

210 Die anderen Stämme sind die Arhuaco (oder Ika), Wiwa und Kankuamo. Von diesen sind die Kankuamo zum großen Teil assimiliert. Die Arhuaco sind in einer Bewegung zum Schutz der Rechte indigener Stämme politisch aktiv, während die Kogi sich hoch in die Berge zurückgezogen haben, um Kontakt zu minimieren und ihre Kultur zu schützen. Alle haben Leid erfahren von Koka-Bauern, Paramilitärs, Landentwicklern etc. In diesem Kapitel werde ich hauptsächlich Bezug auf die Kogi nehmen, auch wenn vieles von dem, was ich sage, gleichermaßen auf die anderen Stämme zutrifft.

211 Der folgende Abschnitt ist eine angepasste Version einer Rezension von Aluna, die ich für das Magazin Tikka verfasst habe: Aluna: A Message to Little Brother (Eisenstein, 2015a).

212 https://aluna-der-film.de/aluna-film-kogi-indianer/

213 Jenkinson (2018). Aus einem Vordruck, den ich vom Autor erhielt.

© privat

CHARLES EISENSTEIN, Jahrgang 1967, graduierte an der renommierten Yale University in Philosophie und Mathematik. Er arbeitete und lebte zehn Jahre als Übersetzer vom Chinesischen ins Englische in Taiwan. Als Autodidakt, Redner und Schriftsteller befasst er sich mit den Themen Zivilisation, Bewusstsein, Gesundheit, Naturwissenschaft, Wirtschaft und Kulturentwicklung. Seine beliebten Kurzfilme und Online-Essays haben ihm den Ruf eines genreübergreifenden Sozialphilosophen und gegenkulturellen Intellektuellen eingetragen. Heute gilt er als maßgeblicher Vordenker für eine ökologische, vom Schenken inspirierte Lebensweise. Am 16. Juli 2017 war er zu Gast in der Sendung *Super Soul Sunday* von Oprah Winfrey. Er präsentiert seine Visionen auf Vorträgen, veranstaltet Online-Seminare, betreibt einen Podcast und verfasst Bücher, darunter: *Die Renaissance der Menschheit, Die Ökonomie der Verbundenheit* und *Die schönere Welt, die unser Herz kennt, ist möglich,* die zu Klassikern der Nachhaltigkeitsbewegung wurden.

charleseisenstein.org